L'ARCHITECTURE

DU

SOL DE LA FRANCE

'ARCHITECTURE

DU

SOL DE LA FRANCE

ESSAI DE GÉOGRAPHIE TECTONIQUE

PAR

Le Commandant O. BARRÉ

PARIS

LIBRAIRIE ARMAND COLIN

5, RUE DE MÉZIÈRES, 5

1903

AVANT-PROPOS

Il fallait plaider, naguère, pour démontrer la nécessité où se trouvent les géographes d'appuyer leurs études sur les travaux des géologues. Aujourd'hui la cause est entendue, et il n'y a point de traité de géographie digne de ce nom qui ne fasse une part plus ou moins grande aux considérations qui découlent de la géologie. Toutefois ces considérations se bornent le plus souvent à ce qui a trait aux matériaux de la surface du sol, et ce n'est qu'exceptionnellement qu'il est fait allusion à la succession de ces matériaux en profondeur et à la disposition tectonique. En un mot, c'est surtout de la *façade* de l'édifice qu'on s'occupe et non de son *architecture*. Or, nous le demandons, peut-on séparer ces deux éléments, et que penser de quelqu'un qui, voulant décrire un bâtiment, ne tiendrait compte que des surfaces extérieures et négligerait toute la structure interne?

A ce silence relatif sur l'architecture du sol, il y avait jusqu'ici une excuse, c'est que les études tectoniques ne faisaient que commencer. Aujourd'hui il n'en est plus de même. En ce qui concerne le sol de la France, les résultats acquis, quoique encore incomplets, sont néanmoins considérables. Le temps est arrivé où l'on doit songer à les utiliser.

Nous avons cherché à réunir, sous une forme concrète, les

éléments divers que la géologie met à la disposition des géographes pour la description de la France. En particulier, nous avons voulu donner à la tectonique la part qui lui revient, et pénétrer plus avant dans le détail que ne le font les grandes synthèses dont les travaux de M. Suess ont fourni le point de départ.

En parcourant ce livre, le lecteur fera avec nous le tour de la France. Partout où il passera, au cours de ce long voyage, que ce soit dans les montagnes ou dans les plaines, dans l'intérieur du pays ou le long des côtes, il verra l'architecture du sol régner en maîtresse, imposant sa loi à l'écoulement des eaux aussi bien par de légers gauchissements que par les relèvements les plus accentués, réglant la répartition des affleurements des roches et forçant la sculpture du sol à tenir compte de ses formes les plus anciennes comme de ses constructions les plus récentes. Il s'arrêtera, convaincu, comme nous, qu'il ne suffit pas au géographe de lire *en plan* la carte géologique, mais qu'il lui faut aussi la déchiffrer *en profondeur* ; bien plus, qu'il doit chercher à la lire *dans le temps*, afin de restituer par la pensée les formes disparues.

Adapter à un plan d'ensemble les nombreuses études géologiques d'échelles différentes, les raccorder en nous efforçant de les voir toutes sous le même angle, les plus récentes comme celles qui commencent à dater déjà ; faire la part des résultats acquis et des hypothèses ; signaler les lacunes ; ajouter quelques explications nouvelles ; fournir enfin aux études régionales une suite de cadres en harmonie les uns avec les autres : telle a été notre tâche. Certes, nous ne pouvons prétendre à l'avoir parachevée, alors que chaque jour un fait nouveau vient ajouter à nos connaissances ou qu'une soudaine lumière, jaillissant parfois de l'étude de quelque contrée éloignée, nous montre la véritable structure d'une partie de notre territoire restée jusque-là dans la pénombre ou l'obscurité.

Nous n'offrons donc qu'un *essai*. Mais nous avons la ferme espérance que malgré son imperfection il rendra de réels services à ceux qui croient que la science géographique ne peut se désintéresser du *pourquoi des choses*.

En terminant, nous tenons à exprimer toute notre gratitude à M. Emm. de Margerie qui a bien voulu revoir les épreuves de notre ouvrage et dont les sûrs avis nous ont été précieux.

O. BARRÉ.

Mars 1903.

Il nous a paru impossible de donner des renseignements bibliographiques qui, pour être complets, eussent exigé à eux seuls un volume, et nous n'avons cité nominativement que les auteurs des travaux principaux. Nous ajouterons que la plus grande partie des renseignements a été prise dans les publications du Service de la Carte géologique, de la Société géologique de France, des sociétés géologiques régionales, comme la Société géologique du Nord, et enfin dans les *Annales de Géographie*. La 4ᵉ édition du *Traité de géologie* de M. A. de Lapparent (Masson et Cⁱᵉ, éditeurs) nous a été également d'un grand secours.

Parmi les figures on trouvera quelques *perspectives schématiques* destinées à illustrer certaines considérations générales. Nous prions le lecteur de ne voir, dans les formes indiquées pour le terrain, aucun essai de représentation fidèle, mais simplement un procédé commode pour différencier entre eux les compartiments du sol.

Deux de ces perspectives, celles des Vosges et du Morvan, ainsi que la plus grande partie des figures du chapitre III, ont été extraites d'articles publiés par l'auteur dans la *Revue du Génie militaire*, sous le titre : La France du Nord-Est.

L'ARCHITECTURE

DU

SOL DE LA FRANCE

INTRODUCTION

La physionomie actuelle du globe terrestre n'est en somme qu'un état transitoire. A partir du moment où la terre est entrée dans la phase planétaire, c'est-à-dire dès que la première pellicule solide a réussi à s'établir d'une façon définitive, il y a eu distribution d'accidents géographiques. Depuis lors, cette distribution n'a cessé d'évoluer pour arriver à la distribution actuelle ; celle-ci se modifiera à son tour et l'évolution continuera jusqu'au moment où les forces en jeu cesseront de s'exercer. L'état géographique à un instant déterminé, celui où nous nous trouvons par exemple, n'est donc qu'une sorte de synthèse de toute une série de distributions antérieures. Et l'on conçoit qu'il est nécessaire de connaître ces distributions antérieures pour bien comprendre l'état actuel.

Les forces qui contribuent à faire évoluer les formes du globe sont dues à deux grandes causes : le refroidissement terrestre et l'énergie solaire. A la première, il faut attribuer la formation des reliefs ; à la seconde, leur usure progressive. C'est, en effet, le refroidissement de la terre qui, déterminant sa contraction, oblige la croûte superficielle à former des remplis pour se ployer à cette contraction ; et c'est l'énergie solaire qui entretient les forces organiques et met en mouvement les fluides superficiels, agents destructeurs dont l'action répétée tend à niveler la surface du sol.

D'autre part, la formation et l'usure successives de reliefs au sein de fluides de compositions et de propriétés chimiques différentes, comme l'eau et l'air, et en présence de forces aussi variées que celles qui découlent de l'énergie solaire, n'ont pu se produire sans que la nature initiale de la partie superficielle de la croûte terrestre ait été profondément modifiée. Ce changement progressif de nature n'a pu manquer à son tour d'avoir son influence sur l'évolution géographique et l'on comprend finalement que l'étude de celle-ci doive entraîner l'examen de trois facteurs distincts : 1° la *nature des matériaux du sol*; 2° *leur disposition architecturale*; 3° *leur sculpture et usure progressives sous l'action des agents extérieurs*.

L'examen de la nature des matériaux et de leur disposition architecturale constitue le domaine de la géologie; quant à la sculpture du sol, elle fait l'objet d'une branche spéciale d'études dont les principaux résultats ont été indiqués, en France, par MM. de la Noë et de Margerie, dans leur ouvrage sur *les Formes du terrain*, bien connu de tous les topographes. Sans avoir la prétention de résumer en quelques lignes tout ce qui est relatif à ces sciences, nous voulons chercher à en bien mettre en lumière les principes essentiels, ceux que chacun doit avoir toujours présents à l'esprit s'il veut faire de la bonne géographie.

MATÉRIAUX DU SOL

On admet généralement que le globe terrestre, qui était gazeux à l'origine, a passé ensuite à l'état fluide. Le refroidissement continuant ses progrès, notre sphéroïde s'est recouvert d'une première croûte comparable, sans doute, aux scories qui surnagent sur un bain métallique en fusion. Cette croûte, d'abord instable et subissant d'incessantes modifications sous l'influence de la chaleur, des actions chimiques et des puissants courants développés dans la masse fluide, ne s'est solidifiée définitivement qu'au bout d'une longue suite de siècles, en constituant un premier terrain.

Ce terrain, auquel on a donné le nom de *terrain archéen*, sert en quelque sorte de base à tout l'édifice de la croûte terrestre. Il est composé d'éléments divers, mais ayant un air de famille très caractérisé. Le gneiss est le type le plus fréquent de ces éléments, qui, dans leur ensemble, sont désignés sous le nom de *roches cristallophylliennes*, parce que leur texture est à la fois cristalline et stratiforme ; le premier de ces caractères étant dû à l'origine chimique des matériaux, et le second, aux pressions considérables qu'ils ont eu à subir dès leur formation.

A partir du moment où cette pellicule archéenne a été définitivement solidifiée, le noyau fluide intérieur s'est trouvé isolé de la partie restée gazeuse qui a constitué une enveloppe extérieure. C'est de cette époque que datent la séparation nette entre la terre et son atmosphère, la première constitution de nappes océaniques, enfin, sans doute, les plus anciennes manifestations de la vie.

On conçoit que depuis lors, l'écorce terrestre n'a pu s'accroître que par trois procédés : la solidification de couches fluides internes ; l'épanchement à l'extérieur de masses fluides ou pâteuses venant se figer à la surface ; la fixation sous forme solide ou liquide des éléments de l'enveloppe gazeuse dont la composition devait d'ailleurs différer sensiblement de celle de l'atmosphère actuelle. En même temps, on se rend compte que cette écorce, soumise à des actions mécaniques qui y produisaient des inégalités de relief et à des actions d'usure venant du jeu des agents atmosphériques joint à l'effet de la pesanteur, a dû subir de nombreux remaniements. En certains endroits se sont accumulés des débris hétérogènes destinés souvent à s'agglutiner ; en d'autres s'est opéré le dépôt de matières en dissolution dans les eaux ; partout il y a eu modification des roches exposées à l'air. Tous ces effets ont abouti, de concert avec la fixation des éléments atmosphériques, à former de nouveaux matériaux différant complètement de la croûte initiale archéenne, quoique dérivant directement d'elle.

L'ensemble de ces mécanismes a donc constitué deux nouvelles classes de matériaux : les *matériaux éruptifs* et les *matériaux sédimentaires* ; les premiers ayant une origine interne et ayant surgi là où les dislocations de l'écorce terrestre leur ont livré passage ; les seconds ayant une origine externe et s'étant répartis, au moment de leur formation, le plus souvent par voie de dépôt sous l'action de la pesanteur. Nous allons les examiner successivement.

Les *matériaux sédimentaires* sont excessivement nombreux. Leur formation, qui a commencé avec le premier relief du globe, s'est continuée depuis sans interruption et se poursuit encore sous nos yeux. Les premiers en date ont été dus, comme nous l'avons dit, au remaniement du terrain archéen ; mais les produits ainsi formés ont été remaniés à leur tour, avec de nouveaux emprunts à l'enveloppe gazeuse et aux couches liquides, et ces remaniements se sont répétés maintes fois jusqu'à nos jours.

On peut envisager ces terrains au point de vue de la manière dont ils ont pris naissance. On constate alors qu'ils peuvent avoir une origine mécanique, chimique ou organique, et des aspects excessivement variés.

Les sédiments qui ont une origine mécanique sont dits *détritiques*. Ils sont formés par des fragments de roches antérieures réunis, sous l'effet de la pesanteur, par le véhicule des agents atmosphériques, eaux ou vents. Ces matériaux constituent toute une gamme allant des blocs les plus grossiers aux particules les plus ténues, variée encore par ce fait que ces dépôts peuvent s'être maintenus à l'état meuble ou avoir été agglomérés en masse compacte à l'aide de ciments contemporains ou ultérieurs. Les sables, les graviers, les galets, et les grès, les conglomérats ou les poudingues qui en dérivent par cimentation correspondent aux éléments détritiques les plus grossiers. Les argiles, les marnes et les divers produits de leur solidification, parmi lesquels les phyllades, correspondent aux éléments les plus ténus.

Les sédiments qui ont une origine chimique sont de véritables *précipités* solidifiés. Certains sont siliceux, comme les meulières ; d'autres, calcaires, comme certains travertins et tufs. Le gypse appartient à cette classe.

Enfin, les sédiments qui ont dû leur naissance à l'intervention des organismes forment deux grandes catégories : les calcaires et les combustibles. Les premiers sont constitués par les débris d'organismes animaux dont certains sont microscopiques, comme les foraminifères de la craie, et présentent les plus grandes variétés de contexture ; quand la magnésie s'y trouve réunie à la chaux, on a la dolomie. Les seconds sont d'origine végétale et forment deux groupes : les tourbes et les houilles [1].

Mais on peut aussi envisager les matériaux sédimentaires à un autre point de vue, celui de l'époque à laquelle ils se sont formés. Cette étude, où l'on est guidé par l'observation du développement progressif de la vie dont les traces matérielles nous ont été conservées par les débris végétaux ou animaux fossiles, conduit à établir

---

1. Les tourbes et les houilles ont eu des modes de formation tout différents. Les premières proviennent de la décomposition lente et sur place de certains végétaux aquatiques se développant à l'air libre ; les secondes viennent, au contraire, de la décomposition lente sans doute, mais peut-être moins lente qu'on serait tenté de le croire, de débris végétaux terrestres accumulés en grandes masses en certains endroits par voie d'alluvionnement, et ayant subi une véritable macération dans l'eau. Comme le dit M. Grand'-Eury, la tourbe est une formation autochtone, tandis que la houille est une formation en très grande partie allochtone.

dans les terrains un ordre chronologique qui a été l'objet d'études approfondies de la part des géologues. Cet ordre chronologique comporte une division fondamentale du temps en grandes *ères* qui correspondent à des phases caractéristiques du développement de la vie; celles-ci se divisent en *périodes* et *sous-périodes*. A ces divisions se rapporte une classification des terrains sédimentaires en *groupes* qui correspondent aux ères, et en *systèmes* qui correspondent aux périodes; les systèmes se subdivisant eux-mêmes en *séries*. Le tableau ci-après indique cette classification réduite à ses éléments principaux.

Ère quaternaire (homme).	PÉRIODE MODERNE OU ACTUELLE.	
	PÉRIODE PLÉISTOCÈNE.	
Ère tertiaire ou **néozoïque.**	PÉRIODE NÉOGÈNE. . .	Sous-période pliocène.
		Sous-période miocène.
	PÉRIODE ÉOGÈNE . . .	Sous-période oligocène.
		Sous-période éocène.
Ère secondaire ou **mésozoïque.**	PÉRIODE CRÉTACIQUE. .	Sous-période crétacée.
		Sous-période infracrétacée.
	PÉRIODE JURASSIQUE. .	Sous-période suprajurassique.
		Sous-période médiojurassique.
		Sous-période infrajurassique ou liasique.
	PÉRIODE TRIASIQUE.	
Ère primaire ou **paléozoïque.**	PÉRIODE PERMIENNE.	
	PÉRIODE CARBONIFÉRIENNE.	
	PÉRIODE DÉVONIENNE.	
	PÉRIODE SILURIENNE.	
	PÉRIODE CAMBRIENNE.	

Mais là ne s'arrête point la classification, et à chaque sous-période correspond un certain nombre d'*étages* qui se subdivisent eux-mêmes en assises. Ces dernières divisions ont toutefois un caractère plus local, et ne se poursuivent pas d'une façon absolue lorsque l'on passe d'une région dans une autre [1].

1. Pour donner une idée des divisions plus détaillées que les géologues ont été amenés à établir, nous donnons ci-dessous, d'après M. de Lapparent, les divisions d'une des sous-périodes les moins complexes, la sous-période médiojurassique, avec les assises correspondantes telles qu'on peut les caractériser dans la Lorraine.

SOUS-PÉRIODE MÉDIOJURASSIQUE.	Étage bathonien. .	Dalle oolithique. Marnes du Jarnisy. Marnes de Gravelotte. Calcaire de Jaumont. Marne de Longwy.	100 m. de hauteur environ.
	Étage bajocien. . .	Calcaires à Polypiers. Marnes à Cancellophycus.	100 m. de hauteur environ.

Mais nous nous hâterons de faire remarquer que si le géographe peut avoir besoin de la division en étages pour expliquer quelques formes générales, il peut toujours se passer de la division en assises qui n'est utile que si on veut entrer dans des détails *topographiques* minutieux.

Il est nécessaire maintenant de faire une remarque des plus importantes et sur laquelle on n'insiste généralement pas assez au grand détriment de la clarté de certaines explications *géomorphogéniques*. C'est que la classification des matériaux sédimentaires par ordre chronologique, et celle des mêmes matériaux d'après leur aspect et leur origine, n'ont aucun rapport et chevauchent l'une sur l'autre. A toute époque de l'histoire de la terre, il s'est formé simultanément des matériaux détritiques fins ou grossiers, des précipités chimiques, des dépôts organiques ; il suffit de voir ce qui se passe sous nos yeux pour en être convaincu. Il en résulte qu'un même étage, qu'une même assise, peuvent présenter, suivant les endroits où on les examine, les aspects les plus différents. Ne voit-on pas sur nos plages actuelles se déposer des galets, du sable et de la vase à des endroits distants de quelques kilomètres à peine les uns des autres ? Or, ces différences de constitution se traduisent par des différences de dureté très appréciables qui ont des conséquences fort importantes dans la sculpture du sol.

Aussi le géographe qui voudrait indiquer, une fois pour toutes, le type d'une région correspondant à l'affleurement d'une couche d'un *âge déterminé* serait-il fort imprudent. Pour donner un exemple du danger auquel il s'exposerait, il suffit de mettre en parallèle les plaines ondulées de la *Champagne pouilleuse* et le chaos de rochers bizarres qui constitue, au nord de la Bohême, la *Suisse saxonne*. Le sol de ces deux régions est de formation presque absolument contemporaine, mais le *facies* est différent. Dans la première on a la craie, et dans la seconde, ce grès crétacé auquel les Allemands donnent le nom de *Quadersandstein*.

Les *matériaux éruptifs* [1] peuvent, comme les matériaux sédimentaires, être envisagés au double point de vue de leurs caractères physiques et de l'époque à laquelle ils ont fait leur apparition. Il en résulte deux classifications dont la première peut être traitée de façons différentes, suivant que l'on s'attache davantage à la composition chimique, à la texture générale ou, enfin, à la manière dont les matériaux se présentent à nos yeux.

La composition chimique, qui donne lieu à des études fort compliquées, n'intéresse point directement le géographe. Il en est tout autrement de la texture ; mais les divisions qui découlent de ses

---

1. Nous négligeons, bien entendu, tous les produits accessoires de l'activité interne, tels que les gîtes minéraux, les produits de sublimation, les sources minérales et leurs dépôts.

caractères se réduisent à trois grandes catégories : celles des roches granitoïdes, des roches porphyroïdes et des roches volcaniques.

Les roches granitoïdes ont une structure entièrement cristalline et excessivement régulière. On admet aujourd'hui qu'elles ont dû se former par le refroidissement lent d'une pâte homogène et à l'abri de causes brusques de modification, c'est-à-dire dans les profondeurs du sol et loin du contact de l'air. Les roches porphyroïdes ont une structure cristalline mais irrégulière et avec des éléments amorphes qui annoncent que leur solidification s'est faite dans des conditions plus mouvementées. Enfin, les roches volcaniques sont généralement amorphes ou vitreuses.

Si maintenant on se place au point de vue de la manière dont les roches éruptives se présentent dans la nature, on peut considérer qu'elles forment des massifs, des nappes et des filons. Le filon vient du remplissage d'une fente de l'écorce terrestre. La nappe est le résultat d'un épanchement par une fente ou une cheminée et qui a pu se faire à l'air libre, sous l'eau, ou encore entre deux couches sédimentaires. Quant au massif, il peut résulter de l'injection d'une partie du noyau fluide interne sous le sommet de plis de l'écorce terrestre.

Enfin, lorsqu'on cherche à se rendre compte de l'époque à laquelle les matières éruptives ont fait leur apparition, on constate que les éruptions ne se sont pas poursuivies avec la même intensité à travers les âges et qu'elles ont procédé comme par grands spasmes qu'on devine avoir coïncidé avec les dislocations de l'écorce terrestre. En ce qui concerne la région européenne, on peut classer ces spasmes en deux grands groupes ; l'un correspondant à l'ère primaire et se subdivisant lui-même en plusieurs autres ; l'autre correspondant à l'ère tertiaire et dont les manifestations éruptives de l'ère actuelle ne sont qu'une sorte d'écho. L'ère secondaire paraît, au contraire, avoir été marquée dans nos contrées par un repos relatif des forces éruptives.

On peut faire, au sujet de ces diverses classifications des roches éruptives, la même remarque que celle qui a été faite au sujet des classifications des roches sédimentaires : c'est qu'elles se chevauchent. Il y a des granites, des roches porphyroïdes ou volcaniques d'âges divers. Il serait donc fort imprudent de se fier aux seuls caractères pétrographiques pour déterminer l'âge d'une formation éruptive, et les géologues s'inspirent surtout à cet égard des données fournies par les terrains traversés par cette formation.

Il n'est pas, d'ailleurs, toujours très facile de distinguer nettement les formations sédimentaires des formations éruptives et surtout du terrain archéen. Le passage des matières éruptives surchauffées à travers les assises sédimentaires et les actions chimiques qui en résultent suffisent, en effet, pour y amener des modifications profondes. Sous l'influence de ces actions diverses, les matériaux sédimentaires subissent un *métamorphisme*, qui peut aller jusqu'à une dissolution suivie d'une cristallisation de certains éléments; de telle sorte que l'aspect en est totalement changé et devient *cristallophyllien*. Les actions mécaniques développées pendant les grandes dislocations du globe peuvent amener des résultats analogues par *dynamo-métamorphisme*. Ce n'est donc qu'après un sévère examen que l'on peut classer dans le terrain archéen les roches d'aspect cristallin.

L'étude des matériaux du sol, en tant que matériaux et abstraction faite de toute autre considération, a apporté des enseignements fort précieux pour la reconstitution géographique du passé.

On conçoit, en effet, que l'aspect et la nature des sédiments détritiques puissent donner des indications sur l'emplacement des anciens rivages et des anciens reliefs; un sédiment de grès grossier ou de conglomérats devant être plus rapproché de cet ancien relief qu'un sédiment de sables fins ou de marnes. Certains sédiments ont d'ailleurs manifestement une origine glaciaire ou une origine éolienne, ce qui permet de tirer de nouvelles inductions. D'autre part, les observations paléontologiques permettent de se rendre compte, par l'examen des débris organiques, si les terrains se sont déposés dans des eaux douces ou dans des eaux salées; en un mot, s'ils ont une origine marine ou lacustre; d'où de nouvelles indications sur la répartition des mers et des continents. Enfin, la série sédimentaire n'est pas toujours complète en un point donné du globe et l'interprétation de ces lacunes fournit de nouveaux renseignements. Un terrain sédimentaire d'un certain âge peut, en effet, manquer en un endroit, soit parce que le sol était émergé au moment du dépôt de ce sédiment, soit parce que cet endroit était trop éloigné des côtes pour que les sédiments aient pu l'atteindre, soit encore parce qu'il correspondait à des fosses abyssales[1]. On

---

1. L'observation de ce qui se passe de nos jours a fait admettre que la sédimentation des éléments détritiques cesse à environ 300 kilomètres des côtes, sauf devant les embouchures des grands fleuves qui font comme une chasse, et que la sédimentation organique a également ses limites qui sont données par la profondeur des fosses marines, celle de 5000 mètres semblant une limite moyenne.

notera toutefois que certaines couches peuvent manquer parce qu'elles ont été enlevées à un certain moment par des actions d'usure, mais ce fait est également riche en enseignements.

L'observation des roches éruptives et de leur distribution donne des indications d'un autre ordre. Elle attire notre attention sur maintes dislocations du sol et contribue à nous faire connaître le moment et la manière dont l'architecture du sol a pu être modifiée.

On voit donc quelles ressources précieuses l'étude des matériaux du sol apporte dans la recherche des formes géographiques aux divers âges de la terre.

ARCHITECTURE OU TECTONIQUE DU SOL

Lorsqu'on parcourt un district montagneux, surtout quand il contient de ces montagnes dont les sommets s'élèvent au-dessus de la limite des neiges éternelles, on est tout naturellement conduit à penser qu'on se trouve en présence d'une des modifications les plus considérables de l'écorce terrestre, et à supposer que chaque région de ce genre a pris naissance à la suite d'un bouleversement spécial de cette écorce. A vrai dire, il n'en est rien; et si paradoxale que puisse paraître l'expression, on n'a affaire là qu'à des conséquences secondaires de modifications plus générales de l'assiette du globe, modifications qui échappent à l'observation directe par suite de leur immensité même.

Si l'on songe, en effet, à la manière dont le sphéroïde terrestre s'est déformé par suite de la contraction due au refroidissement progressif, on est bien forcé d'admettre, *a priori*, que cette déformation n'a pu se faire qu'en suivant un plan général dont les éléments ont été imposés par la nature même des forces en présence. Quelle que soit la quantité des observations aujourd'hui accumulées, nous n'avons pu encore en dégager la nature de ce plan général, et nous sommes réduits, à son sujet, à des déductions théoriques, parmi lesquelles celle qui aboutit à la nécessité de la déformation tétraédrique est de beaucoup la plus vraisemblable. Mais le problème se circonscrit tous les jours et déjà nous pouvons entrevoir certaines lois qui nous échappaient complètement naguère et qui ont régi la suite des modifications tectoniques.

Des travaux récents, et notamment ceux de M. Haug, nous montrent que certaines pièces de l'écorce terrestre se sont toujours distinguées par leur mobilité, tandis que d'autres ont une fixité relative ou tout au moins ont présenté, dans leurs modifications, des caractères totalement différents Les parties essentiellement mobiles constituent les *géosynclinaux*. Ce sont de grandes dépressions allongées traçant comme un réseau sur la surface du globe, et où viennent s'empiler les matériaux sédimentaires sur des épaisseurs souvent considérables. Les parties relativement stables sont encadrées par ces géosynclinaux et constituent ce que M. Haug nomme les *aires continentales*. Et l'on est ainsi amené à comparer l'écorce terrestre à une de ces armures dont les grandes pièces, relativement rigides, sont reliées par les articulations souples que fournissent un manteau de cuir et peuvent ainsi jouer les unes par rapport aux autres, sans risquer de grandes déformations[1]. En raison de la contraction progressive et fatale due au refroidissement, les mouvements se traduiront toujours en fin de compte par une descente de l'écorce terrestre, mais cette descente ne sera que la *résultante* de nombreux mouvements *composants* dont certains pourront parfaitement être de sens contraire. Quant aux compensations nécessaires dans l'étendue des surfaces, elles prendront leur origine dans des remplis ou des froncements successifs des parties souples.

En suivant cet ordre d'idées on voit que les modifications capitales de l'assiette de la croûte terrestre, celles que l'on peut qualifier de modifications de *premier ordre*, répondent aux oscillations des *aires continentales*. Mais on comprend également que ces modifications n'ont pu se faire qu'en en entraînant d'autres, occasionnées par les énormes pressions latérales développées par le jeu relatif de ces grandes masses.

Ce sont les effets de ces modifications de *deuxième ordre* par lesquels notre attention est violemment attirée, parce que notre œil

---

1. La notion du géosynclinal considéré comme une région déprimée où les matériaux sédimentaires s'entassent sur un fond relativement mobile est déjà assez ancienne. Dès 1859, J. Hall expliquait l'accumulation exagérée des sédiments en certaines régions spéciales par un affaissement graduel du fond de la mer dans ces régions, et montrait, en outre, que les grandes chaînes de montagnes s'élèvent précisément sur l'emplacement de géosynclinaux. Dana reprenait, en 1875, ces idées et les complétait.

Aujourd'hui, grâce aux travaux de M. Haug, nous entrevoyons le rôle d'ensemble de ces géosynclinaux, nous connaissons leurs dispositions générales aux différents âges de la terre, et nous savons que ces dispositions, sans avoir été absolument identiques, ont présenté de grandes analogies.

La figure 1 donne, d'après M. Haug, le tracé général du réseau des géosynclinaux pendant l'ère secondaire. Il faut bien insister sur ce fait que cette figure ne représente pas la disposition respective des terres et des océans. Car les géosynclinaux, tout en faisant forcément partie du domaine marin, n'ont jamais représenté tout ce domaine; et celui-ci a toujours empiété plus ou moins sur ce que M. Haug nomme les *aires continentales*. Le choix de cette expression pour désigner les parties *moins flexibles* de l'écorce terrestre est donc défectueux, étant donné le sens habituel du mot continent.

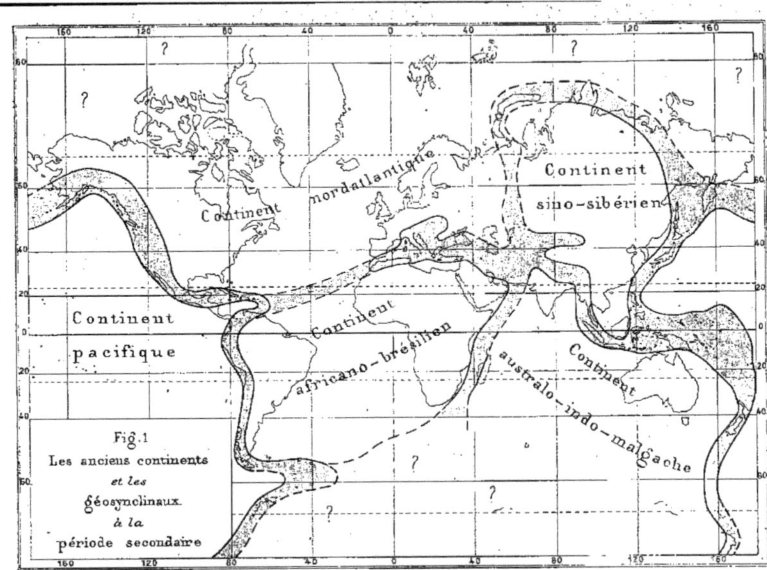

Figure extraite de l'article de M. E. Haug sur *les géosynclinaux et les aires continentales*.
(Bulletin de la Société géologique de France. 3ᵉ série, tome XXVIII, page 633.)

peut les mesurer, tandis que les conséquences générales des modifications de premier ordre lui échappent par suite de leur étendue même et ne peuvent être entrevues qu'à la suite d'études spéciales. Ils affectent aussi bien les *aires continentales* que les *géosynclinaux*, mais prennent dans ces derniers une importance toute spéciale grâce à la facilité de déformation qui les caractérise. Là, les pressions latérales agissant sur des sédiments récemment déposés, par suite plus plastiques, et de plus accumulés sur d'énormes épaisseurs, ont toujours eu beau jeu pour ployer les couches du sol, et les faire ensuite surgir en systèmes montagneux qui s'imposent aux regards.

Cantonnons-nous, pour le moment, dans l'analyse de ces phénomènes de second ordre qui intéressent de plus près les études géographiques et voyons comment la disposition des couches du sol a pu être modifiée par les événements tectoniques. Ce que nous dirons à ce sujet est d'ailleurs complètement dégagé de toute spéculation théorique et peut être considéré comme définitivement consacré par l'observation même de la nature.

Toute déformation d'une partie un peu étendue de l'écorce terrestre est la résultante d'un ensemble de déformations que l'on peut qualifier d'élémentaires. On a depuis longtemps distingué dans ces déformations élémentaires deux grandes catégories : les cassures ou *failles* et les *plis*. Il faut aujourd'hui en noter une troisième, celle des *charriages*, dont les études de M. Marcel Bertrand ont montré la fréquence.

Les cassures sont des ruptures des couches du sol suivant des surfaces le plus souvent planes; elles portent le nom de failles

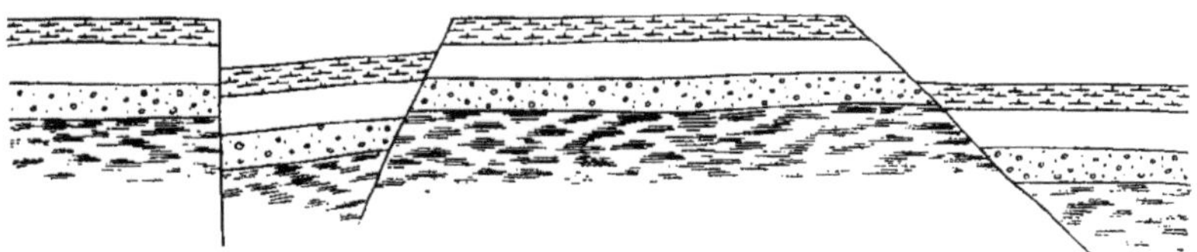

Fig. 2. — Failles verticales et obliques [1].

lorsqu'elles sont accompagnées de rejets. L'amplitude de ces rejets peut être considérable et occasionner parfois des dénivellations tectoniques de plus de mille mètres. Toutefois ces dénivellations

1. La figure 2 et les figures 3, 6, 10, 11, 12, 13, 14, 15, 17, 18, ont été copiées sur celles de l'ouvrage de MM. E. de Margerie et A. Heim : *Les dislocations de l'écorce terrestre*.

ne se traduisent pas toujours dans la topographie par des ressauts ou de brusques affaissements, parce que les actions érosives ont pu

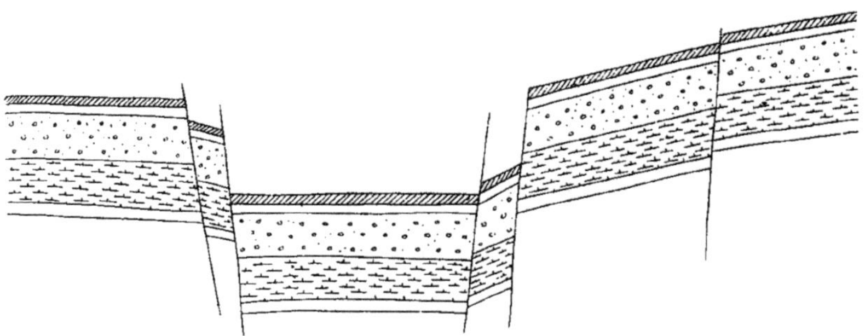

Fig. 3. — Compartiment affaissé encadré par des failles en gradins.

atténuer ou faire disparaître la différence de niveau; on n'est alors averti de la dislocation profonde que par un brusque changement de la nature du sol.

Les failles peuvent être simples ou en gradins, verticales ou

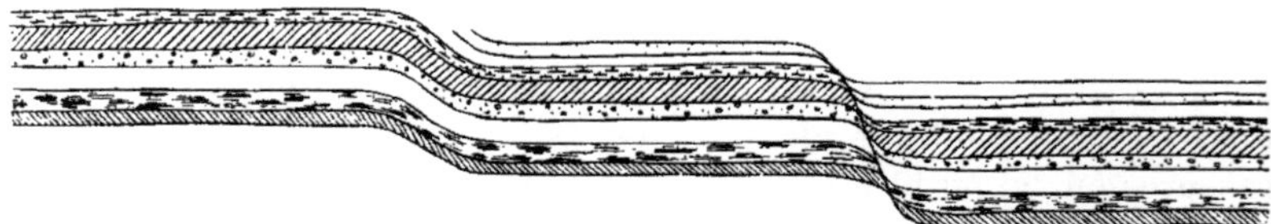

Fig. 4. — Flexures.

obliques, perpendiculaires à la surface des couches du sol ou inclinées par rapport à cette urfaces. Quelquefois la faille ne s'est pas produite, il y a eu simplement étirement des couches; on a alors ce qu'on nomme une *flexure*.

Fig. 5. — Faille ramifiée.

En plan, ces cassures suivent une direction rectiligne ou peuvent avoir une disposition curviligne; elles sont simples ou se ramifient; bref, elles affectent toutes les dispositions. Il est rare d'ailleurs qu'elles soient isolées et, le plus souvent, elles s'associent pour dessiner de vastes champs de dislocations délimités par des

failles périphériques et traversés en tous sens par des failles radiales.
Les plis sont des ploiements plus ou moins accentués des

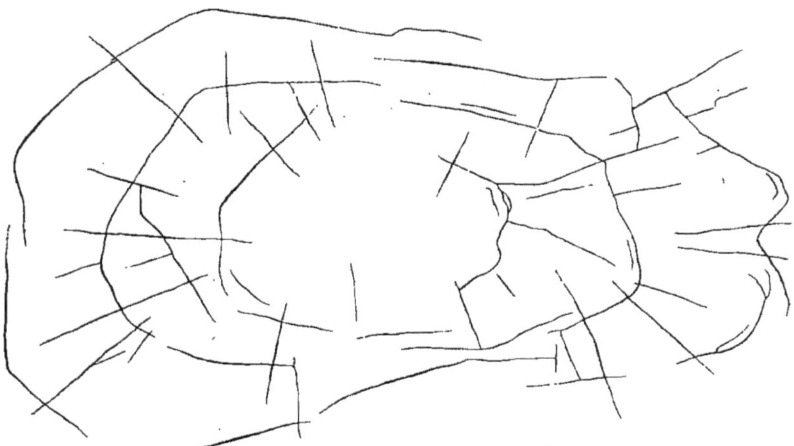

Fig. 6. — Champ de dislocation avec failles radiales et failles périphériques.

couches du sol. Alors que notre esprit se fait facilement à l'idée de
cassure, il est assez rebelle, *a priori*, à cette notion de plissement

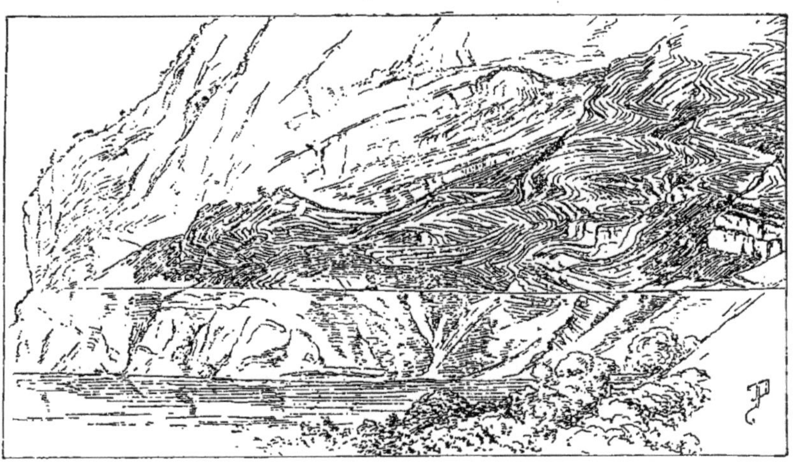

Fig. 7. — Replis des couches crétacées de l'Axenberg.
Dessin de Prudent communiqué par le Club Alpin français.

des couches du sol. On a peine à concevoir comment des assises
rocheuses ont pu se contourner de la sorte. Le fait est cependant là,
et les moindres coupes du sol, dans la région alpine, le mettent en

évidence. Une d'elles est surtout topique à cet égard, c'est celle qui est fournie par le véritable coup de hache que la dépression du lac

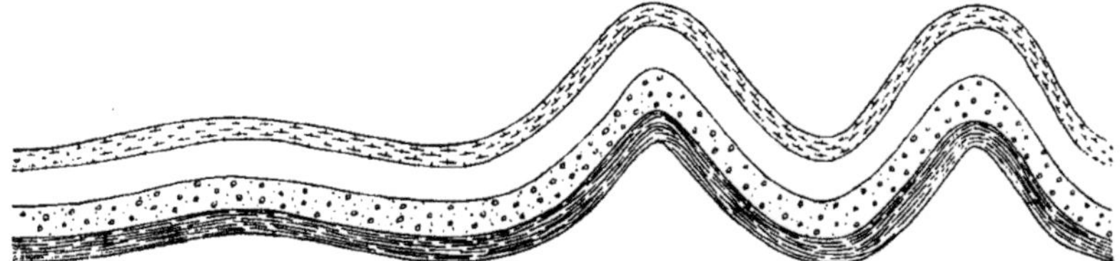

Fig. 8. — Ondulation et plis réguliers.

des Quatre-Cantons donne dans les plis de l'Axenberg ; on y voit les couches du sol ployées et reployées comme la pâte la plus flexible

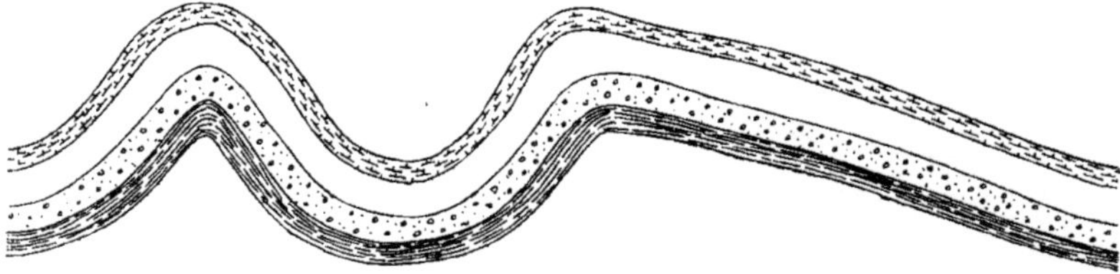

Fig. 9. — Pli symétrique et pli dissymétrique.

et son aspect seul suffit pour faire entrevoir aux plus ignorants tout un côté de l'architecture du globe (fig. 7).

Il est d'ailleurs incontestable que les plissements énergiques

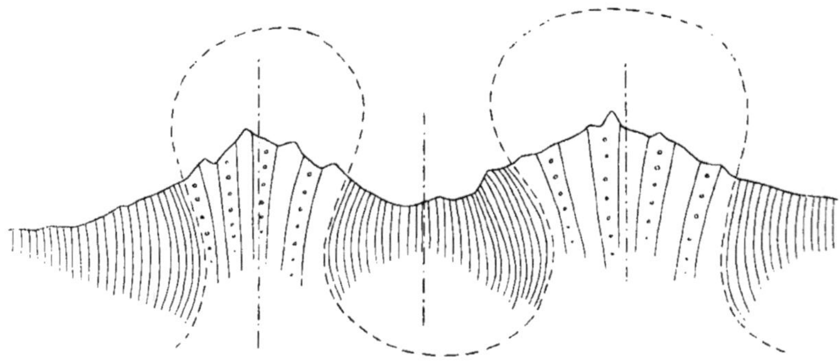

Fig. 10. — Plis en éventail démontrés par l'érosion.

n'ont pu se former que grâce à un concours de circonstances particulières. Telles couches du sol qui, à une certaine époque, s'étaient montrées très plastiques devant les efforts de compression, ont acquis par la suite une rigidité suffisante pour que les moindres ondulations postérieures aient dû s'y résoudre en cassures. Suivant M. Marcel Bertrand, la formation des plis se ferait au cours même

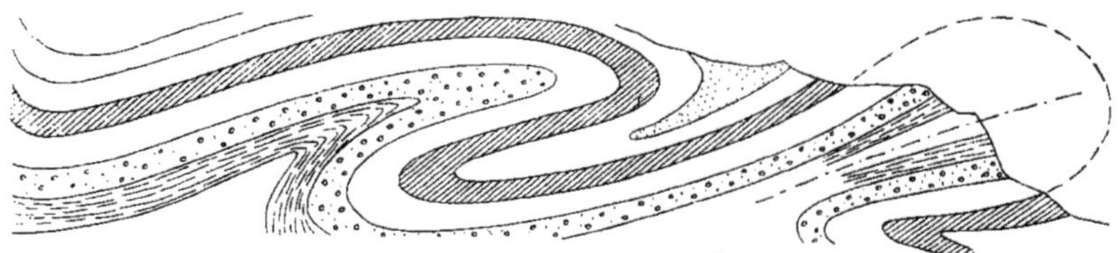

Fig. 11. — Pli couché et pli en éventail couché; ce dernier en partie détruit par l'érosion.

de l'accumulation des dépôts dans les géosynclinaux, et ce n'est qu'ultérieurement que la région plissée, soulevée en quelque sorte en masse, viendrait émerger à la faveur de spasmes plus éner-

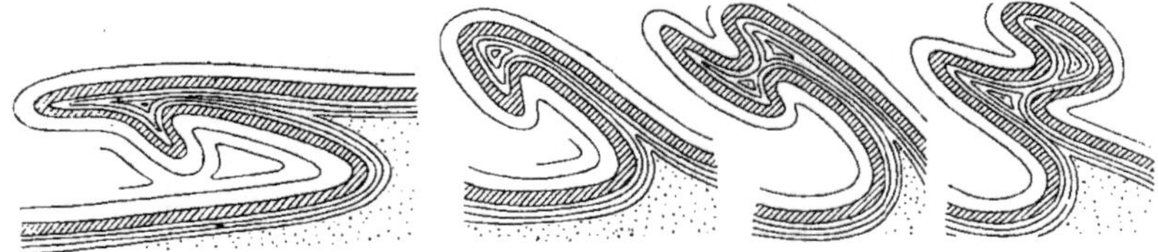

Fig. 12. — Types divers de plis repliés.

giques, cachant la complication de son architecture intime sous les formes simples de l'empâtement dû aux sédiments les plus récents.

Le pli peut varier de la simple ondulation, dont la flèche est bien

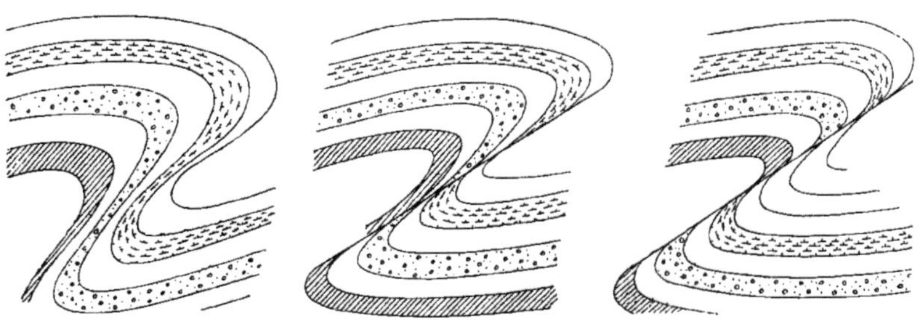

Fig. 13. — Pli étiré; plis failles.

inférieure à la corde sous-tendue, au ploiement le plus énergique où la flèche est bien des fois plus grande que la corde.

Le pli peut être convexe ou concave, on le dit alors anticlinal ou synclinal. Il peut être symétrique ou dissymétrique, de forme aiguë ou s'épanouissant en éventail, avec toutes les nuances intermédiaires. Son axe peut être vertical, incliné ou même complètement couché. Le profil en est simple ou plus ou moins compliqué. Enfin, le pli peut s'étirer tellement qu'il se rapproche de la faille.

Mais le pli ne se trouve qu'exceptionnellement à l'état isolé. Le plus souvent il fait partie d'un ensemble qui constitue ce que l'on

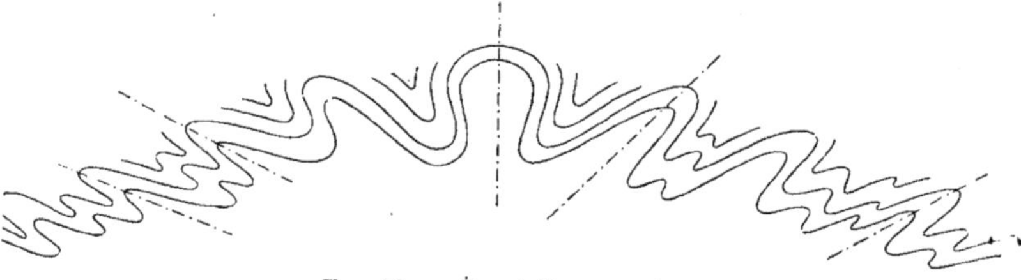

Fig. 14. — Éventail composé.

nomme un *faisceau de plis*. Le faisceau présente lui-même des dispositions fort variées. En coupe, il peut comprendre une suite de profils identiques ou passant successivement d'un type à l'autre. Ainsi on observe assez souvent la disposition en éventail composé ou en éventail composé renversé. Ces profils généraux peuvent d'ailleurs varier d'un bout à l'autre du faisceau, et celui-ci passe d'une disposition à une autre par de véritables mouvements de tor-

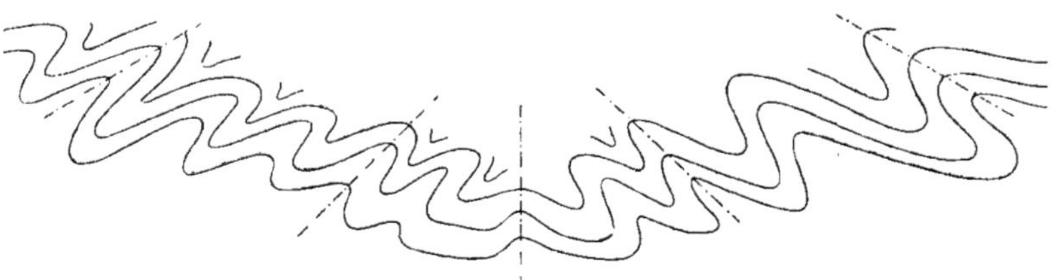

Fig. 15. — Éventail composé renversé.

sion. En plan, le faisceau se compose exceptionnellement d'une série d'éléments rectilignes parallèles, et présente le plus souvent des inflexions. Un bon exemple de faisceau est donné par la disposition du Jura français. On remarque qu'il est fort rare qu'un pli se poursuive d'un bout à l'autre du faisceau, surtout lorsque celui-ci a une disposition curviligne. Les plis se succèdent en *se relayant;* l'un d'eux diminue peu à peu de valeur pour se fondre en quelque sorte dans la masse générale, et un autre reparaît de la même manière dans le voisinage immédiat, mais généralement sans prolonger le premier. On obtient une image assez fidèle de cette disposition en froissant légèrement une pièce d'étoffe un peu consistante.

Les *charriages* sont le résultat de la superposition par glissement, le long d'une surface légèrement inclinée sur l'horizon, de deux paquets distincts de couches du sol. Le plus souvent, le paquet supérieur a d'abord été amené à chevaucher sur son voisin par l'effet d'un plissement; puis, les forces latérales continuant à agir, il y a eu transport en masse par charriage. Ces déplacements latéraux des couches du sol se chiffrent parfois par dizaines de kilomètres et comportent toute une série de phénomènes annexes.

Ainsi une partie des couches du paquet inférieur peut avoir été entraînée à suivre le mouvement. Ses matériaux écrasés et laminés forment alors ce que l'on nomme une *lame de charriage;* cette lame pouvant, d'ailleurs, se subdiviser en lames élémentaires séparées les unes des autres par des surfaces de glissement auxiliaires, et ayant d'autant plus participé au mouvement qu'elles sont plus rapprochées du paquet charrié. Ainsi encore le mouvement de charriage, combiné avec les résistances variables opposées par le frottement sur le substratum, aura pu entraîner le paquet charrié à se ployer de telle sorte que de nouveaux plissements à caractère tout local auront pu se superposer au plissement général de la région. Enfin, il se peut que des couches inférieures aient marché plus vite que celles qui les surmontaient, forçant celles-ci à se distendre et à se morceler. On comprend donc que les charriages entraînent d'immenses complications dans l'architecture du sol, sur tout lorsque ces charriages ont eu lieu après que des plis couchés ont interverti à plusieurs reprises l'ordre naturel des assises.

L'habitude instinctive que nous avons de toujours vouloir trouver une cause spéciale à chaque effet distinct, fait que l'on attribue souvent la formation des failles à des forces verticales et celle des plis à des efforts tangentiels. L'observation directe de la nature montre qu'il ne peut y avoir de démarcation si tranchée et que le passage du pli à la faille est ménagé par des gradations insensibles. La rigidité plus ou moins grande des assises a été souvent la cause déterminante de ruptures qui ne se seraient pas produites dans des terrains plus plastiques. Il faut donc rejeter toute conception tendant à distinguer des régions prédestinées, les unes à subir uniquement l'action de forces verticales, et les autres à ne connaître que celle des forces tangentielles. Toutefois, l'observation montre que certaines parties du globe ont principalement été affectées par des fractures, tandis que d'autres l'ont surtout été par des plis et des charriages. De telle sorte qu'il est nécessaire de distinguer, dans l'architecture terrestre, deux types fondamentaux bien différents : *l'architecture tabulaire* et *l'architecture plissée*. Il convient de bien les définir.

L'architecture tabulaire[1] est caractérisée par la division du sol en grands compartiments qui ont joué les uns par rapport aux autres suivant des failles plus ou moins complexes. M. Suess, qui a le premier attiré l'attention sur les régions ainsi morcelées, a comparé leur aspect à celui d'un étang gelé dont on aurait soutiré l'eau de façon à laisser s'exercer librement l'action de la pesanteur sur la croûte glacée. Mais cette conception a quelque chose de trop absolu, car elle suppose que tout le relief ne s'est dessiné que par voie d'affaissement ; certaines parties restées immobiles (les *horst* de M. Suess) faisant seules saillie parce que tout s'est effondré autour d'elles.

Il faut comprendre d'une façon bien plus large l'ensemble des mouvements qui ont pu se passer, et c'est avec intention que nous avons employé l'expression de *jeu des compartiments du sol*. Parmi ces compartiments, les uns ont pu rester immobiles, comme le dit M. Suess, pendant que leurs voisins s'affaissaient plus ou moins ; mais d'autres ont été soumis à de grands mouvements de bascule, tandis que certains pouvaient être même relevés sous l'effet de mouvements profonds de la lithosphère ou, simplement, par suite de la compression résultant de l'affaissement de leurs voisins ; ces mouvements entraînant d'ailleurs les couches du sol à s'incliner de diverses manières.

Mais il ne faut pas croire que le morcellement caractéristique de l'architecture tabulaire soit exclusif de tout ploiement de l'écorce terrestre. Il s'accommode, au contraire, fort bien des grandes ondulations qui, quelquefois, ont été le prologue des cassures elles-mêmes. On comprend d'ailleurs que, pour peu que le terrain ait conservé quelque plasticité, les compressions latérales qui prennent naissance dans le coincement de deux compartiments voisins ne

---

1. Nous avons généralisé là l'expression dont se servent les géologues pour distinguer, dans le Jura, la partie qui a échappé aux plissements alpins de celle qui a été soumise à ces plissements et a déferlé même en partie sur la première. Il ne faut pas d'ailleurs prendre au pied de la lettre cette expression ainsi généralisée. La surface d'un pays tabulaire n'est pas forcément plane ; elle peut même être très mouvementée, car elle dépend essentiellement des variations de dureté que présentent les couches superficielles, variations qui peuvent être considérables si la table n'est, comme cela arrive quelquefois, que le résultat de l'arasement d'une ancienne région plissée.

peuvent manquer de se traduire par quelques plissements locaux.

L'architecture plissée est celle où le relief prend sa source dans l'exagération des ondulations que l'on peut comparer alors à de véritables vagues figées. La surface du sol se partage dans ce cas en faisceaux de plis. Ceux-ci se groupent entre eux en se *relayant*, de la même façon que les plis se relayent entre eux pour former un faisceau. En même temps se dessine le plus souvent l'*apparence* d'un réseau de plis que l'on peut qualifier de réseau *conjugué* et dont les éléments moins accentués que ceux du premier ont une disposition transverse à la sienne. Bien que ce système conjugué n'ait sans doute point d'origine qui lui soit propre, et qu'il dérive simplement de la distribution des points hauts et des points bas des axes du plissement général, on conçoit que des sortes d'*interfé-*

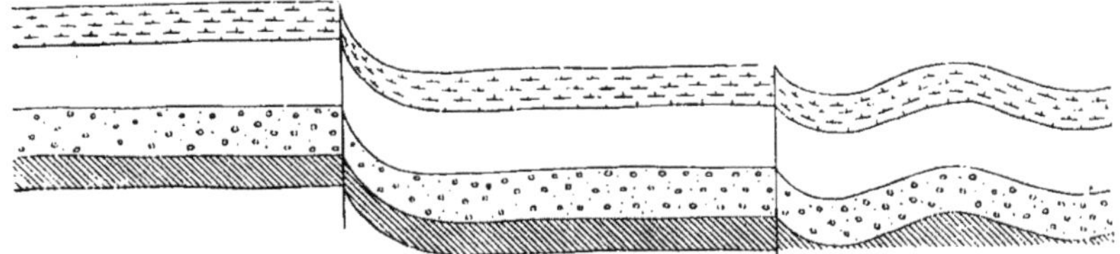

Fio. 16. — Ondulations locales, conséquences des pressions développées par la chute des compartiments du sol.

rences, susceptibles d'avoir leur retentissement dans les lignes géographiques, puissent résulter de la rencontre des lignes directrices des deux systèmes d'ondulations.

D'ailleurs, les régions plissées présentent d'autres complications. Le sol peut avoir eu tendance à s'y affaisser ou à s'y relever par places. Lorsque les mouvements verticaux résultant de cette tendance n'ont eu lieu que bien après la formation des plis, ils ont agi à la manière d'un emporte-pièce. La région plissée présentera alors çà et là de véritables champs de fracture dont les éléments auront joué les uns par rapport aux autres à la manière de ce qui se passe dans les régions tabulaires, donnant naissance en certains endroits à de véritables *horst*. Mais si ces mouvements verticaux se sont manifestés au cours même de la période de plissement, ils n'ont pu manquer de faire déverser les plis dans un sens ou dans un autre, constituant ainsi soit des *cuvettes* vers l'intérieur desquelles les plis voisins s'infléchissent, soit des *dômes* autour desquels les plis semblent se déverser vers l'extérieur. Enfin nous avons vu que sur les plissements pouvaient se greffer des phénomènes de *charriage* dont nous avons montré la complexité. On comprend donc combien l'analyse des régions plissées est difficile, et combien il faut entasser

Fig. 17. — Affaissement local contemporain de la formation des plis d'une zone plissée.

de travaux de détail avant de pouvoir prétendre à donner une interprétation définitive de toutes les particularités de leur structure.

C'est entre ces deux types fondamentaux d'architecture que se

Fig. 18. — Exhaussement local et contemporain de la formation des plis d'une zone plissée.

partage tout l'édifice du globe. Il convient toutefois de leur en adjoindre un troisième qui peut, en certaines régions, se superposer à eux, c'est l'*architecture éruptive*. Les manifestations de l'activité

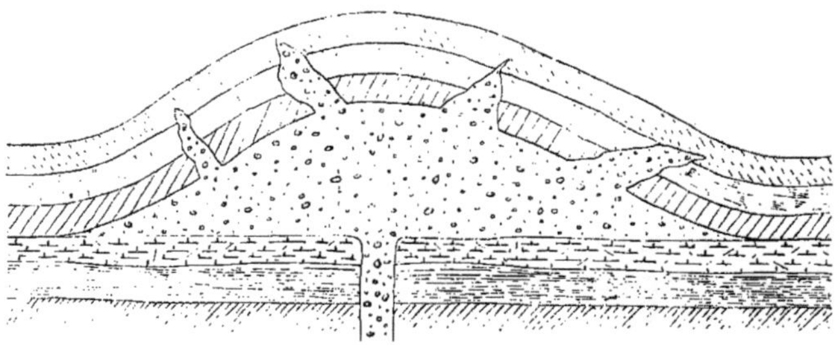

Fig. 19. — Coupe schématique d'un laccolithe.

interne qui accompagnent parfois les grandes dislocations de la croûte terrestre impriment, en effet, à certaines parties du globe, un caractère spécial, en y élevant les pustules des volcans ou en y étalant les nappes des laves. Même lorsque les produits éruptifs n'ont pas réussi à s'épancher à la surface, ils peuvent avoir une influence appréciable sur les formes extérieures. Les *laccolithes*, injections de pâtes éruptives entre certaines assises sédimentaires, donnent lieu à des intumescences qui simulent souvent des dômes de plissement.

Après avoir envisagé les déformations du sol *dans l'espace*, il faut maintenant les considérer *dans le temps*, en se demandant quels peuvent être leurs âges et si elles se sont produites rapidement ou avec lenteur. Les moyens d'investigation dont disposent les géologues à cet égard, sans être d'une précision extrême, sont assez sûrs. Ils consistent dans l'examen et l'interprétation des failles et des discordances de stratification.

On dit que deux couches du sol sont en stratifications concor-

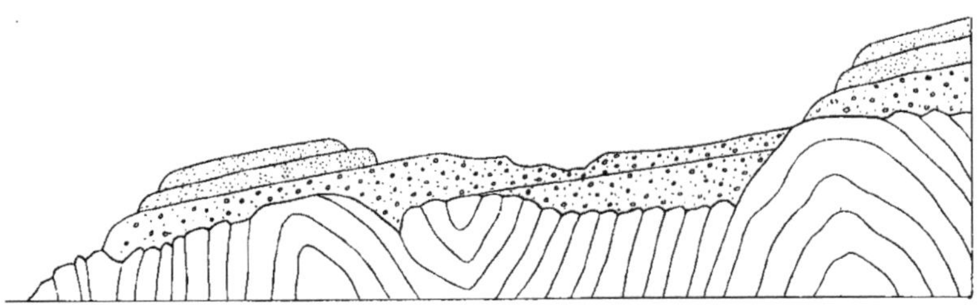

Fig. 20. — Exemple de couches sédimentaires déposées en discordance sur un substratum plissé (Écosse, d'après Lyell).

dantes, lorsque leurs joints de stratification ou surfaces de division sont parallèles, et qu'elles sont en stratifications discordantes lorsque ces surfaces font un certain angle. Il est clair que la présence d'une discordance donne une indication sur l'âge du plissement des couches inférieures, plissement qui n'a pu se produire qu'après le dépôt de ces couches et avant celui des couches supérieures qui n'y ont pas participé. L'évaluation sera d'autant plus précise que l'âge des deux couches sera plus rapproché et qu'il n'y aura pas de lacunes dans la série sédimentaire en l'endroit considéré. D'autre part, les failles sont certainement postérieures aux terrains qu'elles traversent et le plus souvent antérieures aux terrains sous lesquels elles s'arrêtent brusquement.

Si, armé de nombreuses observations locales, on s'attaque à l'étude des déformations d'ensemble de la croûte terrestre, on constate, tout d'abord, que ces déformations, soit par cassures, soit par plissement, ont été *excessivement lentes*. Certes, le phénomène aura pu présenter des poussées brusques avec effets élémentaires ayant le caractère de catastrophes locales, mais l'ensemble se sera toujours échelonné sur de longues périodes de siècles. Les preuves matérielles de cette lenteur résultent encore d'autres remarques, celles-ci d'ordre purement géographique. Il est facile d'en donner deux exemples. Le premier nous est fourni par les méandres profondément encaissés que dessinent certaines rivières dans la traversée de plateaux élevés. Comme les méandres sont des éléments caractéristiques des rivières de plaines, leur forme encaissée est un véritable paradoxe géographique; on ne peut le plus souvent l'expliquer que par l'extrême lenteur du relèvement du sol qui a permis aux rivières de s'enfoncer progressivement. Le second est donné par les régions plissées. Il arrive que l'on rencontre, sur la bordure de massifs montagneux, des couches plissées relativement jeunes qui ne se trouvent pas à l'intérieur de la chaîne. On est obligé d'en conclure que celle-ci devait déjà avoir émergé avant leur dépôt et que le phénomène orogénique s'est poursuivi pendant plusieurs périodes de sédimentation.

Puis, si, laissant de côté le temps que les déformations architecturales ont mis à se produire, on cherche à se rendre compte de leurs âges, c'est-à-dire du moment de l'histoire de la terre où elles ont fait leur apparition, on voit que les modifications à l'architecture du globe se sont produites à plusieurs reprises. Chaque région de la terre a donc eu comme ses *époques critiques* où de grands remaniements ont été apportés à sa structure. A chacune de ces époques, certaines parties du globe ont pris une architecture plissée, tandis que d'autres n'ont été soumises qu'à des modifications tabulaires. Mais il faut bien se dire, en outre, que le même style architectural n'a pas toujours présidé à ces remaniements, et que telle région plissée à une époque, a pu être ensuite le siège de mouvements tabulaires. Ainsi serait un édifice qui, bâti en des temps reculés et ruiné à plusieurs reprises, aurait été restauré chaque fois sur des plans différents. Néanmoins un certain lien rattache les uns aux autres ces remaniements successifs, et il a été constaté que les dislocations anciennes ont toujours eu une *influence directrice* sur celles qui leur ont succédé.

SCULPTURE DU SOL

Les matériaux de l'écorce terrestre qui sont exposés à l'air libre et qui d'ailleurs ont déjà pu être morcelés et fendillés par les actions mécaniques qu'ils ont subies, sont soumis à des causes diverses de désagrégation. Les alternances de chaud et de froid, de sécheresse et d'humidité, la gelée qui débite les roches les plus dures lorsqu'elles sont imprégnées d'eau, l'action des organismes végétaux ou animaux, certaines actions chimiques de l'atmosphère, la lumière elle-même, finissent par avoir raison des roches les plus résistantes et par en ameublir la surface. Dès lors, l'action de la pesanteur intervient et tend à faire descendre le plus bas possible les parties désagrégées.

D'autre part, l'eau et l'air lui-même disposent d'une force mécanique lorsqu'ils sont mis en mouvement. Le vent et les eaux, aussi bien celles qui circulent dans les cavités souterraines dues au décollement des strates ou aux dissolutions chimiques que celles qui coulent à la superficie, désagrègent par leur frottement ou leur choc, dont l'effet s'accroît s'ils charrient des matériaux solides. Les glaciers eux-mêmes, qui ne sont que de lents fleuves de glace, usent les terrains sur lesquels ils passent. Enfin, la mer détruit les reliefs qu'elle borde directement, par l'attaque de ses vagues qui produit un véritable sapement.

Mais les eaux, même sous la forme de glaces, constituent de plus un excellent véhicule qui fait descendre d'étage en étage les particules solides et les amoncelle dans les dépressions par le mécanisme de la sédimentation, simple contre-partie de l'abaissement des reliefs. Sans leur intervention et quelquefois celle des vents, les roches *s'enseveliraient sous leurs propres débris,* tandis que grâce à elles les traits généraux de la sculpture sont toujours avivés.

Toutes ces actions ont été très bien étudiées grâce à l'observation directe des phénomènes qui se passent sous nos yeux et même à des expériences bien conduites. Ces études ont donné aujourd'hui la clef de toutes les *formes topographiques* [1] et rien ne serait plus intéressant que de passer celles-ci en revue. Mais cet examen nous entraînerait beaucoup trop loin. Nous y renonçons donc et, négligeant les rapports entre les *formes topographiques* et l'*outil* de sculpture qui leur a donné naissance, nous ne chercherons à dégager des travaux auxquels nous faisons allusion que ce qui intéresse les *grandes lignes géographiques.*

Deux lois générales dominent, à cet égard, toutes les règles de détail. La première peut s'exprimer d'une façon très concise. Elle se réduit à faire remarquer que *les agents de sculpture ont pour effet*

1. Lire, à ce sujet, les *Leçons de géographie physique* qu'a publiées M. DE LAPPARENT et où se trouvent résumées les conditions générales du modelé du sol.

de mettre en évidence les parties résistantes du sol. La seconde concerne les cours d'eau ; elle est un peu plus complexe et a besoin de quelques définitions préliminaires. Un cours d'eau constitue un agent mécanique puissant, disposant d'une force vive qu'il emploie à creuser son lit et à charrier des débris de toute nature. Lorsqu'il débouche dans la mer ou dans un lac, ou même encore qu'il disparaît par évaporation en un point déterminé, comme cela arrive pour les cours d'eau qui pénètrent dans les zones désertiques, il perd toute sa vitesse et ne peut plus en ce point accomplir aucun effort mécanique et en particulier approfondir son lit. Ce point fixe constitue ce que l'on nomme le *niveau de base* du cours d'eau, c'est-à-dire le niveau au-dessous duquel il lui est impossible de s'enfoncer. L'observation a montré que le profil en long de tout cours d'eau,

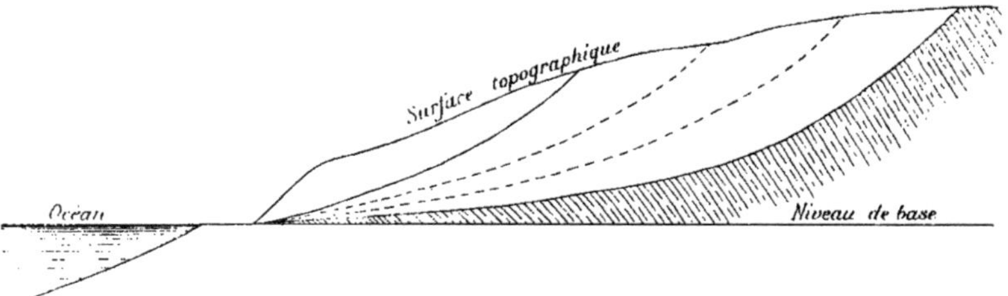

Fıc. 21. — Rotation descendante d'un thalweg par suite des progrès de l'érosion.

dans sa phase de creusement, si accidenté, si coupé par des chutes qu'il ait été à ses débuts, prend, avec le temps, la forme d'une courbe régulière concave vers le ciel, et *que cette courbe s'abaisse peu à peu par une sorte de rotation autour du niveau de base*, jusqu'à ce qu'il s'établisse une sorte d'équilibre. Dès que le profil en long définitif est fixé, le cours d'eau travaille à élargir son lit et cet élargissement se propage de l'aval à l'amont. Enfin, les versants de la vallée s'aplatissent peu à peu.

Voyons maintenant quelles sont les conséquences de ces deux lois.

La mise en évidence des parties dures du sol se comprend aisément. Il est naturel, en effet, que les matériaux tendres soient usés plus vite que ceux qui sont résistants, de telle sorte que ces derniers demeurent en saillie pour peu que les parties désagrégées ne restent point sur place, ce qui n'arrive qu'exceptionnellement. Si la roche dure se réduit à une masse de faible dimension, il n'en résulte qu'un accident topographique ; mais si elle constitue un affleurement de quelque étendue, elle donne lieu à une unité géographique dont la disposition générale dépend de sa distribution.

Si, par exemple, la roche résistante forme une nappe horizontale, celle-ci protège en quelque sorte le sol dans toute son étendue et il en résulte un plateau qui domine les régions plus tendres du voisinage; c'est ce qui arrive souvent pour les nappes éruptives. Si, au contraire, les couches du sol sont vues par leurs tranches, les plus dures, restant en saillie, donnent naissance à des reliefs parallèles : ainsi, par exemple, les bourrelets du Soonwald, de l'Idarwald et du Hochwald qui accidentent la masse générale du Hunsrück, ou encore les *crêts* du Jura. Cet effet se produit même si les couches ne se présentent que faiblement en biseau; il se forme alors une suite de terrasses terminées par des sortes de *corniches* qui correspondent aux couches dures : ainsi, par exemple, les terrasses et les corniches de la Région Parisienne orientale et celles de la Souabe.

Un cas particulier est celui où la couche dure du sol est isolée, avec une faible épaisseur et une résistance exceptionnelle, et, où, de plus, elle affleure presque verticalement; elle arrive alors à dessiner une véritable muraille; tel, le grand Pfahl de Bohême qui court dans toute l'étendue du Böhmerwald et qui n'est qu'un filon de quartz encastré dans des roches archéennes moins résistantes. En d'autres endroits, la roche dure peut se présenter par grandes masses isolées les unes des autres et noyées dans un terrain plus tendre; il se produit alors des groupes de hauteurs séparées, comme ceux du Pfalzgebirge, entre le Hunsrück et la Haardt, qui doivent leur existence à la mise en évidence de masses éruptives par rapport au terrain permien relativement tendre qu'elles traversent. Le cas limite de cette disposition générale est celui où l'érosion arrive à dégager les cheminées mêmes qui ont donné passage aux matières éruptives : on a alors des murailles ou *dykes*, comme on en voit dans certaines régions très usées de l'Angleterre.

Mais, l'aspect de la partie du sol mise en saillie est, lui aussi, fort variable et dépend de la nature de la roche dure et aussi des efforts mécaniques qu'elle a pu avoir à subir. C'est ainsi que le granite prend des formes arrondies et que la plupart des roches archéennes en font autant, mais avec cette exception que, sur les très hautes cimes des régions énergiquement plissées, ces mêmes roches sont débitées par la gelée en de véritables aiguilles. C'est ainsi que les grès donnent dans la plupart des cas des formes assez douces, mais que dans d'autres ils présentent des escarpements ruiniformes, comme cela a lieu dans les Vosges, ou se découpent en tours et en colonnes isolées comme dans la Suisse saxonne. C'est

ainsi encore que les escarpements calcaires ordinaires offrent fréquemment des paliers dus aux variations de dureté de leurs assises,
tandis que les calcaires dolomitiques élèvent ces murailles colos-
sales d'un seul jet qui frappent d'étonnement. C'est ainsi enfin que
certaines matières éruptives, comme les trachytes, se présentent
en masses arrondies, tandis que d'autres, comme les basaltes, sont
divisées mécaniquement en prismes par le retrait, et forment
comme des colonnades gigantesques.

Ce n'est pas tout. Certains matériaux qui ne peuvent à proprement parler être qualifiés de *durs*, offrent parfois une très grande
résistance à la dénudation par suite de certaines propriétés accessoires. Ils jouent alors, dans la sculpture du sol, un rôle protecteur.
C'est ce qui arrive quelquefois aux argiles à cause de leur imperméabilité.

Ces divers exemples suffisent pour faire comprendre combien de
choses sont contenues dans cette simple formule : *les roches résistantes sont mises en évidence*.

Les conséquences de la loi qui règle la manière dont les cours
d'eau approfondissent leurs lits sont également fort importantes.

Sitôt qu'un système d'architecture s'est établi dans une région,
les eaux qui tombent sur sa surface ont une tendance à se réunir
dans certaines dépressions ou gouttières définies par ce système
d'architecture. Ces lignes originelles du réseau hydrographique se
compliquent d'affluents dont la position est commandée par des
conditions analogues et aussi par ce fait que les parties tendres du
sol, usées plus rapidement que les autres, offrent bientôt des cannelures où se rassemblent les eaux. Tous ces cours d'eau se mettent
à approfondir leurs lits en obéissant à la loi que nous avons indiquée, c'est-à-dire par une rotation descendante autour du niveau
de base. On remarquera, à ce sujet, qu'à un instant donné, le niveau
de base d'un affluent est fourni par le confluent de ce cours d'eau
avec le cours d'eau principal. Il en résulte que le travail de creusement d'un affluent est plus complexe que celui du cours d'eau
auquel il vient se joindre, puisque son niveau de base est variable
tant que le profil en long du lit de ce dernier n'a pas été fixé définitivement.

Cette période d'approfondissement des réseaux hydrographiques
qui se traduit par des changements continuels, a été comparée par
M. W. M. Davis à une *sorte de vie* des cours d'eau. Une rivière
naît, grandit, meurt ; elle a une enfance, une jeunesse, une matu-

rité et une vieillesse, toutes phases qui sont caractérisées par certains traits généraux. La première comporte un cours très irrégulier coupé par des barrages et offrant des chapelets de lacs. Dans la seconde, ces paliers lacustres tendent à disparaître par suite de l'approfondissement des cascades ou des rapides qui les réunissent. Puis ces rapides s'éliminent à leur tour, et, dans la maturité, un cours plus régulier fait place aux écarts impétueux de la jeunesse ; très rapide ou même torrentueux dans la partie supérieure, majestueux et tranquille dans la section moyenne, indécis dans sa section inférieure, il se termine souvent par un delta. Enfin, vient la vieillesse ; le courant a diminué de vitesse et ne peut plus vaincre les obstacles accidentels qui viennent à surgir ; un éboulement, une simple accumulation de végétaux occasionnent des lacs temporaires bien différents de ceux de l'enfance ; le fleuve n'a plus de volonté et divague.

Mais cette vie des cours d'eau ne se développe pas sans incidents : comme celle des hommes, elle n'est qu'un combat. Si l'on suppose, en effet, deux réseaux hydrographiques voisins, leurs rapports seront d'abord ceux d'une parfaite cordialité. Chacun travaillera pour son compte sans s'occuper des affaires du prochain. Mais bientôt, à force de fouiller le sol, on se rencontrera vers la limite des domaines. Les canaux d'affouillement viendront en contact, les contestations surgiront et la victoire restera au plus fort, c'est-à-dire à celui qui sera le plus avantagé par son niveau de base ou par son travail préalable, et pourra produire une sorte d'appel plus énergique des eaux. Les fruits de cette victoire seront des affluents réduits en captivité et qui changeront de maître, ou même la conquête de la partie supérieure de l'adversaire lui-même qui sera tronqué et décapité. Pendant la lutte, les versants auront été déformés ; les lignes de faîte, obéissant passivement au plus fort, auront exécuté de véritables voyages ; de telle sorte que la topographie aura été en changement continuel. Il résulte de cette instabilité des formes topographiques que l'aspect du sol, tel qu'il frappe nos yeux, n'est qu'un véritable *instantané*, et que d'autre part les lignes hydrographiques ne sont plus celles de la distribution initiale, mais les résultats de véritables *synthèses*.

Toutes les questions qui touchent à cette *vie* des cours d'eau ont été très bien élucidées, surtout par les géographes américains, qui se sont fait une spécialité de cette étude. Rien ne serait plus intéressant que de les suivre et d'étudier ensuite ce qui concerne l'intervention de l'érosion souterraine, l'effet de l'érosion glaciaire, l'action de la mer sur les rivages, celle des vents. Mais il nous paraît que ces développements concernent plus spécialement la Topographie et qu'il suffit au géographe d'en avoir présente à l'esprit la philosophie générale. Il nous tarde, d'ailleurs, de passer à l'examen de la plus importante des conséquences du travail de l'érosion, l'*usure du sol.*

Le travail sans cesse renouvelé de la sculpture a, en effet, une fin qui est l'usure complète du relief du sol; non pas cependant que celui-ci arrive à l'horizontalité absolue, mais à une sorte de forme d'équilibre excessivement adoucie. Cette forme d'équilibre est la *pénéplaine*[1], que l'on peut considérer comme une surface engendrée par la combinaison de tous les profils d'équilibre des cours d'eau, profils entre lesquels les versants se seraient en outre progressivement aplatis.

Au premier abord, cet effet d'usure complète paraît une limite qui doit être difficilement atteinte, et l'esprit ne se figure guère une région montagneuse comme les Alpes ainsi complètement rasée. Cependant l'examen des sédiments, résultats des destructions passées, les épaisseurs de certaines couches détritiques comme celles de la *Nagelfluh*, conglomérat tertiaire de cailloux roulés qui forme presque toute la masse du Righi, la vue des grands affleurements de granite qui, d'après ce que nous avons vu sur la formation de cette roche, ont été forcément autrefois cachés dans les profondeurs du sol, familiarisent peu à peu avec la notion de gigantesques ablations. Et d'ailleurs le fait est là, et des inductions absolument irréfutables ont montré aux géologues que là où se trouvent aujourd'hui les plaines basses de la Belgique se dressait autrefois un système montagneux de la valeur des Alpes!

Ainsi donc une région, quelque accidentée qu'elle ait pu être à l'origine, est destinée à être ramenée peu à peu à l'état de *pénéplaine*. Mais on ne peut affirmer que, parvenue à cet état, elle doit échapper définitivement à l'action de l'érosion. Celle-ci la guette, en effet, et au moindre changement dans son assiette, au moindre *rajeunissement* de son architecture, la sculpture reprendra son œuvre et cherchera de nouveau à abaisser ce qui se sera élevé.

Le même résultat se produirait d'ailleurs si, la région restant immobile, le niveau de base qui a déterminé son usure venait à s'abaisser. Ainsi, par exemple, une région usée sous l'influence d'un niveau de base déterminé par un lac ne communiquant pas avec la la mer, verrait s'ouvrir une nouvelle période d'érosion si le lac était mis en communication avec la côte. Ainsi donc s'impose une nou-

---

1. Déformation française de l'expression *peneplain* employée par M. Davis et mise en usage par M. de Lapparent.

velle notion, celle des *cycles successifs* de l'érosion; elle est excessivement importante et explique bien des modifications du relief.

Il convient maintenant de chercher à démêler comment, sous l'influence de ces lois générales, l'érosion modifie les deux architectures types que nous avons précédemment définies : l'architecture *plissée* et l'architecture *tabulaire*.

Imaginons, en ce qui concerne l'architecture tabulaire, le cas le plus simple, celui d'une contrée dont le sol est composé de couches sédimentaires disposées en concordance et ayant subi des dislocations semblables à celles que nous avons décrites. Prenons-la au moment où le dessin de son relief vient de s'accuser. On devine que les compartiments affaissés vont servir de lieu de rendez-vous aux eaux, se transformant, s'il y a lieu, en lacs ou en mers intérieures. Ces compartiments fourniront ainsi un niveau de base temporaire aux *tables* qui penchent vers eux, jusqu'au moment où ils se videront et seront sculptés eux-mêmes sous l'influence du niveau de base général de l'Océan. Alors s'ouvrira pour les tables supérieures un nouveau cycle d'érosion; le travail de creusement des vallées accompagné de tous ses phénomènes accessoires y reprendra une nouvelle intensité, ou recommencera s'il s'était arrêté.

Reste maintenant à se rendre compte de ce qui peut se passer dans l'étendue d'un de ces éléments tabulaires pendant la durée du premier cycle d'érosion.

Supposons que cet élément tabulaire ait une surface absolument plane; les eaux auront une tendance à couler suivant les lignes de plus grande pente et à former un premier réseau de rivières *conséquentes* parallèles qui s'enfoncera peu à peu dans la table. Mais l'érosion superficielle agissant d'autre part plus énergiquement sur les parties les plus élevées de la table, coupera peu à peu celle-ci en biseau, faisant apparaître à l'air libre les tranches des différentes assises du sol. Si ces tranches ont des duretés différentes, les bandes les plus dures resteront en saillie et il s'établira comme des cannelures latérales au fond desquelles couleront des cours d'eau *subséquents* venant généralement rejoindre les premiers à angle droit. En même temps, si la pente des couches n'est pas trop forte, le pays prendra une ordonnance en terrasses terminées par des corniches correspondant aux couches les plus dures.

Ainsi donc, la disposition topographique par excellence des parties élémentaires d'une région tabulaire est la disposition en terrasses avec un réseau hydrographique greffé sur des troncs conséquents dirigés suivant les lignes de plus grande pente. Il va de soi que si la surface de la table primitive n'est pas plane, l'arrangement subira des variantes. C'est ainsi que dans la partie de la Région Parisienne orientale où la disposition des éléments tabulaires est grossièrement conique, le tracé des cours d'eau conséquents devient convergent, et que les corniches qui terminent les terrasses s'ordonnent suivant des lignes courbes concentriques.

Il faut toutefois faire deux remarques au sujet de cette disposition. D'abord c'est que les éléments topographiques sont en conti-

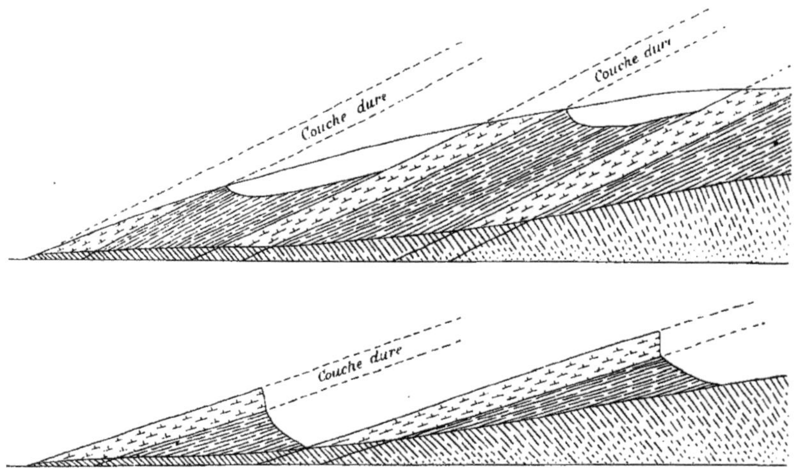

Fig. 22. — Sculpture d'une *Table* inclinée. Creusement progressif de vallées subséquentes venant se greffer sur une vallée conséquente; formation des corniches.

nuel déplacement jusqu'au moment où la pénéplaine a réussi à s'établir; les cours d'eau s'approfondissant peu à peu et les corniches reculant sans cesse, de telle sorte que des assises entières disparaissent comme rabotées. Ensuite, c'est que *la naissance des terrasses dépend absolument de l'alternance de couches résistantes avec des couches tendres* et que, lorsque cette alternance n'existe pas, il ne se produit ni terrasses ni corniches. Or, nous avons eu l'occasion de faire remarquer, en parlant des matériaux du sol, qu'une même assise peut être dure ici et tendre plus loin, parce que les conditions de sédimentation n'ont pas été absolument les mêmes. Il en résulte qu'une corniche, très nette à un endroit, peut s'atténuer à très peu de distance de là et même disparaître complètement si la dureté des deux couches devient comparable, que ce soit l'inférieure

qui devienne plus dure ou la supérieure plus tendre. Pour ces raisons, il faut avoir bien soin, dans les descriptions géographiques,
de ne pas trop géométriser les corniches, sous peine de leur attribuer une continuité qu'elles n'ont pas et de fausser ainsi les idées
sur l'aspect d'une région. C'est le grave reproche que l'on peut faire
à toutes les descriptions de la Région Parisienne et principalement à
celles qui émanent des géographes militaires.

Les pays à terrasses se distinguent facilement sur les cartes
géologiques par la distribution des teintes en larges nappes se succédant généralement dans l'ordre chronologique. Les territoires qui
correspondent à chacune de ces nappes ou *auréoles* ont, on le conçoit, des caractères topographiques particuliers dépendant bien
plus de la nature du terrain que de la disposition architecturale,
qui est d'une grande simplicité. Ils forment donc des *pays* différents
auxquels les hommes ont naturellement donné des noms spéciaux ;
ainsi la Haye et la Woëvre en Lorraine, la Champagne pouilleuse et
la Champagne humide, le Vallage, l'Argonne et le Barrois. Dans
chacun d'eux existe un petit système hydrographique qui vient
se greffer sur le système général de la région tabulaire ; ramure
touffue dans les auréoles imperméables, rudimentaire dans les
auréoles perméables et fissurées. La considération de ces *unités* est
absolument nécessaire à toute bonne description géographique.

Passons maintenant aux régions plissées.

Si l'on est bien fixé au sujet de leur nature, on ne l'est point
quant à leur genèse. Cependant l'opinion de M. Marcel Bertrand
paraît bien vraisemblable. Le phénomène de formation des plis se
passerait dans les profondeurs du géosynclinal, et ce n'est qu'ultérieurement qu'un exhaussement en masse amènerait la région
plissée à émerger, la laissant en prise à l'érosion qui ferait apparaître les détails de sa structure intime, infiniment plus compliquée
que la surface terminale Quoi qu'il en soit, prenons une région
plissée au moment où elle vient de finir de se former et en suppo-
sant que jusque-là elle ait échappé à toute action érosive. Les eaux
qui tomberont sur elle auront une tendance à glisser des parties
convexes dans les parties concaves, et un réseau hydrographique
primordial ou *conséquent* s'établira en raison des dispositions relatives des parties déprimées et surélevées, c'est-à-dire en fonction
de la *surface structurale* ou surface d'origine. Mais, bientôt les
parties surélevées s'useront, de telle façon qu'au bout d'un certain
temps, les couches intérieures du sol seront dégagées et apparaî-

tront par leurs tranches. Dès lors, les différences de dureté se feront sentir. On voit donc, en faisant les mêmes restrictions au sujet de la continuité des formes que pour les régions tabulaires, qu'un pli simple prendra peu à peu un profil infiniment plus compliqué comprenant des cannelures d'érosion séparées par des *créts* analogues aux corniches des régions tabulaires. Si le sol n'est pas trop perméable, de nouvelles rivières, de caractère *subséquent*, s'établiront

Fig. 23. — Sculpture d'une suite de plis simples et réguliers; formation des créts correspondant aux couches dures du sol. La partie droite de la figure montre qu'il peut s'établir des vallées *anticlinales* dans l'axe d'une voûte à noyau peu résistant.

dans ces cannelures. Puis, ces cours d'eau se mettant en relations les uns avec les autres, soit par les régions indécises où les plis se relayent, soit par les brèches résultant de cassures transversales, soit, plus souvent encore, par les entailles latérales produites par

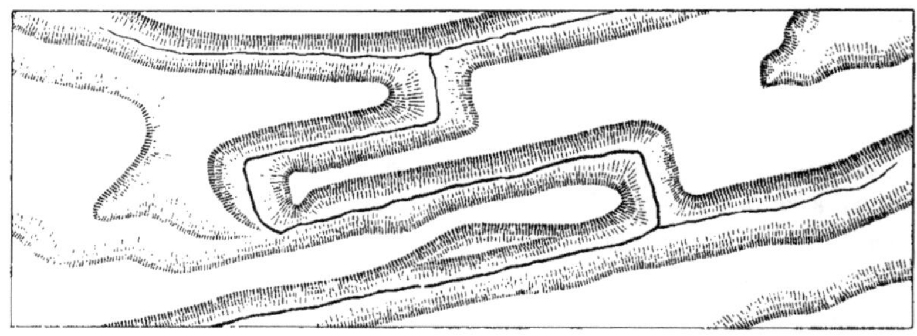

Fig. 24. — Vallée synthétique formée par la réunion de branches longitudinales conformes à la direction des plis et de branches transversales coupant les plis en *cluse*.

l'approfondissement des vallées subséquentes, il en résultera un cours *synthétique* présentant de grandes branches longitudinales ayant la direction générale des plis et réunies par des branches plus courtes perpendiculaires aux premières et coupant les plis en *cluses*. Toutefois, certaines vallées ont le type nettement transversal. Cette disposition peut tenir à une synthèse réunissant presque directement plusieurs coupures transversales; mais elle peut souvent être attribuée à l'influence du système de plis conjugués transverses qui accompagne, comme nous l'avons dit, tout faisceau de plis. M. Lu-

geon a récemment fait remarquer que beaucoup de vàllées transversales des Alpes avaient été déterminées de cette façon.

Comme pour les régions tabulaires, il faut remarquer que la
topographie des régions plissées est en continuelle déformation
sous l'effet de l'érosion. La limite de cette déformation est la *pénéplaine*, mais avant que cette forme définitive soit atteinte, les
effets les plus imprévus auront pu se produire. L'un d'eux consiste

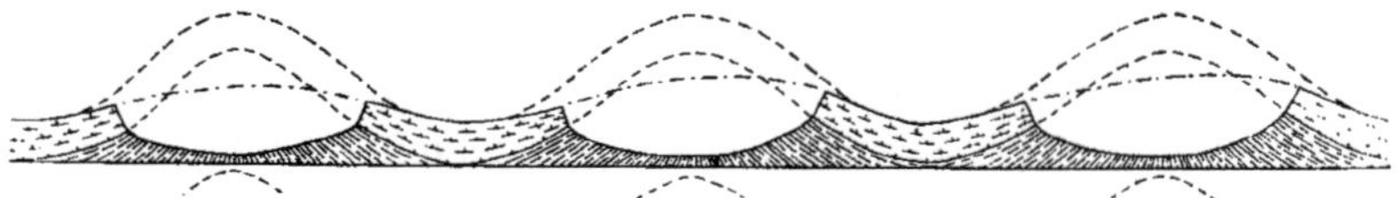

Fig. 25. — Exemple d'inversion de relief, conséquence de la conservation de couches
dures dans le fond des synclinaux et du creusement rapide des noyaux peu résistants
des anticlinaux (d'après G. de la Noë et E. de Margerie).

dans l'établissement de vallées anticlinales. Si, en effet, la dégrada-
tion de la tête d'un pli met à nu un noyau tendre, celui-ci se creu-
sera rapidement et permettra l'établissement d'une vallée sur le
sommet même de l'ancienne voûte; le cours du Doubs, en amont
de Besançon, se développe en partie dans une vallée de ce genre.
Un autre se résume en une véritable *inversion du relief*, et se pro-

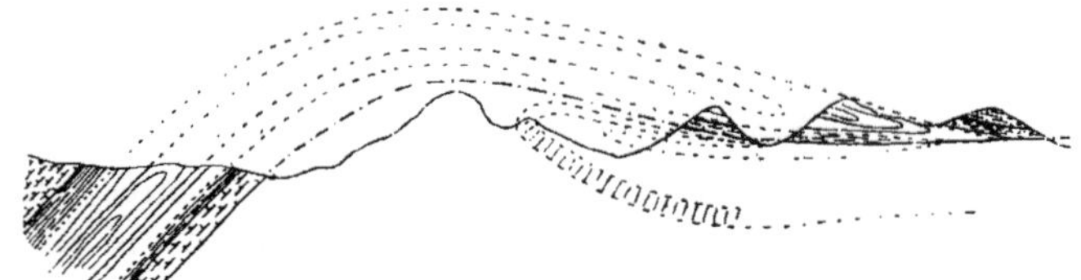

Fig. 26. — Masse exotique superposée à des formations autochtones et provenant du
tronçonnement par l'érosion d'un grand pli couché (région du Beausset; d'après
M. Marcel Bertrand).

duira également lorsque la dislocation de la tête des plis aura permis à l'érosion d'attaquer un noyau plus tendre que les couches
extérieures. Un troisième consiste dans la séparation complète qui
peut s'établir entre la racine et la tête d'un *pli couché*, de telle
façon que cette tête repose comme une masse *exotique* sur une
région totalement distincte sans qu'on puisse deviner, *a priori*, où
il faut chercher son origine.

Ces exemples montrent combien les effets de l'érosion compliquent
l'étude d'une architecture plissée et combien il est difficile d'en
démêler les lignes originelles. Si avancée que soit l'étude des Alpes,

on ne peut encore la considérer comme définitive; on juge, d'après cela, combien il y a encore à faire pour l'étude de la plupart des régions plissées du globe.

Une région plissée se reconnaît aisément sur une carte géologique par la disposition des affleurements en bandes étroites d'allures grossièrement parallèles. Si la région n'est encore que faiblement attaquée par l'érosion, les couleurs des bandes seront variées, mais de la même gamme de teintes; si la destruction est plus avancée, on distinguera plusieurs de ces gammes, car plusieurs familles de terrains auront été amenées au jour; enfin, si l'usure est plus complète, et si la région a été fortement plissée, on verra apparaître des traînées des teintes distinctives du terrain archéen et du granite qui forment nécessairement le cœur des ondulations puissantes. Le peu de largeur de toutes ces bandes, comparées aux nappes des pays tabulaires, montre que, dans les régions plissées, il ne se développe guère de *pays* correspondant à une même nature de matériaux. Aussi, contrairement à ce qui se passe dans les régions d'architecture tabulaire, cette nature des matériaux influence-t-elle moins les divisions géographiques que ne le font les grandes lignes architecturales.

Mais nous avons supposé jusqu'ici que les systèmes d'architecture s'étaient élevés de toutes pièces, et l'on sait, au contraire, que si les dislocations du sol peuvent présenter des mouvements élémentaires ayant un caractère de catastrophe, elles procèdent dans leur ensemble avec une majestueuse lenteur. Il en résulte que l'érosion s'attaque à l'architecture bien avant sa fixation définitive. Il en résulte aussi que des traits hydrographiques, préexistants à une architecture, peuvent se maintenir en dépit de l'apparition de celle-ci; les cours d'eau approfondissant simplement leurs vallées dans le nouveau relief à mesure qu'il prend figure, et *s'entêtant* en quelque sorte à ne pas changer leur disposition primitive. C'est ainsi que s'expliquent certains paradoxes géographiques, comme la coupure de plateaux ou de masses montagneuses par des cours d'eau, qui semblent les traverser de part en part après s'être heurtés contre eux, alors qu'en réalité ils n'ont fait que s'y enfoncer lentement pendant que le relief se relevait peu à peu.

Enfin, nous n'avons examiné que le cas d'une architecture simple; or il en existe de composites. Une région, jadis plissée, aura pu

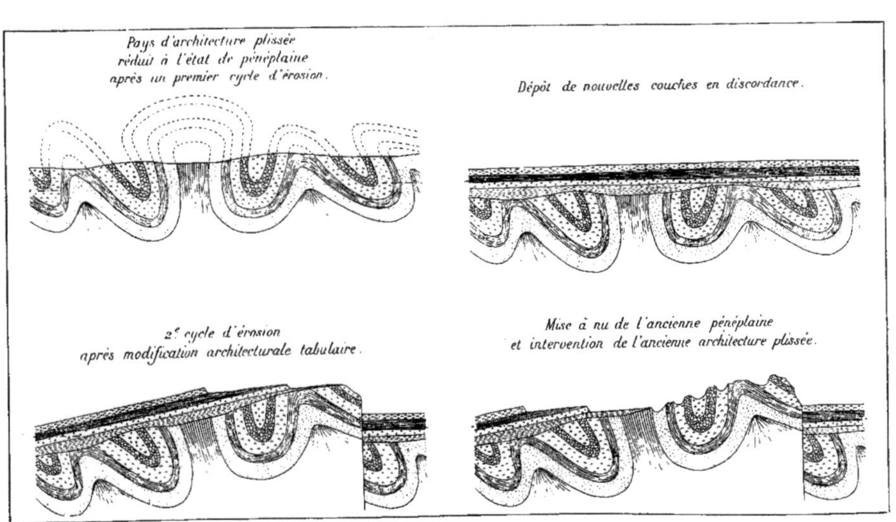

Fɪɢ. 27. — Exhumation, sous l'effet d'un rajeunissement de relief et d'un nouveau cycle d'érosion, d'une ancienne architecture plissée et effet réflexe de cette architecture sur les nouvelles formes topographiques.

être affectée ultérieurement par des mouvements d'ordre tabulaire. Dans ce cas, l'ancienne architecture pourra avoir à un certain moment une sorte d'*effet réflexe* sur les résultats du nouveau cycle d'érosion. Supposons, par exemple, pour prendre un cas complexe mais très fréquent, une région anciennement plissée et réduite à l'état de pénéplaine par un premier cycle d'érosion, puis abîmée sous les mers et recouverte de nappes sédimentaires, enfin émergée de nouveau et disloquée par des mouvements d'ordre tabulaire qui en rajeunissent le relief. Le nouveau cycle d'érosion qui s'ouvrira avec ce rajeunissement décapera peu à peu les *tables*, y faisant apparaître, s'il y a lieu, des terrasses qui reculeront progressivement, de telle façon qu'à un certain moment la surface de l'ancienne pénéplaine sera mise au jour. A partir de ce moment, les cours d'eau principaux pourront s'entêter à couler suivant la disposition acquise et s'enfoncer dans cette ancienne pénéplaine relevée, mais la structure de celle-ci fera néanmoins sentir son influence. Les anciens plis, en montrant leurs tranches où les roches dures seront mises en évidence tandis que les roches tendres seront mordues par l'érosion, donneront naissance à des bourrelets parallèles, sortes d'échos affaiblis de l'antique relief plissé ; en même temps s'ébauchera un réseau hydrographique secondaire en conformité avec l'architecture primitive. On voit donc que dans certaines parties d'une contrée à laquelle on est en droit d'appliquer l'épithète de tabulaire, l'*aspect tabulaire* peut avoir complètement disparu. Un des exemples les plus frappants en est donné par la région des Hautes-Vosges, dont le relief actuel a été formé par une suite d'événements analogues à ceux que nous venons d'indiquer.

L'ÉVOLUTION GÉOGRAPHIQUE

En coordonnant tout ce que nous venons de dire sur l'architecture du sol et son usure progressive, on devine quel a pu être le processus général de l'évolution géographique du globe.

La tendance naturelle qu'a dû avoir la croûte superficielle à prendre appui sur le noyau intérieur, a provoqué des déformations successives de cette croûte. Bien qu'il n'y ait pas eu discontinuité absolue dans la succession des événements, les modifications ont dû s'effectuer par à-coups, vu l'impossibilité pour la croûte terrestre de suivre pas à pas le noyau dans son retrait. Il y a donc eu, dans le phénomène général de déformation, des phases d'activité plus grande séparées par des périodes de calme relatif.

Chacune des grandes déformations successives, *enregistrée*[1] *en quelque sorte par la masse des eaux* dont le manteau mobile se déplaçait au gré des fluctuations de l'écorce solide, a provoqué une nouvelle répartition des océans, tandis que des phénomènes subsidiaires dessinaient de nouveaux reliefs. Mais à peine avait pris naissance chacune des étendues continentales ainsi déterminées, que disons-nous? pendant même que cette surface continentale se dessinait, l'action impitoyable des agents extérieurs venait tendre à la niveler. En même temps les sédiments de tous ordres se déposaient dans les dépressions marines et s'accumulaient plus particulièrement dans les fosses géosynclinales dont le fond mobile s'affaissait peu à peu. Et ainsi se déroulait une phase d'usure, dont la période que nous traversons aujourd'hui donne une image exacte, jusqu'à ce qu'une nouvelle phase d'activité vînt rajeunir la disposition des continents et leur relief.

L'étude des terrains sédimentaires permet de se rendre compte des empiétements ou des retraits de la mer à différentes époques de l'histoire de la terre, et l'interprétation de ces *transgressions* et de ces *régressions* conduira peu à peu à établir de véritables cartes géographiques rétrospectives où seront figurés approximativement les domaines respectifs de l'océan et de la terre ferme; mais cette connaissance des effets généraux des grandes déformations primordiales est encore assez rudimentaire. Toutefois on est plus documenté au sujet de leurs actions subsidiaires sur le relief.

La disproportion qui existe entre le volume des systèmes montagneux actuels et celui qu'on est en droit d'attribuer à la masse des terrains sédimentaires a depuis longtemps fait penser que de semblables systèmes avaient dû s'élever à plusieurs reprises pour pouvoir fournir la quantité de matériaux détritiques observée dans la nature.

Mais où étaient les massifs montagneux qui ont précédé, dans l'histoire du globe, le relief actuel? Comment se sont-ils succédé? C'est ce qu'*a priori* il semblait bien difficile de dire. Et cependant, les études patientes des géologues ont fini par nous donner la clef de ces questions. Comme nous l'avons vu, à propos des matériaux du sol et de leur disposition architecturale, la nature des sédiments, les variations de leur *facies*, les discordances de leurs stratifications, les lacunes même qui peuvent se présenter dans leur suc-

___

1. Sous la réserve du voile jeté par les mouvements propres dont la masse océanique peut être affectée.

cession naturelle, permettent de se rendre compte de l'emplacement des anciens systèmes montagneux, du moment où ils ont fait leur apparition, et même, dans une certaine mesure, de la valeur de leur relief.

Aussi est-on parvenu à avoir à ce sujet, pour l'ensemble du globe, des vues générales, et, en ce qui concerne l'Europe, une opinion définitive. Grâce aux travaux de M. Marcel Bertrand, il est

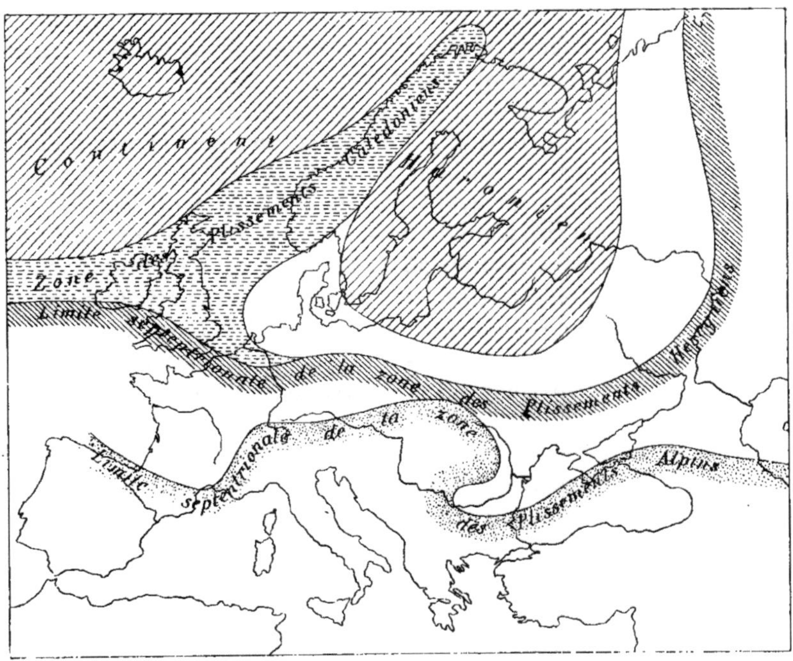

Fig. 28. — Emplacement des rides successives de la région européenne
(d'après M. Marcel Bertrand).

aujourd'hui acquis que l'histoire de la formation du relief de cette partie du monde a compris quatre grandes périodes d'activité orogénique. A chacune d'elles a correspondu l'apparition d'une grande bande de montagnes plissées, flanquée sans doute de reliefs tabulaires qui en étaient la conséquence indirecte. Ces bandes plissées, ou *rides*, désignées sous les noms de *ride Huronienne, ride Calédonienne, ride Hercynienne* et *ride Alpine,* se sont succédé dans cet ordre, du nord au sud, dans la suite des temps. La formation de chacune de ces rides, et par ce mot de ride il faut entendre une région plissée fort complexe, anrait été un phénomène de très longue haleine comprenant plusieurs phases : une phase préparatoire, une phase de plissement maximum et une phase consécutive, cette dernière s'étant surtout traduite par de grands effondrements causés sans doute par l'exagération même du phénomène de plissement. Si l'on rapproche maintenant ces données sur les anciens systèmes montagneux de celles que nous fournissent les récentes études de M. Haug sur la disposition des géosynclinaux et des aires continentales, on est amené à une conception synthétique de l'histoire de la région européenne que nous nous hasarderons à formuler comme il suit :

Une situation générale, toujours la même : deux *aires continentales*, l'une au nord, le continent nord-atlantique, l'autre au sud, le continent africano-brésilien; entre les deux, une mer s'étendant de l'ouest à l'est et ayant par suite une *disposition méditerranéenne*, au sein de laquelle se développe un *géosynclinal* plus ou moins sinueux et ramifié où viennent s'entasser plus particulièrement les sédiments arrachés aux îles et aux continents voisins ou que les forces chimiques et organiques élaborent sans relâche. Puis, comme modifications provisoires à cette situation générale, et à quatre reprises différentes, des émersions presque complètes de la région méditerranéenne accompagnées de l'exhaussement, en bourrelet montagneux plissé, des sédiments précédemment accumulés dans le géosynclinal. Enfin, des retours périodiques à la situation initiale; mais avec cette différence que chaque fois tout ou partie du bourrelet montagneux récemment constitué reste, en quelque sorte, accroché au continent boréal et que le nouveau géosynclinal, celui où s'entasseront surtout les sédiments de la période d'usure qui vient de s'ouvrir, est rejeté vers le sud.

Mais cette synthèse ne saurait suffire au point de vue géographique, et il nous faut connaître avec un peu plus de détails les événements. Aussi allons-nous examiner de plus près l'évolution géographique de la portion de l'Europe dont fait partie la Région française. A vrai dire, cette histoire de l'Europe centrale n'est que celle de cette zone médiane que nous avons désignée, par extension, sous le nom de zone méditerranéenne.

ÉVOLUTION GÉOGRAPHIQUE DE L'EUROPE CENTRALE

Toute étude historique nécessite l'établissement de points de repère dans la suite des âges. Il n'est pas besoin de dire que celle des phases de l'évolution géographique ne peut s'accommoder des divisions habituelles du temps; une année, un siècle, une dizaine de siècles ne comptent point dans l'histoire de la terre. Il faut donc chercher d'autres divisions chronologiques.

Une première manière de faire consiste à se servir de ce qu'on peut appeler *l'échelle des temps sédimentaires*. Nous avons dit, en traitant des matériaux du sol, quelles en étaient les grandes divisions, et montré, par un exemple, le détail que pouvaient atteindre les plus petites.

Mais la succession des phénomènes orogéniques et l'apparition des grandes rides que nous avons précédemment définies donnent, pour l'évaluation des temps géologiques, une nouvelle échelle plus large et plus souple que la précédente. Cette *échelle orogénique* sera parfois plus utile au géographe.

Le tableau ci-après indique ces deux échelles et montre les liens de concordance qui existent entre elles. Le géographe devra se familiariser avec leur emploi et chercher à se rendre compte de la valeur *sédimentaire* que peuvent avoir des expressions telles que : temps hercynien, période alpine, période de repos post-hercynienne, etc., qui sont très utiles pour préciser en peu de mots les diverses phases de l'évolution géographique.

Ère quaternaire (homme).	PÉRIODE ACTUELLE.		
	PÉRIODE PLÉISTOCÈNE.		
Ère tertiaire ou **néozoïque.**	PÉRIODE NÉOGÈNE. . .	S.-p. pliocène.	
		S.-p. miocène.	**Ridement alpin** (phase maxima).
	PÉRIODE ÉOGÈNE. . .	S.-p. oligocène.	
		S.-p. éocène.	
Ère secondaire ou **mésozoïque.**	PÉRIODE CRÉTACIQUE. .	S.-p. supracrétacée.	
		S.-p. infracrétacée.	
	PÉRIODE JURASSIQUE .	S.-p. suprajurassique.	
		S.-p. médiojurassique.	
		S.-p. infrajurassique. ou liasique.	
	PÉRIODE TRIASIQUE.		
Ère primaire ou **paléozoïque.**	PÉRIODE PERMIENNE.		
	PÉRIODE CARBONIFÉRIENNE.		**Ridement hercynien.** (phase maxima).
	PÉRIODE DÉVONIENNE.		
	PÉRIODE SILURIENNE		**Ridement calédonien.**
	PÉRIODE CAMBRIENNE.		**Ridement huronien.**
Ère primitive ou **azoïque.**	PÉRIODE ARCHÉENNE.		

Il resterait à évaluer en chiffres ordinaires les temps de ces deux échelles; on conçoit que les géologues n'aient pu faire à ce sujet que des études approximatives. Les évaluations les plus généralement adoptées attribuent à l'ère tertiaire une durée de trois millions d'années, tandis que les ères secondaire et primaire auraient duré respectivement neuf et trente-six millions d'années[1]. L'immensité de ces chiffres montre la majestueuse lenteur avec laquelle se sont déroulés aussi bien les événements tectoniques que les phénomènes de sculpture et d'usure.

Comme toute histoire, celle de la formation de l'Europe centrale est plus incertaine à mesure que l'on se rapproche des origines. Les documents, représentés ici par les couches du sol, ont en grande partie disparu ou ont subi de telles altérations que les renseignements qu'ils fournissent sont confus. On ne peut donc donner au sujet des périodes les plus anciennes que des indications assez vagues, tandis que les dernières peuvent être analysées avec plus de précision.

Ère primaire. — A la fin de l'*époque huronienne*, la terre ferme était représentée, dans la région Européenne, par le continent boréal dont nous avons parlé ; il s'étendait au nord de la Norvège et de l'Écosse, se poursuivant jusque sur l'Amérique du Nord. Les plis de la ride huronienne qui venait de se dessiner bordaient la partie méridionale de ce continent, au sud duquel émergeaient, du sein de mers probablement peu profondes, des régions insulaires pourvues d'un certain relief. On n'est pas absolument fixé sur la nature de ces dernières. Peut-être s'en étendait-il une sur la région centrale de la France, une autre sur la Bohême ? L'incertitude règne également sur la position des rivages du continent méridional.

La *période calédonienne* marqua une extension, assez restreinte d'ailleurs, du continent boréal vers le sud. Les sédiments siluriens déposés le long des côtes furent plissés en de nouvelles chaînes qui vinrent s'étendre sur la Norvège et l'Écosse actuelles et dont les éléments les plus méridionaux affectèrent la région franco-belge. Les masses insulaires que nous avons mentionnées plus haut subsistèrent d'ailleurs, au sud de ces nouveaux rivages, dans la mer dévonienne où se ramifia un nouveau géosynclinal.

Des modifications d'un ordre géographique bien plus important devaient se produire à l'*époque hercynienne* et aboutir en fin de compte à une émersion presque totale du sol de l'Europe centrale.

---

1. Voir la 4ᵉ édition du *Traité de Géologie* de M. A. DE LAPPARENT, p. 1857 à 1860.

Après une suite de mouvements précurseurs, les sédiments déposés dans les fosses géosynclinales de l'époque se plissaient énergiquement pour donner naissance aux différentes chaînes de la ride hercynienne; et, à la fin de l'époque carbonifèrienne, une *Europe centrale hercynienne*, avec ses chaînes de montagnes, ses bassins déprimés et ses cours d'eau, avait ses traits principaux dessinés. Nous pos-

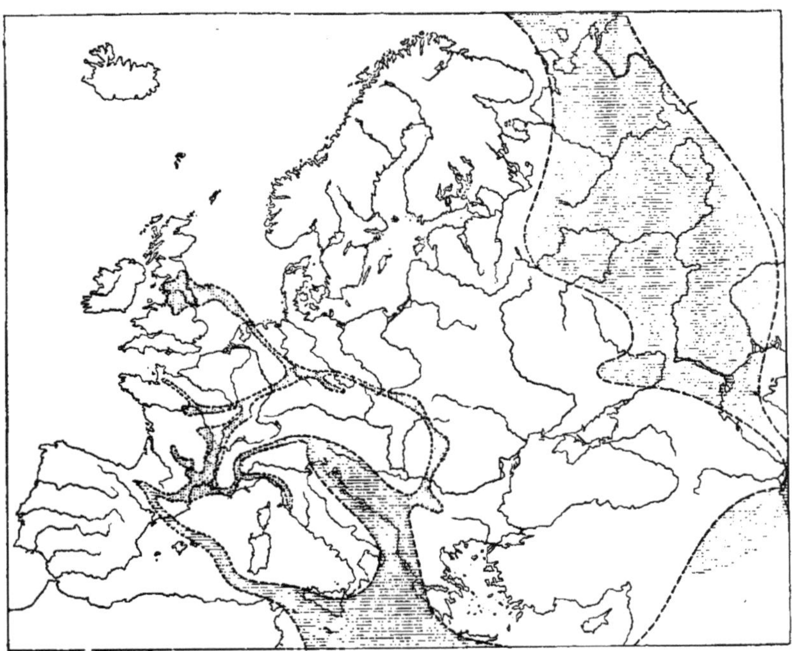

Fig. 29. — Esquisse de l'Europe au début de la période permienne. — Le pointillé marque le régime lagunaire ou continental.

Figure extraite du *Traité de géologie* de M. de Lapparent, 4ᵉ éd., p. 970.

sédons au sujet de cette Europe hercynienne des notions plus précises que celles que nous avons au sujet des continents antérieurs. L'observation des couches du sol a permis de reconstituer dans une certaine mesure l'emplacement des chaînes de montagnes, la direction de leurs plis, l'importance approximative même des altitudes; et l'on peut en particulier s'imaginer une série de massifs de la valeur des Alpes actuelles allant de la Bretagne à la Bohême en passant par la région centrale de la France, les Vosges, les Ardennes, les plateaux schisteux rhénans et toute l'Allemagne centrale. La direction générale des plis présentait deux grands tournants, l'un au sud de l'ancien îlot français, l'autre au nord de l'îlot bohémien. La température élevée qui régnait uniformément sur le globe à ce moment et l'abondance de l'acide carbonique dans l'atmosphère devaient être la cause du développement d'une végétation intense sur ces nouvelles terres. Ce sont les débris de cette végétation qui, entraînés par les torrents et les rivières et accumulés par eux en épaisses

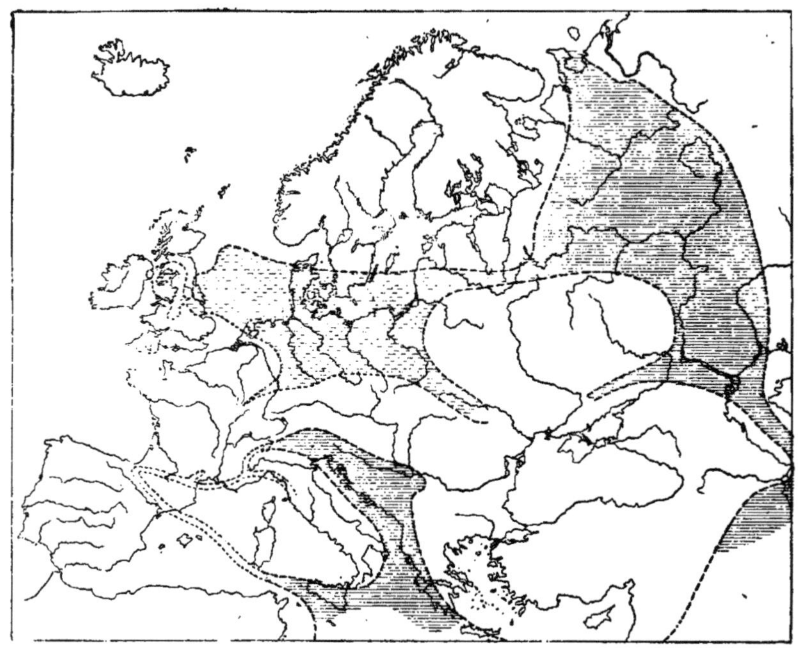

Fig. 30. — Esquisse de l'Europe à la fin de la période permienne. — Le pointillé marque le régime continental, et les hachures interrompues, le régime lagunaire.
Figure extraite du *Traité de géologie* de M. A. de Lapparent, 4ᵉ éd., p. 987.

masses alluvionnaires sur les côtes et dans les dépressions intérieures du continent hercynien, ont donné naissance à la houille. De là de nouvelles indications sur la situation des golfes et des dépressions lacustres ou fluviales de l'époque.

La fin de l'ère primaire devait voir s'accomplir la dislocation du continent hercynien que les agents d'usure avaient eu sans doute le temps de ramener très près de l'état de *pénéplaine*. La période permienne, la dernière de l'ère primaire, fut signalée par des manifestations éruptives importantes dont les vestiges montrent à nos yeux les principales régions volcaniques de cette époque. Ces

manifestations continuèrent pendant le début du Trias puis s'atté-
nuèrent pendant le reste de l'ère secondaire, qui fut pour l'Europe
centrale une phase de repos relatif.

Ère secondaire. — La dislocation du continent hercynien, com-
mencée à l'époque permienne, se poursuivit pendant la période du

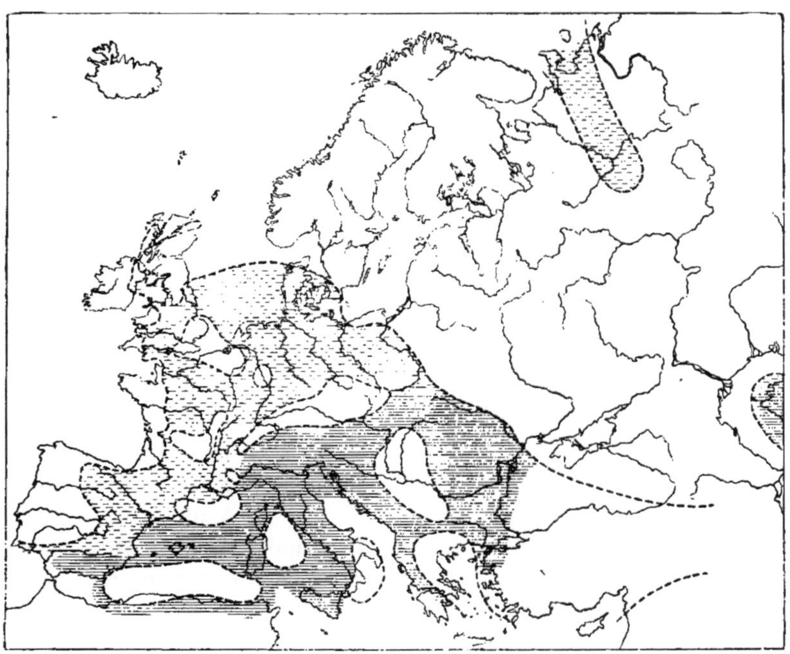

Fig. 31. — Esquisse de l'Europe à la fin du Trias. — Les hachures interrompues marquent
le régime lagunaire.

Figure extraite du *Traité de géologie* de **M. A.** de Lapparent, 4ᵉ éd., p. 1033.

Trias qui marqua le début de l'ère secondaire. Progressivement,
des lagunes, puis de véritables bras de mer reprirent possession de
la majeure partie de l'Europe centrale, en ne laissant subsister qu'un
certain nombre de terres insulaires dont l'usure, déjà bien avancée,
se paracheva rapidement.

Cette disposition générale se maintint pendant toute l'ère secondaire, mais avec des variations de détail sans nombre dans l'étendue
et même l'emplacement des masses insulaires, aussi bien que dans
la forme et la situation des rivages des deux continents qui enca-

draient, au nord et au sud, le domaine maritime. Nous ne pouvons songer à relater ici toutes ces variations, mais nous insisterons sur ce fait que certaines particularités eurent une tendance à se maintenir à travers les âges. C'est d'abord que le continent septentrional a toujours prononcé un rentrant accusé encadré par deux saillants s'avançant d'une part sur la Bretagne actuelle et de l'autre sur la Russie. C'est ensuite que certaines masses insulaires ont présenté, non dans leur forme, bien entendu, mais dans leur position générale, une certaine permanence. Ainsi celle qui s'étendait sur le centre de l'Espagne ou *Meseta Ibérique;* celles qui se trouvaient sur les emplacements du centre de la France et de la Bohême; celle encore qui, sous une forme plus ou moins morcelée, correspondait à une bonne partie

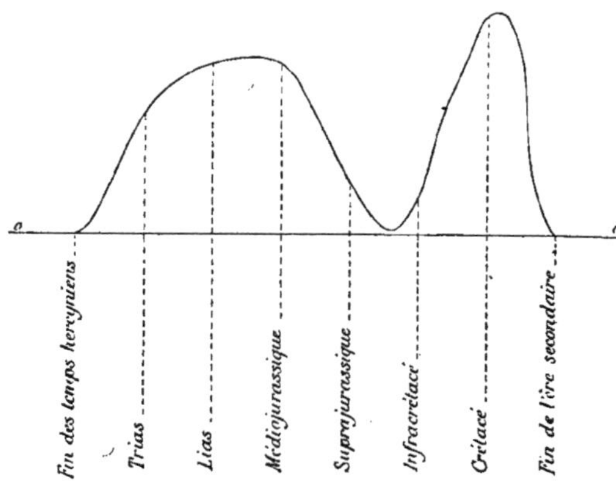

Fig. 32. — Schéma indiquant le sens des variations du domaine marin en Europe pendant l'ère secondaire.

de la Méditerranée occidentale et à laquelle M. Forsyth Major a donné le nom de *Tyrrhénide.* C'est enfin que la partie septentrionale des mersétait peu profonde et devait avoir le caractère de la mer du Nord et de la Baltique actuelles, tandis que les grandes profondeurs étaient reportées au Sud où un géosynclinal se ramifiait en contournant les masses insulaires.

On comprend alors que les fluctuations de l'écorce terrestre, mouvements préparatoires de la phase de déformation énergique qui allait se manifester pendant l'ère tertiaire, aient dû être enregistrées différemment par le déplacement des eaux, dans les deux parties de l'Europe centrale, celle des mers plates et celle des mers profondes, celle de l'*aire continentale* et celle du *géosynclinal.* C'est en ces fluctuations préparatoires que s'est dépensée l'ère secondaire. Leur histoire peut se résumer en disant que, *sauf quelques variations de détail,* on peut se figurer les transgressions de la mer comme allant en croissant du Trias au Lias et au Médiojurassique, pour décroître aux temps suprajurassiques, et comme reprenant aux temps infracrétacés pour progresser jusqu'au milieu de l'époque crétacée, moment où se dessina une régression qui aboutit finalement à un retrait général à la fin de l'ère secondaire.

Ère tertiaire. — Le début de l'ère tertiaire fut marqué par une émersion presque totale du sol de l'Europe, émersion analogue en tous points à celle de la période carboniférienne, et qui, comme elle, devait être le début d'une phase de plissements énergiques, celle de la *ride alpine.* C'est à cette ride alpine, que l'érosion n'a encore fait qu'entamer, qu'appartiennent les montagnes qui s'étendent aujourd'hui des Pyrénées au Caucase par les Alpes, les Carpathes et les Balkans, avec leurs annexes comme les Apennins, les Alpes Dinariques. Il faut se figurer la production des plis alpins comme un phénomène de *très longue haleine,* dont le commencement eut lieu à l'époque éocène dans les Pyrénées et les Apennins, et le maximum à l'époque miocène dans les Alpes proprement dites.

Mais toute l'Europe centrale ne fut pas affectée par ces plis, qui ne se développèrent que sur l'emplacement des géosynclinaux des mers secondaires, c'est-à-dire dans la partie méridionale. Au nord de la zone en voie de plissement, s'étendait un continent presque plat où les terrains sédimentaires déposés durant les périodes précédentes reliaient les îlots d'ancienne consolidation que nous avons cités plus haut. Ramenées depuis longtemps à l'état de pénéplaines, ces terres insulaires ne présentaient aucun relief sérieux, elles constituaient néanmoins, par leurs racines profondes qui avaient résisté aux dislocations post-hercyniennes, de véritables môles avec lesquels allaient avoir à compter les plissements méridionaux. Ceux-ci devaient, en effet, épouser leurs formes générales, se recourbant à l'approche de certaines, comme l'Ilot central de la France, se bifurquant autour d'autres, comme le Massif hongrois, et prenant en fin de compte la disposition sinueuse que nous observons dans la planimétrie actuelle. Mais sous l'effort de ces pressions latérales, sous l'influence, sans doute aussi, des causes profondes qui motivaient les plissements, ces môles ne pouvaient rester complètement immobiles et étaient eux-mêmes disloqués. Il en était de même des régions de remplissage qui les réunissaient, si bien qu'une partie de l'Europe se divisait, par le jeu des cassures, en compartiments destinés les uns à s'élever, les autres à s'affaisser, et voyait son relief rajeuni. Ainsi donc se constituait une zone d'*architecture tabulaire,* s'enchevêtrant plus ou moins avec la zone d'*architecture plissée,* mais située généralement au nord de celle-ci.

En même temps se produisait toute une série de phénomènes subsidiaires. Les mers pénétraient dans certains des compartiments affaissés et y déposaient de nouveaux sédiments. En d'autres, des manifestations éruptives venaient, comme après la période hercynienne, répandre les produits de l'activité interne dont les épanchements se superposaient au socle général. Comme la formation des plis, ces diverses modifications subsidiaires furent une œuvre de *longue haleine;* les mouvements de rejet et de bascule se firent par gradations insensibles et à des époques diverses ; les manifestations volcaniques elles-mêmes s'échelonnèrent durant les milliers de siècles qu'a comptés l'ère tertiaire.

Mais le continent ainsi formé ne devait pas subsister dans son intégrité. A l'exemple de ce qui s'était passé à la fin de la phase hercynienne, de grands effondrements se produisaient, causés sans doute par l'exagération même des plissements. Certains d'entre eux détruisaient, pendant la période pliocène, le noyau de la Tyrrhénide, d'autres créaient la dépression hongroise aux dépens d'une partie des plis alpins et de l'îlot d'ancienne consolidation qui les avait divisés en cet endroit. Et ainsi se reconstituait peu à peu la zone maritime méditerranéenne que le phénomène de plissement avait presque complètement fait disparaître.

Ère quaternaire. — L'ère quaternaire vit, dans sa période pléistocène, la continuation des effondrements de la zone méditerranéenne et notamment la formation de la mer Égée aux dépens d'une masse continentale que des travaux récents désignent sous le nom d'*Egéide*. Mais à ces effondrements devaient s'en ajouter de plus importants encore dans la région atlantique. Le continent, que nous avons vu border toutes les mers européennes des âges précédents, se disloquait définitivement, ne laissant comme témoins que des fragments qui restèrent accolés aux régions plus jeunes qu'ils limitaient jusque-là ; ainsi la Bretagne et la plus grande partie des Iles Britanniques. Cette rupture de la barrière si ancienne qui interdisait toute liaison entre les mers de la région polaire, refroidie peu à peu pendant les périodes précédentes, et celles de la zone équatoriale, jointe à la présence des énormes condensateurs formés par les grands massifs montagneux qui venaient de se dresser, fut la cause de précipitations atmosphériques extraordinaires, qui contribuèrent, sans doute, à amener l'extension du domaine glaciaire. Les glaciers des zones montagneuses prirent un développement dont la vue des glaciers actuels de l'Europe ne donne aucune idée, et la

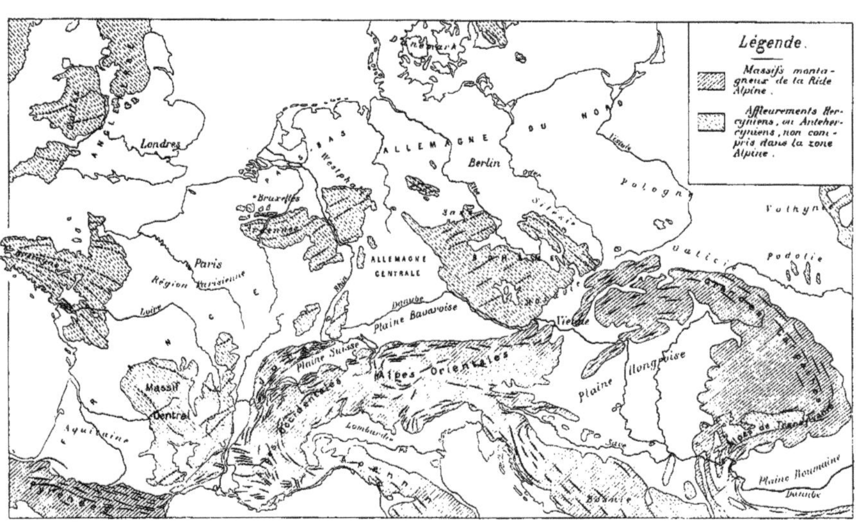

F₁ɢ. 33. — Massifs montagneux alpins et affleurements hercyniens de l'Europe centrale.

partie septentrionale de l'Europe fut couverte d'une véritable calotte de glace, analogue sans doute à celles qui s'étendent aujourd'hui sur les régions polaires. La période glaciaire présenta d'ailleurs plusieurs phases d'extension séparées par des phases de retrait. Dans la période d'extension la plus ancienne, qui fut la plus considérable, le bord de la calotte septentrionale descendit jusqu'aux limites des massifs montagneux de l'Europe centrale actuelle. Ce régime glaciaire a eu une part considérable dans le modelé de la Russie et de la plus grande partie de la Hollande et de l'Allemagne du Nord.

La période géologique actuelle, qui a succédé à la période pléistocène, a vu reprendre le travail général des agents d'érosion un instant modifié par la période glaciaire; c'est donc une phase d'usure du sol. Toutefois, le repos de l'activité orogénique n'est que relatif. Celle-ci s'est manifestée déjà par des tassements qui ont amené le morcellement de ce qui restait du continent atlantique et notamment la création du canal de Saint-Georges et de la Manche. Peut-être le socle qui supporte la Grande-Bretagne, l'Irlande et la France est-il destiné à se morceler plus complètement encore. Les tremblements de terre et les manifestations volcaniques de certaines régions méditerranéennes montrent, d'autre part, que tous les effondrements ne sont pas terminés de ce côté. D'autres secousses qui se localisent en certaines parties de l'Europe centrale, comme les environs de Darmstadt par exemple, peuvent faire croire que le mouvement relatif des compartiments du sol n'est poiut encore complètement fini dans ces régions. Enfin, il n'est pas du tout prouvé que des phénomènes de plissement ne se poursuivent pas lentement sous nos yeux. Certaines dénivellations semblent s'être établies dans le Jura, au cours même du siècle dernier, et on ne peut songer encore à accepter ou à rejeter définitivement leur attribution à des mouvements tectoniques.

CONSÉQUENCES GÉOGRAPHIQUES

De cette histoire géologique découlent des notions essentielles sur l'*architecture* des diverses parties de l'Europe centrale. Il résulte, en effet, de tout ce qui précède, que *la construction du relief actuel date de l'ère tertiaire,* pendant laquelle ses éléments principaux ont été déterminés tectoniquement par les mouvements de la phase orogénique alpine. Depuis cette époque, le relief est en voie d'usure et sa sculpture par les agents d'érosion, qui donne les formes si pittoresques que nous observons aujourd'hui, n'est qu'un acheminement vers l'état monotone de pénéplaine qui se conservera jusqu'à un rajeunissement tectonique ultérieur.

Mais si tout le relief a pour cause première les événements orogéniques de la période alpine, il faut distinguer que certaines de ses parties seulement sont dues à l'action directe des plissements alpins et que d'autres ne doivent leur origine qu'à des mouvements d'affaissement ou de relèvement connexes de ces actions de plissement. Il convient donc de diviser les hauteurs de l'Europe centrale en deux groupes : 1° les hauteurs faisant partie de la ride alpine, comme les Pyrénées, les Alpes, le Jura, les Apennins, les Carpathes, les Balkans, etc., *où le relief est dû au plissement lui-même;* 2° les hauteurs dont le relief vient du *jeu des compartiments disloqués* comme celles de la Bohême, du Massif central de la France, des Vosges, des Ardennes, de l'Allemagne centrale, etc. Dans les premières, le plissement de date tertiaire a été intense; ses vagues ont eu un rôle essentiel dans la constitution du relief du sol. Dans les secondes, le plissement ne s'est poursuivi que sous forme de simples ondes et n'a pris d'intensité qu'en certains points, peut-être sous l'influence de refoulements locaux dus au jeu des compartiments du sol; la cause dominante de la formation du relief a été le jeu même de ces compartiments. Ici la forme est *tabulaire*, là elle est *plissée*.

Toutes ces montagnes ont déjà été largement entamées par l'érosion. Les parties les plus hautes de la *zone plissée* ont peut-être perdu la moitié de leur altitude, laissant apparaître le noyau des plis. Quant aux parties les plus élevées de la *zone tabulaire*, elles ont été fortement décapées. Beaucoup des couches secondaires y ont disparu, et lorsque l'altitude du compartiment du sol a été suffisamment relevée, l'érosion, dont l'énergie est en raison de l'importance du relief, a pu réussir déjà à disperser les couches mésozoïques et à exhumer en quelque sorte l'ancien substratum hercynien. La surface du sol est alors formée par de véritables fragments de l'ancienne pénéplaine de la fin des temps primaires. Les plis des anciennes montagnes hercyniennes, rabotés, usés quelquefois jusqu'à leurs racines, y apparaissent à nos yeux débarrassés du manteau sédimentaire qui s'était accumulé sur eux pendant les temps secondaires; la dureté de leurs roches réagit sur les effets de l'érosion et influence de nouveau les formes géographiques de la surface. Les plateaux rhénans, le Thüringerwald sont des régions de cet ordre ; elles sont, avec celles plus rares qui ont échappé complètement à l'immersion durant les temps secondaires, une précieuse indication pour la reconstitution du passé et, suivant la belle expression de M. Suess, *on voit se dévoiler à leur surface les traits d'une Europe antérieure.*

La figure 33 montre les positions relatives de ces deux zones d'architectures si différentes. Nous avons essayé d'y montrer à la fois l'allure de la bande des plissements alpins et les affleurements superficiels de *l'ancienne Europe hercynienne* qui ont été mis au jour par l'érosion dans l'étendue de la zone tabulaire. Nous avons aussi cherché à mettre en évidence les indications que ces affleurements ont pu donner sur la disposition des plis de cette époque.

CHAPITRE PREMIER

FORMES GÉNÉRALES DE LA FRANCE

Lorsqu'on se borne à l'examen de la disposition hypsométrique du sol, on remarque que le relief de la *Région Française* a une disposition assez symétrique. La plupart des montagnes sont réparties sur le pourtour, élevant comme une suite de remparts naturels qui commence par les Pyrénées, se poursuit par les Alpes, le Jura et les Vosges et se termine au nord par les plateaux de l'Ardenne. A l'intérieur de l'enceinte formée par ces montagnes et les mers, le sol se renfle de nouveau pour constituer une région mouvementée que l'on a l'habitude de désigner sous le nom de *Plateau central* de la France. Enfin, de ce noyau se détachent comme des bras qui le relient soit à la côte, soit aux chaînes du pourtour. Ce sont : à l'ouest, les collines du Poitou, de la Bretagne et de la Normandie; au sud, la Montagne Noire et les Corbières; au nord, la Côte-d'Or, le Plateau de Langres, les Faucilles. De telle sorte que la nature semble décomposer le territoire français en trois régions relativement déprimées : l'Aquitaine, la dépression du Rhône et de la Saône et le Bassin parisien, adossées au Plateau central et dont chacune a une physionomie spéciale.

Cette description est classique; elle est claire, fait image et est heureuse au point de vue de la répartition du relief; mais elle a un grand inconvénient, c'est celui de grouper entre eux des éléments qui n'ont aucune analogie de structure et par suite de donner un mauvais point de départ pour les études de détail. S'il est donc permis de l'employer, c'est simplement à titre de première indication et il faut immédiatement en corriger l'effet en indiquant les groupements rationnels des hauteurs et des dépressions.

Déjà notre étude sommaire de l'évolution géographique de l'Europe centrale nous a montré qu'il fallait distinguer deux zones d'architectures totalement différentes ; mais il faut maintenant préciser et voir comment la surface de la France se répartit entre elles. Pour cela, il est nécessaire de reprendre l'histoire géologique de la *Région Française*, en arrêtant davantage les traits de l'esquisse un peu vague que le lecteur a sans doute déjà dégagée de l'exposé sommaire de l'évolution de l'Europe centrale, et créant ainsi, pour les études de détail ultérieures, à la fois une base et un lien.

HISTOIRE GÉOLOGIQUE DE LA RÉGION FRANÇAISE

Ère primaire. — Jusqu'à l'époque carboniférienne, la situation générale de la Région Française se maintint sans grandes variations. Sauf une terre insulaire plus ou moins grande dans la région centrale, la mer en occupait presque toute l'étendue. Le continent nord-atlantique, même après son extension sous l'effet de la ride calédonienne, ne l'intéressait guère, car il s'arrêtait sur la région belge ; une île située un peu plus au sud s'avançait seule sur ce qui est aujourd'hui l'Ardenne française.

Mais la période carboniférienne amena d'importantes modifications qui furent couronnées par une émersion pour ainsi dire totale de notre territoire. Elles préludèrent par l'apparition de terres nombreuses séparées par des bras de mer. Progressivement ceux-ci disparurent pour faire place à des lagunes n'ayant plus qu'une lointaine communication avec la haute mer qui s'était retirée sur l'Europe orientale. Là vinrent s'entasser, en même temps que les sédiments détritiques résultant de l'usure du relief, les détritus de l'exubérante végétation qui s'était développée sur les terres nouvellement émergées et qui devaient ultérieurement se transformer en houille. L'accentuation des mouvements orogéniques fit que ces lagunes diminuèrent à leur tour d'importance, en même temps que se dressait ce système montagneux, d'architecture plissée, auquel on a donné le nom de *ridement hercynien* et dont nous retrouvons les traces descendant diagonalement de la Bretagne vers le Sud du Plateau central pour remonter vers le Nord-Est dans les Vosges et les Ardennes. La sédimentation houillère se poursuivit d'ailleurs sur cet ensemble continental, favorisée par la création des dépressions synclinales où les débris végétaux furent entraînés par les cours d'eau.

On peut donc se figurer une *France hercynienne* se prolongeant largement sur l'espace occupé aujourd'hui par l'Océan Atlantique, limitée au nord par des lagunes dont le bassin houiller franco-belge nous indique l'emplacement, accidentée enfin par un vaste système montagneux comparable aux Alpes actuelles et dont les plis s'infléchissaient pour dessiner une sorte de V allant de la Bretagne aux Vosges et aux Ardennes. Le sol de ce territoire était composé de toute la série des terrains archéens et primaires ; mais il faut noter que la disposition naturelle des couches avait été profondément bouleversée par les cassures, les plis et les charriages déterminés directement ou indirectement par le ridement hercynien, et qu'en outre la liste des matériaux s'était accrue de celle des épanchements éruptifs de diverses natures qui avaient accompagné çà et là ces dislocations.

La période permienne, qui marque la fin de l'ère primaire, voit non seulement s'accentuer l'usure de la région que nous venons de définir mais encore commencer son morcellement. Des affaissements, assez localisés d'ailleurs, permettent de nouveau à des lagunes de s'établir ; le régime des éruptions se poursuit.

Ère secondaire. — L'ère secondaire fut pour le territoire français, comme pour le reste de l'Europe centrale, une ère de tranquillité, mais de tranquillité relative seulement ; et si la situation générale présenta toujours les mêmes caractères, ce fut avec tant de nuances qu'il est assez difficile d'en faire le tableau. Lorsque l'on veut indiquer tous les détails qu'il est nécessaire de connaître pour arriver à de bonnes études géographiques, l'ensemble devient excessivement confus ; et si l'on cherche à masser ces détails, on risque de dépasser la mesure et d'omettre quelque trait essentiel. C'est à ce dernier parti cependant que nous nous arrêterons, réservant, pour nos études régionales, le développement des particularités qui les intéressent.

Nous avons vu, dans notre introduction, que l'ère secondaire avait été marquée par un retour offensif des mers sur le continent hercynien et que, sous son influence, l'Europe centrale avait fait retour à sa condition primitive et s'était réduite à un certain nombre de terres insulaires. Mais nous avons insisté sur ce fait que le domaine marin n'avait pas pris partout le même caractère et que, tandis que les grandes profondeurs et les fosses géosynclinales étaient reléguées vers le Sud, la partie septentrionale avait été occupée par des mers plates, telles sans doute que la Baltique et la mer du Nord actuelles. La région française se partagea inégalement entre ces deux zones ; la partie centrale constituant comme une borne de délimitation que contournait la mer des géosynclinaux, en s'étendant sur les contrées pyrénéenne et alpine actuelles, tandis que le restant du territoire était soumis au régime des mers plates.

Cette assiette générale se maintint pendant que se déroulaient

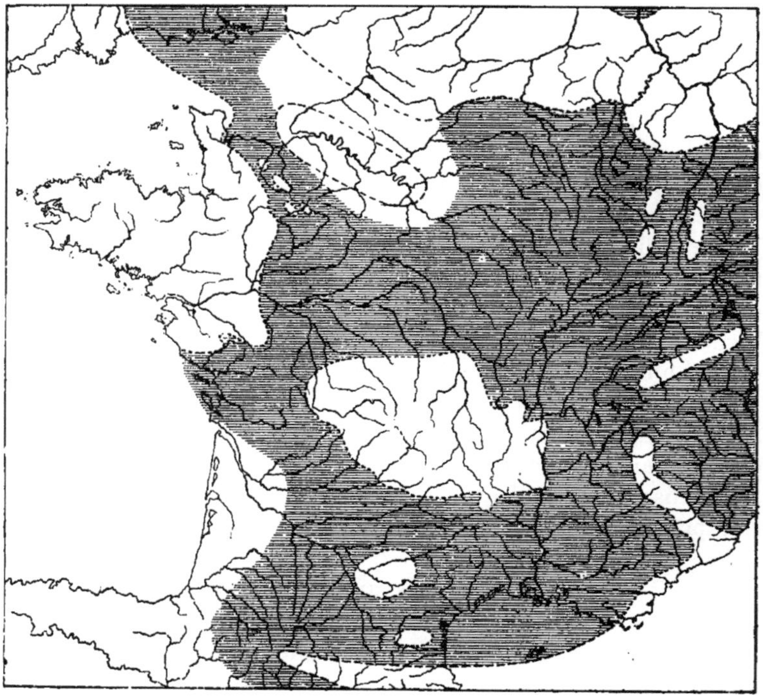

Fig. 34. — Esquisse de la France à la fin de la période liasique.
Figure extraite du *Traité de géologie* de M. A. de Lapparent, 4ᵉ éd., p. 1091.

les périodes triasique, jurassique et crétacique en lesquelles se décompose l'ère secondaire, mais avec des variations dues à de lentes déformations de l'écorce terrestre. Dans la région géosynclinale, ce furent de grands ploiements du sol qui firent surgir, par instants, au milieu des fosses marines dédoublées, des territoires d'un certain relief et de forme allongée. Dans l'autre, ce furent de lents et faibles mouvements d'ascension ou d'affaissement qui affectèrent certains compartiments, entraînant comme suite naturelle le déplacement des lignes de rivage. Sous ces influences multiples, les dimensions

des masses insulaires se modifièrent à plusieurs reprises, s'accroissant par l'émersion de territoires d'autant plus étendus que le relief
était moins accusé, ou diminuant par leur *ennoyage*[1]. L'étude de ces
variations est aujourd'hui assez avancée pour qu'on puisse chercher
à en dégager leur caractère d'ensemble, tout au moins dans la
région septentrionale.

Dans ce domaine des mers plates, nous voyons, dès le début de

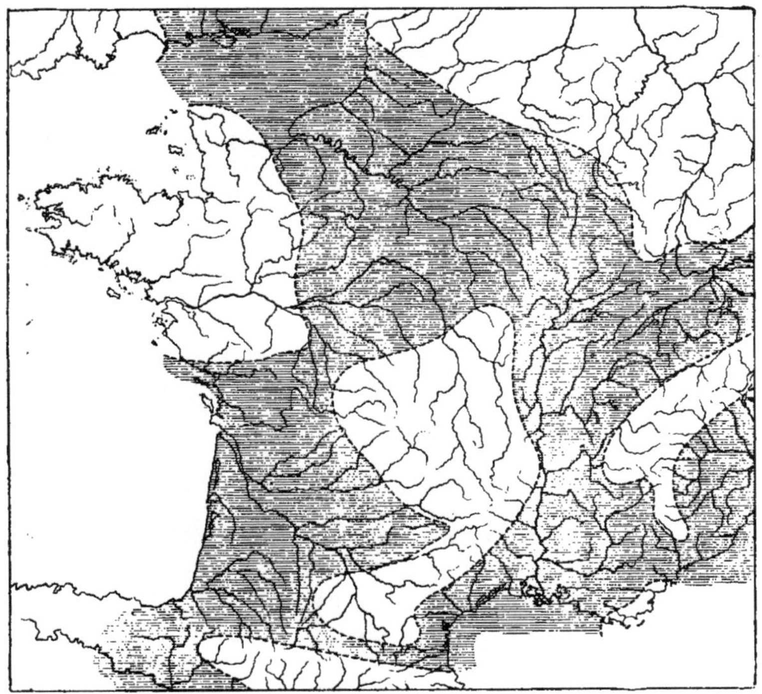

Fig. 35. — Esquisse de la France au milieu de la période suprajurassique.
Figure extraite du *Traité de géologie* de M. A. de Lapparent, 4ᵉ éd., p. 1184.

l'ère secondaire, trois régions résister à l'invasion des eaux et constituer des terres insulaires pendant que le domaine marin envahit
progressivement tout le reste. Ce sont : la Bretagne, la région centrale, et une terre anglo-flamande. Plus tard, à l'époque liasique,
de petits îlots sur l'emplacement actuel des Vosges annoncent l'apparition d'une nouvelle terre à laquelle nous donnerons, pour fixer

1. Expression empruntée au langage des mineurs par M. Haug.

les idées, le nom de *Terre Rhénane*. Celle-ci se développe pendant la période médiojurassique et dès lors s'ajoute définitivement à la liste des autres territoires émergés. On voit alors ces terres insulaires, séparées par des détroits, croître ou décroître tour à tour, parfois se souder deux à deux pendant que le domaine marin augmente ou se réduit et que les détroits s'ouvrent ou se ferment. Enfin, vers la

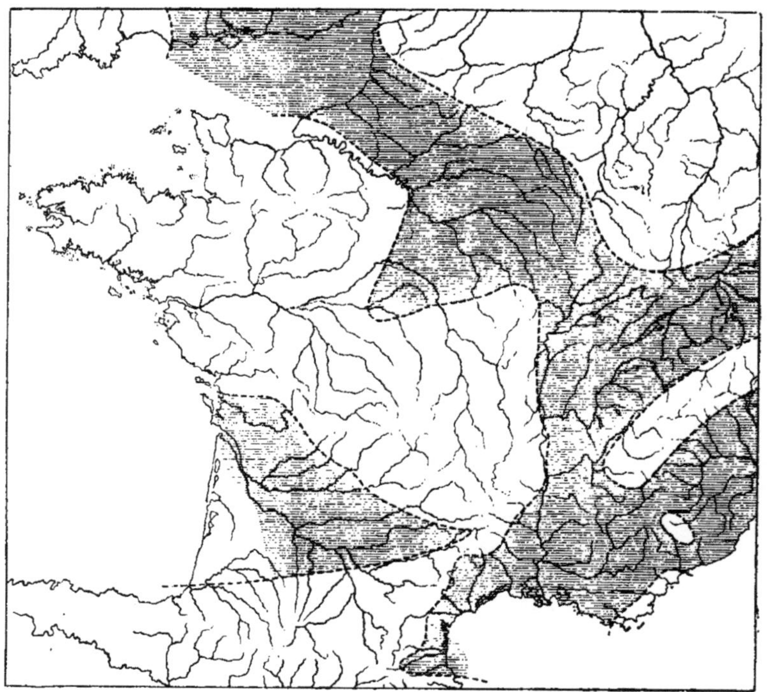

Fɪɢ. 56. — Esquisse de la France vers la fin de la période suprajurassique.

Figure extraite du *Traité de géologie* de M. A. de Lapparent, 4ᵉ éd., p. 1215.

fin de l'ère secondaire, la mer se retire, une émersion générale se prépare.

Rien ne donne mieux une idée de ces états successifs de la majeure partie du territoire français que les cartes paléogéographiques insérées par M. de Lapparent dans la quatrième édition de son Traité de Géologie, et dont nous avons pu reproduire ici quelques-unes.

Pendant que les lignes de rivage variaient ainsi dans des proportions souvent considérables, il ne semble point que le relief des terres insulaires ait jamais pris une grande importance. La diminution progressive de la proportion des sédiments détritiques remplacés peu à peu par des dépôts calcaires dérivant directement ou indirectement de l'activité organique en fait foi. Toutefois les couches qui se déposaient étaient, à plusieurs reprises, soumises à des

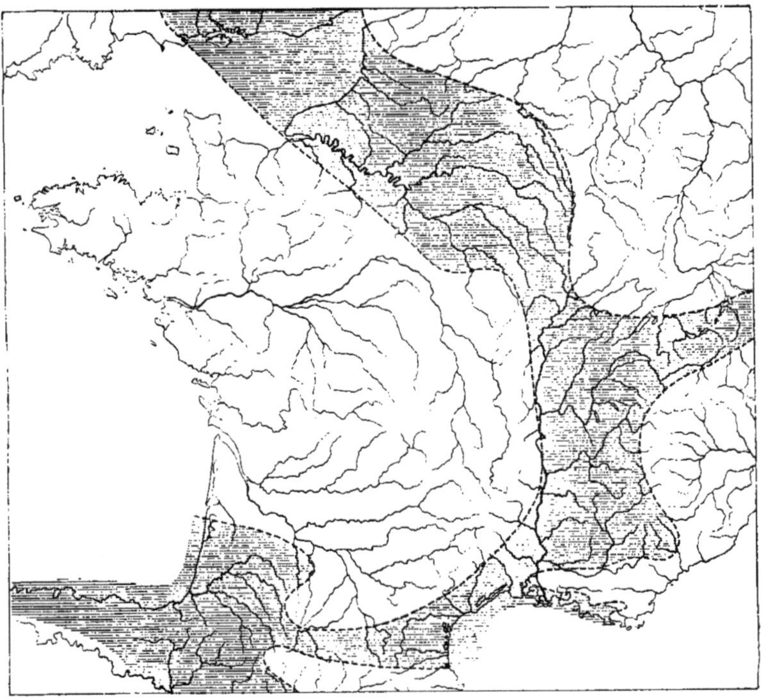

Fig. 37. — Esquisse de la France au milieu de la période infracrétacée.
Figure extraite du *Traité de géologie* de M. A. de Lapparent, 4ᵉ éd., p. 1284.

pressions latérales, échos atténués de celles qui se développaient dans la région géosynclinale et assez fortes pour les onduler. Suivant une loi que nous avons signalée, ces ondulations subissaient *l'influence directrice* des anciens plis hercyniens, constituant ainsi, dans les régions déprimées où s'était amassée une épaisseur suffisante de matériaux plastiques, ce que M. Suess appelle des *ondulations posthumes*.

Ère tertiaire. — L'ère tertiaire débute par l'émersion générale que pouvait faire prévoir le retrait de la mer à la fin de la période crétacique; et cette émersion, comme celle qui avait marqué le début de la crise hercynienne, est le présage d'événements orogéniques importants. Pendant les périodes éocène et oligocène, les mouvements du sol se multiplient dans la région géosynclinale, en

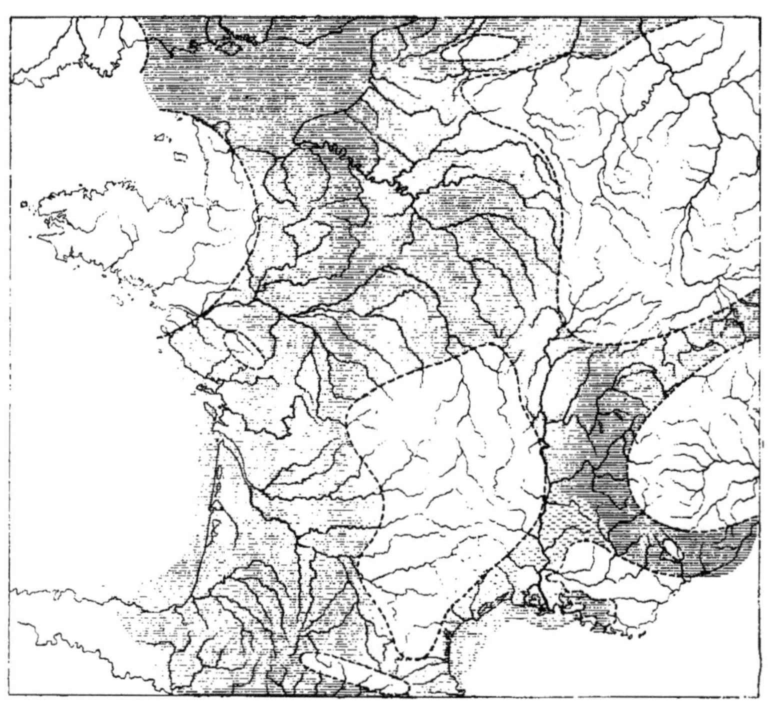

Fig. 38. — Esquisse de la France au milieu de la période supracrétacée. — Les hachures interrompues marquent les lagunes qui sont en train de se substituer à la mer. (Figure extraite du *Traité de géologie* de M. A. de Lapparent, 4ᵉ éd., p. 1363).

même temps que les mers reviennent dans certaines parties de la région septentrionale, sans jamais arriver toutefois à rétablir le morcellement caractéristique de l'ère secondaire. Une zone plissée se façonne peu à peu dans la région méridionale; c'est la *ride alpine*, sinueuse comme le géosynclinal qui l'avait préparée. Déjà, à la fin de l'Éocène, sa partie pyrénéenne a pris naissance; mais ce n'est qu'à la fin du Miocène que ses traits définitifs sont fixés dans la région alpine proprement dite.

Résumons l'aspect de la région française à ce moment :

Au Sud et au Sud-Est, une bande de montagnes plissées contourne à quelque distance la borne de démarcation tracée par l'*Ilot central*, s'adossant d'autre part à la *Tyrrhénide*, cette terre qui a subsisté dans les mers méridionales après la dislocation de l'Europe hercynienne. Au nord d'elle s'étend une contrée restée longtemps sans relief accentué, à tel point qu'à certains moments des lagunes ont pu y couvrir d'immenses étendues, mais dont les formes viennent de se *rajeunir* sous l'influence indirecte du ridement alpin. La rigidité du substratum formé par l'ancienne pénéplaine hercynienne que les sédiments secondaires n'ont en somme recouvert que d'un assez mince manteau a empêché les plissements de s'y étendre autrement qu'en faibles ondulations, mais l'effort orogénique s'y est dépensé en fractures qui ont permis aux compartiments de jouer les uns par rapport aux autres, pendant qu'en certains endroits les produits éruptifs se faisaient jour à la faveur des dislocations. Il y a eu là un *remaniement architectural tabulaire*, avec détails d'ordre éruptif.

Cette France de la fin de la période miocène n'est pas encore la nôtre. Elle occupe une surface plus étendue, s'adossant d'une part à la Tyrrhénide et se prolongeant de l'autre sur la Manche et l'Angleterre. Ce n'est que pendant la période pliocène, que les effondrements qui annoncent la fin de la crise alpine disloquent la Tyrrhénide et fixent les conditions générales de la majeure partie des rivages actuels.

Ère quaternaire. — La période pléistocène, par laquelle débute l'ère quaternaire, voit encore se produire quelques modifications dans le tracé des rivages, notamment ceux de la Manche et du Pas-de-Calais, et prendre fin certains mouvements du sol, comme le relèvement des Ardennes et les éruptions de la région centrale ; mais elle est surtout une période de sculpture et d'usure progressive. Une cause contribue, en effet, à raviver l'érosion déjà surexcitée par la naissance des nouveaux massifs montagneux, c'est l'accroissement considérable des précipitations atmosphériques dont nous avons indiqué plus haut l'origine. Sous leur influence, les réseaux hydrographiques, déjà préparés à la fin de la période pliocène, et dont les grandes lignes avaient été imposées par l'architecture du sol, accomplissent leur évolution progressive. Le régime glaciaire modifie, pour un temps, le travail de destruction en lui donnant une forme particulière, mais ne prend pas en France le développement qu'il acquiert dans l'Europe septentrionale. La calotte polaire ne descend, en effet, que jusque sur la Hollande, et les manifestations glaciaires se réduisent à l'extension des glaciers des massifs montagneux.

La période actuelle voit se continuer l'usure du relief accompagnée de tout son cortège de phénomènes subsidiaires, mais avec l'atténuation que comportent la diminution des précipitations atmosphériques et l'abaissement déjà notable du relief.

CONSÉQUENCES GÉOGRAPHIQUES

De ce qui précède il résulte qu'à une France hercynienne, usée, ramenée à l'état de pénéplaine, puis en grande partie envahie par les eaux pendant la longue durée des temps secondaires, a succédé une France dont le relief est de date tertiaire. Comme la première, elle comprend une zone *d'architecture plissée* et une zone *d'architecture tabulaire;* mais la bande plissée est reportée plus au Sud, tandis que la zone tabulaire s'étend sur ce qui fut autrefois la haute chaîne hercynienne.

La partie plissée comprend les Pyrénées, les Alpes et le Jura. Quant à la partie tabulaire elle présente un certain nombre de compartiments restés immobiles ou relativement relevés : la Bretagne, le Massif central, les Ardennes et les Vosges, et un compartiment relativement affaissé : la Région Parisienne, fragment d'une région naturelle plus étendue, la Région Anglo-Parisienne. Ainsi se reproduit, dans le relief septentrional, la disposition caractéristique des massifs insulaires durant l'ère secondaire. Entre les deux zones, les dépressions de l'Aquitaine et de la vallée du Rhône forment raccord. Leurs terrains ont joué, en quelque sorte, le rôle de matelas entre les plissements alpins et la masse résistante de cet Ilot central dont l'existence remonte aux périodes les plus reculées de l'histoire du globe.

Il convient de jeter un rapide coup d'œil sur chacun de ces éléments de notre territoire.

1) Les éléments de la zone plissée, tout en datant tous de l'ère tertiaire, n'ont pas absolument le même âge. La partie pyrénéenne paraît avoir pris sa forme définitive avant la partie alpine. Cette dernière n'aurait vu se terminer les mouvements de plissement qu'au commencement du Piocène, tandis que ces mouvements auraient

pris fin dans les Pyrénées à peu près avec la période éocène. Il en

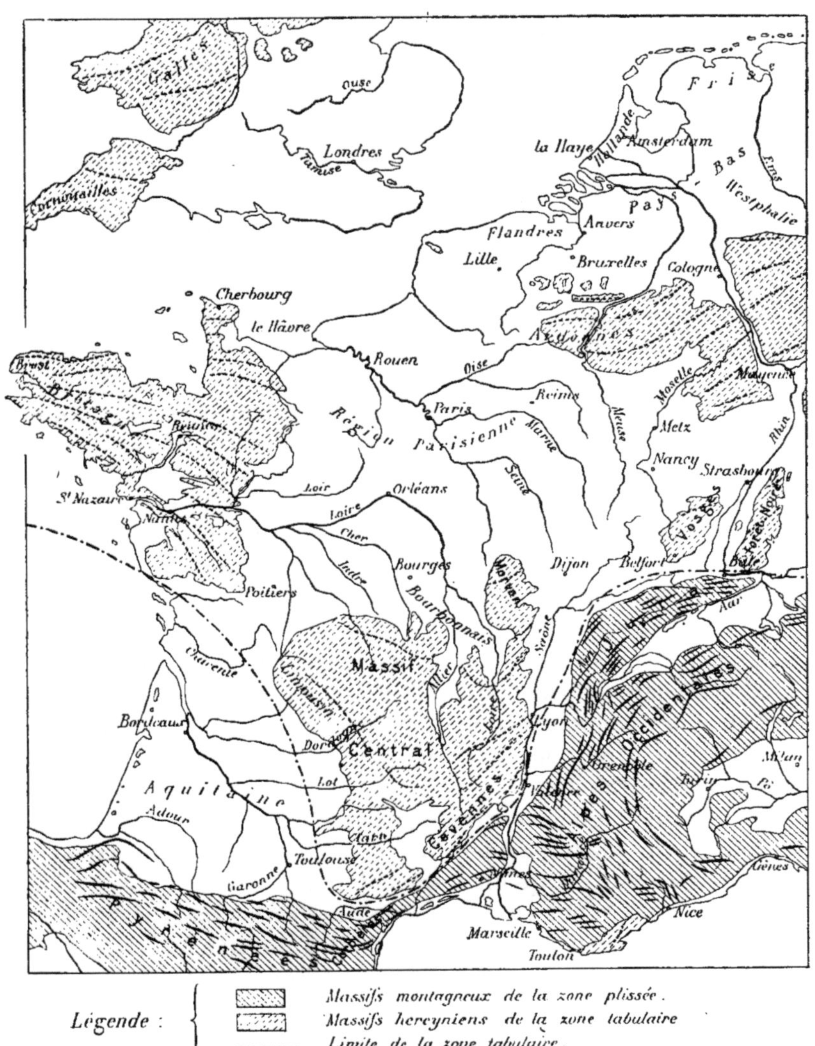

Fig. 39. — Massifs montagneux, alpins et affleurements hercyniens
de la Région française.

Cette carte, obtenue à l'aide de la minute qui a servi à l'établissement de la figure 33,
est, par suite, légèrement désorientée

résulte que les Pyrénées sont déjà beaucoup plus usées que les
massifs alpins. Non seulement l'altitude y est moindre et la zone

des neiges éternelles infiniment plus restreinte, mais certains traits caractéristiques ont déjà disparu ; ainsi, par exemple, les lacs de bordure qui n'existent plus à la base des Pyrénées, alors qu'ils forment une si belle ceinture aux parties les plus jeunes de la chaîne des Alpes. De plus, la disposition curviligne des Alpes, les nombreux faisceaux de plis qui contribuent à les former, donnent à ces montagnes une architecture infiniment plus complexe que celle des Pyrénées. On peut s'en faire une idée en réfléchissant qu'un seul de ces faisceaux de plis, celui du Jura, constitue déjà à lui seul un ensemble géographique déterminé.

D'autre part, il n'y a pas continuité géographique dans la zone plissée. L'*ennoyage* qui a donné naissance au golfe du Lion n'est que la manifestation actuelle d'un phénomène plus étendu qui a masqué, dans la vallée inférieure du Rhône, la continuité de la zone plissée, n'en laissant apparaître que quelques *témoins*. Enfin, le raccord entre les plis de la Basse Provence et les Alpes proprement dites se fait par une sorte de charnière. Dans son voisinage, les effondrements qui ont accompagné ou suivi la formation des plis ont laissé accolé à la ride alpine un petit fragment de l'ancienne *Tyrrhénide*, véritable corps étranger représenté à nos yeux par les massifs des Maures et de l'Esterel.

2) Si l'on passe maintenant à l'examen des compartiments relativement surélevés de la zone tabulaire, on voit que chacun d'eux, tout en ayant avec ses voisins un air de famille, tire sa physionomie spéciale des conditions dans lesquelles s'est opéré le *rajeunissement* de son relief.

Dans la Bretagne, constituée presque totalement par des roches anciennes, le rajeunissement a été insignifiant. Cette partie de notre territoire n'est qu'un fragment de l'ancien continent atlantique que nous avons vu respecté par toutes les mers secondaires et qui ne s'est disloqué qu'au début de l'ère actuelle en laissant accolés à l'Europe quelques-uns de ses débris. Son faible relief est à peu près celui de l'ancienne pénéplaine à laquelle avait été réduit ce grand territoire ; les événements de l'ère tertiaire n'y ont apporté que de faibles modifications, tout en ramenant la mer sur certaines de ses parties.

Les autres régions montueuses, Plateau central, Ardennes, Vosges, et leurs annexes, ont des formes bien plus accentuées, car elles ont été, pendant l'ère tertiaire, le siège de mouvements considérables qui ont *rajeuni* plus vigoureusement leur relief. Mais

on constate entre elles de profondes différences dues à la diversité
des mouvements du sol. Suivant, en effet, que ces mouvements
ont été plus accentués et plus anciens, l'usure du relief s'est manifestée davantage. En certains endroits, elle a été suffisante pour
disperser toutes les couches du terrain secondaire et mettre à nu
l'ancien *substratum* primaire où apparaissent les plis de l'ancienne
ride hercynienne, mais usés par endroits jusqu'à leurs racines.
C'est ainsi que ce substratum apparaît dans les Ardennes, les
Vosges méridionales et le Plateau central[1], tandis que dans les
Vosges septentrionales il est encore recouvert d'une pellicule triasique, et que, dans l'espèce d'isthme qui relie les Vosges au
Morvan, le manteau sédimentaire est encore plus épais et n'a vu
disparaître jusqu'ici que ses couches crétaciques. Il est inutile
d'insister pour faire comprendre que ce décapement plus ou moins
complet est la cause d'une grande variété dans les aspects. On
devine de plus que là où il a été suffisant pour mettre à nu la
tranche des anciens plis primaires, ceux-ci, en vertu d'un mécanisme que nous avons eu l'occasion d'expliquer, ont eu une sorte
d'*action réflexe* sur la sculpture du relief actuel. A ces différences, résultats de l'usure progressive du sol, s'en ajoutent
d'autres venant des phénomènes éruptifs qui se sont produits, en
certains endroits, à la faveur des dislocations tertiaires. C'est ainsi
que de grandes étendues du Plateau central ont leur topographie
complètement modifiée par l'*architecture éruptive*.

Quant à la Région Anglo-Parisienne, c'est une région relativement déprimée qui s'intercale entre les hauteurs que nous
venons d'énumérer et le relief de la Cornouaille anglaise et du pays
de Galles, et qu'une invasion maritime toute récente a divisée en
deux parties en constituant la Manche. Les sédiments secondaires
arrachés des montagnes voisines par l'érosion se sont conservés là
en grande partie par le fait même de l'affaissement relatif.

On voit que cette définition ne se rapproche guère de celle d'un
bassin. L'expression de Bassin parisien, que l'usage a consacrée,
est assez mal choisie et conduit à se faire des idées fausses que l'on
trouve développées en trop d'endroits. Il ne saurait être, en effet,
question de comparer les affleurements des diverses couches du
sol, tels qu'on les voit sur une carte géologique, aux *laisses suc-*

---

1. Une partie du Plateau central, son noyau, est toujours restée émergée pendant
l'ère secondaire et n'a jamais été recouverte par les dépôts marins de cette grande
phase de l'histoire du globe, mais il n'en a pas été de même de la périphérie qui a dû
subir un véritable décapement pour montrer au jour les terrains anciens comme elle
le fait aujourd'hui.

cessives des différentes mers des époques passées, non plus que d'assimiler les hauteurs du Plateau central, des Ardennes et des Vosges aux parois d'une cuvette où se seraient étendues les mêmes mers. Il ne faut pas oublier, en effet, que le relief de ces régions ne date que des *rajeunissements* de l'époque tertiaire, et que maintes de leurs parties ont été recouvertes jadis par les mers au lieu de leur avoir servi de limites. Tout au plus cette expression de bassin pourrait-elle convenir pour désigner la partie centrale où les mers tertiaires ont fait retour et déposé une nouvelle suite de nappes sédimentaires. Aussi croyons-nous qu'il faut l'abandonner, pour lui substituer celle de *Région Parisienne* qui a l'avantage de ne pas donner d'idées fausses.

Si l'on se reporte d'ailleurs aux caractères généraux de l'évolution géographique pendant les temps secondaires et tertiaires, on se rend immédiatement compte qu'il ne peut y avoir unité géographique dans toute l'étendue du territoire qui s'intercale entre les terrains anciens du Plateau central, de la Bretagne, des Ardennes et des Vosges. Certaines parties de ce territoire, comme celles qui ont appartenu à ce que nous avons appelé la *Terre Rhénane*, n'ont jamais été couvertes par les eaux depuis la fin de la période jurassique. Il en résulte que la sculpture de leur sol a commencé bien avant celle du restant de la Région Parisienne, et cela dans des conditions totalement différentes de celles déterminées ultérieurement par les événements tectoniques de l'ère tertiaire. D'autres régions, émergées à la fin de la période crétacique, ont échappé aux eaux lacustres ou marines tertiaires; là aussi le dessin topographique peut avoir ses particularités. D'autre part les actions mécaniques tertiaires n'ont pas eu partout le même effet architectural. Ici ont dominé les ondulations; là les affaissements ou les mouvements de bascule ont eu une action prépondérante; de telle manière que l'écoulement des eaux a été sollicité de façons très diverses. Aussi est-on en droit de dire que, loin d'avoir cette homogénéité que bien des descriptions laissent supposer, la Région Parisienne est composée d'assez nombreuses parties ayant eu des *sorts topographiques* distincts.

3) Si l'on examine, en dernier lieu, les régions déprimées qui séparent le Plateau central de la bande des Pyrénées et des Alpes, on voit qu'elles n'ont pas une analogie complète avec la Région Parisienne. Dans cette dernière, qui a été protégée des refoulements alpins par la masse du Plateau central, les plissements ne se sont

continués que sous la forme de simples ondes. Dans les deux autres dépressions, au contraire, les actions mécaniques ont eu bien plus de part dans la disposition du sol. Dans chacune d'elles, les flancs extérieurs ont été entraînés dans le mouvement de plissement, tandis que les flancs intérieurs, c'est-à-dire ceux qui regardent le Plateau central, se sont disposés en paquets plus ou moins morcelés par des failles ; avec cette différence que la largeur de la nappe aquitanienne a introduit quelque tempérament dans. ces actions mécaniques, tandis que le resserrement du couloir rhodanien a amené des réactions violentes qui se sont traduites par la discontinuité des auréoles sédimentaires dont la succession est beaucoup plus régulière dans l'Aquitaine.

La disposition générale des réseaux hydrographiques de la France se comprend facilement d'après ce que nous venons d'exposer. Il est, en effet, naturel de voir un fleuve suivre le fond de la gouttière rhodanienne, et d'en voir un autre drainer le golfe aquitanien en tirant sa ramure des deux masses montagneuses qui l'encadrent; tandis qu'on ne peut s'étonner de constater que la Région Parisienne, si peu homogène malgré les apparences, laisse échapper ses eaux dans plusieurs directions différentes.

La conséquence naturelle du rapide coup d'œil que nous venons de jeter sur l'ensemble du sol français, serait qu'il faut examiner séparément les diverses catégories de régions que nous avons été amenés à distinguer. Mais l'étude de la géographie comporte bien d'autres éléments que la tectonique, et les géographes peuvent, suivant les points de vue auxquels ils se placent, avoir des raisons multiples et à divers titres infiniment respectables de ne pas procéder absolument de cette façon. Nous aurions donc mauvaise grâce à vouloir les gêner en leur imposant une marche à suivre, alors que nous cherchons à les amener à tenir compte de l'architecture du sol. Nous ferons donc tout simplement le tour de notre pays, mais en tenant constamment compte des résultats généraux que nous avons exposés et revenant même à notre groupement rationnel chaque fois que cela sera possible. Aussi bien cette marche aurat-elle l'avantage de nous faire insister sur les rapports mutuels des régions voisines.

En raison de ce qui précède, nous étudierons successivement :

1° la *Région du Nord et du Nord-Ouest* comprenant tout ce qui est au Nord de Paris et de la basse Seine; 2° la *Région du Nord-Est*, allant de Paris au Rhin et comprenant en outre la haute vallée de la Saône; 3° la *Région de l'Est et du Sud-Est*, comprenant le Jura et les Alpes, avec la vallée du Rhône; 4° la *Région du Sud et du Sud-Ouest*, c'est-à-dire les Pyrénées et l'Aquitaine; 5° la *Région de l'Ouest;* 6° la *Région Centrale;* 7° enfin, les *Côtes* auxquelles nous voulons consacrer un chapitre spécial.

Cette manière de faire n'entraînera en somme que la dislocation d'une seule de nos régions naturelles : la Région Parisienne. Encore cette dislocation sera-t-elle peut-être un bien, en ce sens que le sort de cette vaste surface a été si diversement lié à ceux des compartiments qui l'entourent, qu'il eût été difficile d'en faire un tout distinct.

CHAPITRE II

RÉGION DU NORD ET DU NORD-OUEST

Histoire géologique sommaire. — Nous désignerons, sous le nom de Région du Nord-Ouest et du Nord, toute la partie de la France qui s'étend, au nord de la basse-Seine, jusqu'à la Belgique dont la presque-totalité sera forcément englobée dans un rapide examen.

Lorsqu'on regarde une carte géologique d'ensemble de ce vaste territoire, on voit une grande nappe de terrains anciens, datant de l'ère primaire, s'avancer en coin depuis les pays rhénans jusqu'aux environs d'Avesnes. Elle sépare deux régions où affleurent des terrains plus récents : la Région Parisienne orientale, qui montre des terrains secondaires variés, et la Région Belge où s'étale presque partout un manteau de terrains tertiaires. Plus loin, dans la direction de l'Ouest, de petits affleurements de terrains anciens se poursuivant en file depuis les environs d'Arras jusque dans le Boulonnais, semblent prolonger la pointe de la nappe primaire et indiquent nettement que si les couches profondes du sol ne sont pas suffisamment relevées pour apparaître largement, elles se trouvent néanmoins assez rapprochées de la surface topographique pour que les moindres morsures de l'érosion aient pu les dégager. La séparation indiquée à l'Est entre la partie orientale de la Région Parisienne et la Région Belge, se continue donc entre celle-ci et la Région Parisienne occidentale ; seulement ces deux territoires s'adossent directement l'un à l'autre sans intermédiaire.

L'examen de la carte hypsométrique fait voir que la zone des terrains primaires correspond à un vaste plateau assez fortement relevé, tandis que la Région Parisiennne occidentale et la Région

Belge, toutes deux plus basses, s'inclinent doucement en sens inverse de part et d'autre.

Tout concorde donc pour montrer la nécessité de distinguer trois grandes régions naturelles : la *Région Parisienne occidentale*, la *Région Belge* et la *Région des Plateaux primaires*.

Avant de procéder à leur étude, il convient de rappeler, en les précisant un peu, les quelques indications que l'histoire géologique sommaire nous a données au sujet de l'évolution de cette partie de notre pays.

Lorsque le continent hercynien, en prise au retour offensif des mers secondaires, se démembra peu à peu, la région qui nous occupe fut de celles qui opposèrent de la résistance à l'affaissement. Les lagunes du Trias ne s'y avancèrent qu'à la fin de cette période; encore respectèrent-elles un territoire assez étendu à cheval sur ce qui est aujourd'hui le Pas-de-Calais et la Mer du Nord. Ce territoire *anglo-flamand* subsista, avec quelques changements de contours, pendant les temps jurassiques, alors que les mers s'étendaient sur la plus grande portion de la Région Parisienne. Il en fut de même pendant la période infracrétacée, et ce ne fut que vers le milieu du Crétacé que les eaux réussirent à l'envahir en partie, laissant encore subsister quelques îlots, et toute la partie orientale qui forma corps avec cette *Terre Rhénane* dont nous avons déjà dit un mot et dont nous aurons à nous occuper plus spécialement à propos de la Région du Nord-Est.

Après l'émersion générale qui marqua le début de l'ère tertiaire, les mers éocènes et oligocènes revinrent sur la région, mais avec des intermittences et des tracés de rivage fort variables. Puis les eaux se retirèrent vers le Nord, revenant toutefois de temps en temps sur leurs pas par de petits retours offensifs qui se prolongèrent jusque pendant l'ère quaternaire dans la Région Belge.

Il résulte de cette histoire un peu compliquée que le sol des régions du Nord et du Nord-Ouest est loin de présenter dans toutes ses parties la superposition complète de tous les terrains post-primaires. Un bon fragment de la·zone qui avoisine la frontière franco-belge n'a reçu au-dessus de la plate-forme hercynienne affaissée qu'un simple manteau de Crétacé et de Tertiaire. Il est même probable qu'une portion des plateaux de l'Ardenne n'a jamais été, à proprement parler, recouverte, depuis l'ère primaire, d'aucune couverture sédimentaire.

Mais il ne suffit pas, pour bien comprendre la disposition géo-

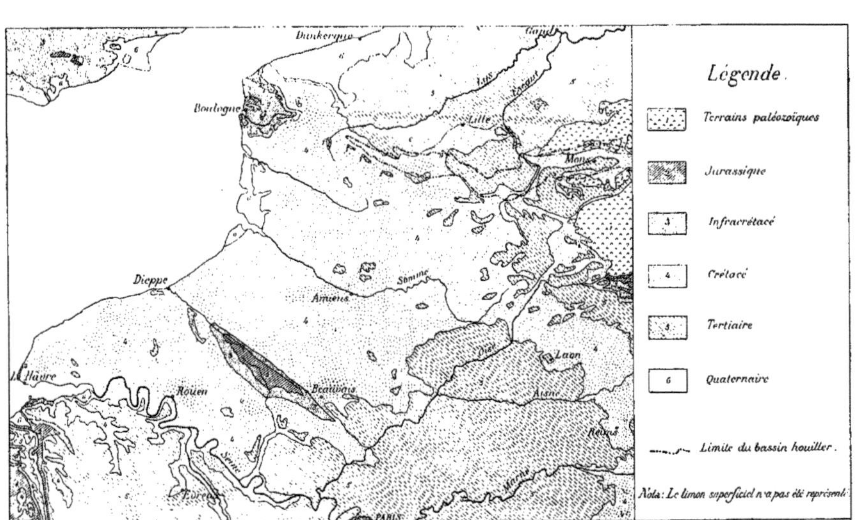

Fig. 40. — Croquis géologique de la Région du Nord et du Nord-Ouest. (D'après la Carte géologique de la France à 1 : 1 000 000.)
Échelle 1 : 2 250 000.

graphique, d'avoir noté les différences que peut présenter la composition du sol lorsque l'on passe d'un point à un autre, il faut encore se rendre compte des variations de la tectonique.

Aux temps hercyniens, l'ensemble de ce pays du Nord avait une architecture plissée. Des montagnes plus ou moins hautes l'accidentaient, et ce sont leurs plis, arasés en pénéplaine, qui constituent le soubassement sur lequel se sont déposés les sédiments post-primaires. Depuis ces temps reculés, le territoire a échappé aux grandes actions de plissement et s'est trouvé englobé dans ce que nous avons appelé la zone d'architecture tabulaire. Toutefois de simples ondulations, entretenues sans doute par les affaissements locaux, continuèrent à se produire, et ces ondulations *posthumes* adoptèrent, suivant une loi que nous avons mentionnée, la disposition planimétrique des anciens plis hercyniens. Indiquées dès l'ère secondaire par une suite d'esquisses, elles prirent leur plus grand développement pendant l'ère tertiaire, au milieu de la période miocène. Postérieurement à celle-ci, se produisirent encore de lents mouvements de bascule qui relevèrent la région des Plateaux primaires et inclinèrent doucement la Région Belge vers le Nord. C'est de ces mouvements de bascule que ces contrées ont tiré leur caractère dominant, tandis que dans la Région Parisienne occidentale le rôle important est resté acquis aux ondulations.

Nous en savons assez maintenant pour pouvoir aborder sans crainte de confusion l'examen de ces trois grandes régions naturelles.

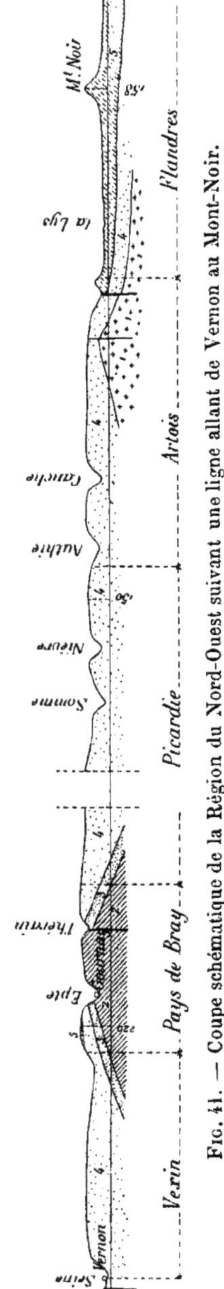

Fig. 41. — Coupe schématique de la Région du Nord-Ouest suivant une ligne allant de Vernon au Mont-Noir.

1, substratum ancien. — 2, Jurassique. — 3, Infracretacé. — 4, Cretacé. — 5, Tertiaire. Échelle de : 1 : 1 200 000 pour les longueurs; 20 fois plus grande pour les hauteurs.

RÉGION PARISIENNE OCCIDENTALE

Considérations générales. — La partie occidentale de la Région Parisienne s'étend des côtes de la Manche au cours de l'Oise. En regardant la carte géologique, on voit que si l'on fait abstraction de l'auréole jurassique qui longe immédiatement les terrains anciens de la Bretagne et des petits affleurements du même terrain qui apparaissent dans le pays de Bray et le Boulonnais, cette vaste région correspond à un plateau crétacé dont la surface est cachée, en certains endroits, par une pellicule tertiaire et des limons quaternaires. La couverture tertiaire s'étendait autrefois sur toute la région. Elle a été presque totalement enlevée au Nord de la Seine où elle n'apparaît plus que par petits îlots. Au Sud, elle prend plus d'importance, mais l'érosion l'a déjà déchirée, et le Crétacé apparaît dans presque tous les fonds de vallées.

La valeur plus ou moins grande de cette pellicule tertiaire et l'apparition du terrain jurassique établissent dans la topographie certaines différences ; mais un autre élément intervient également pour spécialiser les diverses parties de la région, c'est l'élément tectonique. Nous avons vu, en effet, que l'architecture du sol était ondulée. Les ondulations dont autrefois on ne soupçonnait pas l'existence, ont fait l'objet de recherches patientes[1] qui ont permis d'en préciser la disposition. Cette disposition comporte deux directions conjuguées : la direction N.W.-S.E., et la direction perpendiculaire. Ce sont les ondulations N.W.-S.E. qui sont les plus importantes ; la figure ci-jointe en donne, d'après M. G. Dollfus, le tracé général. Les autres sont moins bien connues et ne paraissent comporter que deux grandes dépressions synclinales.

Si l'on jette un coup d'œil sur la figure qui représente en coupe la distribution des ondulations N.W.-S.E., on voit que l'on peut grouper ces ondulations en trois faisceaux comprenant chacun un certain nombre de plis synclinaux et anticlinaux, et séparés par deux synclinaux plus importants que les autres qui correspondent grossièrement aux vallées de la basse Somme et de la basse Seine. Il est probable que cette disposition d'ensemble s'est esquissée dès le début des mouvements de plissement et que ce n'est que progressivement que les ondulations secondaires se sont différenciées dans

---

1. Les premières recherches ont été entreprises par E. Hébert et M. de Mercey.

chaque faisceau. Il est à noter également qu'en certains endroits les

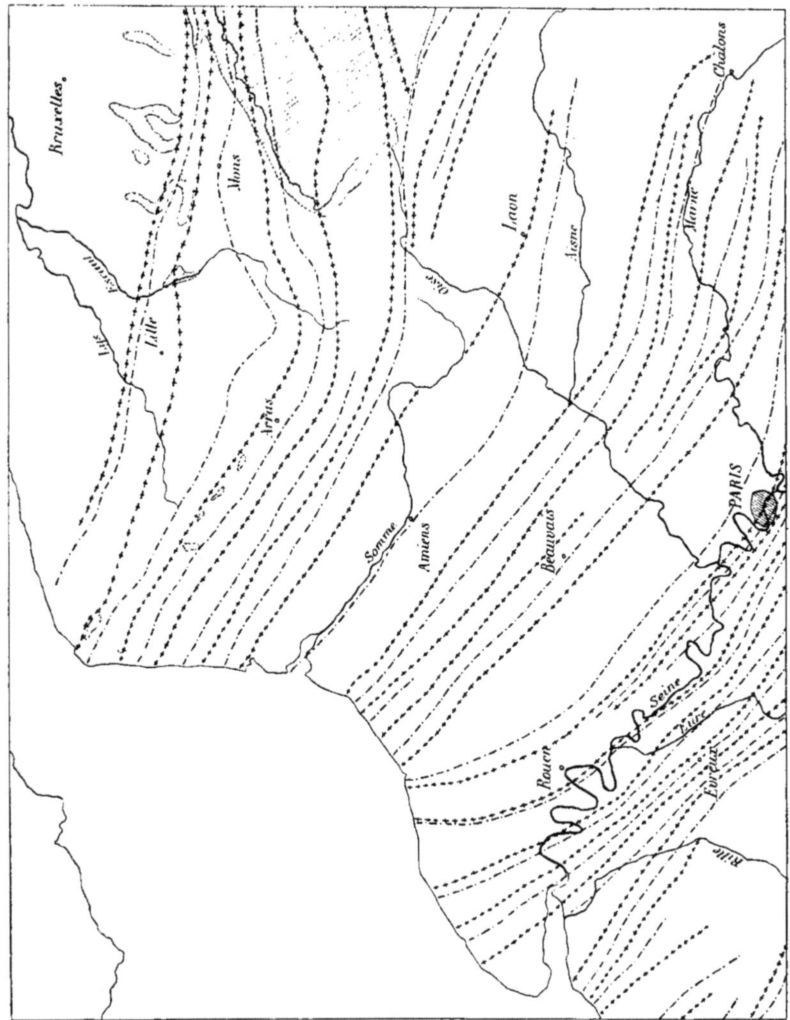

Fig. 42. — Ondulations de la Région parisienne occidentale.
(D'après la carte publiée par M. G. Dollfus dans les *Annales de Géographie*, année 1900.)
Les traits pointillés mixtes représentent les synclinaux; les traits formés de petites croix, les anticlinaux. Le grisé indique les affleurements du substratum hercynien. — Échelle de 1 : 2 250 000.

ondulations ont fait place à des cassures. Celles-ci se sont surtout produites là où la plate-forme hercynienne, moins flexible de sa

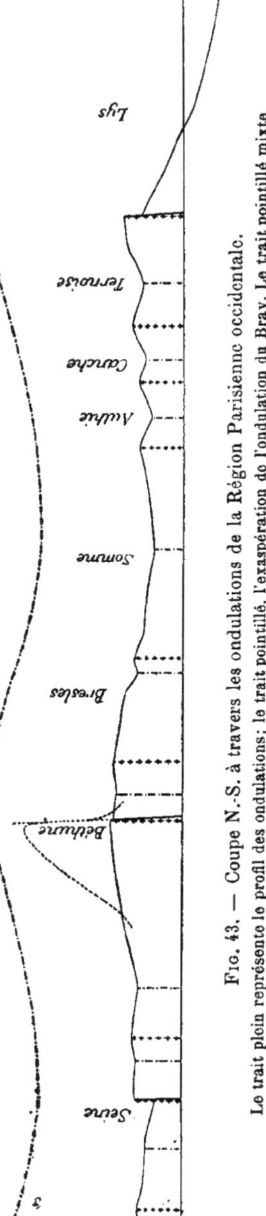

Fig. 43. — Coupe N.-S. à travers les ondulations de la Région Parisienne occidentale. Le trait plein représente le profil des ondulations; le trait pointillé, l'exaspération de l'ondulation du Bray. Le trait pointillé mixte montre le rythme des groupements des ondulations.

nature, était surmontée d'une plus petite épaisseur de terrains secondaires, et précisément aux endroits où ce soubassement hercynien présentait déjà des fractures qui n'ont eu qu'à *rejouer* à l'époque tertiaire.

La disposition topographique actuelle s'est modelée sur ce groupement des ondulations. Au premier faisceau, appartiennent le *Perche* et la *Basse Normandie* dont nous aurons à parler à propos de la France de l'Ouest; au second, *le Pays de Caux et la Picardie du Sud;* au troisième *l'Artois et la Picardie du Nord*. Quant aux ondulations perpendiculaires, on peut leur attribuer la préparation de la vallée de l'Oise et celle de la coupure du Pas-de-Calais.

Détail des divers pays. — En réunissant sous le nom de *Pays de Caux* et de *Picardie du Sud* les régions situées entre Somme et Seine, nous avons passé sous silence d'autres appellations. Il faut encore mentionner le *Vexin*, le *Pays de Bray*, le *Beauvaisis*, le *Noyonnais*.

Les différences que l'on peut remarquer dans l'aspect physique de ces divers éléments territoriaux sont dues aux variations de la nature du sol. La craie qui, d'une façon générale, constitue le sol de la région, est très perméable et par suite assez ingrate lorsqu'elle n'est pas recouverte de la pellicule de terrains tertiaires ou quaternaires dont nous avons mentionné la présence. Ce n'est que dans ce cas que l'eau peut se trouver à la surface du sol, dans quelques mares à fond

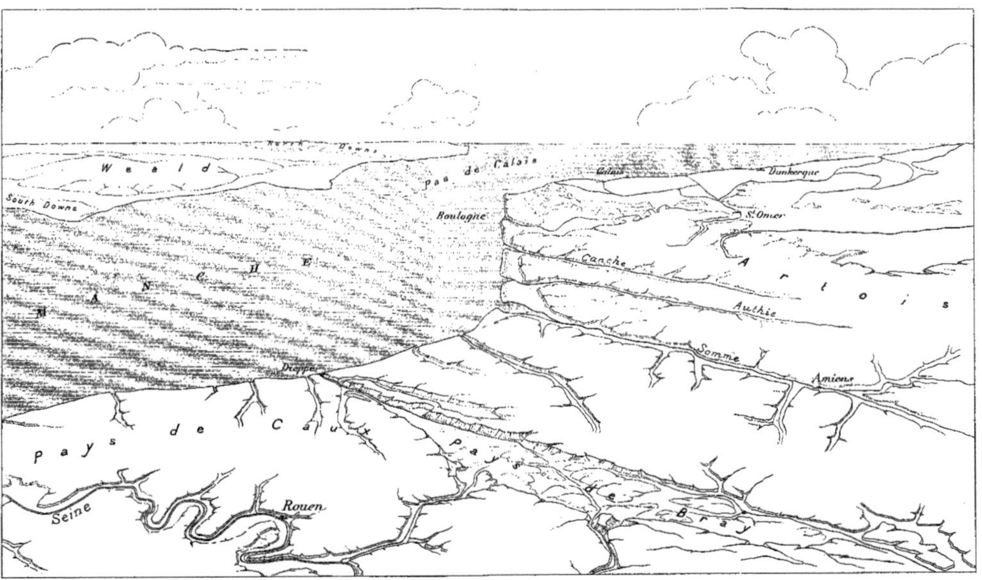

Fig. 44. — Perspective schématique de la Région du Nord-Ouest.

argileux; partout ailleurs elle n'apparaît qu'au fond des entailles des vallées. C'est donc de la proportion et de la nature des éléments étrangers à la craie que dépend la fertilité du sol et l'aspect des campagnes. Toutefois dans le *Bray* un autre facteur intervient : c'est l'architecture du sol. Elle apporte une diversion aux formes monotones de l'ensemble des autres parties de la contrée.

Là, en effet, une des ondulations anticlinales présente localement une exagération suffisante pour qu'en l'attaquant, l'érosion ait pu produire des effets analogues à ceux qu'elle réalise d'une façon courante dans les régions montueuses d'architecture plissée. Une vraie boutonnière s'est dessinée, laissant apparaître, entre les deux talus crétacés qui en constituent les lèvres, le terrain infracrétacé et même un petit dôme jurassique.

L'aspect de ce *pays de Bray* tranche complètement par rapport

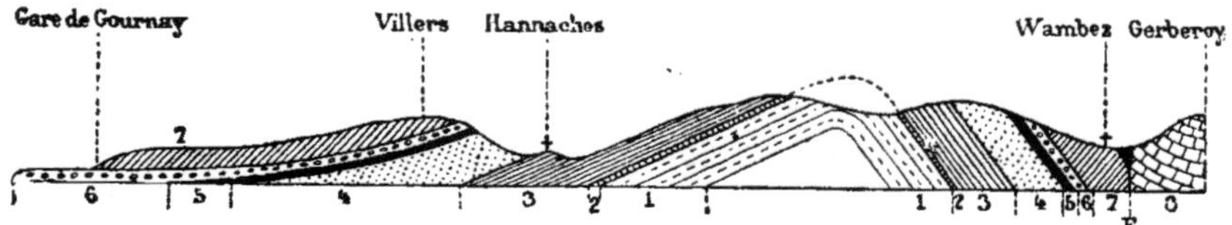

Fig. 45. — Coupe à travers le pays de Bray.
Fig. extraite du *Traité de géologie* de M. A. de Lapparent, 4ᵉ édit., p. 1801.

à ceux de ses voisins. L'imperméabilité des terrains infracrétacés et de certaines couches jurassiques multiplie les niveaux d'eau et a favorisé le développement des pâturages et des bois. On a là une sorte d'oasis au milieu des étendues crayeuses. Au pays de *Bray* se relie le *pays de Thelle* qui s'adosse à son rebord méridional.

Au Nord de la Somme, la *Picardie du Nord* comprend divers petits pays : le *Vermandois*, l'*Amiénois*, le *Santerre*, le *Ponthieu*, plus ou moins différenciés par la couverture que forment souvent, à la craie, les sables et les argiles tertiaires. Enfin le *Boulonnais* et les collines de l'*Artois*, où l'architecture du sol entre plus en ligne de compte, marquent la terminaison de la Région Parisienne occidentale.

Là, le faisceau d'ondulations se relève suffisamment dans son élément principal, le pli de l'Artois, pour que des accidents spéciaux du sol aient pu prendre naissance. A l'Ouest, le Boulonnais s'est relevé en une sorte de dôme dont il faut chercher la continuation au delà de l'affaissement de la Manche, jusque dans la région anglaise du *Weald*. Ce dôme a permis à l'érosion de ramener au jour le Jurassique et même des lambeaux du soubassement hercynien. Ainsi s'est constitué le *Bas Boulonnais*, en même temps que se dessinaient, en encadrement, des talus crétacés qui forment le *Haut Boulonnais*. Plus à l'Est, le pli, s'étirant en faille, a motivé l'apparition des *Collines de l'Artois*, simple rebord frangé par l'érosion d'une terrasse qui domine la Région Belge. Il est d'ailleurs certain que ces accidents de date tertiaire n'ont fait que refléter des dislocations bien plus anciennes; l'examen des dislocations du substratum hercynien ne laisse aucun doute à cet égard.

Remarques générales sur l'hydrographie. — L'hydrographie de la Région Parisienne occidentale a trouvé l'origine de ses principaux traits dans la disposition architecturale.

La Canche, l'Authie, la Somme inférieure, la Bresle, la Béthune, le Thérain, ont un tracé en concordance avec les ondulations synclinales. Et si la Seine, avec ses grandes boucles, s'écarte un peu de cette conformité rigoureuse, ce n'est là qu'une apparence; car son cours, tout en mordant sur plusieurs ondulations de détail, correspond bien au rythme général de leurs faisceaux, et il y a tout lieu de croire que ce rythme s'est indiqué avant les différences de détail. Le tracé de l'Oise, de son côté, paraît avoir été déterminé sous l'influence plus ou moins directe des ondulations transverses.

Mais bien des modifications ont déjà été apportées à la disposition originelle des rivières. Non seulement le jeu de l'érosion a amené, entre les cours d'eau, ces conflits habituels qui se traduisent par des captures, de telle sorte que, comme l'a montré M. G. Dollfus, l'hydrographie du pays de Bray a été complètement modifiée par l'attaque latérale de l'Epte et de l'Andelle; mais les destinées des deux principaux collecteurs de la région, la Somme et la Seine, ont beaucoup varié. Il fut un temps, en effet, où la Somme avait sans doute un rôle infiniment plus important que celui qui lui est dévolu aujourd'hui. Par la vaste dépression, avec laquelle le cours d'eau actuel est si disproportionné, s'écoulait sans doute tout le système de l'Aisne. La Seine avait alors ses attaches principales dans la partie méridionale de la Région Parisienne; et il a fallu tout le travail de régression de l'Oise pour décapiter la Somme à son profit et étendre son domaine dans les pays septentrionaux.

A ces changements de tracé s'ajoutèrent, sans doute, des variations fréquentes dans la hauteur relative du niveau de base, et par suite dans l'allure des cours d'eau qui, si paisibles aujourd'hui, eurent leur phase torrentielle.

RÉGION BELGE

Considérations générales. — Le territoire que nous avons désigné sous le nom de Région Belge s'adosse à la Région Parisienne

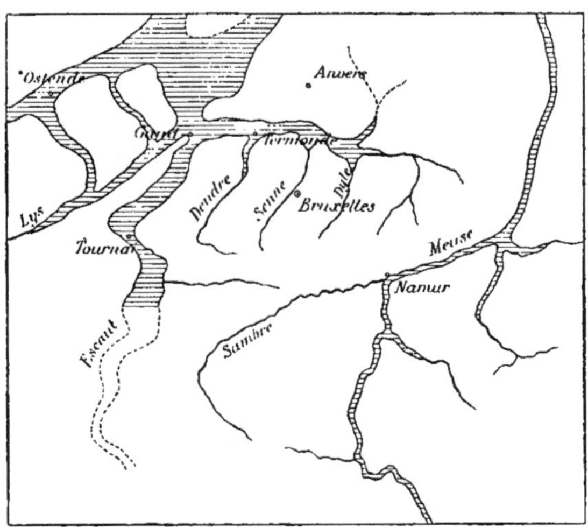

Fig. 46. — Disposition du réseau hydrographique de la Région belge pendant la phase campinienne de la période pléistocène (d'après les travaux de M. Rutot). Échelle de 1 : 3 600 000.

occidentale. Sans doute il a été ondulé comme elle; mais le mouvement de bascule qui l'a fait plonger vers le N.E. a permis aux dépôts sédimentaires récents de masquer les ondulations qui ne peuvent être observées que dans le voisinage immédiat de l'Artois. Toute la topographie dérive donc de cette disposition en pente douce vers le N.E.

Une première conséquence est la division du territoire en régions où apparaissent des terrains de plus en plus anciens à mesure qu'on s'éloigne des côtes : la *plaine maritime* d'abord, avec ses terrains quaternaires; puis les *Flandres*, le *Brabant*, où affleurent des terrains tertiaires; le *Hainaut*, où le substratum primaire pointe çà et là, enfin la *partie conquise sur la Région parisienne*, où apparaît surtout la craie.

Un autre résultat a été l'établissement d'un système hydrographique dirigeant ses eaux vers le N.E. Ce système est celui de l'Escaut. Il suffit de jeter un coup d'œil sur le tracé du cours du fleuve, pour se rendre compte qu'il ne peut être que la synthèse d'éléments fort divers. Les recherches des géologues belges ont montré que, pendant une bonne partie de la période pléistocène, la Lys et l'Escaut supérieur se jetaient séparément dans un golfe où venait aboutir également une rivière de direction

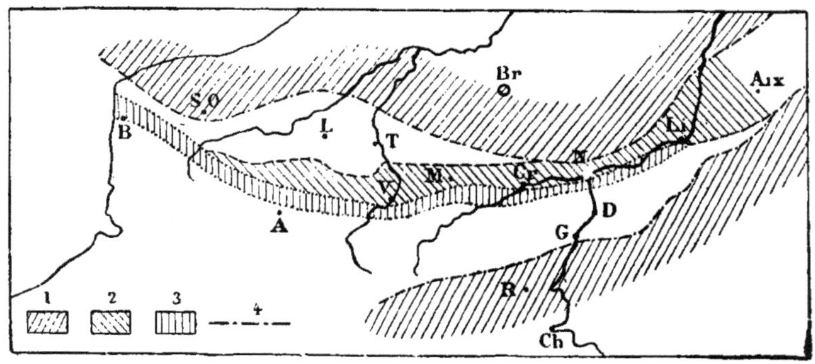

Fig. 47.— Le détroit franco-westphalien à l'époque carbonifèrienne (d'après M. Gosselet). Figure extraite du *Traité de géologie* de M. A. de Lapparent, 4ᵉ édit., p. 883.

1, parties continentales; 2, bandes des dépôts houillers; 3, ligne de hauts-fonds; 4, limites de la mer du calcaire carbonifère.

E.-W. qui, comme le Ruppel actuel, recevait toute une série d'affluents de tracé conséquent, ancêtres de la Dendre, de la Senne et de la Dyle. C'est une partie du lit de ce Ruppel primitif, de Gand à Termonde, que notre Escaut a empruntée en la suivant à contresens. Mais à ces modifications du cours inférieur de l'Escaut, il faut en ajouter d'autres, dues, celles-là, au conflit engagé entre son cours supérieur et les rivières de la Région Parisienne. Dans ce conflit qui fut entremêlé d'épisodes divers, l'avantage est, en somme, resté à l'Escaut. Son cours s'est avancé, par *régression*, au delà de l'axe anticlinal de l'Artois, annexant ainsi à son domaine une partie de la Région Parisienne.

Détail des divers pays. — La *plaine maritime* est en presque-totalité au-dessous du niveau de la mer, dont elle n'est séparée que par un cordon de dunes. Son sol à peine asséché et dont certaines parties, les *Moëres*, formaient encore naguère de grands marécages, est composé de terrains quaternaires très variés. Les sables marins venant d'invasions marines qui prirent leur cause dans des affaissements généraux ou simplement dans la rupture du cordon des dunes, la tourbe, les argiles déposées dans les périodes de tranquillité et qui constituent les terres fertiles des *polders,* y alternent les uns avec les autres.

Dans la *Flandre,* le terrain tertiaire apparaît, formant une plaine généralement argileuse, où se dressent cependant quelques petites éminences que l'on a décorées du nom de *monts :* mont de Cassel, mont des Cats, mont Noir. Ce sont des buttes sableuses, vestiges des couches enlevées par l'érosion et qui ont été conservées par suite des particularités de l'architecture dont elles indiquent, non pas les points hauts comme on le dit souvent, mais les points les plus bas, conformément à cette loi de l'inversion du relief que nous avons signalée et dont nous verrons par la suite tant d'exemples. Elles s'alignent suivant une direction qui rappelle celle des ondulations tertiaires voisines. Ces collines se massent dans le pays de Courtrai, où la proportion des éléments sablonneux augmente par conséquent. Dans le *Brabant,* un manteau de limon couvre le Tertiaire. Mais, dans le *Hainaut,* un changement considérable se produit. Le substratum hercynien, relevé par le mouvement de bascule et l'effet de l'ondulation anticlinale de l'Artois, et d'autre part n'ayant été recouvert là que d'un manteau sédimentaire peu épais,

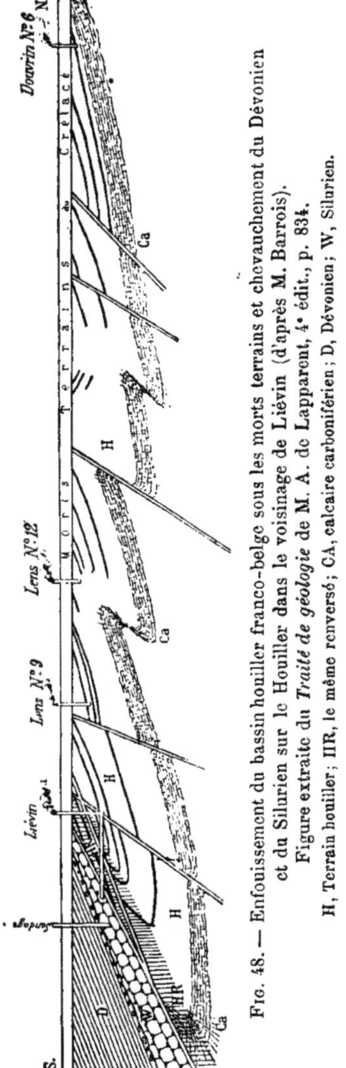

FIG. 48. — Enfouissement du bassin houiller franco-belge sous les morts terrains et chevauchement du Dévonien et du Silurien sur le Houiller dans le voisinage de Liévin (d'après M. Barrois). Figure extraite du *Traité de géologie* de M. A. de Lapparent, 4ᵉ édit., p. 834.

H, Terrain houiller; HR, le même renversé; CA, calcaire carbonifère; D, Dévonien; W, Silurien.

apparaît, amené au jour par l'érosion dans maintes parties du Hainaut belge, et se tenant à très petite distance de la surface topographique dans le Hainaut français.

Le *Cambrésis*, l'*Ostrevant*, le *Gohelle*, constituent la partie conquise sur la Région Parisienne. Là le sol est formé par le terrain crétacique, dont le manteau s'est mieux maintenu par suite de l'affaissement architectural transverse qui affecte en cet endroit les ondulations N.W.-S.E. Les vallées découpées dans la craie sont sèches; les villages se trouvent sur les croupes intermédiaires où l'eau est retenue par le limon supérieur qui les fertilise.

Ainsi donc les particularités de l'architecture tertiaire nous

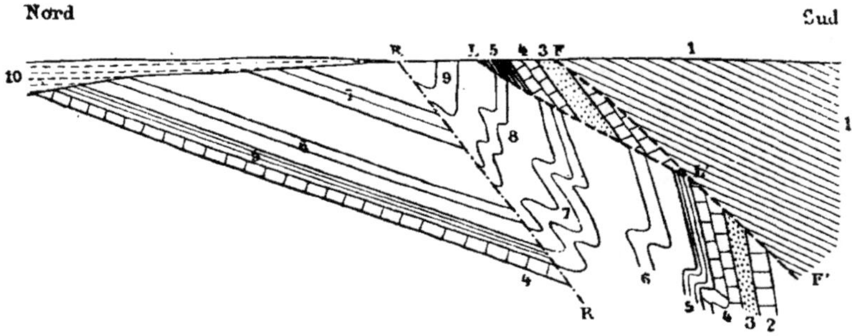

Fig. 49. — Schéma de la structure du bassin houiller franco-belge (d'après M. Gosselet). Figure extraite du *Traité de géologie* de M. A. de Lapparent, 4ᵉ édit., p. 914.

1, 2, 3, Dévonien. 4, calcaire carbonifère; 5, schistes; 6, 7, 8, 9, couches de houille; 10, morts terrains, FF' grande faille; LL' faille *limite*; RR' faille dite *cran de retour*.

expliquent les grandes divisions de la surface topographique. Mais, pour bien comprendre la région, il ne faut pas borner là ses connaissances tectoniques ; il est nécessaire de remonter plus haut que les temps tertiaires et d'avoir une idée de l'architecture hercynienne.

Le substratum ancien qui affleure çà et là dans le Hainaut belge et qui se trouve à petite distance de la surface du sol dans le Hainaut français et sur le parcours de l'ondulation de l'Artois, présente, en effet, une zone de dépôts houillers fort riches. Leur exploitation, qui peut se faire à ciel ouvert en certaines parties de la Belgique, comme dans les environs de Charleroi, et par des puits relativement peu profonds en France, est une source de grandes richesses. D'où nécessité de connaître ce substratum ancien, tant au point de vue de la formation même des couches de houille, qu'à celui des dislocations hercyniennes qui en ont dérangé la position initiale.

Il résulte des nombreuses études faites à ce sujet que les couches de houille se sont déposées dans un détroit qui, à l'époque carbonifériennc, allait de France en Westphalie. Une bande de hauts-fonds le divisait en deux parties destinées, par suite de l'émersion progressive du sol, à prendre le caractère de lagunes. Là se déposèrent les sédiments végétaux qui ont donné naissance à la houille. Après leur dépôt, la région fut englobée dans la zone des plissements hercyniens; de nombreux plis, des charriages vinrent modifier la disposition des couches, faisant chevaucher sur la houille des couches plus anciennes. C'est cette structure compliquée à laquelle le mineur se heurte, lorsque, après avoir traversé le manteau des *morts terrains* déposés pendant la période secondaire, il rencontre le soubassement formé par l'antique pénéplaine hercynienne affaissée. Deux accidents sont surtout fameux dans le bassin houiller franco-belge. Ce sont : la *grande faille* qui marque le chevauchement des schistes stériles sur les couches houillères, et le *cran de retour* qui sépare la zone des couches les plus disloquées de celle des couches régulières.

PLATEAUX PRIMAIRES

Considérations générales. — Les plateaux primaires s'avancent, comme nous l'avons vu, depuis le cœur de l'Allemagne jusqu'à la Sambre. Dans toute leur étendue apparaît l'ancienne pénéplaine hercynienne, dont une partie n'a peut-être jamais été recouverte par des sédiments depuis la fin de l'ère primaire, et dont le reste à été débarrassé de sa couverture secondaire à la suite des mouvements qui ont rajeuni le relief à une époque relativement récente.

Sur la rive gauche du Rhin, ces plateaux portent trois noms distincts : *Hunsrück* entre Moselle et Nahe; *Eifel* au nord de la Moselle et jusqu'à l'Our et à l'Amblève; *Ardenne* à partir de l'Our et de l'Amblève jusqu'à la Sambre. Dans tous ces territoires, les variations du relief sont peu étendues. Les seules inégalités du sol correspondent aux différences de dureté des roches et se réduisent le plus souvent à de simples ondulations qui font varier l'altitude de 400 mètres à 650 mètres environ. Le sol, souvent imperméable, est rebelle à la culture, et presque tout le pays se partage entre des landes, des forêts et de grands marécages tourbeux que l'on désigne sous le nom de *fanges* ou de *fagnes*[1]. Le tout forme un ensemble très monotone. Mais lorsqu'on descend dans les vallées, la scène change brusquement. Celles-ci tracent des couloirs sinueux qui s'enfoncent profondément dans l'épaisseur du plateau et dont les parois abruptes donnent souvent au voyageur qui en suit le pied l'illusion d'un pays de montagnes.

La continuité des plateaux primaires est interrompue comme par deux grands golfes, où les régions voisines s'avancent en pointe. Ce sont : le golfe de Bonn, par lequel les plaines de l'Allemagne du Nord descendent assez loin vers le sud, et celui du Luxembourg,

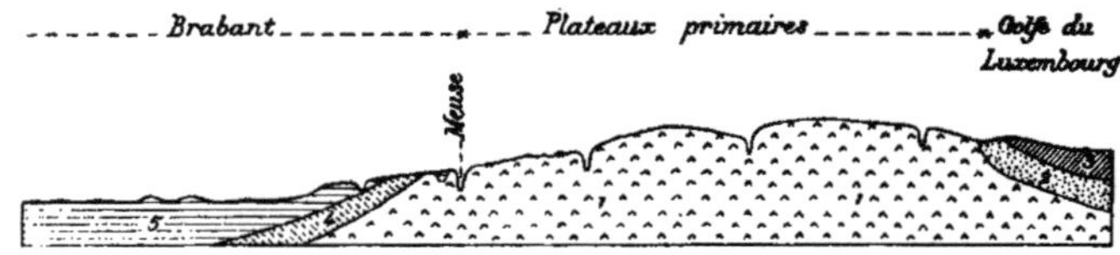

Fig. 50. — Coupe schématique à travers l'Ardenne.
1, Substratum ancien; 2, Trias; 3. Jurassique; 4, Crétacique; 5, Tertiaire.

où les terrains triasiques de la Lorraine prononcent une pointe considérable vers le Nord-Est.

Détail des divers pays. — Le *Hunsrück* est constitué par une croupe aplatie qui a les caractères généraux du reste des plateaux, mais dont la monotonie est coupée par une série d'arêtes boisées parallèles, le Soonwald, l'Idarwald, le Hochwald. Il faut chercher l'origine de ces hauteurs dans la résistance qu'ont présentée certaines roches à l'érosion; on voit donc qu'elles mettent en évidence la disposition des anciens plis du sol.

L'*Eifel* a le même aspect d'ensemble que l'Ardenne : mêmes forêts, mêmes marécages tourbeux, qui ici prennent le nom de *Hohe Venn*. Toutefois le relief y est un peu plus mouvementé et présente certaines particularités dues à des manifestations éruptives contemporaines des derniers mouvements tectoniques : ainsi le lac cratériforme désigné sous le nom de Laachersee.

Pour l'*Ardenne*, qui intéresse plus particulièrement notre territoire, nous entrerons dans plus de détail.

Cette partie des plateaux primaires est comme encadrée par deux

1. L'expression de *fagne* se rapporte aussi en certains endroits aux forêts de hêtres (*fagus*).

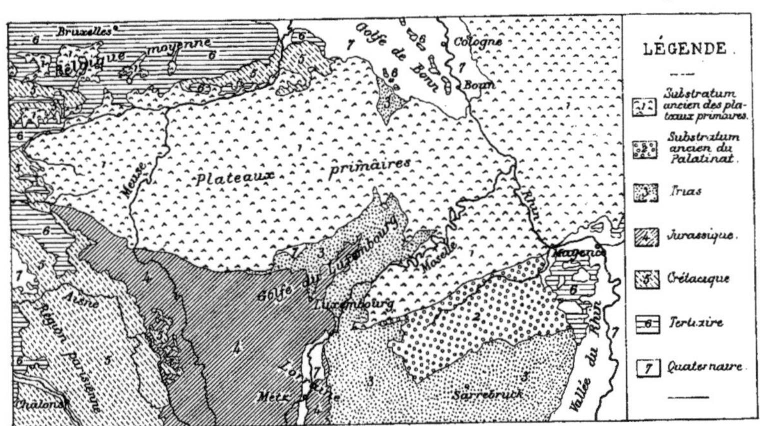

FIG. 31. — Croquis géologique de la Région des Plateaux primaires. — Échelle de environ 1 : 2 500 000.

dépressions dont le tracé se rattache à celui des ondulations tertiaires. Ce sont : d'une part, la vallée de la Meuse depuis Liège
jusqu'à Namur, puis celle de la Sambre ; et, de l'autre, les vallées du
Chiers, de la Meuse, de Bazeilles à Mézières, et de la Sormonne.
Entre ces deux limites, le plateau primaire s'avance en coin pour
disparaître, au delà de la Sambre, sous les marnes crétacées et les

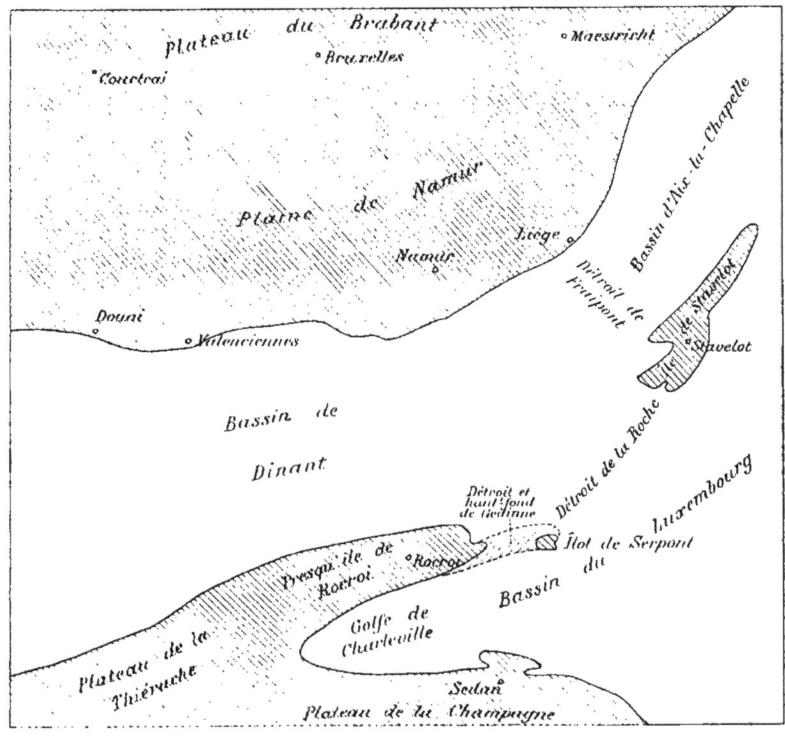

Fig. 52. — Détroit franco-westphalien à l'époque silurienne (d'après M. Gosselet).

sables éocènes de la *Thiérache*, pays d'herbages qui ménage la transition entre la rude Ardenne et les régions agricoles voisines.

Les ondulations tertiaires se sont poursuivies dans les plateaux.
On discerne surtout le prolongement de l'ondulation anticlinale de
l'Artois qui a dessiné, en bordure de la Meuse, entre Namur et Liège,
ce qu'on nomme la crête du *Condroz*, reprenant ainsi une série de
dislocations très anciennes. Mais ces ondulations n'ont pas eu, en
somme, une très grande influence sur les formes topographiques et

celles-ci sont surtout une conséquence des degrés différents de dureté que présentent les matériaux constitutifs de l'ancienne pénéplaine relevée. L'arrangement de ces matériaux a donc son importance, et l'architecture passée a eu ses effets réflexes. Une courte explication est nécessaire à ce sujet, car l'Ardenne porte non seulement la marque des plissements hercyniens, mais aussi celle de la *topographie calédonienne*.

A la fin de la période silurienne, en effet, la situation géographique de la région était la suivante : au nord, une terre qui s'avançait jusque sur l'emplacement du Condroz actuel et qui venait d'être plissée (ridement de l'Ardenne) sous l'influence de la phase orogénique calédonienne ; puis un détroit, au sud duquel s'étendait un

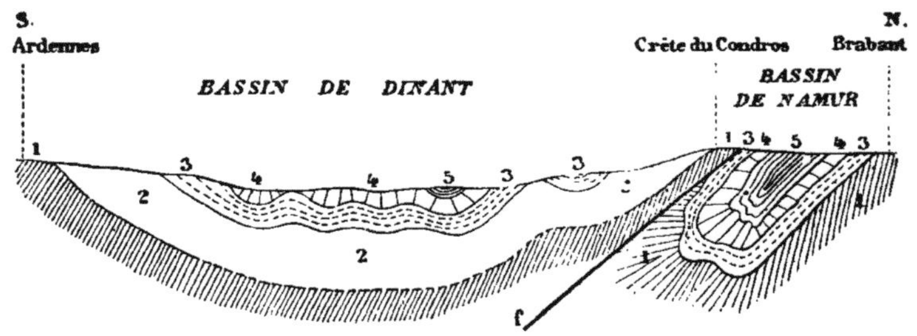

Fig. 53. — Coupe des bassins dévoniens de Dinant et de Namur (d'après M. Barrois). Figure extraite du *Traité de géologie* de M. A. de Lapparent, 4ᵉ édit., p. 847.

1, Silurien ; 2, 3, Dévonien ; 4, calcaire carbonifère ; 5, Houiller ; f, faille.

groupe d'îles. C'est dans ce détroit que se déposèrent les couches dévoniennes. L'instabilité du sol s'y traduisit bientôt par un empiétement de la mer sur la région du nord, empiétement qui laissa le Condroz à l'état d'île allongée, puis de simple haut-fond séparant deux bassins que l'on a pris l'habitude de désigner sous les noms de bassin de Dinant et de bassin de Namur. Là vinrent s'accumuler, pendant la période carbonifèrienne, d'abord des calcaires, puis des sédiments houillers, en même temps que l'émersion progressive du sol transformait les bras de mer en lagunes. Mais à ce moment, s'ouvrait la phase orogénique hercynienne qui plissait de nouveau la région (ridement du Hainaut), avec un déversement vers le nord. De telle sorte que la bande du Condroz était amenée à chevaucher en partie sur le bassin de Namur ; fait général qui entraînait toute la série des dislocations compliquées auxquelles nous avons fait déjà allusion en parlant du bassin houiller franco-belge.

Fig. 54. — Le Rhin dans la traversée des plateaux primaires.

Il résulte de ces divers événements que la pénéplaine ardennaise a une constitution très variée. En la traversant, de Mézières à Namur, on rencontre une succession de bandes dévoniennes entre lesquelles s'intercalent deux noyaux plus anciens, ceux de Rocroy et du Condroz, et deux bassins carbonifériens, ceux de Dinant et de Namur. On comprend alors que, malgré l'uniformité d'ensemble, les topographes aient bien des distinctions de détails à faire dans l'Ardenne.

Remarques générales sur l'hydrographie. — Les plateaux primaires n'ont point de système hydrographique qui leur soit propre. Toutes les eaux se déversent dans trois grands collecteurs qui ne font que traverser la région : le Rhin, la Moselle et la Meuse. Dans la traversée des plateaux, ces cours d'eau décrivent souvent de grandes boucles en forme de méandres et qui sont profondément encaissées. Cette disposition a amené à penser qu'avant le relèvement de l'ancienne pénéplaine, les rivières coulaient déjà paresseusement à sa surface comme en pays de plaine, et qu'elles n'auraient fait que s'encaisser peu à peu à mesure que le pays se relevait. La conclusion ne saurait toutefois être générale. Que certaines rivières aient eu une existence antérieure au relèvement de la région, c'est ce dont on ne saurait douter en voyant la coupure que la Sarre fait dans le Hunsrück, et surtout le tracé terminal de la Nahe qui, avant de se jeter dans le Rhin, près de Bingen, écorne légèrement les plateaux primaires qu'elle eût certainement évités si la détermination de son cours avait été postérieure à cet événement. Mais, que tous les cours d'eau aient été dans ce cas, c'est ce qu'on ne peut croire, après les études minutieuses dont plusieurs ont été l'objet.

A priori, d'ailleurs, il convient de faire une distinction entre la Moselle, d'une part, le Rhin et la Meuse, de l'autre. La première, en effet, a un cours conséquent par rapport à l'architecture du sol, aussi bien l'architecture ancienne que celle des temps tertiaires, car elle est disposée dans le sens général qu'ont adopté les ondulations récentes à l'image des plis anciens. Le Rhin et la Meuse, au contraire, ont un tracé transversal à ces accidents tectoniques. Les boucles de la Meuse ne sont, d'ailleurs, pas encaissées aussi franchement que celles de la Moselle et présentent, dans leurs parties convexes, un modelé qui indique que les méandres se sont accrus en même temps que la rivière s'enfonçait. D'où une raison de penser que la partie de la Moselle qui traverse les plateaux primaires a existé bien avant le tronçon correspondant de la Meuse. Suivant

M. G. Dollfus, cette partie du cours de la Meuse à travers les plateaux aurait été établie par un phénomène de capture. La rivière aurait d'abord contourné l'Ardenne. Puis, le relèvement du plateau aidant, un affluent du cours inférieur aurait, par l'effet de son travail progressif de creusement, capté le cours supérieur en établissant un raccourci, à la suite duquel le coude initial se serait atrophié. La Sormonne ne serait qu'une conséquence de cette atrophie. Quant aux méandres que décrit le fleuve dans la traversée des plateaux, ils auraient, d'après M. Gosselet, trouvé leur cause dans l'inégale dureté des roches et leur disposition tectonique. Quoi qu'il en soit, c'est cette disposition architecturale qui est la cause de la variété des aspects de la vallée, dont les formes diffèrent profondément suivant les zones traversées : beaucoup plus molles dans les parties dévoniennes où certains facies tendres ont même permis l'établissement de bandes déprimées, comme la *Famenne*, que dans l'îlot cambrien où la vallée se réduit à un véritable cañon ; beaucoup plus mouvementées dans la zone du calcaire carbonifère, où la succession de couches dures relativement minces, dessine en relief l'ossature des plis, que dans la zone schisteuse.

Golfe du Luxembourg. — Un dernier mot à propos de cette interruption des plateaux primaires que l'on appelle le *golfe du Luxembourg*.

Cette expression de golfe, qui fait si bien image par rapport aux teintes de la carte géologique, ne doit pas être prise au pied de la lettre. Certes, il y a eu là jadis une zone de facile ennoyage, où les mers de la Lorraine se sont avancées en pointe, constituant peut-être même un détroit de jonction avec les mers du Nord ; mais, à aucun moment, les eaux marines n'ont dessiné exactement un golfe conforme à l'emplacement actuel des terrains triasiques. Ces terrains recouvraient une grande portion de la région primaire avant son relèvement, et, s'ils ont été conservés dans le golfe du Luxembourg, tandis qu'ils disparaissaient plus loin sous l'effet de l'érosion, c'est soit que le mouvement ascensionnel ne s'y est pas étendu, soit qu'il y a été immédiatement suivi par un affaissement qui a protégé le manteau sédimentaire contre la destruction.

Quelle que soit la raison du maintien des affleurements du Trias, on les voit se développer autour d'une langue étroite de terrains liasiques qui dessine une sorte de promontoire. Et l'on a le sentiment

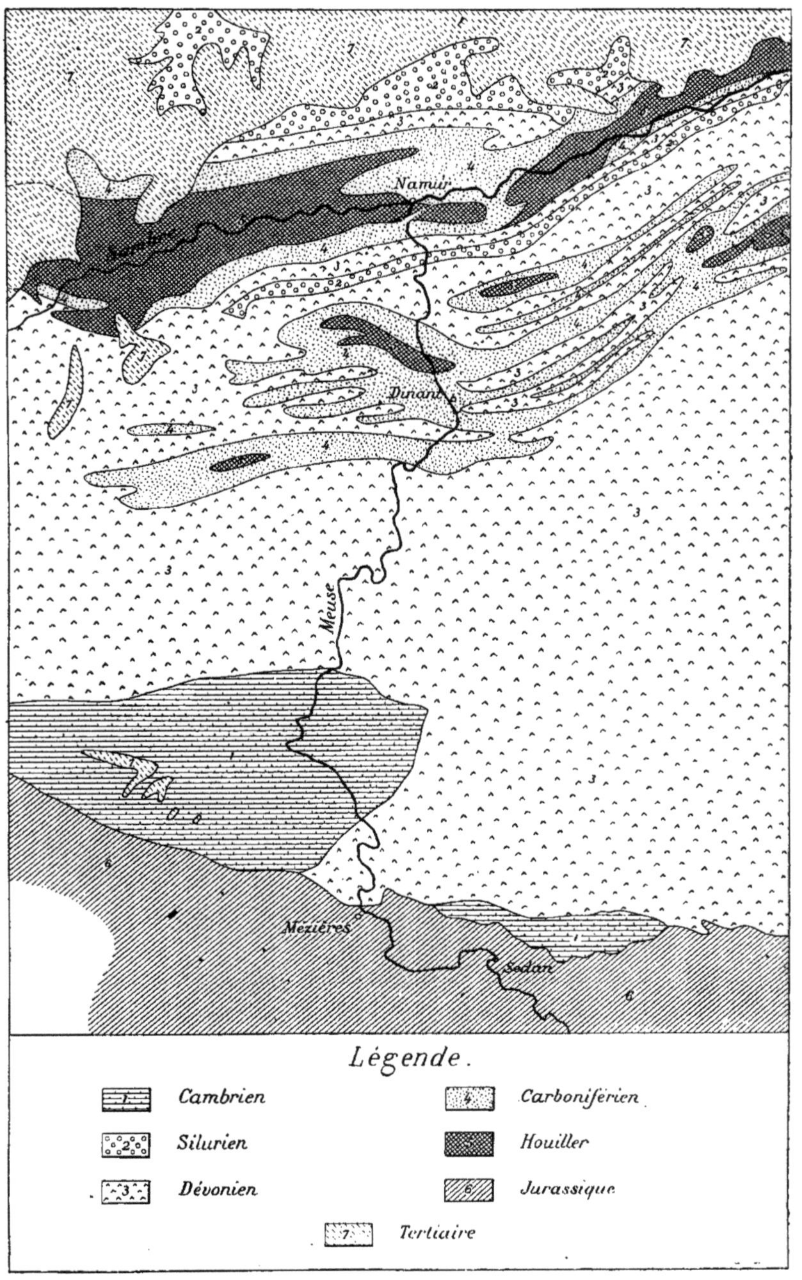

Fig. 55. — La région des Plateaux primaires entre Namur et Mézières;
d'après la carte géologique à 1 : 1 000 000.

O. BARRÉ.

7

que ce promontoire n'est que le vestige d'une plate-forme plus étendue.

Toute la partie calcaire de cette région du Luxembourg plus privilégiée de la nature que les tristes plateaux de l'Ardenne et de l'Eifel, forme, par opposition, le *bon pays*, le Gutland, planté d'arbres fruitiers, protégé par les plateaux contre le vent du Nord, comme ces environs de Mézières et de Sedan qu'Élie de Beaumont a qualifiés de *petite Provence*. Au Nord, la bande gréseuse qui correspond aux premiers affleurements du Trias lui crée une ceinture pittoresque qui précède immédiatement l'Ardenne et dont certaines parties ont mérité le nom de *Suisse luxembourgeoise*. Au Sud, sa limite est indiquée par une corniche jurassique que nous retrouverons en Lorraine et qui, venant du pays de Briey, se retourne par Longwy et Montmédy, en dominant la terrasse liasique sur laquelle est assise Luxembourg.

CHAPITRE III

RÉGION DU NORD-EST

Nous grouperons sous le nom de Région du Nord-Est tous les territoires qui s'étendent entre Paris d'une part, le Rhin et le Jura de l'autre. Ils font tous partie de la *zone tabulaire*, mais à des titres divers, comme le montre clairement l'histoire géologique de cette partie de la France.

Histoire géologique. Grandes divisions géographiques. — Ce que nous savons de l'évolution géographique de l'ensemble de la Région française nous donne une idée sommaire des événements qui se sont passés dans sa partie Nord-Est. Il faut y revenir avec quelques détails.

Partons, comme on doit toujours le faire, de la situation générale à la fin des temps hercyniens.

De grandes masses montagneuses couvraient alors la contrée, développant leurs plis du S.W. vers le N.E. A la fin de l'ère primaire, ce relief avait été ramené sensiblement à l'état de pénéplaine sous l'effet combiné de l'usure de ses parties saillantes et du comblement de ses dépressions par les dépôts détritiques de l'époque permienne. Mais, à ce moment, des événements d'un autre ordre se produisaient. La pénéplaine hercynienne se disloquait peu à peu ; de lents mouvements d'affaissement abîmaient sous les flots la plus grande partie de sa surface, ne laissant subsister qu'un certain nombre d'îlots. En même temps, les fentes du sol donnaient passage aux matières éruptives qui s'épanchaient largement en maints endroits.

La région qui nous occupe se trouva tout entière dans la zone d'affaissements, et l'on peut regarder comme établi qu'à la fin de la période du Trias qui marqua le début de l'ère secondaire, des mers, peu profondes à la vérité, s'étendaient sur toute la France du Nord-Est et de là sur l'Allemagne centrale. Les sédiments qui se déposèrent dans ces mers du Trias jetèrent un premier manteau sur la surface affaissée de l'ancienne pénéplaine hercynienne, les strates de ces sédiments étant en complète discordance avec les tranches des anciens plis montagneux usés en certains endroits jusqu'à leurs racines.

Pendant la première moitié de la période jurassique, la situation, à part quelques modifications temporaires, fut sensiblement la même; mais vers la fin de la sous-période médio-jurassique, elle se modifia notablement par l'émersion d'une grande terre, dont la plus grande partie fut respectée depuis ce moment par les retours offensifs de la mer. Cette terre, à laquelle nous avons

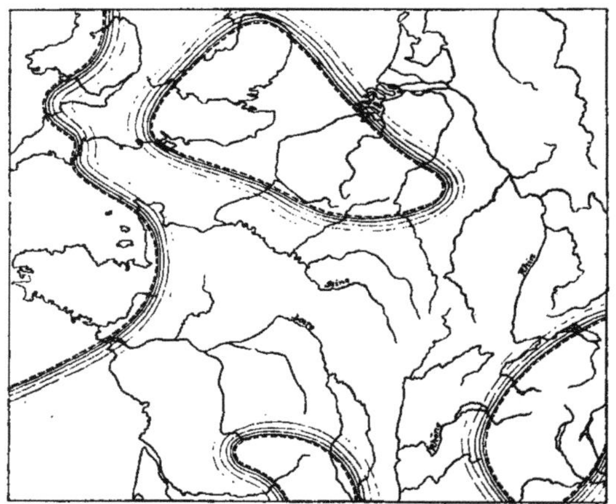

Fig. 6. — Schéma de l'état géographique de la France septentrionale pendant la première partie de l'ère secondaire.

donné le nom de *Terre Rhénane*, s'étendait sur l'emplacement de la Lorraine, de l'Alsace et de la Souabe actuelles; le cours du Rhin moyen en indique à peu près l'axe.

Les mers supra-jurassiques, puis les mers crétaciques durent contourner cette Terre rhénane par une sorte de détroit compris entre elle et l'îlot resté émergé dans la partie centrale de la France. On a pris l'habitude de désigner sous le nom de détroit *morvanno-vosgien* cette ancienne communication marine, dont la largeur a nécessairement varié beaucoup pendant les milliers de siècles que dura l'ère secondaire.

Vers la fin de celle-ci, le détroit se ferma définitivement par suite d'une émersion presque générale de l'Europe centrale. Il y eut alors, pendant un certain temps, un territoire d'un seul tenant, soudant la *Terre Rhénane* à l'*Ilot central,* mais qui, par suite des prodromes ou des contre-coups de la crise orogénique alpine, dut bientôt se subdiviser en deux régions géographiques distinctes. Un de ces événements, connexes du grand spasme qui agita l'Europe, fut le léger affaissement de la partie centrale de la Région Parisienne, occupée dès lors tour à tour par de grands lacs ou des golfes marins. Un autre fut la formation d'une cuvette lacustre sur l'emplacement de la haute vallée de la Saône, comme contre-partie du faisceau de plis qui dessinait le Jura. La création de ces deux dépressions donnait naissance à deux régions géographiquement distinctes qui, adossées à une sorte de seuil situé sur l'emplacement de l'ancien détroit morvanno-vosgien, envoyaient leurs eaux dans deux directions opposées. Ces deux régions achevaient de prendre leur individualité par le retrait définitif des eaux marines ou lacustres,

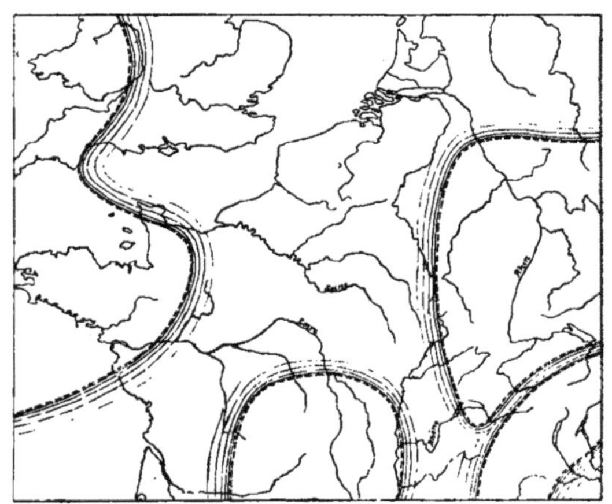

Fig. 57. — Schéma de l'état géographique de la France septentrionale pendant la deuxième partie de l'ère secondaire.

la première avant la fin de l'ère tertiaire, la seconde au début de l'ère quaternaire.

On voit donc que l'histoire géologique nous indique nettement, dans la Région du Nord-Est, trois unités géographiques distinctes : la *Terre Rhénane,* la *dépression de la Saône,* la *Région Parisienne orientale*.

Nous ne voyons plus ces régions telles qu'elles étaient au moment de leur individualisation géographique. L'érosion a déjà fait son œuvre, les cours d'eau se sont livré maintes batailles, les lignes de faite ont effectué des migrations, de telle sorte que les limites respectives ne sont plus les mêmes qu'à l'origine.

A l'heure présente, la vallée de la Saône se distingue très nettement des deux autres territoires, encadrée qu'elle est par les pentes des Faucilles et du Plateau de Langres, pentes qui ont déjà fortement reculé en sa faveur. Mais une démarcation nette entre la **Terre Rhénane** et la **Région Parisienne** n'est pas facile à établir. Pour l'indiquer au point de vue théorique, il faudrait savoir exactement jusqu'où s'est avancée la transgression crétacique; et pour la tracer pratiquement on est gêné par ce fait que les caractères topographiques de la Région Parisienne orientale et de la Lorraine sont analogues, et que les deux pays semblent se fondre. Sans avoir la prétention d'indiquer une limite que la destruction déjà consommée d'une grande partie des dépôts crétacés empêche de fixer, nous considérerons la Lorraine, qui marque le commencement de la **Terre Rhénane**, et la **Région Parisienne** comme définies respectivement par les systèmes hydrographiques de la Moselle et de la Seine; estimant que la bande étroite qui constitue le domaine de la Meuse forme une région intermédiaire dont on peut rattacher l'étude, pour ordre, à celle de la Région Parisienne.

TERRE RHÉNANE

C'est, comme nous l'avons vu, vers le milieu de la période jurassique que la *Terre Rhénane* a émergé définitivement. On n'a pas encore complètement élucidé la manière dont s'est produite cette émersion que déjà quelques îlots annonçaient dès la période liasique, mais il y a tout lieu de croire qu'elle s'est faite progressivement, comme par une suite d'esquisses successives. Ce qui est certain, c'est que le sol se composait de la suite des sédiments déposés jusque-là par les mers secondaires sur la base formée par la surface de l'ancien continent hercynien affaissé; de telle sorte qu'au-dessus de ce *substratum* hercynien on devait trouver, au début, sauf quelques lacunes locales dues aux tentatives d'émersion, les couches successives du Trias surmontées elles-mêmes de celles du commencement du Jurassique [1].

---

1. La succession des étages du Trias et du Jurassique dans la France du Nord-Est est la suivante :

Série suprajurassique.	*Étage portlandien*, composé généralement de calcaires compacts.
	— *kimeridgien*, composé de calcaires peu résistants et aussi de marnes.
	— *séquanien*, composé généralement de calcaires durs,
	— *oxfordien* } composés d'argiles et de calcaires généralement
	— *callovien* } tendres.
Série médiojurassique.	*Étage bathonien*, composé de marnes superposées à des calcaires en proportion fort variable.
	— *bajocien*, composé généralement de calcaires durs.

(*Voir la suite page suivante.*)

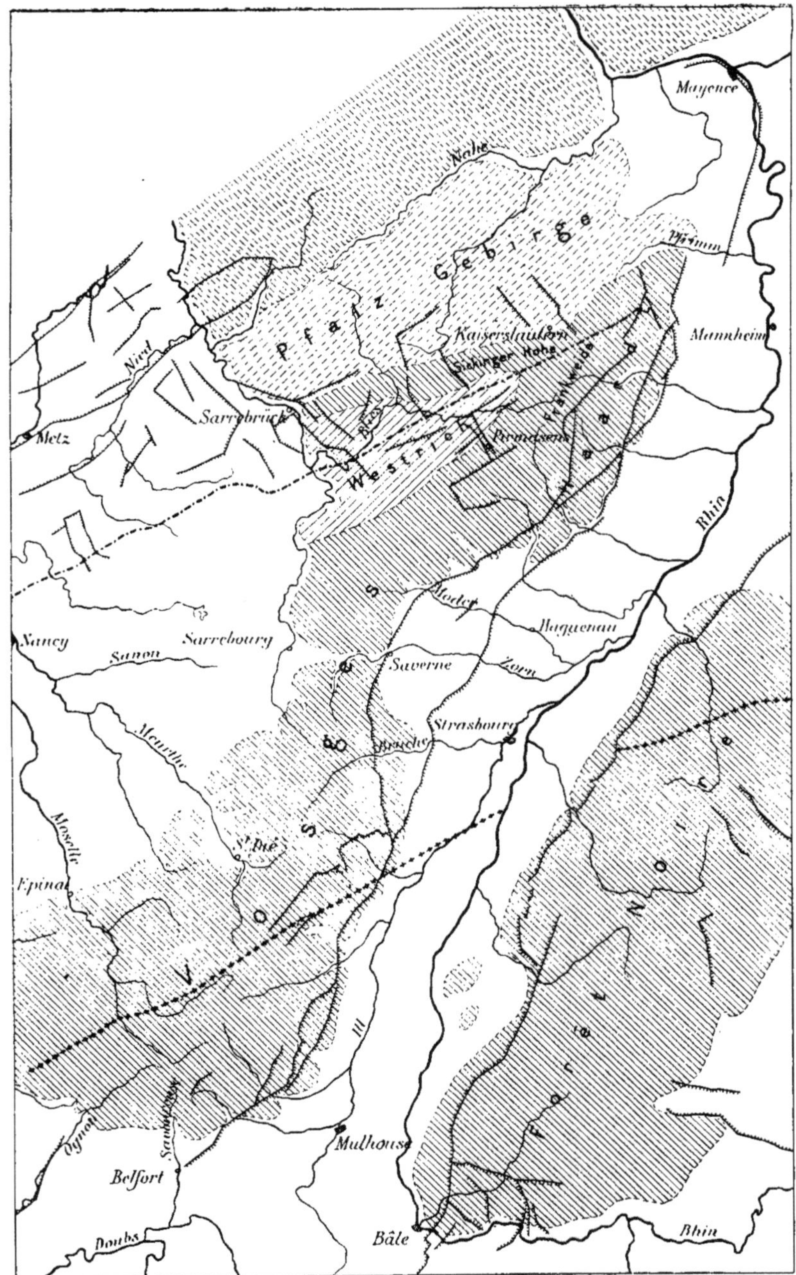

Fig. 58. — Grandes lignes de l'architecture tertiaire de la Terre Rhénane
(Le tracé des failles d'après C. Regelmann).

Le trait pointillé mixte indique l'axe de l'abaissement synclinal du Westrich; le trait formé de croix, l'axe du relèvement anticlinal des Hautes-Vosges. Les failles principales sont représentées par des traits pleins bordés de hachures du côté de la lèvre affaissée. Les divers grisés n'ont pour but que de différencier les parties de la zone montagneuse. Échelle de 1 : 1 500 000 environ.

Cette Terre Rhénane devait avoir un aspect géographique assez simple, parce qu'il ne s'est passé au moment de sa constitution aucune grande crise orogénique dont on aurait infailliblement constaté les traces. Il est naturel de penser que les parties émergées les premières y avaient pris une élévation plus considérable que les autres, constituant une sorte de croupe ou de dôme aplati où se trouvaient les points culminants du territoire. L'examen des sédiments montre que ce dôme se trouvait sur l'emplacement de l'Alsace méridionale et des Hautes-Vosges, et aussi que ces régions avaient été les dernières à s'enfoncer sous les flots lors de l'affaissement du continent hercynien.

C'est cette distribution géographique simple dont nous aurions sous les yeux les traits atténués par l'évolution géographique, si la grande crise orogénique de l'ère tertiaire n'avait modifié complètement la région en lui imposant un nouveau caractère et y différenciant nettement plusieurs éléments.

Dès l'Éocène, une grande dépression longitudinale de direction N.-S., préparée peut-être par la manière même dont avait émergé la Terre Rhénane, se formait dans ce territoire jusque-là peu accidenté. Cette dépression s'accentuait peu à peu et, à l'époque oligocène, donnait passage à un bras de mer qui coupait en deux la région. Le fait même de l'affaissement, joint au bombement initial de la contrée et aussi à la surélévation, par une sorte de reflux, de quelques paquets du sol, laissait en saillie deux bandes de hauteus qui s'arrêtaient à la dépression par des pentes relativement raides, tandis qu'elles se prolongeaient en pentes douces vers l'extérieur. Et ainsi se dessinaient tectoniquement la fosse de la vallée du Rhin, les hauteurs des Vosges et de la Forêt-Noire, ainsi que les glacis de la Lorraine et de la Souabe auxquels elles s'adossent respectivement.

On peut considérer que les lignes générales de cette architecture ont été fixées dès la fin de la période oligocène. Depuis cette époque, les agents d'érosion ont travaillé à les modifier dans leur détail. Les parties les plus hautes, qui constituent les Vosges et la Forêt-Noire, ont été largement attaquées et ont vu disparaître une grande portion

<table>
<tr><td>Série
infrajurassique
ou liasique.</td><td>{</td><td>Lias supérieur, composé généralement de marnes.
Lias moyen et inférieur, composé généralement de grès ou de calcaires.</td></tr>
<tr><td>Série
triasique.</td><td>{</td><td>Keuper, constitué surtout par des marnes.
Muschelkalk ou calcaire coquillier.
Grès triasiques, ayant à leur base les grès des Vosges et au sommet les grès bigarrés.</td></tr>
</table>

des couches secondaires qui les recouvraient; en certains endroits même, ces couches, complètement enlevées, ont laissé apparaître la surface usée de l'ancien continent hercynien. Les régions moins élevées des glacis lorrain et souabe, simplement sculptées, ont pris la disposition en terrasses, commandée, comme nous le savons, par l'inclinaison même des couches du sol. Enfin, la fosse médiane, où les couches secondaires effondrées étaient protégées par leur affaissement, a même vu le manteau sédimentaire s'épaissir de toute la valeur des dépôts laissés par les mers tertiaires ou les eaux douces de l'époque quaternaire.

Examinons maintenant les caractères généraux des parties de ces territoires qui se trouvent sur la rive gauche du Rhin et dont nous avons essayé de donner une idée théorique d'ensemble par un panorama schématique (fig. 67).

Vosges. Montagnes du Palatinat. — Les montagnes qui dominent, à l'occident, la dépression rhénane sont loin d'avoir, d'un bout à l'autre, le même aspect. La raison des différences qu'elles présentent se trouve dans les effets combinés de l'érosion et des variations de l'altitude à laquelle les couches du sol ont été portées par les mouvements tectoniques. Indépendamment, en effet, des grandes fractures qui ont déterminé la production de la fosse axiale, la Terre Rhénane a été soumise à des ondulations de grande amplitude dont la disposition est indiquée sur le croquis tectonique de la région (fig. 58). Il en résulte qu'une même couche du sol a pu se trouver portée à des hauteurs différentes suivant les endroits. Relevée dans les parties anticlinales, elle aura été affaissée dans le synclinal. De là toutes les variations de la topographie.

Dans la partie méridionale, les diverses couches du sol ont été portées à une hauteur telle que l'érosion a déjà pu disperser les assises du Jurassique et du Trias, laissant apparaître le substratum hercynien qui leur a servi de socle. A l'apparition de ce substratum correspond un aspect particulier de la zone montagneuse et par suite une région spéciale : les *Vosges cristallines*, dont le nom est justifié par ce fait, qu'en cet endroit le substratum ancien est surtout composé de roches cristallophylliennes.

Sur le flanc occidental de ces Vosges cristallines et sur tout le reste de la zone montueuse jusqu'à la dépression de Landstuhl, à hauteur de Kaiserslautern, l'érosion n'a réussi à disperser que les sédiments jurassiques et les dernières couches du Trias, laissant

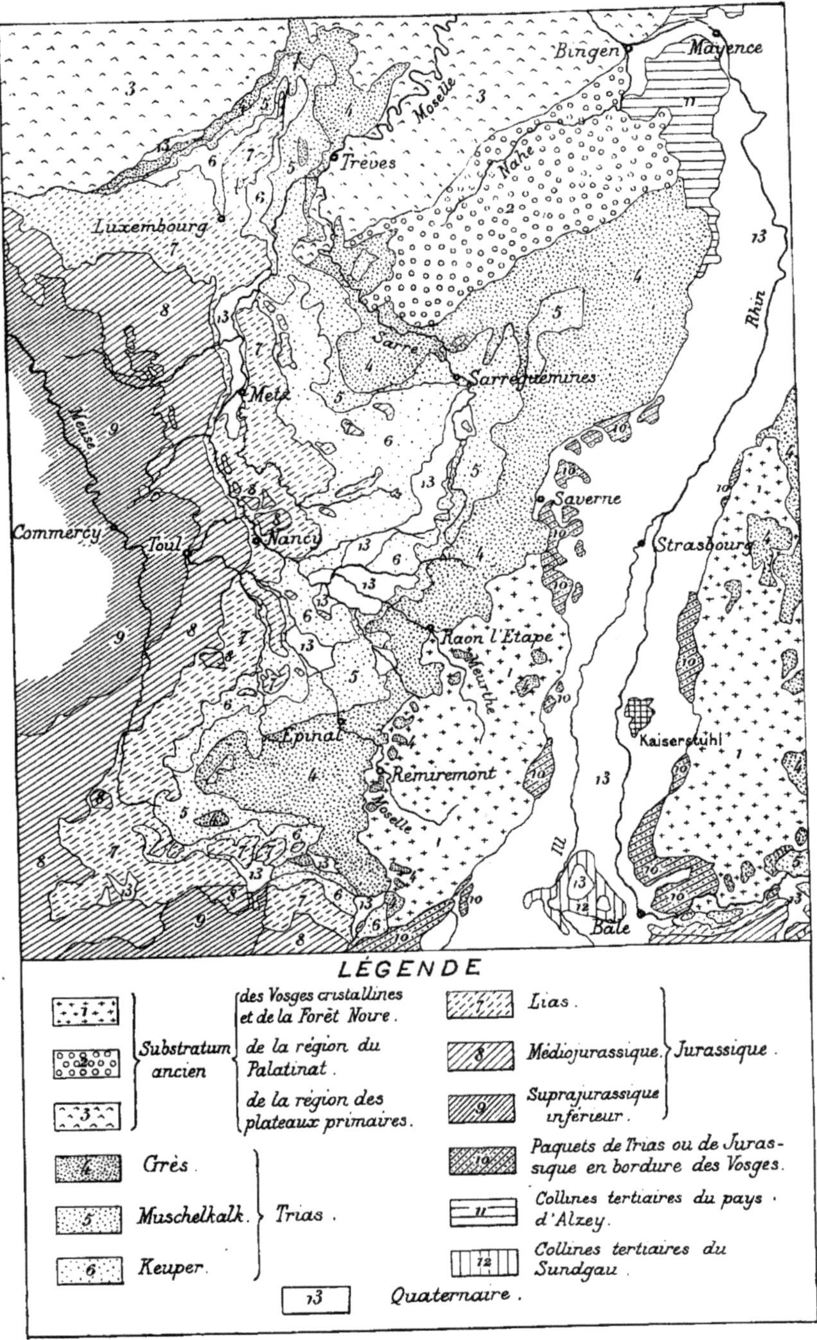

LÉGENDE

Fig. 59. — Croquis géologique de la région Lorraine-Vosges-Alsace.
(D'après la carte géologique à 1 : 1 000 000.) Échelle de environ 1 : 2 000 000.

subsister les grès qui forment la base de ce dernier. A ce terrain correspondent un nouvel aspect et une nouvelle région naturelle : les *Vosges gréseuses*.

Enfin, au nord de la dépression de Landstuhl et jusqu'à la vallée de la Nahe qui longe la base du Hunsrück, le substratum ancien reparaît de nouveau, mais représenté cette fois par du terrain permien traversé de toutes parts par des épanchements éruptifs. De là encore une autre physionomie du sol et une dernière section de la bande montagneuse : le *Pfalz-Gebirge*, ou Montagnes du Palatinat.

Vosges cristallines, *Vosges gréseuses*, *Montagnes du Palatinat*, telles sont donc les divisions naturelles des montagnes qui dominent la plaine du Rhin. Est-ce à dire que ce soient celles qu'emploient habituellement les géographes? On sait que non. Si quelques-uns font ressortir judicieusement la différence profonde qui existe entre les Vosges gréseuses et les Vosges cristallines, beaucoup ne se placent qu'au point de vue du relief et de la facilité des communications et adoptent, pour les Vosges, une division ternaire : Hautes-Vosges, de la dépression de Belfort à Saverne; Basses-Vosges, de Saverne à Bitche; Haardt, au nord de Bitche. Quant aux Montagnes du Palatinat, ils les passent pour ainsi dire sous silence, les englobant parfois en partie dans les Vosges gréseuses qu'ils prolongent jusqu'au mont Tonnerre. Cherchons à mettre au point toutes ces définitions.

HAUTES-VOSGES. — Les Hautes-Vosges s'étendent de la dépression de Belfort à Saverne. A l'origine elles n'étaient, comme le reste des hauteurs bordières de la plaine du Rhin, que la partie supérieure d'une surface doucement inclinée vers la Lorraine et

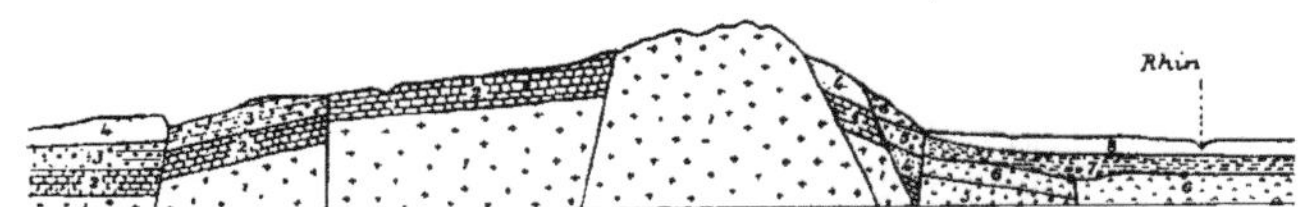

FIG. 60. — Coupe schématique à travers les Hautes-Vosges.
1, Substratum ancien; 2, grès des Vosges; 3, grès bigarré; 4, muschelkalk; 5, keuper; 6, Jurassique; 7, Tertiaire; 8, Quaternaire.

se terminant au contraire, du côté de l'Est, par des pentes raides. Mais le travail de l'érosion, en décapant peu à peu le sol, a réussi à y faire apparaître, sur une assez vaste étendue, la surface usée de l'ancienne pénéplaine hercynienne. Dès lors, une différence radicale s'est établie entre les formes extérieures de ce territoire et celles de la zone qui le borde et où les grès du Trias ont réussi à se maintenir.

Dans les Vosges cristallines, le substratum exhumé s'est trouvé en prise à un nouveau cycle d'érosion, de telle façon que l'antique architecture plissée hercynienne a eu sur les formes actuelles cette *influence réflexe* dont nous avons parlé dans notre introduction. Dans les Vosges gréseuses, au contraire, le modelé a été régi par des conditions beaucoup plus simples : la nature des grès et leur disposition en couches concordantes et doucement inclinées. Aussi la topographie y est-elle bien plus uniforme.

Lorsque, partant de la Lorraine, on se dirige vers l'Est, on traverse d'abord les Vosges gréseuses. Le sol s'y divise en grands massifs de formes carrées que l'on relie facilement les uns aux autres par la pensée, restituant ainsi en imagination la table gréseuse découpée par l'érosion. Ce sont la forêt d'Épinal, le massif des

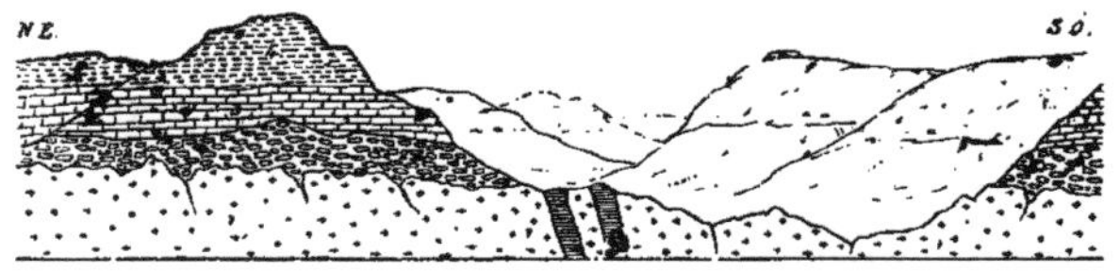

Fig. 61. — Coupe de la vallée du Rabodeau (d'après M. Vélain).
1, Substratum ancien ; 2, Permien ; 3, grès vosgien ; 4, grès bigarré.

Rouges-Eaux, les forêts de Mortagne, de Celles, de Dabo. Souvent apparaissent des escarpements ruiniformes dus à la nature du grès vosgien dont quelques bancs sont de véritables conglomérats. En certains endroits, les entailles faites par les cours d'eau permettent de constater, sous l'épaisseur du manteau gréseux, l'existence du substratum ancien. Puis on rencontre un sillon longitudinal souligné par le talus terminal du manteau gréseux et que suit, à peu de choses près, la voie ferrée d'Épinal à Saint-Dié. Au delà commencent les Vosges cristallines.

Là les formes sont plus variées. Généralement arrondies, elles offrent néanmoins de brusques arrachements; çà et là une pellicule de grès qui a échappé à l'érosion ramène l'aspect de la zone gréseuse. Mais bientôt on s'élève au-dessus de la limite de la végétation forestière; les belles forêts font place à quelques arbres rabougris, enfin vient un gazon ras désigné sous le nom de *chaumes;* d'où l'expression de Hautes-Chaumes employée pour désigner quelques parties faîtières. En divers endroits l'imperméabilité du sol a déterminé la formation de marécages tourbeux. Ce sont les *faignes,* analogues aux *fagnes* des Ardennes. Un certain nombre de sommets portent le nom de *Ballons* que le vulgaire explique par leur forme le plus souvent en dôme, mais sur l'origine duquel on dispute encore [1]. Enfin des traces manifestes de l'activité glaciaire viennent encore diversifier la topographie, surtout aux environs de Gérardmer.

Mais ce que nous venons de dire ne suffit pas à caractériser les Vosges cristallines ; il faut insister sur d'autres particularités.

Les sommets ne se succèdent pas sur une ligne de faîte unique, et jalonnent, au contraire, trois lignes de faîte distinctes, qui forment comme des feuillets successifs, légèrement en retraite les uns par rapport aux autres. La ligne de partage des eaux, entre les deux versants, les suit successivement, en sautant de l'un à l'autre.

Un premier feuillet s'étend du Ballon d'Alsace au Grand-Bressoir ; un second part de la vallée de la Moselotte et aboutit au

FIG. 62. — Les Hautes-Vosges vues de la vallée de Munster (d'après Hogard).

sommet du Champ-du-Feu ; un troisième commence à la montagne d'Ormont, au-dessus de Saint-Dié, et se prolonge, par le Donon et le Prancey, jusqu'au Rosskopf. Ces trois rides sont nettement séparées par les sillons que tracent, d'une part, la vallée de la haute Meurthe, le col secondaire de Louchbach et la vallée de la Béchine, et, de l'autre, les vallées de la Fave et de la Bruche. Le dernier de ces sillons a une importance exceptionnelle et ouvre, dans la masse des Vosges, la profonde coupure du col de Saales où l'altitude de la ligne de faîte s'abaisse de moitié. Le plus haut sommet des Vosges, le ballon de Guebwiller, se trouve à l'extérieur de ces lignes de faîte. Il se pourrait fort bien qu'il correspondît à un quatrième feuillet comprenant le Rossberg et complètement déchiqueté par les torrents transversaux qui descendent vers la plaine d'Alsace.

On peut attribuer cette disposition générale en feuillets à l'in-

1. Cette appellation de *Ballon* ou *Bâlon*, ainsi que celle de *Belchen*, qui lui correspond en langage alsacien, provient sans doute du culte celtique de Bel ou Belus qui se célébrait sur certains sommets des Vosges.

fluence des anciens plis primaires. D'ailleurs, ce n'est pas le seul effet réflexe de la topographie hercynienne. Il existe à l'Est de Raon-l'Étape, et au nord de Belfort, deux dépressions enclavées dans les montagnes et que traversent respectivement la Meurthe et la Savoureuse. Toutes deux ont la même origine et sont dues au peu de résistance que les grès permiens ont présenté à l'érosion. Et si l'on songe que les sables qui ont donné naissance à ces grès s'étaient entassés jadis en ces régions parce qu'elles formaient précisément, au sein des montagnes hercyniennes, des bassins déprimés, on se rend compte qu'il n'y a encore là qu'un simple rajeunissement de l'ancienne topographie.

Quant aux cours d'eau, certaines de leurs vallées se sont orientées sous l'influence des anciens plis primaires ou des cassures tertiaires, mais d'autres ont la disposition transversale, due simplement aux effets de la pente générale. Cette disposition transversale est très accentuée dans la vallée de la Moselle et est la cause d'une véritable illusion, celle qui consiste à considérer la longue crête qui borde la rive gauche de la rivière comme un élément orographique distinct des Vosges. Cette *chaîne des Ballons* n'a en réalité aucune individualité orographique et constitue tout simplement la *façade méridionale* des Vosges cristallines.

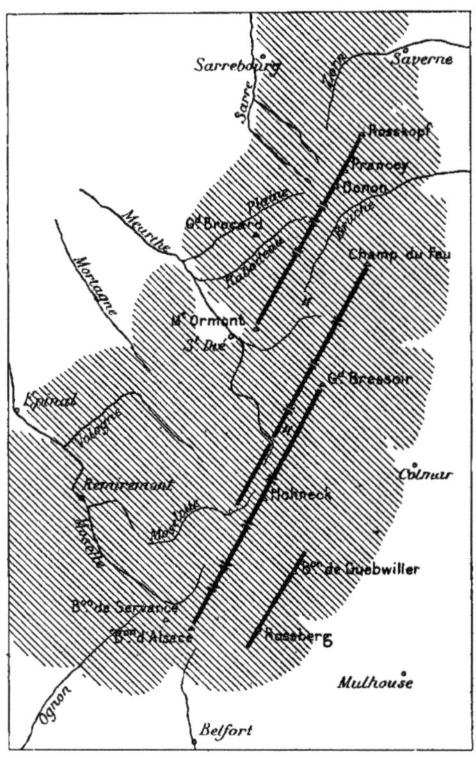

Fig. 63. — Lignes de faîte des Hautes-Vosges.
Échelle de 1 : 1 200 000

BASSES-VOSGES. — Les Basses-Vosges forment la partie de la zone montagneuse qui est à la fois la moins haute et la moins épaisse.

Leur altitude ne s'élève plus qu'entre 400 mètres et 500 mètres et leur largeur se réduit à une trentaine de kilomètres. On comprend donc que les géographes en aient fait une section spéciale de la bande montagneuse. On pourrait presque être tenté de les imiter en se plaçant au point de vue tectonique, car les études des géologues ont montré que pendant que la Terre Rhénane s'essayait à émerger, il y a toujours eu là une tendance à un affaissement relatif. D'ail-

Fig. 64. — Coupe transversale des Basses-Vosges (d'après Élie de Beaumont).

1, grès des Vosges; 2, grès bigarré; 3, muschelkalk; 4, keuper; 5, quaternaire.

leurs les failles limites de la région montagneuse dessinent, en se dédoublant, un rentrant prononcé.

La topographie est des plus simples. Les hauteurs sont entièrement formées de grès. Elles se raccordent par des pentes douces avec le plateau de Lorraine et disparaissent au contraire brusquement du côté de l'Alsace, sous l'influence d'une énorme faille. Comme, en raison de l'affaissement relatif, le substratum hercynien

Fig. 65. — Aspect ruiniforme du grès des Vosges (d'après Daubrée).

n'a pas été mis à jour, on ne retrouve point les grands alignements qu'on observe dans les Hautes-Vosges, et tout le modelé des détails dérive de l'érosion qui a découpé la table gréseuse, trouant le manteau de verdure des forêts par de grands escarpements rougeâtres d'apparence fréquemment ruiniforme.

HAARDT. — Au delà de Bitche, la zone montagneuse s'élargit de nouveau, grâce au recul, vers l'Est, des grandes failles qui la limitent. Ici encore, le substratum ancien n'a pas été mis au jour. Bien plus, dans la partie centrale, l'étage du Trias supérieur au grès, le

Muschelkalk, a été respecté par l'érosion. On reconnaît là l'effet de la grande ondulation synclinale qui a abaissé le niveau relatif des couches du sol et leur a ainsi permis de se soustraire, mieux que dans les Basses-Vosges, au décapement.

Il résulte de ces particularités morphogéniques que la surface du sol se répartit, sur la rive droite de la Sarre, entre une nappe de Muschelkalk et une bande de grès qui l'encadre à l'Est et au Nord.

La nappe de Muschelkalk détermine une région spéciale : le *Westrich*.

Ce plateau du *Westrich*, région de formes molles, de parcours facile, assez rude, mais agricole plutôt que forestière, est une sorte d'*avancée de la Lorraine*. Il est comme encastré dans la masse gréseuse de la *Haardt*. Celle-ci dessine une sorte de grand bastion dont le saillant est dirigé vers le Nord-Est, et où l'on retrouve l'aspect habituel de la zone gréseuse. Les faces de ce bastion sont comme soulignées par les reliefs de la *Frankweide* et de la *Sickinger Höhe*. Le premier paraît avoir une origine tectonique, car il correspond précisément à une des failles de la région. Quant à celui de la Sickinger Höhe il n'est, tout comme la dépression marécageuse de Landstuhl qui en longe le pied, qu'un résultat de la sculpture du sol ; l'inclinaison des couches de grès vers l'axe du synclinal a permis à l'érosion de façonner un talus restant en relief par rapport aux terrains plus tendres qui affleurent immédiatement au Nord.

Montagnes du Palatinat. — Le pays montueux qui succède à la Haardt et s'étend jusqu'aux Plateaux primaires tire de la constitution de son sol un tout autre caractère que celui des Vosges. Nous avons vu qu'au delà de la dépression de Landstuhl apparaissait de nouveau le substratum hercynien. Mais ce substratum a une autre nature que dans la région des Hautes-Vosges. Au moment, en effet, où les montagnes hercyniennes s'étendaient sur l'Europe centrale et en particulier sur l'emplacement actuel des Hautes-Vosges, la région qui nous intéresse était occupée par une dépression qui s'intercalait entre ces plis et où s'étalaient des lagunes. Là vinrent d'abord s'entasser les détritus végétaux qui ont donné naissance au bassin houiller de Sarrebrück[1], puis, pendant la période permienne, les dépôts détritiques provenant des débris arrachés aux montagnes voisines. Enfin, au moment où le continent hercy-

---

1. En raison des détails de l'architecture du substratum ancien, le terrain houiller apparaît directement sur une assez large surface. En dehors d'elle, on peut atteindre la houille en traversant une épaisseur plus ou moins grande de *morts terrains*. Comme

nien tendit à se disloquer, tous ces dépôts furent traversés par de nombreux épanchements éruptifs.

Or il est arrivé que lorsque l'ancienne pénéplaine a été mise à découvert et s'est trouvée en prise au nouveau cycle d'érosion, ces masses éruptives se sont montrées beaucoup plus résistantes que le terrain encaissant. Il en est résulté une topographie confuse, offrant des hauteurs isolées les unes des autres. La principale est le mont Tonnerre ; on peut citer encore le Königsberg, l'Hermannsberg, le Feldberg.

Il est curieux de voir que, dans beaucoup de géographies, on

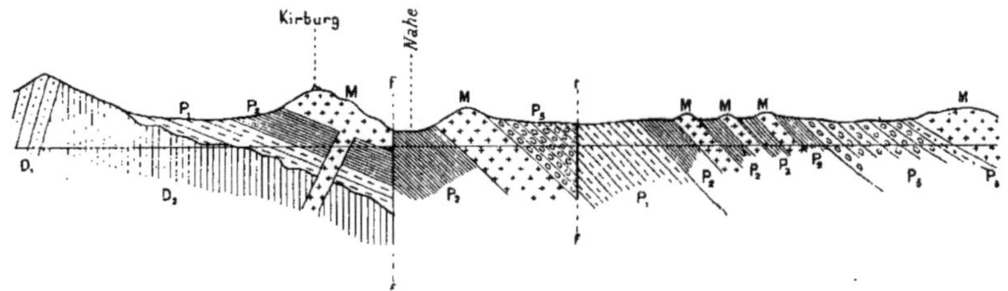

FIG. 66. — Coupe N.W. — S.E. à la limite du Hunsrück et des Montagnes du Palatinat (d'après M. Lepsius).

D₁ quartzites dévoniens; D₂ schistes dévoniens; P₁P₂P₃P₄ Permien; M, mélaphyres; FF, failles.
Échelle de 1 : 30 000 (hauteurs et longueurs).

s'obstine à confondre avec les Vosges une région marquée d'un tel cachet d'individualité.

Alsace et plaine du Palatinat. — Ce n'est qu'après bien des péripéties que la fosse longitudinale qui a coupé en deux la Terre Rhénane est devenue la riche plaine où coule aujourd'hui le Rhin. Définitivement constituée à l'époque oligocène, elle fut envahie par les eaux marines venant du Nord. Celles-ci dessinèrent un étroit bras de mer se terminant au Sud par une manière de cul-de-sac qu'un seuil, de peu d'importance sans doute, séparait des mers de la région alpine. Mais bientôt cette fosse voyait sa communication avec les mers du Nord interrompue par des modifications importantes survenues dans la région hessoise. Les mouvements d'affaissement y persistaient cependant, de telle sorte que la partie centrale continuant à s'abaisser, certains paquets des sédiments laissés par les mers oligocènes, relevés peut-être aussi par réaction, restaient comme suspendus aux flancs des montagnes bordières. Enfin la

cette épaisseur dépend essentiellement des rapports entre la surface topographique actuelle et celle de l'ancien substratum, on voit tout l'intérêt qui s'attache à la détermination des parties relevées de ce dernier.

dépression médiane se remplissait peu à peu de dépôts lacustres ou fluviatiles dont le remblai atteint sa plus grande épaisseur aux environs de Mayence, où les tendances à l'affaissement continuèrent jusqu'à l'époque pléistocène.

Il résulte de cette suite d'événements si divers, que sous les alluvions quaternaires qui forment le sol de la plus grande partie de la plaine, se trouvent des terrains tertiaires surmontant eux-mêmes les assises effondrées du Jurassique et du Trias. Comme cependant la chute n'a pas été partout complète, on voit, accrochés aux flancs des Vosges et de la Forêt-Noire, quelques paquets de ces terrains qui forment, soit des collines, soit même un premier degré de la région montagneuse. A hauteur des Basses-Vosges, ces collines prennent un assez grand développement et constituent une région spéciale dont Bouxviller est le centre. Au Nord et au Sud, d'autres collines, eelles-ci tertiaires, ferment la plaine ; ce sont les collines du *pays d'Alzey* et du *Sundgau*.

Quant à la plaine quaternaire, tout en étant, sauf en quelques terrasses alluviales, d'une grande uniformité de niveau, elle présente, dans son aspect, des nuances nombreuses dues à la variété de la nature du sol. Sans parler des alluvions récentes qui couvrent une large bande dans le voisinage du Rhin, il faut distinguer en effet dans les dépôts plus anciens de la période pléistocène, du löss, des limons, des sables et des graviers qui diffèrent suivant qu'ils viennent des Alpes, des Vosges cristallines ou des Vosges gréseuses. Et tandis que les premiers de ces dépôts sont fertiles et contribuent à donner un aspect riant à l'Alsace et au Palatinat Rhénan, les autres sont relativement stériles et ne se sont prêtés qu'à la végétation forestière. De là ces grandes étendues boisées comme la forêt de Haguenau et surtout la Harth qui force la vie de la Haute-Alsace à se rapprocher des Vosges.

Le Rhin partage cette plaine en deux parties inégales, laissant sur sa droite le petit massif éruptif du Kaiserstuhl dont la présence indique bien les dislocations profondes dues à l'effondrement. Celle de la rive gauche constitue, au Nord, le *Palatinat rhénan*, et au Sud, l'*Alsace*, qui se décompose elle-même en Basse et Haute-Alsace. Sa largeur est en moyenne de 25 kilomètres, mais elle présente, à hauteur des Basses-Vosges, un brusque épanouissement qui la porte à près de 40 kilomètres si l'on y comprend la région collinaire de Bouxviller. Sous l'influence de travaux de rectification, le cours du fleuve perd peu à peu la disposition divagante qu'il avait naguère. Il décrit, dans son ensemble, une grande courbe à

Librairie Armand Colin.

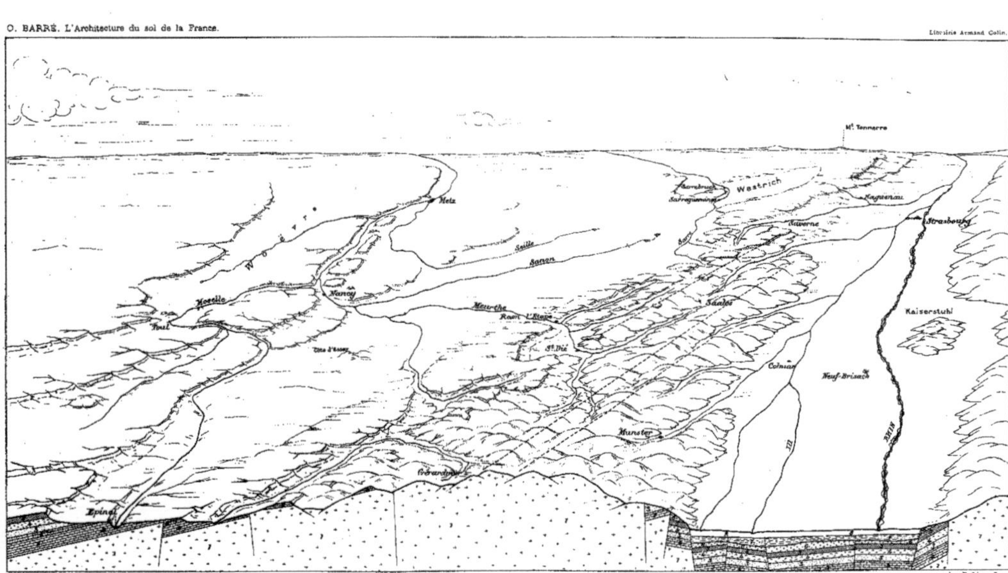

Imp. Dufrénoy, Paris.

Fig. 67. — Coupe et perspective schématiques de la région Lorraine-Vosges-Alsace.

1. Substratum hercynien y compris le Permien. — 2. Grès des Vosges. — 2bis. Grès bigarré. — 3. Muschelkalk. — 4. Keuper. — 5. Lias. — 6. Médio-jurassique. — 7. Tertiaire. — 8. Quaternaire.

double inflexion et, après s'être heurté aux plateaux primaires,
semble s'y engager à Bingen par une sorte de brèche. Mais ce n'est
là qu'une apparence ; et nous savons que ce n'est pas en forçant
une barrière, mais en s'enfonçant peu à peu dans une région qui
se relevait doucement, que les eaux ont vaincu l'obstacle.

Lorraine. — On désigne sous le nom de Lorraine le territoire
qui s'étend entre les Vosges, les Plateaux Ardennais, les Faucilles
et la Meuse, en un mot tout le pays qui est drainé par la Moselle
jusqu'à Trèves. On voit que, toutes réserves faites, comme il convient, sur la possibilité d'établir une démarcation nette, c'est bien
là la partie occidentale de la Terre Rhénane.

Très simple est l'architecture de la région. Les couches sédimentaires qui, pendant la première partie de l'ère secondaire, s'étaient
superposées au socle primaire affaissé, se trouvent doucement inclinées vers l'ouest, dérangées seulement par quelques failles et par
l'ondulation synclinale de grande amplitude que nous avons signalée.
Rabotées par l'érosion qui les a fait disparaître des sommets des
Vosges, elles apparaissent ici coupées en biseau et dessinant une
suite de bandes d'âge de plus en plus récent, à mesure qu'on
s'éloigne de ces montagnes. C'est ainsi qu'en se dirigeant de l'est
vers l'ouest, on rencontre d'abord les dernières couches du Trias
(le Muschelkalk et le Keuper), puis une partie des étages jurassiques (le Lias, le Médiojurassique et le commencement du Suprajurassique). La moitié orientale de la Lorraine est donc triasique,
tandis que la moitié occidentale est jurassique.

A cette division en *Lorraine triasique* et *Lorraine jurassique*
correspond un changement très important des formes extérieures.
Les étages moyen et supérieur du Trias, le Muschelkalk et le
Keuper, ont généralement des consistances comparables et ont donné,
sous l'effet de l'érosion, des régions ondulées de formes molles. Les
assises jurassiques, au contraire, présentent cette alternance
marquée de couches dures et de couches tendres qui occasionne la
formation de terrasses terminées par des corniches mettant en évidence les parties les plus dures. La Lorraine triasique est donc
un pays ondulé, de topographie assez confuse, tandis que la Lorraine jurassique est un pays à terrasses.

Les bandes qui constituent la *Lorraine triasique* tirent d'ailleurs,
des variations de la nature du sol, certaines différences.

Tout d'abord se présente une petite bande de terrain sablonneux et gréseux, constituée par les dernières couches de l'étage inférieur du Trias dont la masse générale correspond aux Vosges gréseuses. Ce ne sont plus les Vosges, ce n'est pas encore le plateau lorrain. Des forêts contenant de nombreux sapins et des bruyères, coupées d'escarpements rougeâtres là où le sol est assez consistant, y alternent avec les cultures et montrent qu'on se trouve dans une sorte de région intermédiaire entre la *plaine* et la *montagne*. Cette bande de caractère mixte prend une importance particulière dans la Lorraine allemande, encadrant la vallée d'un affluent de la Sarre, la Rosselle, et dessinant une sorte de triangle dont les sommets correspondent à peu près aux villes de Sarrelouis et de Sarrebrück sur la Sarre, et à la localité importante de Saint-Avold sur le plateau lorrain [1].

Puis vient la région du Muschelkak, où les calcaires se débitent le plus souvent en petites plaquettes sans avoir la consistance nécessaire pour dessiner un gradin continu. C'est une région agricole, où les terres labourées des croupes alternent avec les prairies des dépressions.

A cette zone succède celle du Keuper, formée surtout par des marnes argileuses, dont l'aspect bariolé est caractéristique. La terre y est très propre à la culture, mais fort lourde. Dans une grande partie de cette zone, le Keuper est masqué par de grands dépôts d'alluvions anciennes provenant des Vosges et qui sont infertiles. Alors apparaissent souvent de grandes forêts, comme celle de Parroy.

C'est dans le Keuper que se trouvent généralement les gisements de sel qui contribuent à la richesse de la Lorraine [2]. De là le nom de *Saulnois* que prend le pays situé dans le voisinage de la Seille. L'imperméabilité du sol s'y traduit par l'apparition de nombreux étangs.

Les divisions de la *Lorraine jurassique* sont beaucoup plus nettes, car elles sont soulignées, dans le relief, par l'apparition de trois corniches successives. Ces corniches doivent leur origine à la mise en évidence, par l'érosion, des couches les plus dures du commencement de la série jurassique.

---

1. Ce rentrant de la limite des affleurements gréseux est la contre-partie du saillant dessiné par le Muschelkalk dans le Westrich. Il est épousé par les limites des autres assises du Trias et par celle du Lias, et indique un relèvement anticlinal de l'architecture. Ce relèvement a une extrême importance, car il permet d'espérer de trouver sur le territoire français le prolongement du bassin houiller de Sarrebrück à une profondeur en permettant l'exploitation.

2. Il y a aussi de ces gisements dans le Muschelkalk, mais moins importants.

La première correspond aux couches dures qui se trouvent à la base du Lias, et a pour soubassement les dernières assises du Trias. Sa continuité est très accusée dans la partie méridionale, où elle constitue les hauteurs qui dominent, à l'ouest, la ligne Bourbonne-Vittel-Mirecourt, puis celles qui dominent la Moselle, de Charmes à Bayon, et se poursuivent vers Saint-Nicolas, sur la Meurthe, sous le nom de côtes de Saffais. Mais, vers le nord, la nature moins consistante du sol n'en a permis l'apparition que par endroits. En avant de cette corniche, quelques hauteurs isolées ont, comme elle, leur sommet constitué par une calotte liasique superposée à un socle de Trias; ce sont des témoins respectés par l'érosion et qui montrent le recul que celle-ci a déjà fait subir à la nappe du Lias. Ainsi le Haut-Mont, au nord de Lamarche; la côte Virine, à l'ouest d'Épinal; la forêt de Brides, près de Dieuze etc. Plus en avant

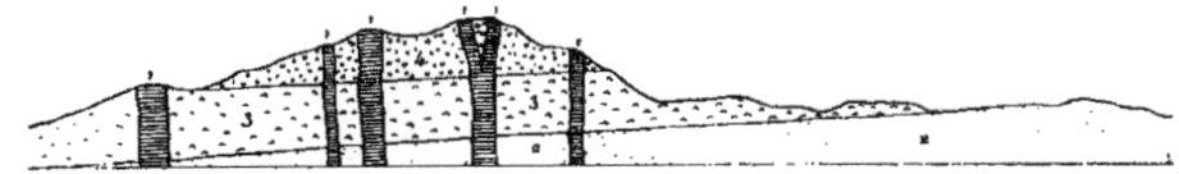

Fig. 68. — Coupe de la côte d'Essey (d'après M. Vélain).

1, Épanchements éruptifs; 2, muschelkalk : 3, keuper; 4, Lias.

encore se trouve la côte d'Essey qui surgit, au nord d'Épinal. Mais ici la résistance à l'érosion a une tout autre origine; elle correspond en effet à la présence d'épanchements basaltiques, conséquences des dislocations tertiaires.

La seconde corniche a été dessinée par les couches dures de l'étage inférieur de la série médiojurassique, l'étage bajocien. Elle a une très grande continuité et se suit sans aucune peine sur la carte, des environs de Langres à ceux de Longwy. Sa partie médiane peut être désignée sous le nom de *Côtes de Moselle;* ses points les plus importants sont : le mont Saint-Quentin, à hauteur de Metz, les côtes de Mousson et d'Amance entre la Seille et la Moselle, la forêt de Haye entre la Meurthe et la Moselle, enfin, à l'ouest du cours du Madon, la butte de Vaudémont, sentinelle avancée de la côte dont elle a été détachée par l'érosion. Toutes ces hauteurs, où les couches de minerai de fer[1] qui marquent, en cet endroit, la liaison entre le Lias et le Médiojurassique, affleurent à flanc de coteau, dominent de 250 mètres environ la terrasse liasique qui les

1. L'origine de ces minerais oolithiques est un phénomène de précipitation qui s'est passé dans les parties littorales des mers de l'époque liasique.

précède. Celle-ci forme généralement des pays fertiles ; ainsi le *Xaintois* au pied des hauteurs de Vaudémont, le *Vermois* près de Saint-Nicolas, le *Pays messin*.

La troisième, dont la continuité est remarquable, a son socle formé par les terrains relativement tendres des étages callovien et oxfordien et son sommet par les couches dures de celui qui leur succède, l'étage séquanien, souvent désigné dans cette région sous le nom d'étage corallien, parce que ses calcaires correspondent aux édifices des polypiers des mers jurassiques. On lui donne le nom de *Côtes de Meuse* ou de *Côtes lorraines*. Ces côtes se dressent comme un véritable rempart de 150 à 200 mètres de hauteur, massif, de Dun aux environs de Saint-Mihiel, et percé au sud de cette localité d'un certain nombre de trouées par lesquelles la zone argileuse de la Woëvre s'avance jusqu'au cours même de la Meuse. Les sommets sont, le plus souvent, pierreux et couverts de forêts. En avant

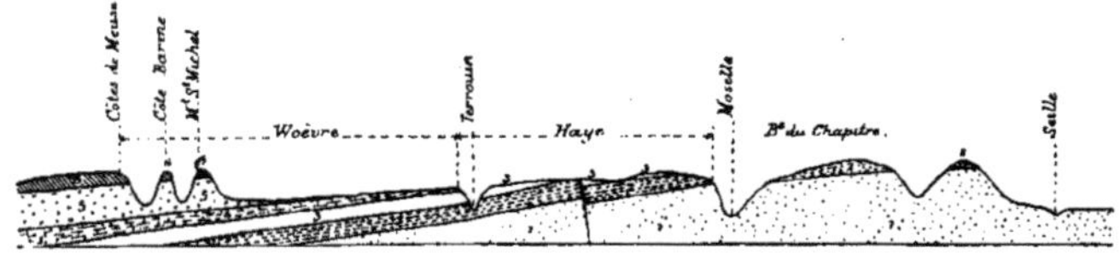

Fig. 69. — Coupe E.-W. à travers la Lorraine jurassique.
1, Lias ; 2, bajocien ; 3, bathonien inférieur ; 4, bathonien supérieur ; 5, callovien et oxfordien : 6, corallien.

surgissent quelques buttes respectées par l'érosion, comme la côte Saint-Germain, près de Dun-sur-Meuse, le Mont-Sec, à hauteur de Saint-Mihiel, la côte Barine et le mont Saint-Michel, aux environs de Toul, et qui ont le même caractère.

La terrasse qui s'étend du pied de ce dernier gradin au sommet du précédent, se relève en pente douce formant une manière de glacis que la saillie de la Moselle, à Toul, vient étrangler en son milieu. Au nord de Toul, ce glacis se partage en deux éléments du sol bien différents : à l'ouest, des marnes ; à l'est, des calcaires, ceux-là mêmes dont la série se termine aux escarpements de la deuxième corniche. Aux marnes correspond la région géographique de *la Woëvre* ; aux calcaires, celle de *la Haye*, dont la forêt de Haye, entre Meurthe et Moselle, n'est que la partie la plus caractéristique. La première est une région agricole, de formes molles, avec de nombreux étangs, où les terres sont lourdes et où la marche à travers champs devient difficile après quelques pluies. Dans la seconde, les formes s'accentuent grâce à la résistance de la masse calcaire; les vallées, indécises dans la Woëvre, s'encaissent et sont souvent arrêtées à des escarpements; la surface du sol est le plus souvent boisée. Cette division en Woëvre et en Haye est surtout caractéristique au nord de Toul. Au sud de cette ville, la Woëvre s'atrophie peu à peu pour disparaître complètement à hauteur de Neufchâteau. La prolongation de la Haye vers le Nord se fait par le *Jarnisy* et le *pays de Briey*, où l'aspect calcaire s'atténue progressivement.

On peut rattacher à la Lorraine le golfe du Luxembourg, dont nous avons déjà parlé à propos des plateaux ardennais. On y retrouve, en effet, le prolongement des affleurements triasiques et des premières corniches jurassiques, notamment de celle qui continue les côtes de Moselle dans la direction de Longwy et de Montmédy.

Le système hydrographique de la Lorraine a son écoulement vers le Nord. A quoi tient cette disposition qui différencie nettement la Lorraine de la Région Parisienne et qui est faite pour aider à ouvrir les yeux à ceux qui veulent, par pur esprit géométrique, faire de ces deux territoires un ensemble unique? En partie aux failles qui morcellent le plateau lorrain; mais aussi peut-être à l'action en quelque sorte ancestrale de la topographie que présentait la Terre Rhénane avant ses modifications tertiaires. Ce qui est certain, c'est que cette disposition générale était dessinée avant le lent relèvement des plateaux primaires (Ardennes, Hunsrück), puisque la Moselle et la Sarre, s'enfonçant peu à peu dans leur masse, ont persisté à la conserver, en constituant un véritable paradoxe topographique.

Au surplus, le réseau hydrographique de la Lorraine n'a cessé de se modifier pendant les phases successives de la *sculpture générale* de la région. Les positions relatives de ses divers éléments et des corniches de la partie jurassique du territoire ont déjà beaucoup varié, et l'état actuel de la topographie n'est lui-même qu'une sorte d'*instantané* pris dans un mouvement général complexe qui n'est pas encore arrivé à sa fin. Un des changements les plus considérables produits par cette évolution a été le rebroussement de la Moselle à hauteur de Toul, rebroussement qui a fait de cette rivière, au détriment de la Meurthe, le grand collecteur des eaux de la Lorraine. Nonobstant certaines dénégations, il paraît, en effet, prouvé que la Moselle allait autrefois rejoindre la Meuse. On trouve, au delà de Toul, des traces matérielles de son passage indiqué encore par le val de l'Ane et le ruisseau de l'Ingressin. Le changement de cours, causé par le jeu de l'érosion [1], n'a donc fait qu'ajouter un tributaire de plus au système de la Meurthe qui peut être considérée théoriquement comme la rivière maîtresse de la Lorraine.

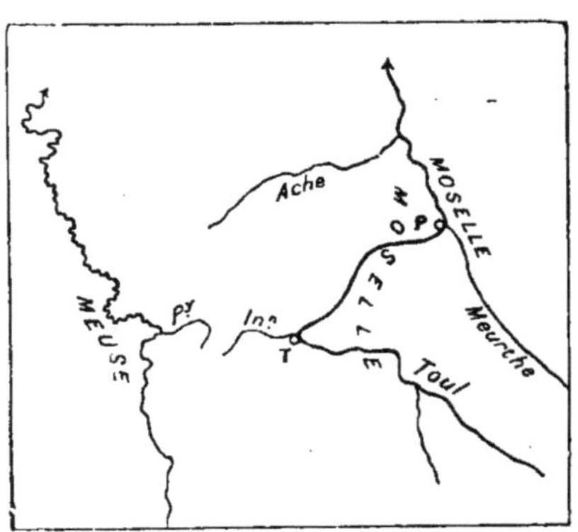

Fig. 70. — Capture de la Moselle par la Meurthe (d'après M. W. M. Davis).

Quoi qu'il en soit, le système conjugué de la Meurthe et de la Moselle, traversant successivement toutes les bandes où affleurent les différentes assises du Trias, du Lias et du Médiojurassique, présente forcément, dans ses vallées une grande variété de formes topographiques. Les parties relativement encaissées qui correspondent aux matériaux durs alternent avec les plaines de formes molles spéciales aux étages marneux.

HAUTE VALLÉE DE LA SAONE [2]

Considérations générales. — La description de la vallée de la Saône est une des difficultés de la géographie de la France. La disposition géométrique de cette vallée en prolongement de celle du Rhône fait que, souvent, on réunit les deux régions en une même étude; solution à laquelle poussent également les considérations d'ordre historique ou économique. Et cependant, lorsqu'il s'agit d'architecture du sol et de bonne compréhension des formes géographiques, on ne peut procéder de cette façon. Alors que la vallée du Rhône, parcourue encore par un bras de mer à l'époque miocène, doit être considérée comme une dépendance presque directe de la zone alpine, la région de la Saône, acquise au domaine continental

---

1. La Moselle a été véritablement capturée par la Meurthe qui présentait un niveau de base bien inférieur et dont un affluent de gauche, abaissant peu à peu son lit, a fini par atteindre celui de la Moselle. A partir de ce moment, les eaux, suivant la pente la plus forte, ont cessé de se diriger vers la gauche pour descendre vers la droite.

2. Cette étude de la haute vallée de la Saône est le résumé d'un article publié par l'auteur dans les *Annales de Géographie*, 1901, p. 27-45.

dès le début de l'ère tertiaire, ne peut être envisagée que comme une partie de la zone tabulaire. Toutefois, le voisinage immédiat du

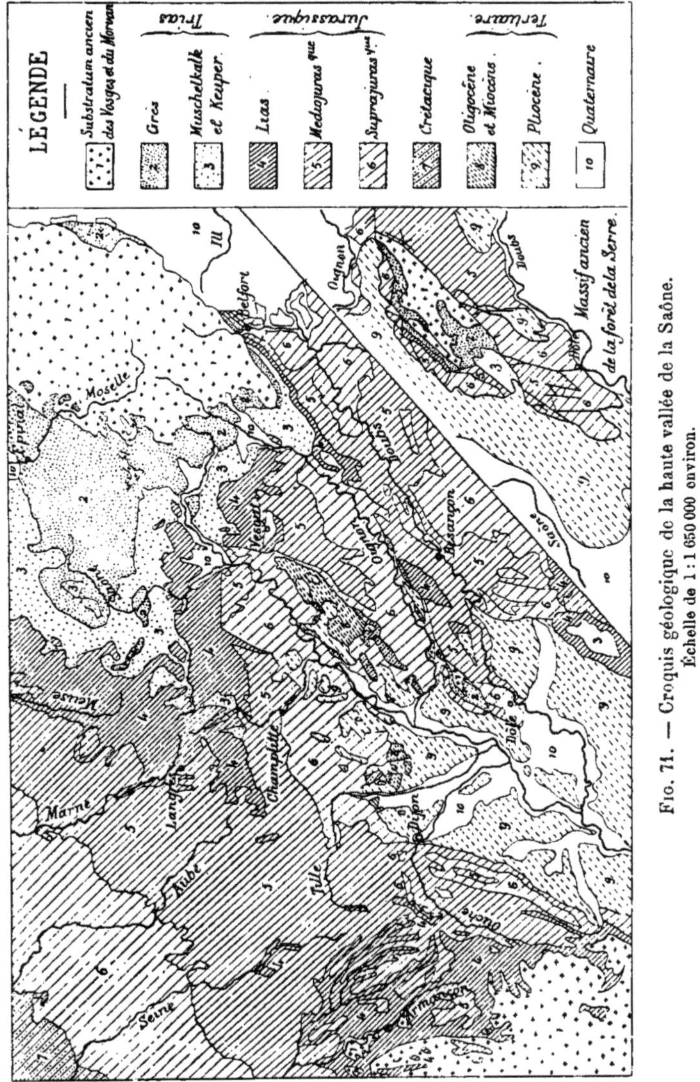

Fig. 71. — Croquis géologique de la haute vallée de la Saône. Échelle de 1 : 1 650 000 environ.

Jura et l'influence que ce voisinage a eue sur la constitution de la vallée de l'Ognon force à faire quelques réserves.

Il faut prendre un parti : le meilleur, selon nous, est de considérer.la dépression de la Saône comme une région de raccord et d'en parler à plusieurs reprises, à propos de la Lorraine et de la Région Parisienne, à propos du Jura, à propos même de la vallée du Rhône.

C'est en nous conformant à cet ordre d'idées que nous réunissons à la Région du Nord-Est la *haute vallée de la Saône;* aussi bien, sans son étude, ne saurions-nous faire comprendre la disposition des Faucilles, du Plateau de Langres et de la Côte d'Or.

L'histoire générale de la France du Nord-Est nous a déjà montré que la région occupée aujourd'hui par la haute vallée de la Saône n'a cessé, pendant toute la longue durée des temps secondaires, d'être couverte en grande partie par la mer. Au début, celle-ci s'étendit librement vers le Nord; mais plus tard, arrêtée de ce côté par l'émersion de la *Terre Rhénane,* elle ne communiqua plus avec les mers de la *Région Parisienne* que par le *détroit Morvanno-Vosgien.* Les eaux étaient, sans doute, peu profondes, et vraisemblablement le socle hercynien effondré formait une plate-forme sous-marine analogue à celle qui s'étend, de nos jours, sous le golfe du Lion, de Port-Vendres à Marseille.C'est au-dessus de cette plate-forme que se déposèrent les sédiments du Trias, du Jurassique et du Crétacique.

L'aurore de l'ère tertiaire devait voir une nouvelle émersion de ce territoire de la haute vallée de la Saône; les remarques précédentes nous montrent clairement quelle était sa constitution en profondeur. A ce territoire, la grande crise orogénique tertiaire imposa une architecture nouvelle qui n'a pas été modifiée depuis. Le trait caractéristique de cette disposition architecturale fut l'établissement d'une grande dépression que l'on peut être tenté de considérer comme une sorte de contre-partie du relief du Jura plissé, quoiqu'il n'y ait pas eu synchronisme absolu dans les mouvements qui ont donné naissance aux deux régions.

Cette dépression, déjà dessinée dans ses grands traits à l'époque oligocène, mais où les affaissements ont peut-être continué jusqu'au début de l'ère actuelle, ne fut pas affectée sérieusement par les ondes qui plissèrent postérieurement le Jura, grâce sans doute à la rigidité que la proximité du socle hercynien communiquait à son sol. Aussi le régime de plis accentués qui s'atténue peu à peu de l'Est à l'Ouest dans le Jura, se résout-il en cassures en arrivant à la vallée de la Saône, et l'architecture de celle-ci est-elle nettement tabulaire, c'est-à-dire que les mouvements verticaux tertiaires y ont imprimé leur marque d'une façon dominante.

Toutefois, cette architecture n'apparaît pas à nos yeux dans son

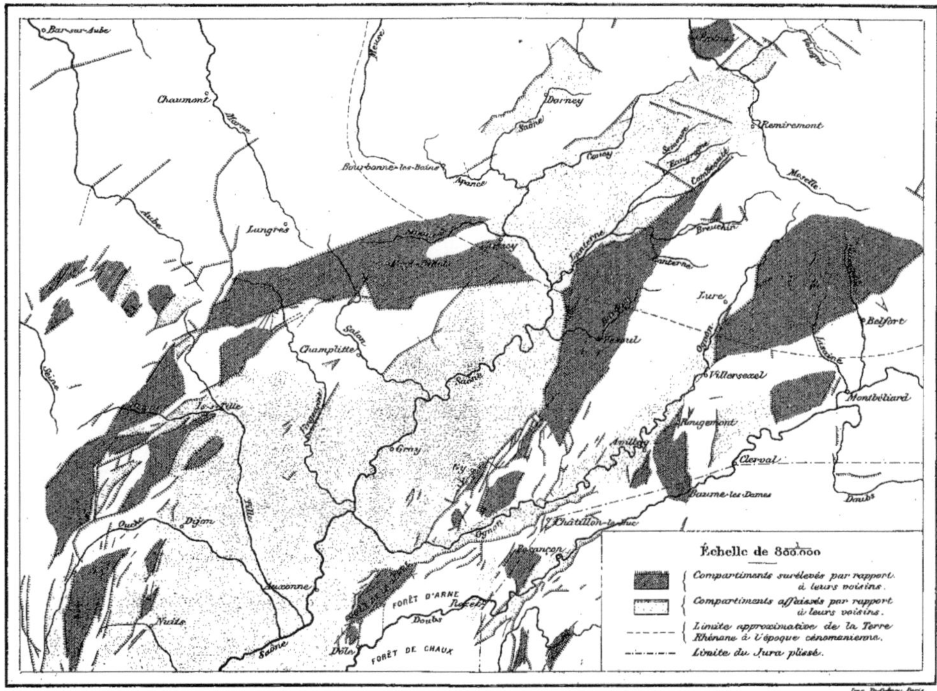

Fig. 72. — Carte tectonique de la Haute vallée de la Saône, dressée par O. Barré, *extraite des « Annales de Géographie » n° 49, 15 janvier 1901.*

intégrité. Les actions d'usure l'ont singulièrement modifiée. Sitôt que la tendance à l'affaissement a commencé à se manifester, les eaux ont dû chercher à se réunir dans des dépressions partielles dont certaines existaient sans doute à l'époque éocène. Déjà, à l'époque oligocène, un grand lac occupait tout le fond de la dépression, formant niveau de base par rapport aux hauteurs encadrantes. Plus tard, lorsque le lac se fut vidé vers le Sud, se constitua un réseau hydrographique. Ce ne fut toutefois que le précurseur du réseau actuel, car des événements d'ordre glaciaire, en accumulant des matériaux détritiques au travers de la dépression arrêtèrent momentanément l'écoulement des eaux, à la fin de la période pléistocène, modifiant une fois de plus les conditions de l'érosion dans les régions du pourtour. Mais si défigurée que soit cette architecture, il n'en est pas moins vrai qu'elle a été la base de la disposition géographique actuelle et qu'elle doit raisonnablement nous fournir les éléments de ses grandes divisions.

La figure où nous donnons la disposition des failles indique quelle a été la *localisation des tendances à l'affaissement ou au relèvement relatif*. On y voit que la dépression de la haute vallée de la Saône a eu pour origine une zone affaissée encadrée de toutes parts par une bordure relativement surélevée. Bien que les affaissements aient été loin d'avoir l'ampleur de ceux qui ont déterminé la vallée moyenne du Rhin, c'est bien cette dépression architecturale qui peut être qualifiée de berceau de la vallée de la Saône. Nous lui donnerons le nom de *dépression principale*. C'est là que des lacs précurseurs du lac bressan ont sans doute fourni les premiers niveaux de base provisoires, et c'est de là qu'est partie la conquête hydrographique des régions du pourtour.

Il suffit, en effet, de jeter les yeux sur l'ensemble de la région, pour voir que la Saône est une conquérante, et nous ne sommes pas les premiers à faire remarquer qu'elle a étendu considérablement son domaine. On notera toutefois avec nous que cette extension a été singulièrement facilitée, du côté du Nord et de celui de l'Est, par l'existence d'une *dépression tectonique annexe* parcourue aujourd'hui par le Coney et la Lanterne.

Pourtour de la vallée. — Les quelques réflexions qui précèdent nous montrent qu'au début les hauteurs qui encadrent la dépression de la haute vallée de la Saône auraient pu être assimilées à des *façades* imposées par les événements tertiaires aux régions naturelles avoisinantes. L'histoire géologique nous permet d'énumérer ces dernières; ce sont : l'Ilot central et son prolongement naturel le Morvan, le seuil Morvanno-Vosgien, la Terre Rhénane, le Jura plissé.

Aujourd'hui que l'érosion a reculé les limites et adouci ou fait même disparaître certaines des dénivellations tectoniques, l'expression *façade* n'est plus aussi exacte. Elle fait cependant suffisamment image pour que nous soyons tenté de l'employer, et nous dirons que chacune des régions naturelles précitées a sa façade sur la dépression de la Saône. Ce sont ces façades qui forment rationnellement les éléments du pourtour.

Il ne saurait évidemment être question de remplacer par ces désignations théoriques les expressions géographiques consacrées par l'usage; mais il est bon de montrer que si certaine de ces dernières, la Côte d'Or, correspond bien à une unité naturelle, d'autres, comme les Faucilles, le Plateau de Langres, s'appliquent au terrain sans aucune espèce de précision, et qu'enfin l'une d'elles, la chaîne des Ballons, ne mérite véritablement point d'être employée.

En faisant le tour de la dépression, on trouve d'abord, à l'Est, le Jura dont l'étude se rattachera naturellement à celle des Alpes. Puis viennent les plateaux de la Franche-Comté septentrionale que nous serons amenés à considérer comme une dépendance du Jura et dont il nous faut ajourner également l'examen. A leur suite se placent les Vosges, les Faucilles, le Plateau de Langres et la Côte d'Or, sur la structure desquels nous allons jeter un coup d'œil.

Si l'on se reporte à la définition de la *Terre Rhénane,* on voit que sa *façade géographique* par rapport à la vallée de la Saône a forcément deux parties naturelles, la partie vosgienne et la partie lorraine; leur séparation se faisant à l'endroit où disparaissent les grès vosgiens, c'est-à-dire aux environs d'Épinal.

La partie vosgienne est désignée souvent sous le nom de « chaîne des Ballons » par les géographes, qui lui constituent ainsi, comme nous avons déjà eu l'occasion de le dire, une individualité bien inutile. Nous nous contenterons de la désigner sous le nom de *façade méridionale des Vosges,* qui permet de relier sa description à celle du reste des Vosges en tenant mieux compte de l'unité que la longue coupure de la Moselle ne rompt que d'une façon apparente. Nous y retrouvons, en effet, une *section cristalline* à laquelle la ligne de faîte appartient jusqu'à la hauteur de Remiremont et une *section gréseuse* qui lui fait suite; le tout dessinant une sorte de grand plan doucement incliné vers le Sud et qui se raccorde à la vallée de la Moselle par un talus raide. En somme, le substratum ancien plonge

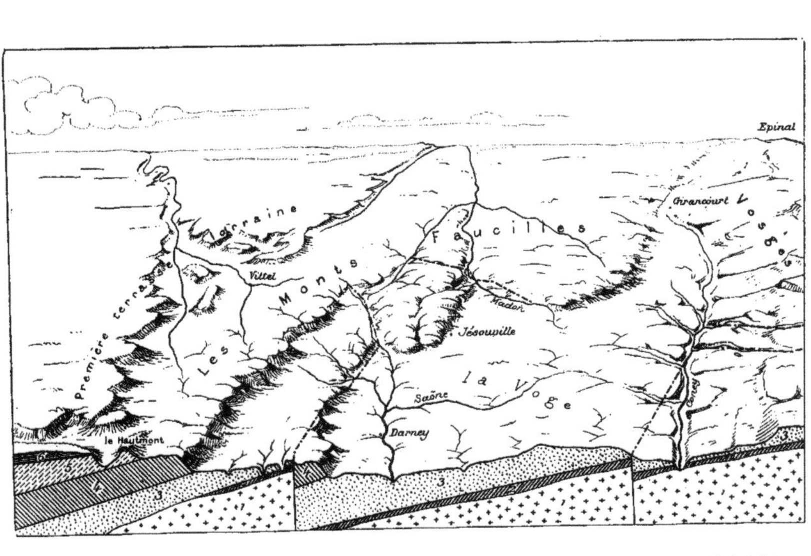

Fig. 73. — Coupe et perspective schématique des Faucilles.

Figure extraite des *Annales de Géographie* (O. Barré, la Haute vallée de la Saône, 1901, p. 29).

là vers le Sud comme il plongeait vers l'Ouest en Lorraine, s'enterrant peu à peu sous une épaisseur de plus en plus considérable
de terrain secondaire. Tout le détail de la topographie dérive de ce
plongement et des failles qui déterminent une série de compartiments
d'autant plus affaissés qu'on marche vers l'Ouest. A chacun d'eux,
la ligne de démarcation du substratum cristallin et des grès triasiques qui lui sont directement superposés remonte vers le Nord par
une sorte de ressaut, si bien que, dans le dernier, le grès apparaît
seul, exception faite de quelques fonds de vallées où l'érosion a
réussi à atteindre le substratum. Ce dernier compartiment correspond à la *dépression annexe*.

De l'autre côté de cette *dépression annexe* commence la partie
lorraine de la façade. Là, les compartiments se relèvent au point de
vue tectonique ; mais ils sont soumis en même temps à un mouvement de bascule vers l'Ouest qui atténue, dans une certaine mesure,
l'effet de ce relèvement, et a permis aux couches du Trias moyen et
supérieur de se maintenir en partie. Sur un premier palier, celui où
la Saône prend son origine, le Muschelkalk forme déjà les croupes
qui dominent Monthureux ainsi que l'éperon de Jésonville. Sur un
second, qui forme le couronnement tectonique, et dont le bord seul
a été décapé jusqu'aux grès, on retrouve le Muschelkalk dessinant
un gradin fort net, au delà duquel on trouve le territoire de la Lorraine. C'est ce second gradin qui, avec ses avancées de Monthureux
et de Jésonville, constitue les Faucilles proprement dites. On voit
que leur vraie définition est d'être la *façade de la Lorraine triasique*.

Mais on sait qu'à la Lorraine triasique succède une Lorraine
jurassique. Celle-ci doit aussi avoir une façade vers le Sud. Où la
trouverons-nous ? Incontestablement dans les gradins que dessinent, à l'ouest de Bourbonne, le grès infraliasique et le Lias
moyen, et qui viennent se souder, aux environs mêmes de Langres,
à la terrasse bajocienne. Cet ensemble n'a pas de nom propre dans
la nomenclature usuelle. Certains en font le commencement du Plateau de Langres ; d'autres une partie intégrante des Faucilles. Pourquoi ne pas lui donner son vrai nom et ne pas le désigner sous celui
de *façade de la Lorraine jurassique* ? Suivant nous, il conviendrait
de le faire. Depuis Épinal jusqu'aux environs de Langres, on est en
Lorraine, et on retrouve les zones sédimentaires successives qui
caractérisent ce territoire. Le Muschelkalk qui, au Nord, dans la
Lorraine proprement dite, ne dessine pas d'une façon continue un
gradin accusé, en montre ici un fort net ; c'est un *individu*, il a droit
à un nom : *les Faucilles*. Le Lias, le Médiojurassique montrent des

gradins peut-être aussi accentués, mais qui ne sont que le prolongement d'accidents définis en Lorraine; il est inutile de les souligner par une appellation nouvelle. *Façade méridionale des Vosges* de Belfort à Épinal; *façade de la Lorraine triasique* ou *Faucilles* d'Épinal à Bourbonne; puis *façade de la Lorraine jurassique;* telles sont donc les appellations rationnelles du pourtour de la haute vallée de la Saône jusqu'aux environs de Langres.

Dans le même ordre d'idées, on peut qualifier le Plateau de Langres de *façade du seuil Morvanno-Vosgien*. Les failles, assez espacées jusque-là, s'y pressent les unes contre les autres dans un désordre apparent. L'examen de la carte tectonique montre néanmoins qu'elles dessinent, dans leur ensemble, une croupe surhaussée par rapport aux régions naturelles voisines. C'est cette croupe qui a été la cause initiale de la formation des deux versants hydrographiques opposés de la Saône et de la Seine. La partie la plus élevée au point de vue tectonique est la partie méridionale, où l'érosion de certains affluents de l'Ouche a pu mettre à jour le substratum hercynien qui nous a échappé depuis Épinal. C'est aussi là que se trouvent les plus grandes altitudes physiques.

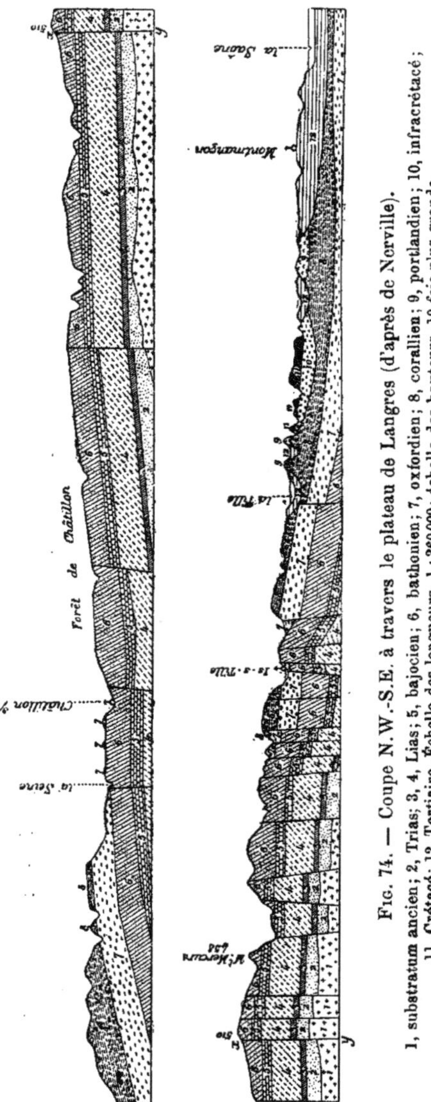

Fig. 74. — Coupe N.W.-S.E. à travers le plateau de Langres (d'après de Norville). 1, substratum ancien; 2, Trias; 3, 4, Lias; 5, bajocien; 6, bathonien; 7, oxfordien; 8, corallien; 9, portlandien; 10, infracrétacé; 11, Crétacé; 12. Tertiaire. Échelle des longueurs, 1 : 360000; échelle des hauteurs, 10 fois plus grande.

Dans cette vaste étendue, on ne rencontre plus un lambeau de la couverture autrefois déposée par les mers crétaciques dans le détroit qui séparait l'Ilot central de la Terre Rhénane. Partout on ne voit que le Jurassique, mais représenté par ses étages les plus divers. Ceux-ci apparaissent brusquement, au hasard des failles, modifiant sans cesse l'aspect des vallées dont le fond, ici entaillé dans les marnes du Lias, est creusé un peu plus loin dans les calcaires bajociens ou bathoniens. Sur les hauteurs dominent les roches calcaires résistantes qui se prêtent aux ravinements accusés et n'ont guère permis que le développement de la végétation forestière.

La descente tectonique du côté de la dépression de la Saône est, en somme, infiniment plus brusque que sur le versant occidental.

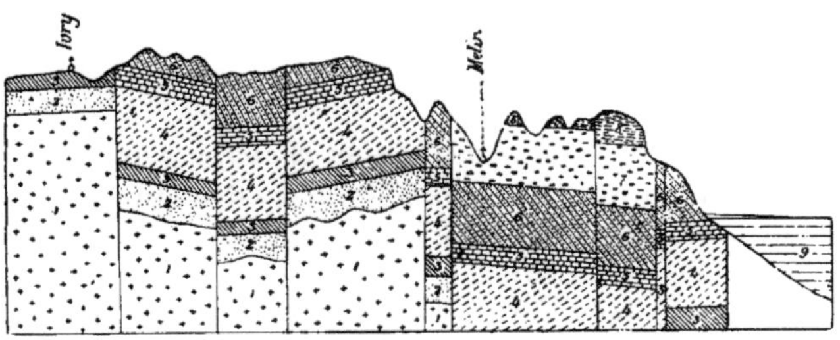

Fig. 75. — Coupe E.-W. à travers la Côte d'Or (d'après de Nerville.)
1, substratum ancien ; 2, Trias ; 3, 4, Lias ; 5, bajocien ; 6, bathonien ;
7, oxfordien ; 8, corallien ; 9, Tertiaire.

Cette dissymétrie architecturale a été une cause initiale de dissymétrie physique. Il n'est donc point étonnant de constater l'allure conquérante des cours du Salon, de la Vingeanne et de la Tille qui ont poussé leurs têtes jusque sur le versant tectonique occidental et déplacé ainsi vers l'Ouest la ligne de faîte physique. L'existence de maints affaissements de détail a d'ailleurs favorisé le développement de certains de leurs affluents en rassemblant les eaux dans des dépressions qui avaient une tendance à s'accuser. C'est ainsi qu'un affluent de la Tille, l'Ignon, a sans doute été amené à se créer. Le fait est encore plus frappant pour la vallée de l'Ouche : là, le travail a été tel qu'il s'est établi une vraie coupure allant de l'affaissement de la vallée de la Saône à la dépression liasique que l'érosion a établie autour du Morvan. Cette coupure a d'ailleurs été suffisante pour motiver un changement d'appellation dans la ceinture de la vallée de la Saône.

Au delà de la vallée de l'Ouche commence, en effet, la *Côte d'Or*

qui se poursuit jusqu'à la vallée de la Dheune. Il n'y a aucune
analogie entre le Plateau de Langres et cette simple muraille calcaire plaquée contre le Morvan auquel elle sert de façade. Le jeu
des failles la découpe en deux gradins accusés dont le plus élevé
domine l'autre de 150 mètres environ, tandis que celui-ci s'élève
encore à près de 200 mètres au-dessus de la plaine de la Saône.

Fond de la vallée. — Après avoir parcouru le pourtour de la
haute vallée de la Saône, il nous faut maintenant jeter un coup
d'œil sur le fond du bassin et, par ce mot fond, nous voulons dire
tout le pays parcouru aujourd'hui par la rivière et ses affluents
supérieurs. La carte tectonique nous montre que ce territoire comprend non seulement la *dépression principale*, mais encore la
dépression annexe et les plateaux qui forment *cloison* entre elle et
la dépression principale.

La presque-totalité de la *dépression principale* est encore recouverte de sédiments tertiaires d'origine lacustre qui nous indiquent
clairement le rôle géographique qu'a joué ce territoire pendant une
grande partie de l'ère tertiaire. Ce n'est qu'au Nord qu'apparaît la
plate-forme secondaire affaissée, soit qu'elle n'ait pas été recouverte par les sédiments lacustres, comme cela est probable pour la
région de Champlitte, soit qu'elle en ait été débarrassée par l'érosion moderne.

Il résulte de ces particularités une succession d'aspects géographiques divers.

Au Sud, la physionomie de la vallée inférieure de la Saône se
continue jusqu'au delà d'Auxonne. Là, le relief ne joue qu'un rôle
insignifiant, et toute la variété du paysage se réduit aux différences
introduites dans la végétation par les changements de nature du
sol. Dans les dos de terrain se montrent les remblais tertiaires,
recouverts d'un limon sableux qui ne s'est prêté qu'à la végétation
forestière; d'où de nombreux bois et de grandes forêts comme la
forêt de Cîteaux. Souvent l'imperméabilité des marnes se traduit
par l'apparition d'étangs. Dans les fonds, au contraire, s'étalent les
alluvions anciennes et modernes. C'est au milieu de ces dernières
que serpentent les rivières déjà paresseuses, au milieu d'une bande
continue de magnifiques prairies.

Au Nord, le relief s'accentue; non pas que les dénivellations
soient beaucoup plus considérables, mais parce que les cours d'eau
se sont enfoncés jusqu'à la plate-forme secondaire et que les ter-

rains jurassiques, ainsi découverts, se prêtent à des formes plus accusées. La largeur des bandes alluvionnaires diminue de moitié; à Port-sur-Saône il y a un véritable encaissement.

Enfin, dans le compartiment de Champlitte, où la plate-forme secondaire apparaît partout au regard, on voit affleurer des couches jurassiques de plus en plus anciennes à mesure qu'on remonte vers le Nord, indice certain de la pente douce que les assises de ce compartiment ont vers le Sud. Cette disposition se traduit, comme il convient, par des ébauches de terrasses, là où il y a alternance suffisante de dureté dans les couches du sol. C'est ainsi que se dessine le curieux relief de la montagne de la Roche, où les calcaires durs du Bathonien et du Bajocien sont mis en évidence par rapport aux marnes du Lias. Dans tout ce compartiment, cependant, les calcaires dominent; aussi a-t-on à constater des pertes de cours d'eau, comme celle de la Rigotte, et des réapparitions brusques, comme celle du Vannon.

La *dépression annexe* comprend au point de vue tectonique deux étages, dont l'ensemble est dominé à l'Est par les compartiments vosgiens et à l'Ouest par le compartiment qui a donné naissance aux Faucilles. Chacun d'eux a, pour ainsi dire, sa rivière. Sur l'étage inférieur coule le Coney, sur l'autre la Saône. Ces cours d'eau peuvent être qualifiés de conséquents; mais le processus de la sculpture en a déterminé d'autres qui sont subséquents : l'Apance, l'Amance, la Lanterne. L'ensemble de ces rivières forme le système hydrographique particulier de la dépression annexe. Ses eaux débouchent dans la dépression principale par une sorte de détroit où se sont localisées les tendances à l'affaissement et par où a dû se faire l'écoulement depuis les premières ébauches de l'affaissement tertiaire. C'est la Saône qui a imposé son nom comme rivière principale; il semble que, théoriquement, cet honneur aurait dû revenir au Coney qui coule dans le compartiment où la tendance à l'affaissement a été la plus considérable; le canal du Nord-Est ne s'y est point trompé. Il saute d'ailleurs aux yeux que le cours de la Saône, tel qu'il a été défini par l'usage, a une forme synthétique qui emprunte en partie les directions subséquentes de l'Apance et de l'Amance.

Le travail de tous ces cours d'eau s'est traduit, dans la majeure partie de la dépression annexe, par l'ablation de tous les terrains supérieurs aux grès triasiques. Il en est résulté la constitution d'un *pays* particulier où s'étale exclusivement le Grès bigarré, à l'exception de quelques endroits où le jeu des failles a ramené assez près le substratum pour qu'on puisse voir apparaître le Grès vosgien ou pointer les terrains anciens. Ce pays, couvert de forêts, riche en eaux, a son nom; c'est la *Voge*. Plus au Sud, apparaissent le Muschelkalk, le Keuper et enfin le Lias qui correspond à ce que nous avons appelé la *cloison*. Celle-ci ne forme plus ressaut par rapport à la dépression principale. L'érosion, faisant son œuvre, a nivelé le gradin tectonique et relié, au point de vue physique, les collines jurassiques du compartiment de Champlitte à celles qui sont spéciales à la cloison. Il y a néanmoins là un trait physique fort net que fait ressortir parfaitement la carte hypsométrique et qui, suivant nous, mérite une définition spéciale. On doit donc faire mention du pays situé entre Salon et Amance et on pourrait le désigner sous le nom de collines de Fayl-Billot.

RÉGION PARISIENNE ORIENTALE

Considérations générales. — La partie orientale de la Région Parisienne, présentée dans la plupart des traités de géographie comme une sorte d'exemple de structure régulière, grâce à une géométrisation à outrance faisant apparaître une série de crêtes concentriques continues et un réseau hydrographique absolument convergent, est en réalité une région fort complexe qui offre une suite de *pays* d'aspects très différents.

Pour bien comprendre la structure de cette région, il est de toute nécessité de recourir à son histoire géologique.

On sait, nous l'avons dit déjà à plusieurs reprises, que la fin de la période jurassique a été marquée par une émersion générale, à la suite de laquelle les mers crétaciques sont revenues sur la Région Parisienne, respectant une Terre Rhénane dont l'*individualisation* date de ce moment.

De même, la période crétacique s'est terminée par une émersion analogue, à la suite de laquelle les eaux tertiaires ne sont plus revenues que sur la partie centrale de la région, laissant émergée une bande crétacique comprise entre cette cuvette centrale et la Terre Rhénane, et qui a été *individualisée géographiquement* à partir de cette époque.

Enfin, après de nombreuses péripéties que nous passons pour l'instant sous silence afin de ne pas compliquer cet exposé, la cuvette des mers tertiaires a émergé d'une façon définitive, permettant au

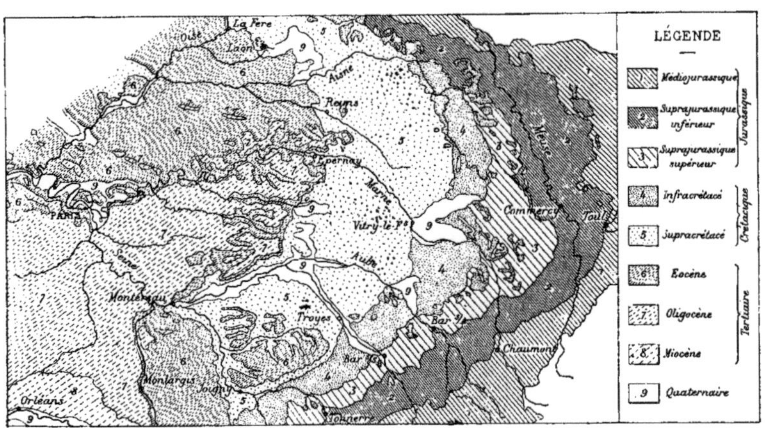

Fig. 76. — Croquis géologique de la Région Parisienne orientale, d'après la carte géologique à 1 : 1 000 000.
Échelle d'environ 1 : 2 300 000.

centre de la Région Parisienne de s'*individualiser géographiquement* à son tour.

On voit donc que la formation géographique de la Région Parisienne orientale s'est faite en quelque sorte en *deux temps*, le premier s'étant terminé à la fin de la période crétacique et le second à la fin de l'ère tertiaire, et qu'il y a lieu d'étudier séparément les zones dont la formation correspond à chacun de ces temps. Il est plus juste, d'ailleurs, de dire qu'il faut étudier à part ce qui reste aujourd'hui de chacune de ces zones. Sous l'influence de l'érosion, chacune d'elles a été, en effet, largement entamée; la première plus que la seconde, puisqu'il y a eu plus de temps écoulé. La nappe tertiaire a reculé vers l'Ouest, laissant en arrière quelques témoins qui montrent ce recul sans permettre de l'évaluer exactement. Mais ce que la bande crétacique a gagné de ce côté, elle l'a perdu, et au delà, par son propre recul vers l'Ouest; et ce recul a laissé apparaître des couches jurassiques, enfouies primitivement sous les dépôts de la craie. Il en résulte que la Région Parisienne commence par une zone jurassique, qui fait suite à celle de la Lorraine, sans qu'on puisse préciser où s'arrête théoriquement celle-ci.

Ces diverses considérations montrent qu'il convient de distinguer, dans la Région Parisienne orientale, une *nappe centrale de terrains tertiaires* et une *zone périphérique de terrains secondaires* qui ont été individualisées géographiquement à des époques différentes : la dernière ayant été elle-même divisée, par le jeu de l'érosion, en deux parties, l'une jurassique et l'autre crétacique.

Cette distinction semblera peut-être, à première vue, inutile, tout au moins à ceux qui vivent sur les notions géologiques rudimentaires des traités actuels de géographie. A quoi bon mettre ainsi à part une nappe qui ne semble que le dernier des dépôts laissés par les mers dans leur retraite régulière? Ceux qui nous ont lu attentivement jusqu'ici et qui ont compris combien ce retrait a été coupé de retours offensifs penseront le contraire. Ils seront tout à fait convaincus en voyant combien les deux régions ont des caractères topographiques différents.

Caractères topographiques. — La *zone périphérique secondaire*, individualisée à la fin de la période crétacique, a été influencée par certains événements de l'ère tertiaire qui, en raison des modifications qu'ils ont apportées à son assiette architecturale, ont eu une grande répercussion sur le dessin de la topographie actuelle.

Les principaux de ces événements ont été le relèvement des

régions bordières, comme le Plateau central et les Plateaux primaires, et l'affaissement même de la partie centrale où les eaux tertiaires faisaient retour dans une sorte de cuvette. Cuvette résultant toutefois d'un simple *gauchissement* du sol et n'ayant aucune analogie avec la fosse d'effondrement de la Terre Rhénane ou la dépression de la vallée de la Saône; de telle sorte que la disposition architecturale ne comporte aucune façade dessinée par de grandes failles, mais un simple plongement général des couches du sol vers le centre de la dépression. La régularité de ce plongement est quelque peu altérée par les ondulations propres à la Région Parisienne et que nous avons déjà signalées maintes fois; mais ces ondulations sont loin d'avoir eu ici l'importance qu'elles acquièrent dans la partie occidentale, et leur effet sur la topographie s'efface devant celui exercé par le plongement général vers le centre de la région.

En se reportant aux principes généraux qui régissent la sculpture du sol, on voit que ce plongement a dû avoir pour résultat l'établissement d'un réseau hydrographique à branches principales convergentes, ainsi que la formation d'un certain nombre de terrasses terminées par des corniches mettant en évidence les parties dures du sol et de disposition grossièrement concentrique. Ici, en effet, les lignes de plus grande pente sont convergentes vers le centre de la cuvette, et les affleurements des couches du sol se succèdent en bandes grossièrement concentriques par suite de la position relative des régions relevées du pourtour. Toutefois, il faut immédiatement observer que ces lois générales n'ont pu se manifester avec une *rigueur géométrique*, entravées qu'elles ont été par quantité de circonstances locales, et que c'est une grande erreur que de vouloir en montrer partout les effets, comme on le fait trop souvent dans l'enseignement.

Si maintenant on examine les conditions qui ont déterminé la topographie de la *nappe centrale tertiaire*, on voit qu'elles ont été plus complexes encore, par suite des péripéties diverses par lesquelles ce territoire a passé avant son émersion définitive. Celle-ci n'a eu lieu, en effet, qu'après un certain nombre d'allées et venues de la mer; allées et venues qui ont été la cause d'une variété extrême dans la succession des sédiments et, par suite, la nature des matériaux du sol.

On peut résumer l'histoire de ces variations du domaine des eaux, en disant qu'à une première, période d'extension marine éocène a succédé une phase continentale avec grands lacs sur la Brie, au commencement de la période oligocène; puis qu'une nouvelle invasion marine venant du Nord, suivie elle-même d'une nouvelle phase continentale avec grands lacs sur la Beauce, a terminé cette période oligocène; enfin, qu'une dernière invasion marine, venant cette fois de l'Ouest, dans la direction Nantes-Orléans, a marqué la période miocène. Ajoutons que cette incursion miocène a été accompagnée d'un mouvement de bascule, vers le Sud, de la partie centrale de la Région Parisienne.

En raison de ce mouvement, les couches tertiaires marines ou lacustres déposées pendant les phases que nous venons de résumer, ont pris un certain plongement vers le Sud. C'est cette simple modification architecturale qui a déterminé les traits essentiels de la topographie de la nappe tertiaire. Grâce à elle, en effet, le terrain a été de plus en plus décapé par l'érosion à mesure qu'on s'élève vers le Nord, de telle sorte qu'on voit apparaître des couches de moins en moins jeunes à mesure qu'on s'éloigne d'Orléans, l'apparition de chacune d'elles imprimant une physionomie nouvelle au pays parcouru. Grâce à elle encore, on voit le relief dessiner une série d'alignements Est-Ouest, correspondant à la mise en évidence des parties dures du sol; beaucoup moins continus toutefois que les corniches de la Lorraine et de la zone périphérique secondaire, parce que le terrain présente des variations de faciès considérables. Quant à la saillie qu'a prise toute la nappe tertiaire par rapport aux couches supérieures tendres de la zone crétacée et à la formation de ce talus terminal auquel on a donné le nom, si mal choisi, de *falaise tertiaire*[1], il faut les rapporter à la sculpture du sol et à la résistance opposée à la dénudation par des assises d'âges divers.

Le même mouvement de bascule a exercé son influence sur la constitution du réseau hydrographique propre à la nappe tertiaire. Celui-ci comporte des cours d'eau conséquents, dirigés suivant la ligne de plus grande pente, et des cours d'eau de direction sensiblement E.-W. dont certains ont été localisés par les ondulations tertiaires. Mais ce réseau hydrographique local est resté à l'état d'ébauche et s'efface forcément devant celui qui vient de la zone secondaire et dont il n'est que le tributaire. Ce dernier, après

---

1. L'expression « falaise » se rapporte, en effet, à un escarpement battu par la mer. Or, jamais cette situation ne s'est réalisée pour les pentes qui terminent la nappe tertiaire vers l'Est. Le *regard* maritime de la région s'est toujours fait vers l'Ouest et non vers l'Est.

s'être prolongé vers l'Ouest, durant les diverses phases de l'ère tertiaire, s'est enfoncé peu à peu dans le sol pendant le mouvement de bascule qui en a marqué la fin, découpant ainsi la nappe tertiaire en grands secteurs, à l'intérieur des quels se développent les différents éléments du réseau hydrographique propre à cette nappe.

Le schéma ci-joint représente assez bien ce que nous venons d'exposer.

Les lignes pointillées ont pour but d'indiquer la disposition

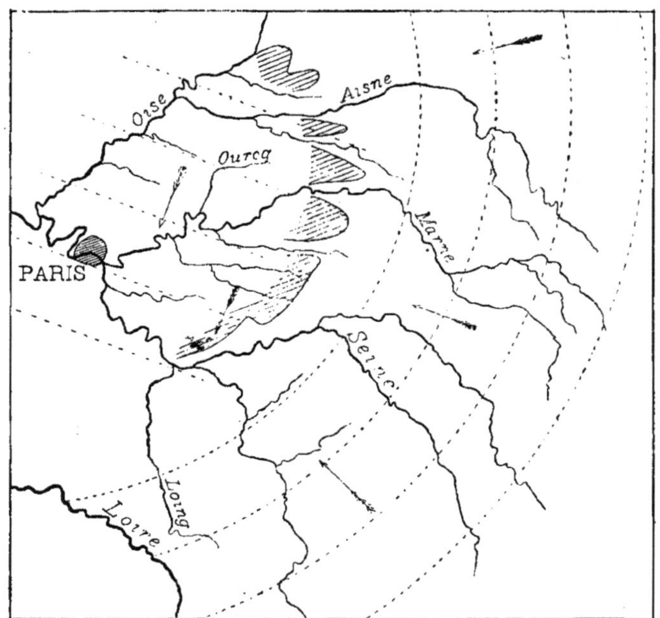

FIG. 77. — Schéma indiquant les différences des structures de la *nappe centrale tertiaire* et de la *zone périphérique secondaire*.

théorique des affleurements géologiques, tandis que les flèches montrent le sens général du plongement des couches du sol. On voit ainsi la profonde différence qui existe dans la disposition des éléments structuraux des deux régions.

On notera toutefois que, dans la réalité, les *bandes* de la *nappe centrale tertiaire* s'écartent bien plus du schéma que ne le font les *auréoles* de la *zone périphérique secondaire*. Cela se conçoit d'après ce que nous avons dit sur les nombreuses allées et venues de la mer dans la première de ces régions pendant l'ère tertiaire et la diversité des matériaux qui en a été le résultat.

Laissons maintenant de côté les considérations théoriques et voyons se développer leurs conséquences en examinant l'aspect du sol.

Zone périphérique secondaire. — La zone périphérique secondaire se décompose, comme nous l'avons vu, en une *zone jurassique* et une *zone crétacique*. Dans ces deux zones, les couches du sol, coupées en biseau par la surface topographique en raison de leur plongement vers le centre de la région, se présentent en bandes ou auréoles grossièrement concentriques. A chacune de ces auréoles correspond une sorte d'unité géographique de caractère particulier, mais susceptible elle-même de plusieurs subdivisions, si le faciès du terrain n'est point partout le même.

Auréoles jurassiques. — La zone jurassique de la Région Parisienne orientale se soude à celle de la Lorraine et se termine, en façade sur la dépression de la Saône, par le plateau de Langres. Elle est constituée par les affleurements de la série suprajurassique et peut se décomposer en deux **auréoles** correspondant aux deux moitiés inférieure et supérieure de cette série.

1) La première de ces auréoles présente la succession d'assises tendres et dures qui détermine la formation d'une corniche. Celle-ci est constituée par la mise en évidence des calcaires durs de l'étage corallien et s'étend sans grande discontinuité de la forêt de Signy, au sud de Mézières, à l'Armançon. C'est elle que nous avons vue former la limite du domaine de la Moselle, sous le nom de *Côtes de Meuse*[1]. Elle se poursuit avec le même caractère jusqu'à Nuits-sous-Ravières, couronnée de bois, seule végétation qui convienne à la plus grande partie de son sol pierreux. La Marne la coupe en aval de Chaumont, et la Seine en aval de Châtillon.

Le glacis qui s'étend au pied de cette corniche change singulièrement de caractère lorsqu'on le parcourt du Nord au Sud. Au Nord de Toul, il se décompose, comme nous l'avons vu, en deux bandes d'aspects totalement différents, la Woëvre et la Haye. Au Sud de Toul, la Woëvre s'atrophie, l'étage marneux qui la détermine diminuant peu à peu d'importance. Après Neufchâteau, la bande marneuse se réduit à un simple liséré, juste ce qui est nécessaire pour motiver l'apparition de la corniche corallienne ; la presque-totalité du glacis est formée par le bathonien calcaire. Le pays devient

____

1. Le prolongement des côtes de Meuse vers le Nord-Ouest est désigné souvent sous le nom de *Côtes de Poix*.

*une **Haye amplifiée**,* si l'on peut généraliser cette expression locale pour désigner une sorte de contrée type. Aussi, les forêts se multi-

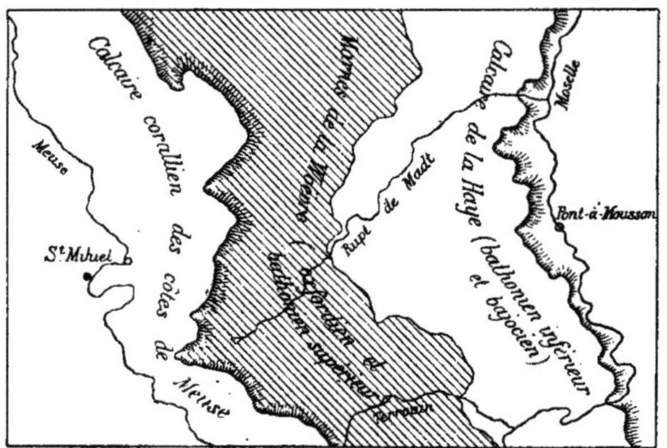

Fig. 78. — Largeurs relatives des bandes marneuse et calcaire au Nord de Toul.

plient; de dimensions moyennes dans le plateau de Chaumont qui constitue la partie occidentale 'du *Bassigny*, elles deviennent très grandes dans la *montagne* de Langres. Au Sud-Ouest du cours de

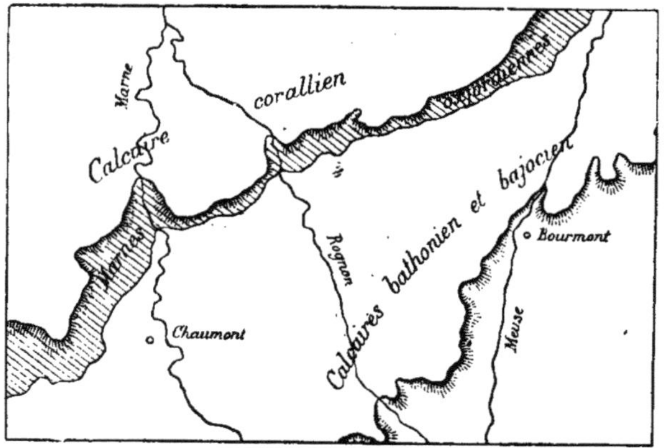

Fig. 79. — Largeurs relatives des bandes marneuse et calcaire au Sud
de Neufchâteau.

la Seine, une dernière modification change de nouveau totalement l'aspect du pays. Les cours d'eau affluents de la rive droite de l'Yonne, comme l'Armançon, la Brenne, ont déchiré profondément la plate-forme calcaire, en s'enfonçant jusqu'au Lias. Le plateau disparaît et le pays ne présente plus qu'une série de vallées parallèles, aux fonds humides et riches, dominées et séparées par des promontoires rocheux arides. C'est l'*Auxois*, dont les voies de communication qui réunissent la Champagne à la Bourgogne utilisent les couloirs.

2) Les terrains qui affleurent dans la seconde auréole sont généralement compacts et ne présentent que par endroits l'intercalation d'assises tendres nécessaire à l'établissement d'une corniche[1]. Aussi, *à l'encontre de ce qui est écrit dans la plupart des traités de géographie*, cette dernière auréole jurassique n'offre-t-elle point de talus continu faisant face à l'Est. La compacité du sol fait toutefois que les rivières s'y sont fortement encaissées, en y creusant une suite de couloirs qui caractérisent le *Barrois*. Les villes de Bar-le-Duc, Bar-sur-Seine et Bar-sur-Aube se sont établies à l'issue des défilés créés par les cours de l'Ornain, de la Seine et de l'Aube. Joinville, dans la vallée de la Marne, Doulevant-le-Château, dans celle de la Blaise, ont des positions aussi caractéristiques.

Auréoles crétaciques. — Le terrain crétacique comprend, on le sait, deux grandes sections : le terrain infracrétacé et le terrain crétacé. A chacun d'eux correspond une auréole distincte.

1) L'auréole infracrétacée ne présente généralement que des terrains de peu de consistance et pour la plupart imperméables. Elle forme un pays bien arrosé, coupé de forêts et de grands étangs, auquel on donne le nom de *Champagne humide*. Ce n'est que dans la partie septentrionale, que certaines couches de *gaize* ont la dureté nécessaire pour déterminer la formation d'une saillie topographique; celle-ci constitue l'*Argonne*. On voit donc que la réalité est loin de correspondre à cette conception géométrique d'une crête continue tracée par le *grès vert*, crête que l'on trouve indiquée dans les ouvrages de géographie militaire les plus estimés et dont par surcroît on veut marquer les portes d'entrée par les villes de Bar-sur-Seine, Bar-sur-Aube et Bar-le-Duc, dont la situation topographique est, comme nous l'avons dit plus haut, totalement différente.

L'auréole infracrétacée ne se distingue pas toujours nettement de la dernière auréole jurassique sur laquelle elle a laissé, dans son mouvement de recul, comme des *flaques* qui sont les témoins de

---

1. Celle-ci n'est esquissée que lorsque les marnes kimeridgiennes prennent un développement suffisant.

son ancienne extension. Ces lambeaux se montrent surtout dans la région située à l'Ouest de Verdun[1] et dans celle qui se trouve à l'Est de Vassy. Cette particularité explique pourquoi la dénomination d'*Argonne* est souvent étendue à tout le pays qui s'étend entre la Meuse, l'Aisne, le canal des Ardennes et celui de la Marne au Rhin. Elle explique aussi pourquoi toute la région située au Sud de la Marne, de part et d'autre de Vassy, est désignée sous le seul nom de *Vallage*

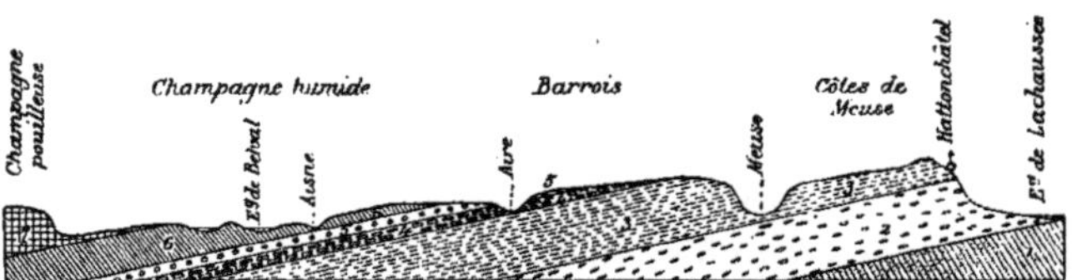

Fig. 80. — Coupe W.-E. à travers la Champagne humide et le Barrois.

1, bathonien ; 2, oxfordien ; 3, astartien et corallien ; 4, kimeridgien ; 5, portlandien ; infracrétacé ; 7, crétacé.

quoiqu'elle soit à cheval sur l'auréole infracrétacée et la dernière auréole jurassique. Cette région du Vallage, profondément découpée à l'Est par les vallées de la Saulx, de la Marne et de la Blaise, se termine à l'Ouest par le *pays de Montiérender*, où de grandes

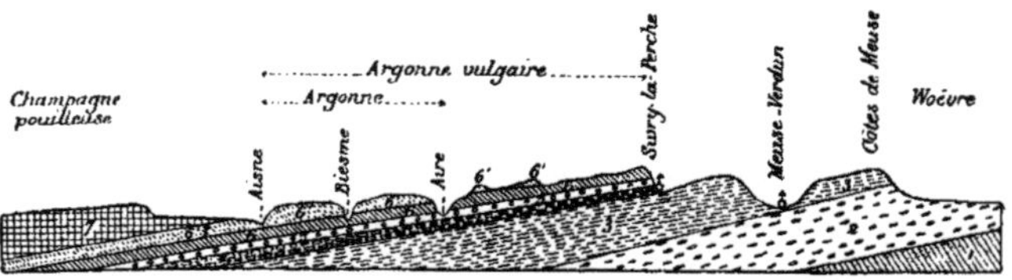

Fig. 81. — Coupe W.-E. à travers l'Argonne.

Même légende que la figure 79 ; 6¹ gaize (argiles modifiées par des infiltrations siliceuses).

forêts, comme la forêt du Der, alternent avec de nombreux étangs.

La partie tout à fait méridionale de l'auréole infracrétacée porte le nom de *Puisaye*. C'est un pays boisé et humide, traversé par le Loing et son affluent l'Ouanne.

2) Au sol argileux de la Champagne humide succèdent les terrains secs et souvent arides de la craie proprement dite. Leur rebord oriental forme, par la mise en évidence des assises les plus résistantes, un talus d'un relief assez faible, mais très net dans toute sa

---

1. La forêt de Hesse, la butte de Montfaucon, par exemple, ont la masse principale de leur relief déterminée par le Jurassique, tandis que leurs sommets portent encore un manteau d'Infracrétacé.

partie septentrionale où il domine la vallée de l'Aisne, s'avançant souvent en grands promontoires, parmi lesquels on peut citer le mont Yvron aux environs de Valmy. Rien n'est plus frappant, comme changement de paysage, que l'arrivée sur cette corniche de la Champagne pouilleuse, avec le fossé herbeux de la vallée de l'Aisne à ses pieds et la masse boisée de l'Argonne devant soi. Ce talus de la craie s'efface en partie entre la Marne et la Seine, parce que certaines assises perdent de leur consistance pour devenir marneuses, mais reparaît au sud du fleuve dans le *pays d'Othe*.

Les terrains de l'auréole crétacée descendent ensuite doucement vers l'Ouest pour former la région d'aspect si caractéristique que l'on désigne sous le nom de *Champagne pouilleuse*. La vie y est concentrée le long de rares cours d'eau, sur les berges desquels les villages se disposent en files. Partout ailleurs, la monotonie du sol n'est interrompue que par de petis bois de pins de mauvaise venue, entre lesquels s'étendent de grandes landes ou de maigres cultures. La partie septentrionale est moins aride, grâce à une légère couverture de limon; elle forme le *Rethelois*. Dans le voisinage de l'Yonne, un manteau d'argile modifie également la plate-forme crétacée aux environs de Sens, en constituant le *Senonais*. Ce manteau prend encore plus d'importance dans le *pays d'Othe*, dont la partie supérieure est couverte de forêts, tandis que les vallées qui frangent sa masse sont fertiles et remplies d'arbres fruitiers.

Nappe centrale tertiaire. — Comme nous l'avons vu plus haut, la nappe centrale tertiaire forme une région à part, totalement différente des auréoles de la zone périphérique secondaire avec lesquelles les géographes ont le tort de la classer.

Les étages tertiaires[1], comprenant chacun des couches nombreuses et de facies variables, y plongent, dans leur ensemble, légèrement

---

1. On sait que l'ère tertiaire comprend quatre périodes distinctes : les périodes éocène, oligocène, miocène et pliocène. On peut résumer très sommairement comme il suit les différentes phases par lesquelles a passé pendant ces périodes, la région qui nous occupe :

	Période pliocène. . .	Émersion définitive.
	Période miocène. . .	Invasion de la lisière méridionale (Blaisois) par une mer venant de l'Ouest.
Ère tertiaire.	Période oligocène. .	Phase continentale du lac de Beauce. Phase marine des sables de Fontainebleau. Phase continentale du lac de Brie.
	Période éocène. . . .	Invasions marines diverses venant du Nord.

Il y a lieu de noter que les différentes invasions marines se sont avancées plus ou moins loin et qu'il en a été de même pour les nappes lacustres, de telle sorte que les différents étages ne se sont pas uniformément étendus sur toute la région qui nous vers le Sud. C'est là le facteur tectonique prépondérant. Grâce à lui l'érosion a usé en biseau les couches du sol, les faisant apparaître, du Nord au Sud, dans l'ordre chronologique. Les ondulations tertiaires, que nous avons vues jouer un rôle essentiel dans la Région Parisienne occidentale, n'ont plus là qu'une influence de détail. C'est, par exemple, à leurs dénivellations tectoniques locales que l'on doit attribuer le maintien, dans telle ou telle partie montrant des sédiments d'une certaine date, de lambeaux plus jeunes, vestiges des couches supérieures enlevées par décapement.

Ces observations générales font comprendre que si l'on traverse la nappe tertiaire du Sud au Nord on doit voir se succéder, des environs d'Orléans à ceux de Soissons, des *pays* de physionomies forcément distinctes.

Tout d'abord, en bordure de la Loire, on trouve les sables miocènes de l'*Orléanais*, sur lesquels s'étend la grande forêt d'Orléans. Puis viennent les calcaires oligocènes de la *Beauce*. Celle-ci forme une région essentiellement agricole, riche en céréales, mais où la perméabilité du sol se traduit par le manque d'ombrages et l'absence d'eau courante ; l'eau ne s'y trouve qu'à l'aide de puits rares et très profonds. Ces caractères se modifient dans le *Gâtinais orléanais*, qui prolonge la Beauce vers l'Est ; là, la présence d'une nappe imperméable ramène l'eau et les arbres.

Au Nord de la Beauce, le *Mantois*, le *Hurepoix* et le *Gâtinais français* tirent un caractère particulier de la mise au jour, par l'érosion, des sables marins oligocènes et des grès qui les accompagnent. Les cours de la Mauldre, de la Bièvre, de l'Orge et de l'Essonne, ainsi que ceux de leurs petits affluents, découpent la région en croupes allongées dont les pentes de sables et de grès sont le plus souvent couronnées par une pellicule appartenant encore à l'étage de Beauce, tandis que les fonds des vallées laissent déjà apparaître les couches inférieures de la série oligocène. Sur les vallées principales se greffe tout un réseau de vallées subséquentes, généralement sèches parce qu'elles ne se développent que dans l'épaisseur de la couche sablonneuse perméable, et qui ont un parallélisme remarquable. Ce paysage prend toute sa vigueur dans la région de Fontainebleau. Là, des bandes de grès d'allures parallèles qui se trouvent intercalées dans l'étendue sableuse ont donné, par leur écroulement, un caractère particulièrement agreste à la nature.

occupe et qu'il y a eu, en certains endroits, des lacunes dans la série des couches du sol. Cette particularité ajoute encore à la complexité de la nappe tertiaire et explique bue certains traits topographiques n'y puissent s'être indiqués que par places.

En approchant de la Seine, les coupures du sol laissent apparaître un lit de marnes vertes qui fait partie de ce que nous pouvons appeler l'étage de Brie. Ces marnes apparaissent à flanc de
coteau sur les berges de la vallée et, comme elles constituent un
niveau aquifère, elles contribuent à donner au paysage un caractère
plus riant.

Au delà de la Seine, et jusqu'au cours de la Marne, se montrent
les couches inférieures de la série oligocène, constituées surtout
par des meulières, et qui ne sont plus surmontées que par exception de quelques îlots de sables de Fontainebleau, oubliés çà et là
par l'érosion et témoins du recul général de leur nappe. Le paysage
change de nouveau : on est dans la *Brie*, région agricole dont la
richesse tient à un manteau superficiel de limon quaternaire plus

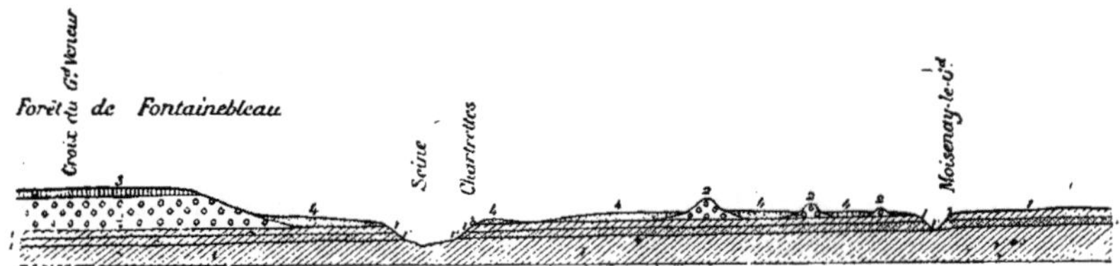

FIG. 82. — Coupe à travers la vallée de la Seine à hauteur de Fontainebleau.
1, série de la Brie, (1' marnes vertes) ; 2, sables et grès de Fontainebleau ; 3, travertin
et marnes de la Beauce ; 4, Limons et sables des terrasses.

continu au sud dans la Brie française que dans la Brie pouilleuse
du Nord-Est, et qui se distingue de la Beauce par l'abondance des
eaux et des ombrages. Les vallées de l'Yerres, du Grand et du
Petit Morin, et du Surmelin y tracent de profonds fossés de directions générales parallèles, où les marnes vertes apparaissent, et
où les eaux, filtrées par les roches caverneuses du plateau, sour-
dent avec abondance. Çà et là des parties moins fertiles portent
des forêts, comme les forêts de Sénart, de Crécy et d'Armainvillers
qui tendent leurs rideaux en avant des environs immédiats de
Paris, et les forêts d'Épernay et de la Traconne dans le voisinage
du talus terminal.

Si l'on traverse la Marne, on aborde des terrains encore plus
anciens et l'on voit apparaître les assises de la série éocène. C'est
une nouvelle région qui commence, divisée par le cours de l'Ourcq
en deux parties : le *Valois* et le *Tardenois*. Elle est limitée au Nord
par la crête de Villers-Cotterets, où l'on voit se répéter la direction
des collines du Mantois et du Hurepoix, en même temps que le sol

montre des assises plus jeunes, respectées par l'érosion, et couronnées elles-mêmes par un chapeau de sables et de grès de Fontainebleau, dernier vestige, vers le nord, de cette couche qui influence si énergiquement le paysage au sud de la Seine. Ces pays du Valois et du Tardenois sont généralement fertiles grâce à la couverture de limon quaternaire; mais en certains endroits apparaissent directement des affleurements sableux qui sont devenus l'apanage de grandes forêts comme les forêts d'Hallate, d'Ermenonville et de Villers-Cotterets.

Enfin, on pénètre dans le *Soissonnais* et le *Laonnais*, où ne subsistent plus que les couches les plus anciennes de l'Éocène, et où le fond des vallées laisse déjà apparaître la craie. La nature du sol[1] a facilité le morcellement du plateau qui est de plus en plus coupé et qui, en bien des endroits, a perdu sous l'effet de l'érosion, sa physionomie primitive, pour présenter aux yeux un véritable paysage de collines séparées par des vallées larges, rendues humides par la présence de la couche argileuse qui surmonte la craie.

Le talus qui termine la nappe tertiaire du côté de l'est domine, sous le nom de *falaise tertiaire*, la région de la Champagne pouilleuse. Assez net, de l'Oise à la Seine, pour justifier le nom d'*Ile-de-France* donné à tout le pays qu'il limite, il s'atrophie au delà de Montereau pour se perdre, entre l'Yonne et le Loing, dans la topographie compliquée du Gâtinais français.

La disposition géométrique de ce talus fait qu'on est tenté, à première vue, de l'assimiler aux corniches de la zone secondaire. Sa constitution est cependant toute différente, et il suffit de jeter les yeux sur le schéma de la disposition structurale pour s'en rendre compte. Alors que les corniches qui terminent les terrasses jurassiques ou crétaciques sont homogènes, c'est-à-dire qu'elles correspondent, d'un bout à l'autre, à la mise en évidence des parties dures d'un même étage géologique, la falaise tertiaire est essentiellement hétérogène et appartient à plusieurs étages différents. C'est ainsi que, dans le Gâtinais français, les couronnements sont formés par le calcaire de Beauce qui appartient à l'Oligocène supérieur; qu'entre Seine et Marne, et même un peu au delà, ils sont formés par le calcaire de Brie qui appartient à l'Oligocène inférieur; enfin, que dans le Soissonnais et le Laonnais les sommets sont dessinés par les couches les plus résistantes de l'étage éocène. Aussi, tandis que

1. Les couches les plus basses sont constituées par des sables que l'érosion a facilement dispersés chaque fois qu'elle les a atteints.

chaque corniche de la zone secondaire présente une certaine uniformité d'aspect, la falaise tertiaire montre-t-elle des formes bien variées lorsqu'on la suit d'un bout à l'autre.

On comprend alors que certaines parties de cette falaise tertiaire aient pris des noms spéciaux. Ainsi le *Montois*, qui domine la Seine depuis Montereau jusqu'aux environs de Sézanne; la *Montagne de Reims*, au nord de la Marne; les *hauteurs de Craonne* et le *massif de Saint-Gobain*, entre Aisne et Oise. C'est dans la Montagne de Reims que le relief est le plus considérable; là, les hauteurs s'élèvent d'environ 150 mètres au-dessus de la plate-forme crétacée, tandis que des buttes isolées, les hauteurs de Verzy et de Béru, précèdent, comme des sentinelles, la terrasse tertiaire.

Enfin, il faut remarquer que la continuité de ce talus est rompue par un certain nombre de brèches qui ont été produites par l'enfoncement progressif des rivières, lors du mouvement de bascule qui a relevé la région. Toutes ces brèches sont loin d'avoir le même aspect, et il n'y a aucune analogie entre la vallée de la Seine avec ses berges relativement douces, le couloir plus accentué que la Marne suit d'Épernay à la Ferté-sous-Jouarre, et la coupure de la Vesle avec son fond tourbeux.

Remarques générales sur l'hydrographie. — Le drainage de la Région Parisienne orientale se fait par le système hydrographique de la Seine. Un simple coup d'œil jeté sur la carte suffit à en faire apercevoir le caractère synthétique. Si la disposition est en effet grossièrement convergente, que d'exceptions à la règle, que de captures indiquées!

Certes on ne saurait encore dire d'une façon précise comment l'évolution s'est faite; mais certains de ses stades peuvent être entrevus.

Alors que le territoire auquel nous avons donné le nom de *zone périphérique* était déjà individualisé, et que les eaux s'étendaient encore sur l'emplacement de la nappe centrale tertiaire, un certain nombre de cours d'eau conséquents, c'est-à-dire dirigés suivant la pente générale du sol, devaient se diriger vers cette cuvette. Le plus important d'entre eux venait de la région centrale de la France. C'est par lui que les matériaux détritiques arrachés aux roches anciennes de cette région étaient amenés dans la dépression parisienne. Il est probable que, pendant les intermittences du régime marin, ce courant fluvial allait au milieu des étendues lacustres chercher au loin le rivage maritime. En tout cas, la traînée de sables granitiques qui se superposent au calcaire de Beauce et ravinent la craie jusqu'aux environs du Havre (fig. 83) dénote un puissant transport de ce genre.

Lorsque les ondulations de la Région Parisienne eurent acquis

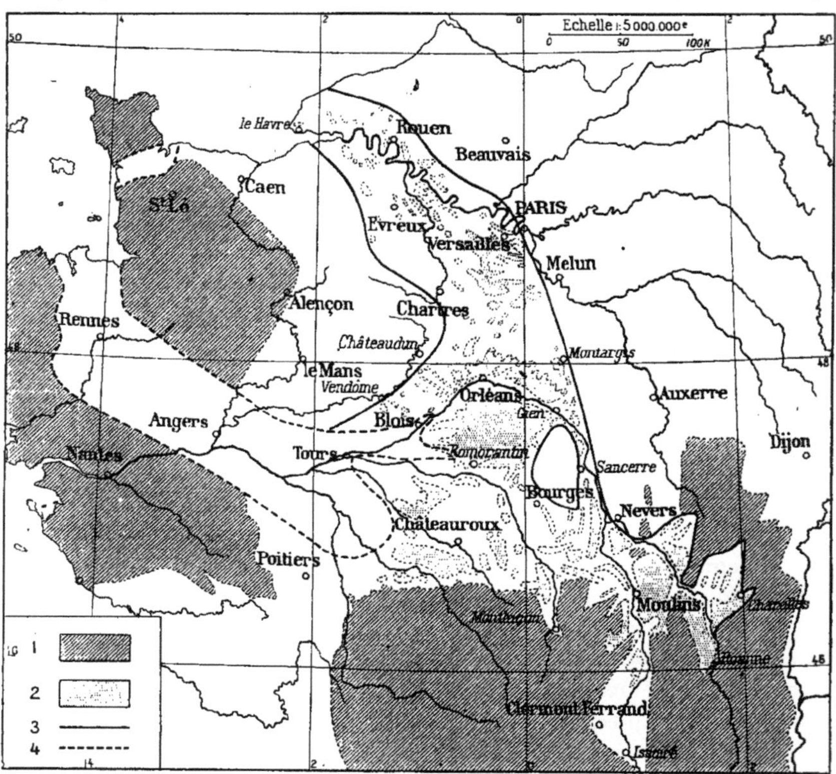

Fig. 3. — Extension des sables granitiques dans la Région Parisienne (d'après M. G. Dollfus).
Figure extraite des *Annales de géographie*, année 1900, p. 321.

1, Terrains anciens; 2, Affleurements actuels des sables de la Sologne; 3, Limite probable de leur extension; 4, Parties recouvertes par la mer des faluns.

leur développement maximum, c'est-à-dire à l'époque miocène, l'écoulement des eaux vers le N.W. dut évidemment se régler en tenant compte de leur groupement, et se faire par les deux zones synclinales maîtresses que nous avons signalées en étudiant la Région du Nord-Ouest, c'est-à-dire par les zones synclinales de la Seine et de la Somme. On peut concevoir avec M. G. Dollfus qu'il existait à ce moment une Loire-Seine et une Aisne-Somme.

Les dernières oscillations tertiaires, en ramenant la mer jusqu'aux environs d'Orléans à travers le massif breton, apportèrent une modification considérable à cet état de choses. Ce fut la capture du cours supérieur de la Loire, dont le cours inférieur atrophié est peut-être représenté aujourd'hui par le Loing. Toutefois le mouvement de bascule vers le Sud facilita à la Seine une revanche. Celle-ci se fit aux dépens de la Somme, la marche rétrograde de l'Oise ayant amené la capture de l'Aisne.

Si cette histoire générale ne peut encore être esquissée qu'avec beaucoup de réserves, on est plus sûr de certains épisodes de détail; ainsi le développement de l'Aisne au détriment de la Meuse, et le tronçonnement de certaines rivières champenoises. Quoi qu'il en soit, l'étude géographique détaillée du système de la Seine doit tenir compte de ce fait que les différentes rivières traversent successivement des zones très distinctes par la nature de leurs matériaux.

Dans la *zone périphérique*, chaque auréole a son petit système hydrographique annexe dont les éléments viennent se greffer sur les cours d'eau principaux. Il suffit de jeter un coup d'œil sur la carte géologique pour en voir le groupement en affluents jurassiques ou crétaciques, groupement fort instructif, puisque chacune de ces catégories a un air de famille particulier, différent de celui de la voisine par le fond, les berges et les *conditions de passage*. Il ne faut toutefois rien exagérer, et ce que nous avons dit plus haut au sujet des modifications que peut présenter le facies du terrain dans chaque auréole suffit pour montrer qu'il ne faut pas vouloir pousser les analogies au delà de cet air de famille. D'une façon générale, on peut dire que dans les auréoles jurassiques, sauf leurs parties marneuses, les vallées sont encaissées, et les lits variables, enfin que les cours d'eau présentent souvent des fuites souterraines qui les font disparaître par endroits, comme cela arrive à la Laigne, à la Suize et à la Meuse elle-même; tandis que dans les auréoles crétaciques et surtout leurs parties tendres, le profil transversal des vallées s'adoucit au point de s'effacer complètement, l'imperméabilité de la zone infracrétacée se traduisant en outre par une tendance aux inondations.

Quant à la traversée de la *nappe tertiaire* qu'effectuent seules la Seine, la Marne et l'Aisne, nous avons vu qu'elle se faisait dans des conditions fort différentes pour ces trois rivières.

Le Morvan. — A ne regarder que les teintes de la carte géologique, on est conduit à considérer le Morvan comme un appendice du Massif central de la France. Mais est-on en droit de le faire au point de vue géographique, alors que cette région montueuse ne fait que rompre momentanément la continuité des auréoles de la *zone périphérique* et que la majeure partie de ses eaux se dirige vers la Région Parisienne?

Aussi bien cette contradiction n'est-elle qu'apparente. La région du Morvan a été recouverte, en effet, par une bonne partie des sédiments secondaires, et à ce titre elle appartient bien à la zone périphérique de la Région Parisienne; mais elle a été débarrassée de ce manteau par le cycle d'érosion consécutif aux mouvements tecto-

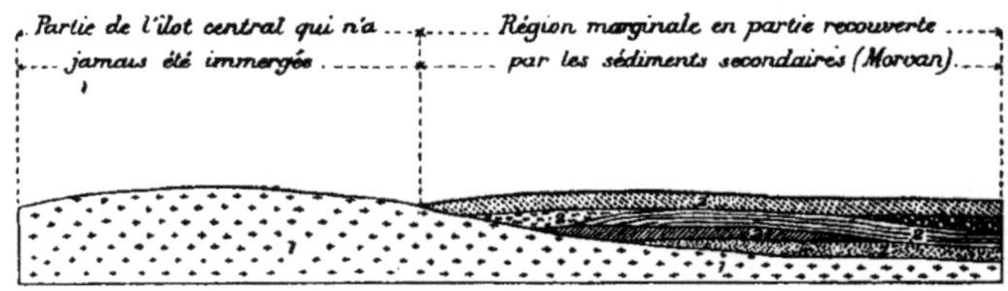

Fig. 84. — Coupe schématique montrant les rapports qui existaient entre le substratum ancien et la couverture sédimentaire avant les modifications architecturales de l'ère tertiaire.

niques de la crise alpine, et grâce à cette ablation, elle ressemble au Massif central dont elle est la voisine immédiate.

La situation initiale est indiquée par la coupe schématique qui montre les relations existant entre l'Ilot central de la France et sa marge septentrionale. Lorsque, au cours de l'ère tertiaire, le formidable coup d'épaule donné par le plissement alpin à la masse de la France centrale qui lui faisait obstacle, eut produit, par contrecoup, dans celle-ci un rajeunissement du relief, une partie de la marge septentrionale de l'Ilot central participa au mouvement et s'éleva au-dessus de la Région Parisienne comme une sorte de voussoir encadré par de nombreuses failles. Ce fut l'origine du Morvan. Aujourd'hui, la surface de l'ancienne pénéplaine hercynienne y apparaît à nos yeux débarrassée des sédiments secondaires qui l'avaient jadis recouverte. Attaquée par l'érosion, elle a repris des formes montueuses dues aux inégalités de résistance de ses roches, de telle sorte qu'un massif montagneux ayant un certain air de famille avec les Vosges cristallines surgit là, s'avançant en pointe au milieu des terrasses jurassiques de la Région Parisienne.

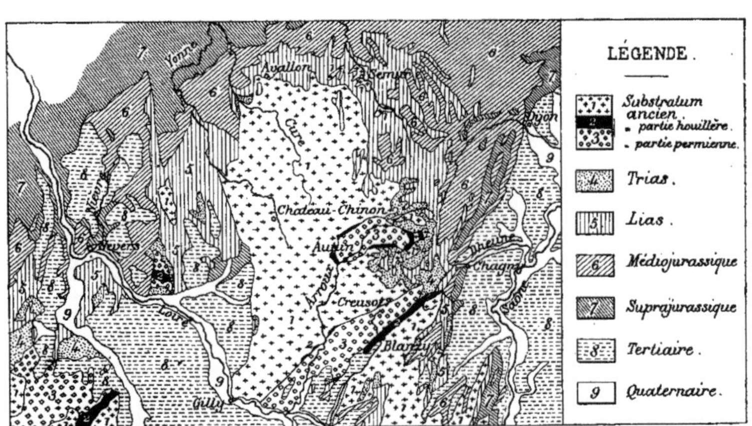

Fig. 85. — Croquis géologique du Morvan (d'après la carte géologique à 1 : 1 000 000).
Échelle de environ 1 : 1 400 000

Comme on peut s'en assurer en jetant un coup d'œil sur une carte géologique, les limites de cette région de terrains anciens sont presque géométriques. On observe également que les divers éléments qui la composent se disposent en bandes grossièrement parallèles dirigées vers le Nord-Est, mettant ainsi nettement en évidence l'allure des anciens plis hercyniens. Parmi ces éléments, il en est un qui a eu une influence considérable sur le modelé topographique actuel, c'est le terrain permien.

On sait que les assises de ce terrain, composé généralement de roches détritiques, ont été constituées par les premiers produits de la destruction des montagnes hercyniennes. Ces débris sont venus s'entasser dans les dépressions les plus voisines des cimes qui étaient en train de se découronner. La carte géologique nous montre donc, par la distribution même des affleurements permiens, que deux zones de dépression bien accusées devaient se trouver, en ces temps reculés, dans la région qui nous intéresse. Le mécanisme de l'érosion moderne les a en quelque sorte *ressuscitées*, grâce à la résistance moindre qu'ont présentée les assises permiennes : elles forment le bassin d'Autun et la dépression de Blanzy. Le premier établit une sorte de coupure intérieure dans les massifs anciens, séparant ainsi les hauteurs du *Morvan proprement dit* de celles de l'*Autunois*. La seconde, suivie par les rivières de la Dheune et de la Bourbince qui coulent en sens inverse vers la Saône et la Loire, sépare le Morvan du Charolais. Comme les anciennes dépressions hercyniennes avaient également permis aux détritus végétaux de la période houillère de se rassembler, on s'explique que l'on puisse trouver la houille enfouie sous les couches permiennes. Épinac, Autun, au Nord; le Creusot, Blanzy, Montchanin, au Sud, en sont les centres principaux d'exploitation.

Mais la contexture de l'antique pénéplaine hercynienne ne se révèle pas seulement par l'existence de ces deux dépressions, elle se trahit aussi par l'aspect de la montagne qui varie avec la nature de la roche ancienne. Les granites et les gneiss donnent généralement des sommets arrondis et des formes douces, interrompues çà et là par de brusques arrachements. Les roches éruptives anciennes, comme les porphyres, déterminent des formes plus heurtées. Enfin, les affleurements de terrains primaires dévoniens et cambriens correspondent aux zones les plus sauvages et les plus abruptes.

Autour de ce voussoir ancien du Morvan, qui a en quelque sorte crevé le manteau de terrains secondaires, les plus anciens de ces terrains apparaissent, conservés par le fait même de leur affaissement relatif. Ils caractérisent ce que l'on peut appeler les zones marginales du Morvan.

Du côté de l'Est, c'est la *Côte d'Or* jurassique, dont nous connaissons la constitution et que précèdent des plateaux où le Trias apparaît encore par plaques au-dessus du substratum ancien qui perce déjà dans les vallées.

Au Nord, c'est l'*Auxois*, séparé de la masse du Morvan par une zone légèrement déprimée, où la couverture sédimentaire a été attaquée jusqu'au Lias. Là, les têtes des vallées du système méridional de l'Arroux et du système septentrional de l'Armançon sont aux prises. Elles ont déjà littéralement *mangé* les étages supérieurs

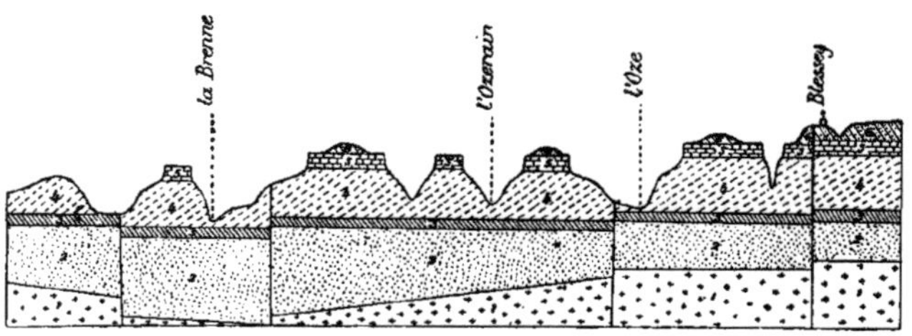

Fig. 86. — Coupe N.E.-S.W. à travers l'Auxois.
1, Substratum ancien; 2, Trias; 3, 4, Lias; 5, bajocien; 6, bathonien.

au Lias, ne laissant subsister que quelques buttes insulaires à couverture médiojurassique. Cette couverture reparaît plus loin à l'horizon, formant le sommet d'un talus qui encadre la région liasique, et qui est en somme l'homologue de la corniche lorraine à laquelle on donne le nom de Côtes de Moselle. On désigne parfois sous le nom de *Terre Plaine* cette nappe liasique déprimée qui précède le Morvan. Son aspect topographique se retrouve dans les flaques liasiques oubliées par l'érosion à l'Ouest du Serein.

A l'Ouest, enfin, s'étend le *Nivernais*, région plus complexe que les précédentes, à cause de l'abondance des failles qui l'ont découpée. D'une façon générale, ces failles, d'allure N.-S., se sont groupées pour isoler trois bandes distinctes de terrain, celle du centre ayant eu un relèvement tectonique plus considérable que les deux autres. Il en est résulté que cette bande médiane, plus attaquée par l'érosion, a été décapée en certains endroits jusqu'à laisser apparaître le substratum ancien qui surgit brusquement par places, tandis que les deux autres ont pu être recouvertes par des sédiments tertiaires,

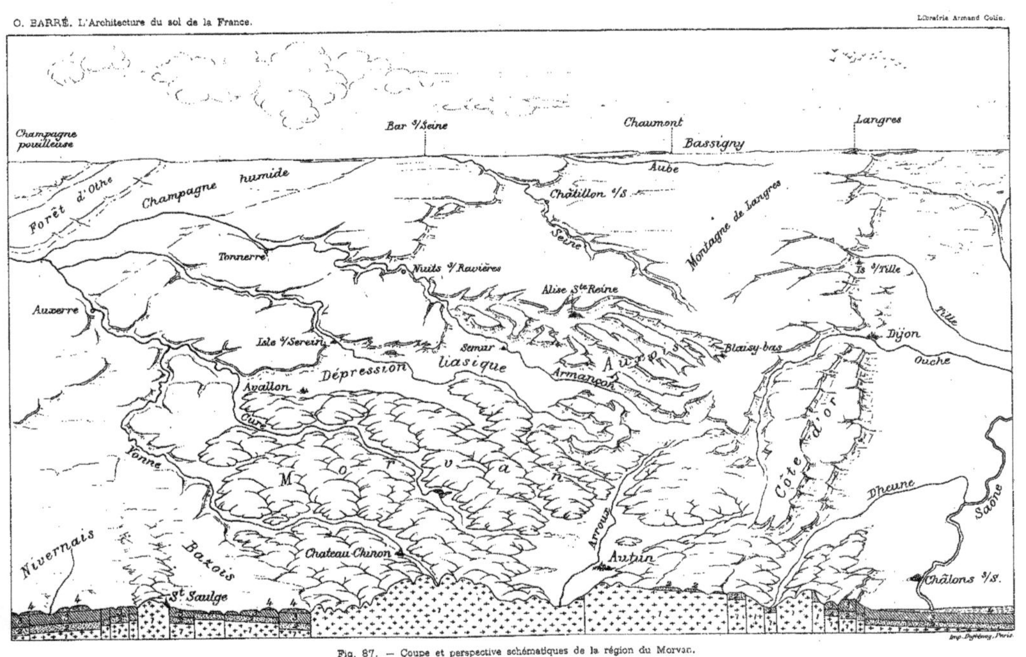

Fig. 87. — Coupe et perspective schématiques de la région du Morvan.

1. Substratum ancien, y compris le Permien. — 2. Trias. — 3 Jurassique. — 4. Tertiaire.

et que le terrain jurassique y disparaît encore presque partout sous leurs dépôts. La bande centrale forme le *pays de Saint-Saulge*, où apparaît un îlot porphyrique, et descend vers Decize sur la Loire. A l'Est et à l'Ouest, les dénominations locales de *Bazois* et des *Amognes* montrent bien que les bandes latérales forment des *pays* spéciaux et distincts.

Les eaux du Morvan se dirigent vers la Loire, la Saône et surtout la Seine. Si les cours d'eau qui vont rejoindre la Loire et la Saône ont été influencés dans une certaine mesure par l'architecture du substratum hercynien, le système de l'Yonne fait preuve au contraire d'une complète indépendance à son égard. Ses cours d'eau sont franchement *surimposés*. Leur direction générale a été fixée par la pente de l'ancienne couverture des terrains secondaires, par rapport à laquelle ils avaient une disposition conséquente. Lorsque cette couverture a été dispersée par l'érosion, leur tracé était déjà acquis, et tout le travail de l'érosion s'est dépensé à l'approfondir. Le cours du Serein est à cet égard des plus instructifs. La rivière, après avoir pris naissance dans la région molle de la Terre Plaine, traverse les terrains anciens à faible distance de leur bordure, qu'elle eût certainement contournée en tout autre état de cause.

CHAPITRE IV

RÉGION DE L'EST ET DU SUD-EST

Considérations générales. — On ne saurait aborder utilement l'étude de la région de l'Est et du Sud-Est si l'on n'a au préalable une certaine notion d'ensemble du système des Alpes.

C'est à M. Suess que revient l'honneur d'avoir démontré l'unité de la zone de plis relativement récents qui traverse l'Europe et l'Asie entières et qui a joué un rôle si considérable dans la genèse de l'état géographique actuel, en soudant entre eux des continents et des terres insulaires restés indépendants les uns des autres pendant la plus grande partie de l'ère secondaire. Le schéma où ce savant a indiqué la disposition générale des lignes directrices de cette zone de plissement dans l'étendue de l'Europe est célèbre et a servi de base à toutes les études postérieures. Nous avons dit, à propos de l'évolution géographique de l'Europe, que cette disposition n'était qu'un simple reflet de celle des fosses géosynclinales pendant les ères secondaire et tertiaire et qu'elle devait être attribuée aux résistances opposées par les terres qui avaient survécu à la dislocation du continent hercynien.

Mais s'il y a unité dans le plan de cet immense ensemble, ce n'est point au sens strict du mot. Pas plus qu'il n'y a unité de direction, il n'y a unité de date d'origine. Si les événements principaux, ceux qui ont donné aux massifs montagneux leur cachet définitif, se sont déroulés pendant l'ère tertiaire; d'autres, que l'on peut qualifier de préparatoires, les ont précédés pendant l'ère secondaire; et l'on sait que pendant l'ère tertiaire elle-même, toutes les parties de la bande plissée n'ont pas acquis au même moment leur forme définitive; les Pyrénées, par exemple, ayant eu leurs traits caractéristiques fixés dès la fin de la période éocène, tandis que dans les Alpes les mouvements tectoniques ne se sont complètement arrêtés qu'au cours de la période pliocène. Enfin l'architecture, tout en étant partout du style plissé, offre des modalités diverses qui distinguent nettement certaines chaînes entre elles.

Pour les Alpes elles-mêmes, l'idée d'unité, chère aux géographes, doit être abandonnée.

Les massifs montagneux que l'on réunit sous cette appellation commencent près de Gênes, au col de Giovi, où se fait leur contact avec l'Apennin ; ils se terminent au Danube avec les effondrements qui ont formé la plaine de Vienne et au delà desquels les plis repa-

Fig. 88. — Schéma des lignes directrices du système des Alpes (d'après M. Suess).
Figure extraite de l'édition française de *La Face de la terre*.

raissent pour former les Carpathes. Depuis assez longtemps déjà, les travaux des géologues ont montré que la distribution des affleurements des divers terrains n'était pas la même dans toute l'étendue de la chaîne et qu'il fallait, à ce point de vue, distinguer la partie orientale de la partie occidentale. Dans la première, en effet, cette distribution est symétrique et offre une bande de terrains cristallophylliens encadrée par deux bandes de terrains secondaires et tertiaires, tandis que dans la seconde, la zone cristallophyllienne n'a plus un caractère axial et n'est flanquée qu'à l'extérieur de l'arc qu'elle décrit. De là une division en *Alpes orientales* et *Alpes occidentales* séparées par une ligne tirée à peu près du lac de Constance au lac de Côme, à l'appui de laquelle viennent encore certaines remarques sur le changement de faciès des terrains sédimentaires.

On ne peut toutefois s'y tenir aujourd'hui. M. Suess, poursuivant ses travaux de synthèse, a en effet récemment montré que les

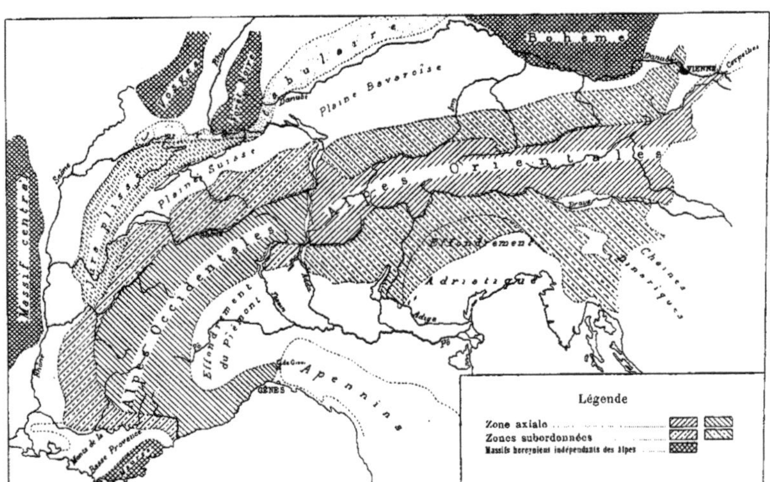

Fig. 89. — Division des Alpes en *Alpes occidentales* et *Alpes orientales*, dans l'hypothèse, qu'il faut abandonner aujourd'hui, d'une simple dissymétrie amenée par de grands effondrements dans la partie interne de l'arc alpin. Échelle de 1 : 6 500 000 environ.

Alpes orientales des géographes ne sont point homogènes mais formées, au contraire, de trois éléments bien distincts : une chaîne septentrionale, à plis déversés vers le Nord; une chaîne méridionale, à plis déversés vers le Sud; une chaîne intermédiaire, plus ancienne que les plis tertiaires et encastrée au milieu d'eux comme un corps étranger. La chaîne septentrionale, ou branche alpine proprement dite, trouve sa continuation dans les Carpathes; la chaîne méridionale n'est que le prolongement des plis dinariques; quant à la chaîne intermédiaire, elle peut être désignée sous le nom de *chaîne Carnique* et se double d'une bande de produits éruptifs qui révèlent une *cicatrice* de l'écorce terrestre.

Ces résultats nouveaux, outre qu'ils montrent l'hétérogénéité des Alpes orientales des géographes, sont faits pour détruire les explications que l'on avait données jusqu'ici de la différence entre les deux grandes sections des Alpes. Celles-ci supposaient qu'un vaste effondrement, s'avançant du Piémont jusqu'au cœur du système montagneux, avait seul troublé, dans les Alpes occidentales, la symétrie primitive de la bande plissée, en faisant disparaître en cet endroit la bordure interne de l'axe cristallophyllien. Il faut sub-

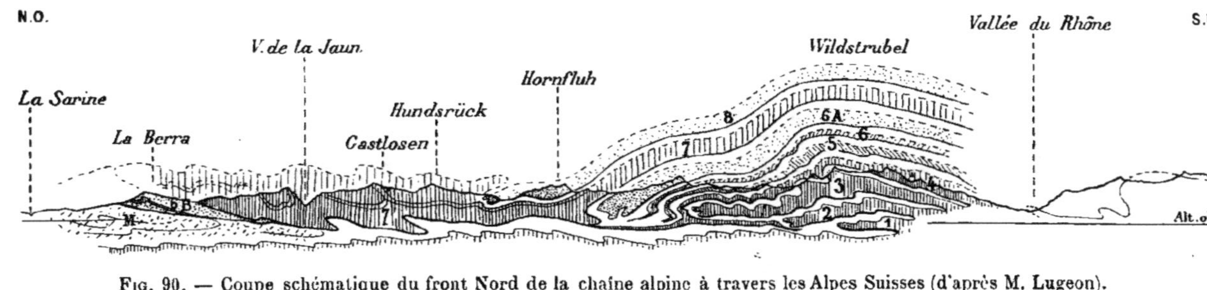

FIG. 90. — Coupe schématique du front Nord de la chaîne alpine à travers les Alpes Suisses (d'après M. Lugeon). Figure extraite du *Bulletin de la Société géologique de France*, 4ᵉ série, tome I, p. 773.

M, mollasse plissée dont la pénétration vers le Sud est d'une longueur inconnue; 1, 2, 3, 4, nappes de recouvrement à racines externes; 5, 6, 7, 8, nappes de recouvrement à racines internes. Le trait bordé de hachures du bas du dessin représente les plis autochtones. Les vides laissés entre les nappes ont pour but de faciliter la lecture.

stituer à cette idée d'effondrement que la découverte d'aucune grande faille limite n'est d'ailleurs venue confirmer, celle d'un simple *ennoyage* de l'architecture plissée par les sédiments récents de la plaine du Pô, ennoyage qui nous empêche de distinguer ce que deviennent la branche dinarique et le bord interne de la branche alpine proprement dite.

Mais peut-on tout au moins conserver, telle qu'elle était donnée, la division de cette branche alpine en deux parties, l'une occidentale et l'autre orientale? C'est ce dont d'autres travaux récents font douter.

M. Lugeon a récemment montré qu'une même particularité architecturale régit tout le pays qui s'étend du nord de la Savoie à Salzbourg en Autriche. Sur cet immense espace, au moins, le vrai front septentrional des Alpes est comme enseveli sous des nappes de recouvrement venues du Sud et empilées les unes sur les autres. Et voici que M. P. Termier croit pouvoir affirmer qu'un régime analogue de nappes de recouvrement s'est étendu sur une bonne partie du Dauphiné, et qu'il désigne même la masse supérieure du Prorel dans le Briançonnais comme un lambeau d'une de ces écailles épargné par l'érosion.

Que doivent peser, dans l'esprit des géographes, les dissemblances observées dans les sédiments des parties orientale et occidentale de la chaîne vis-à-vis de telles ressemblances architecturales? A quel facteur donner la prédominance? Aux facies des sédiments ou à la tectonique? Où arrêter les Alpes orientales? et où faire commencer les Alpes occidentales? Nous ne saurions conclure.

Retenons toutefois : 1° que la partie française des Alpes est dissymétrique; 2° qu'elle montre le commencement de ces grands chevauchements vers l'extérieur qui prennent tant d'importance dans les Alpes Suisses et dépassent, vers l'Est, la limite fixée jusqu'ici aux Alpes occidentales.

Il nous faut maintenant dire un mot de la manière dont s'est faite l'évolution géographique dans la France de l'Est et du Sud-Est.

Si l'on remonte dans la suite des temps jusqu'à l'époque hercynienne, on peut se figurer que la région occupée aujourd'hui par les Alpes et la vallée du Rhône faisait alors partie d'un ensemble plissé auquel appartenait également le centre de la France. L'observation des affleurements anciens a montré que dans cette région plissée une

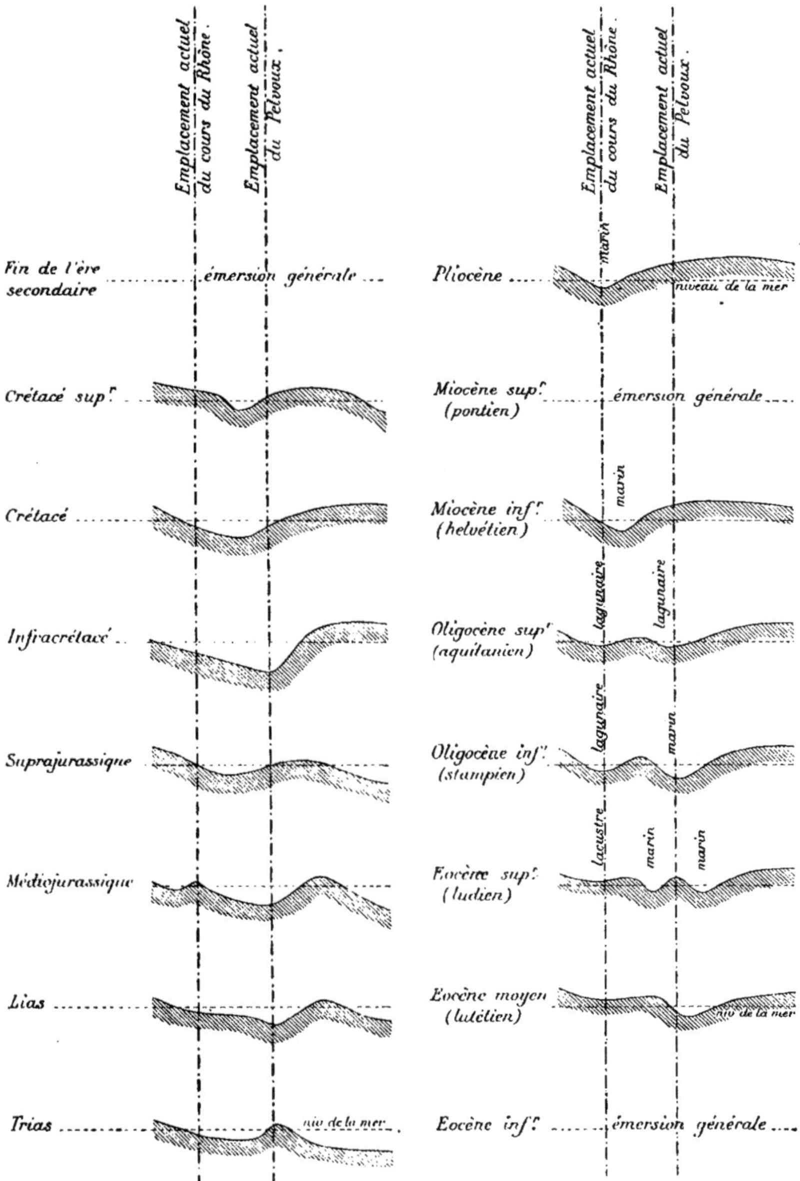

Fig. 91. — Schéma indiquant les variations de l'emplacement du géosynclinal alpin sous le parallèle du Pelvoux.

dépression synclinale de direction presque N.-S. s'avançait jusqu'aux environs de Vienne, rappelant par sa disposition la vallée du Rhône actuelle.

Lorsque le continent hercynien se démembra, cette disposition resta esquissée par le maintien à l'état émergé de ce territoire de dimensions variables auquel on a donné le nom d'*Ilot central* de la France et d'une bande de terres, ou tout au moins d'un chapelet d'îles, sur l'emplacement des massifs de nos Alpes actuelles. Pendant toute la longue durée des temps secondaires une fosse marine s'allongea ainsi du Nord au Sud, mais avec des oscillations latérales dans son emplacement qui se rapprochait ou s'écartait plus ou moins de l'Ilot central. C'est dans ce *géosynclinal* que s'entassèrent les dépôts sédimentaires, en suivant la fosse marine dans ses migrations.

Il n'est pas indifférent de noter quelques-unes des particularités de ces déplacements. Nous avons essayé d'en résumer grossièrement le rythme par la figure qui représente, à diverses époques, une coupe schématique faite de l'Est à l'Ouest à hauteur du massif actuel du Pelvoux. Mais il faut tenir compte aussi de la manière dont la fosse marine correspondait avec les mers voisines. Pendant la première partie de l'ère secondaire, c'est-à-dire pendant le Trias et la première moitié du Jurassique, cette fosse, arrêtée au Sud par la *Tyrrhénide*, ne trouvait pas directement sa communication avec les mers méridionales et l'assurait par des bras latéraux, notamment dans la direction de l'Aquitaine, mais elle s'ouvrait largement vers le Nord. Cette situation se trouva modifiée à peu près au milieu de la période jurassique par l'émersion de la *Terre Rhénane*, accompagnée vraisemblablement de l'établissement d'une plate-forme sous-marine, ou ligne des hauts-fonds, reliant cette terre à l'*Ilot central*. A partir de ce moment, la fosse marine dut également se bifurquer au Nord en deux bras, l'un utilisant le détroit *Morvanno-Vosgien*, l'autre courant sur le Jura et le Nord de la Suisse. Le premier de ces bras avait d'ailleurs un caractère tout spécial par suite de la présence des hauts-fonds dont nous avons mentionné l'existence.

On voit que de nombreuses déformations préparatoires ont rempli, dans la région alpine, toute l'ère secondaire. Leur trait commun a été le maintien presque permanent du géosynclinal dans la région la plus occidentale des Alpes. Il en est résulté que les sédiments accumulés dans cette partie de notre territoire ont eu une nature vaseuse, tandis que dans le voisinage de l'Ilot central ou dans celui des massifs qui avoisinent la frontière italienne, le facies a été détritique ou corallien. Ces différences dans la nature des matériaux sont importantes à noter, car elles ont eu naturellement leur répercussion sur la sculpture du sol par les agents d'érosion.

Passons aux temps tertiaires.

Dès la période éocène, après l'émersion générale qui eut lieu à

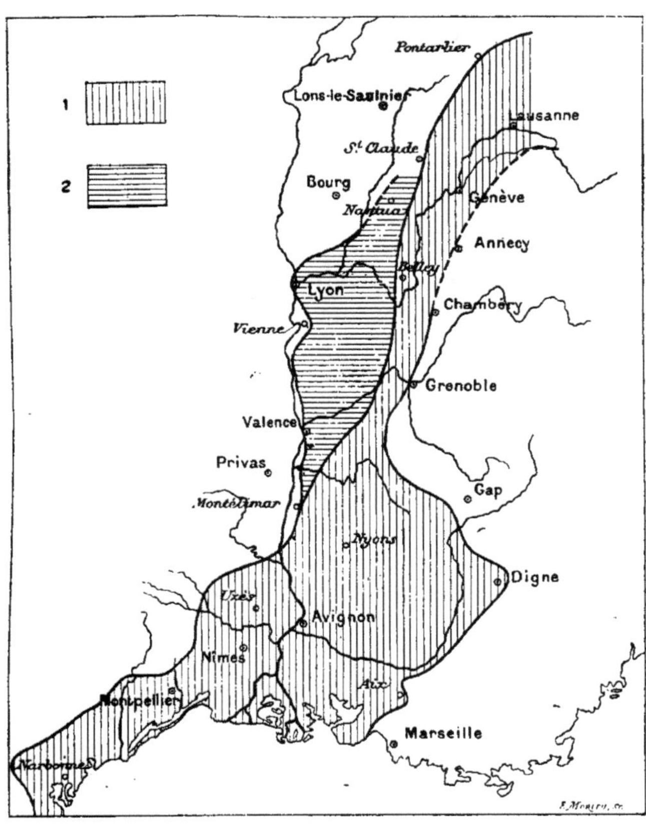

Fig. 92. — Extension des mers miocènes dans le bassin du Rhône.
(d'après M. C. Depéret).
Figure extraite de l'édition française de *La Face de la terre* de M. Suess.

1, Zone d'affleurement du 1er étage méditerranéen avec sa limite d'extension maximum du côté de l'Est ; 2, zone de transgression du 2e étage méditerranéen, avec sa limite d'extension maximum à l'Ouest. Échelle de 1 : 4 000 000.

la fin de l'ère secondaire, les mouvements de plissement commencèrent; mais en se cantonnant au Sud, où ils s'appuyèrent à la *Tyrrhénide* en accord avec les plissements pyrénéens. Ainsi s'individualisa une *région provençale*, que les événements postérieurs ne laissèrent pas subsister dans son intégrité, mais qui mérite néanmoins une place à part dans la nomenclature géographique. En même temps un géosynclinal prenait de nouveau naissance dans la région des Alpes occidentales, et les mers, s'avançant par ce qui est aujourd'hui les Alpes maritimes, s'étendirent en un bras allongé qui s'incurvait pour gagner la région suisse. Comme le géosynclinal secondaire, ce géosynclinal tertiaire se déplaça à plusieurs reprises. Le dernier déplacement eut lieu à l'époque miocène, après le dépôt de la mollasse marine helvétienne. C'est à ce moment que les Alpes prirent leur structure actuelle, à la suite de grands mouvements horizontaux de refoulement qui reprirent et déversèrent sur le bord extérieur de la chaîne les plis anciens étirés et rompus. La période pliocène ne vit pour ainsi dire plus que quelques frémissements accessoires du sol en bordure immédiate de la vallée du Rhône, suffisants cependant pour ramener une dernière fois la mer presque jusqu'aux portes de Lyon, dans une manière de fjord allongé.

Il convient de noter avec soin que, pendant que se déroulaient ces événements de l'ère tertiaire, toute communication s'était rompue entre le géosynclinal alpin et la Région Parisienne ; de telle manière que les territoires correspondant à la vallée de la Saône et à la majeure partie du Jura actuel étaient soumis au régime continental et avaient un caractère géographique bien distinct de celui des Alpes en voie de formation dont ils étaient séparés par la fosse géosynclinale. Au milieu de la période miocène encore, le bras de mer où se déposait la mollasse séparait ce qui est aujourd'hui le Bugey de la Savoie et du Dauphiné. Ce fossé ne disparut qu'avec les grands mouvements orogéniques post-helvétiens. A ce moment les actions de plissement, déjà annoncées dans le Jura par quelques mouvements précurseurs, s'étendirent nettement à cette région, qui se trouva ainsi rattachée tectoniquement et géographiquement à l'arc alpin.

En résumé, la chaîne des Alpes occidentales a été constituée, comme on l'a dit souvent, par un phénomène de très longue haleine. Préparée par les mouvements de l'ère secondaire et de la première moitié de l'ère tertiaire, elle n'a pris ses caractères définitifs que vers la fin de la période miocène, englobant à ce moment dans son architecture le territoire du Jura. C'est cet événement capital qui décida du sort de la Région de l'Est et du Sud-Est. Il accrut le domaine de la France d'une large bande qui s'accola à la *Terre rhénane* et à l'*Ilot central*, et vint fondre ses plis dans ceux de la *Provence,* dont les plus septentrionaux furent remaniés en conséquence.

Depuis les événements qui leur ont donné naissance, les massifs montagneux ont beaucoup perdu de leur altitude, et l'on pourrait dire que nous n'avons plus sous les yeux que leurs ruines si cette image n'était faite pour créer une équivoque. Nous savons en effet que, sous la morsure de l'érosion, les régions plissées, tout d'abord terminées par une *surface structurale* assez simple, prennent un aspect fort compliqué avant d'être ramenées aux formes douces d'une pénéplaine, de telle sorte que pendant un long stade il y a usure de leur masse, mais non de leurs formes qui sont au contraire plutôt diversifiées et avivées. C'est ce stade que parcourent encore les plis alpins; et si l'on peut, dans leur état actuel, les traiter de ruines, ce n'est qu'en faisant observer que ces ruines sont infiniment plus pittoresques que le monument primitif.

Grandes divisions. — Si l'on ne se plaçait qu'au point de vue de l'hypsométrie, on décomposerait la Région de l'Est et du Sud-Est en deux bandes parallèles allant toutes deux de la Franche-Comté aux rivages de la Méditerranée : l'une, montagneuse, et l'autre, déprimée. Mais l'histoire sommaire de la genèse des Alpes occidentales vient de nous montrer que ces bandes n'avaient ni l'une ni l'autre d'unité structurale. Aussi bien qu'il faut, dans la bande montagneuse, distinguer le *Jura* des *Alpes* proprement dites, et mettre à part la *région provençale*, il convient, dans la zone déprimée, de ne pas rattacher l'une à l'autre les vallées du Rhône et de la Saône.

Nous sommes donc conduits à étudier séparément : le *Jura*, à propos duquel nous reviendrons sur la *vallée de la Saône;* les *Alpes;* la *Basse Provence;* et enfin la *vallée du Rhône.*

JURA

Considérations générales. — Le relief du Jura s'élève entre la vallée de la Saône et la Plaine Suisse, occupant ainsi une situation anticlinale par rapport à ces deux grandes dépressions tectoniques. Son emplacement a été préparé dès le milieu de l'ère secondaire par cette suite de hauts-fonds que nous avons signalés en disant un mot de l'évolution du géosynclinal alpin, et dont l'existence a été révélée par les différences de facies que présentent les couches jurassiques de la région de la Saône et de la Suisse. Pendant la période crétacique, une émersion progressive se prononça en partant du Nord, de telle façon que les dépôts de cette époque ne se trouvent point dans la partie septentrionale du Jura. Dès l'Éocène, presque toute la région dessinait un relief d'une certaine importance, séparant le géosynclinal qui s'incurvait le long de l'arc alpin d'une dépression en partie lacustre correspondant à la vallée de la Saône actuelle. Au moment des grands mouvements orogéniques de la période miocène, ce relief fut repris par les plissemeuts alpins en même temps que le géosynclinal, où s'étaient déposées les couches de la mollasse, était relié topographiquement et tectoniquement à la masse des Alpes.

Au point de vue tectonique, le Jura peut être considéré comme un faisceau de plis autonome qui se détache des Alpes près de Grenoble, au pli-faille de Voreppe, et va en s'épanouissant vers le Nord, puis vers le Nord-Est, pour se resserrer de nouveau vers l'Est et se terminer en pointe dans la Plaine Suisse, par l'arête des Lägern. Ce n'est en somme, comme nous l'a montré le coup d'œil général jeté sur le système des Alpes, qu'un simple annexe de cette zone plissée et qu'on peut se figurer comme une vague ayant *déferlé* sur le socle de raccord qui reliait les Vosges méridionales au Massif central. Tout l'aspect du Jura français se comprend à l'aide de cette image. Elle explique, aussi bien le resserrement des plis aux deux extrémités par suite des résistances opposées par le Massif central et les Vosges, que leur épanouissement au centre, en face du détroit morvanno-vosgien, et que la diminution de leur amplitude de l'Est à l'Ouest à mesure que l'onde de plissement s'est avancée sur le socle de raccord.

Ce faisceau de plis est encadré par trois territoires qui forment les marges du Jura.

A l'Est, les plis dominent la *Plaine Suisse*. Celle-ci a pris son origine dans le grand synclinal qui longeait le pied des Alpes et où se sont déposés pendant la période miocène les sédiments détritiques de la *mollasse*. Au Nord, le Jura limite cet ensemble mixte auquel on donne improprement le nom de *Trouée de Belfort*, et où le prolongement des terrains vosgiens se trouve en contact avec les nappes de terrain jurassique, disloquées par des cassures mais *non plissées*, qui précèdent immédiatement le Jura proprement dit. Enfin, du côté de l'Ouest, il s'arrête, par de nombreuses failles, à la zone d'effondrement de la *Vallée de la Saône*.

Disposition architecturale. —Aucune région n'est faite plus que le Jura pour mettre en lumière les rapports intimes qui existent entre la topographie et l'architecture du sol. La simplicité relative de la tectonique, qui ne présente que peu de ces problèmes ardus auxquels on se heurte à chaque pas dans les Alpes, l'heureuse alternance des couches dures et tendres du Jurassique qui permet aux parties résistantes du sol de souligner les traits architecturaux, en font à cet égard une région privilégiée.

Un simple coup d'œil jeté sur une carte d'ensemble montre qu'il y a des distinctions à établir entre les diverses parties du territoire montagneux. L'orientation générale des lignes de faîte et des vallées varie progressivement. De N.-S. qu'elle est dans la partie méridionale, elle passe au S.O.-N.E. dans la partié médiane pour devenir E.-O. dans le Jura septentrional. De plus, les lignes orographiques se resserrent à la manière d'un pinceau aux deux extrémités de la zone montagneuse, s'épanouissant au contraire dans la partie centrale où prennent place de véritables plateaux. Aussi bien le voyageur qui traverse le Jura a-t-il de tout autres impressions lorsqu'il s'attaque à ses extrémités que lorsqu'il visite la partie centrale : là, de vastes espaces monotones, occupés par des pâturages que séparent quelques croupes boisées, peuvent souvent lui faire oublier qu'il se trouve en pays de montagnes.

L'aspect physique conduit donc à étudier séparément la partie médiane du Jura et ses deux extrémités ; l'examen de l'architecture du sol amène à la même conclusion.

Si l'on traverse, de l'Est à l'Ouest, le *Jura central*, on rencontre successivement trois zones que différencie l'intensité plus ou moins grande du phénomène de plissement. Ce sont : la zone des *hautes chaînes*, la zone des *plateaux*, la zone du *vignoble*.

La zone des *hautes chaînes* ou de la *montagne* commence immédiatement en bordure de la Plaine Suisse. Les escarpements calcaires y alternent avec des pentes couvertes de grandes forêts et des dépressions où s'étalent souvent, au milieu des pâturages, de grandes tourbières ou les eaux de quelque lac. Les plis y sont les accidents dominants, tandis que les failles n'ont qu'une importance secondaire.

Ces plis se relaient les uns les autres, et du mécanisme de ce relais dérive l'aspect géographique de la façade terminale de la région montagneuse, qui se dispose comme en une suite de feuillets se recouvrant légèrement les uns les autres. Les plis qui dessinent ces feuillets s'effacent successivement en plongeant sous le manteau de *mollasse* de la Plaine Suisse où leur prolongement se décèle par quelques pointements de terrains plus anciens, et abandonnent ainsi le rôle de ligne de faîte topographique à leur voisin occidental. Comme d'autre part les axes de ces plis anticlinaux ou synclinaux ne gardent pas d'une façon constante le même niveau, il en résulte

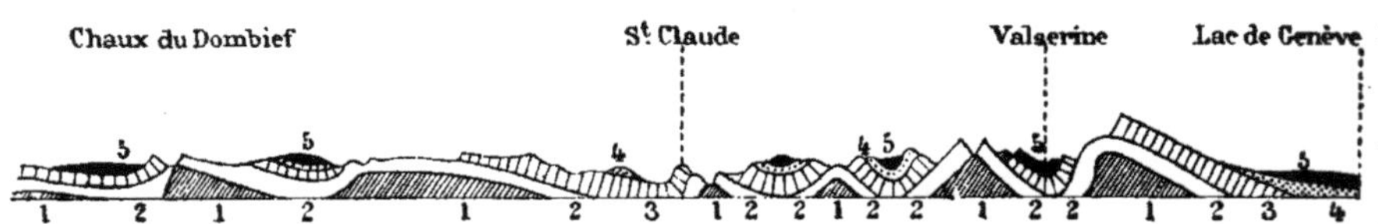

Fig. 93. — Coupe à travers les hautes chaînes du Jura (d'après M. Choffat). Figure extraite du *Traité de géologie* de M. A. de Lapparent, 4ᵉ éd. p. 1779.

1, Trias; 2, Jurassique inférieur; 3, Jurassique supérieur; 4, Crétacé; 5, Tertiaire.

que chacun d'eux forme comme un chapelet de petits éléments plus ou moins éprouvés par l'érosion. Les points les plus hauts laissant apparaître les couches les plus anciennes du Jurassique, et les points les plus bas montrant encore des couches crétaciques. De là

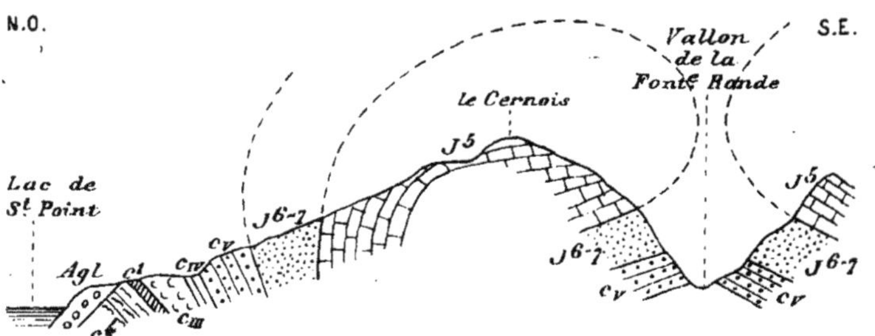

Fig. 94. — Coupe dans les environs du lac de Saint-Point (d'après M. E. Fournier). Figure extraite du *Bulletin de la Société géologique de France*, 4ᵉ série, t. I, p. 102.

Agl, alluvions glaciaires; c⁴ crétacé, cᵢ cᵢᵢᵢ cᵢᵥ cᵥ infracrétacé; J⁶⁻⁷ J⁸ suprajurassique.

cette distinction en chapelets de *brachyanticlinaux* et *brachysyncli-naux* que l'on fait quelquefois dans les écrits géologiques et qui compliquerait sans bien grande nécessité les descriptions géographiques de détail.

Longtemps on a cru que les plis des hautes chaînes du Jura étaient des exemples typiques de régularité, sinon de symétrie. Des travaux récents de M. E. Fournier ont montré que nombre d'entre eux présentaient des déversements considérables, susceptibles d'ail-

leurs de varier d'intensité dans l'étendue d'un même pli. Certaines
régions synclinales seraient même recouvertes par le déversement
des anticlinaux voisins. La continuité des plis est d'ailleurs interrompue, en quelques endroits, par des cassures transversales dont
certaines ont été accompagnées de décrochement; ainsi, par
exemple, le décrochement de Vallorbe-Pontarlier, celui du col de
Saint-Cergues, etc.

La zone des *plateaux*, qui fait suite à celle des hautes chaînes,
diffère totalement d'aspect avec elle. C'est la région des pâturages,
souvent coupés de tourbières, mais aussi celle des cultures et même,

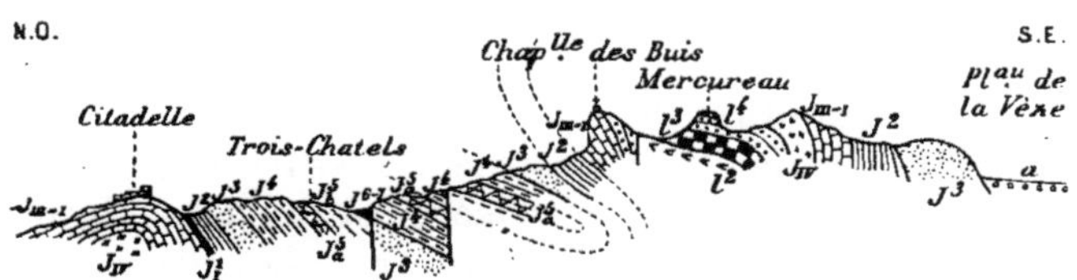

Fig. 95. — Coupe du Vignoble dans le voisinage de Besançon (d'après M. E. Fournier).
Figure extraite du *Bulletin de la Société géologique de France*, 4ᵉ série, tome I, p. 104.

a, alluvions; J^{6-7}, J^5, J^4, J^3, suprajurassique; J^2, J^1, J_{III}, J_{IV}, médiojurassique; l^4, l^3, l^2, Lias.

dans les parties bien abritées, des vergers. Là, les couches du sol ne
présentent que de grandes ondulations, pour la plupart en fond de
bateau, et les failles commencent à jouer un rôle prépondérant. On
distingue les plateaux de Champagnole, de Nozeroy; le plateau lédo-
nien; les plateaux d'Ornans et
de Levier. Leur ensemble dessine une sorte de triangle ayant
sa base au Nord, dans la direction E.-W., et son sommet au
S.-W. de Lons-le-Saunier, et
présente trois étages, séparés par
des groupes de failles. Il faut
signaler que, malgré l'atténuation du phénomène de plissement, le ploiement des couches
du sol a été suffisant pour dé-

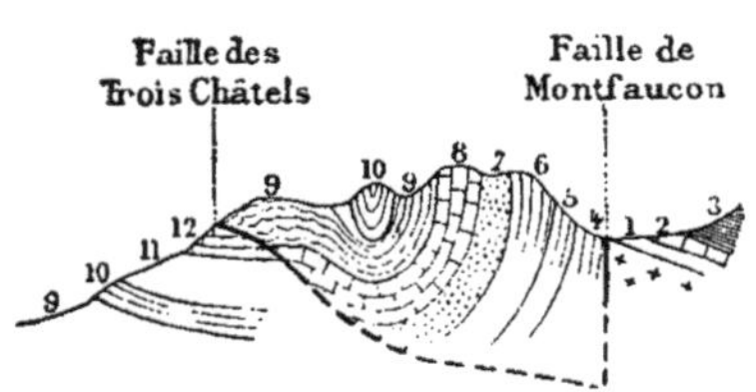

Fig. 96. — Failles des Trois Chatels dans le
voisinage de Besançon (d'après M. Marcel
Bertrand).

1, Trias; 2, 3, Lias; 4, 5, 6, médiojurassique;
7, 8, 9, 10, 11, 12, suprajurassique.

terminer l'existence de certains bassins fermés où les eaux ne
trouvent d'écoulement que par la voie souterraine. Ainsi les marais de Saône, à l'est de Besançon.

La zone du *vignoble*, ainsi nommée parce que ses parties bien
exposées sont couvertes de vignes, voit réapparaître les plis accen-

tués, mais accompagnés, cette fois, d'une quantité de failles qui ont un rôle essentiel, et dont certaines correspondent à des surfaces courbes d'allure presque horizontale. Grâce à elles, les terrains les plus divers de la série jurassique et même du Trias se trouvent en contact, en même temps que les variations d'amplitude des plis déterminent dans l'architecture ces chapelets de points hauts et de points bas dont nous avons parlé à propos des hautes chaînes. La largeur de cette zone du vignoble acquiert son maximum aux environs de Salins, où l'on distingue jusqu'à cinq chapelets anticlinaux.

Le *Jura septentrional*, dont la partie la plus orientale est souvent dénommée *Jura argovien*, est dessiné par la jonction des plis E.-W. comme ceux du Lomont et du Mont Terrible, avec les plis S.W.-N.E., comme le Weissenstein. Il se termine par un chaînon unique qui porte le nom de Lägern, et que l'Aar, la Reuss et la Limmatt coupent en trois cluses voisines. Les plis y présentent un déversement général vers le Nord, qui aboutit même en certains points à une véritable structure en écailles, superposant un certain nombre de fois la même suite de couches. On retrouve dans cette partie du Jura l'aspect des hautes chaînes, mais avec quelque atténuation. Mention spéciale doit être faite de la cuvette de Délémont, dépression synclinale où se trouvent conservés des sédiments tertiaires lacustres et marins dont le dépôt a été antérieur au plissement définitif de la chaîne.

Le *Jura méridional*, désigné quelquefois sous le nom de *Jura bugésien*, est également constitué par la soudure des plis extérieurs et intérieurs après disparition de la zone des plateaux. Les grands escarpements calcaires couronnés de maigres broussailles y alternent avec les forêts des pentes latérales, les prairies humides des combes marneuses et les petites cultures qui avoisinent les centres de population cantonnés dans les vallées.

Les chaînons, au nombre de huit à hauteur de Bellegarde, voient leur disposition se simplifier à mesure qu'on descend vers le Sud. Une première réduction se fait à la montagne de Saint-Benoît, où les chaînons les plus occidentaux se soudent au prolongement du Revermont. Puis on voit disparaître successivement le pli du Gros-Foug, et celui du Grand-Colombier prolongé par le mont du Chat et le mont de l'Épine. Il ne reste finalement qu'un élément anticlinal, celui du Mont Tournier, qui se prolonge vers Voreppe, et dont la continuation doit être cherchée de l'autre côté de l'Isère dans la partie la plus externe du Vercors. Comme dans la région des hautes chaînes, les saillies du relief appartiennent au Jurassique, tandis que les parties déprimées présentent le Crétacique, principalement l'Infracrétacé. Mais comme le donne à prévoir l'histoire même de la formation du Jura, un autre élément fait son apparition : c'est la mollasse marine. Alors qu'elle ne se montre que par petits affleurements dans la région des hautes chaînes, où la mer miocène s'avançait, sans doute en d'étroites baies, au milieu du relief plissé en voie de formation, elle s'étale ici largement, car l'ancienne fosse marine a été tout entière englobée dans la zone des plis.

Une dernière remarque doit être faite au sujet de l'architecture du Jura. Elle concerne principalement les sections centrale et septentrionale. C'est que si la plupart des accidents du sol ont, par suite de leur orientation générale, un certain air de famille, un petit nombre d'entre eux échappent nettement à tout groupement en prenant une direction sensiblement N.-S. Ainsi la cluse de Pont-de-Roide où passe le Doubs pour sortir de la zone plissée, le décrochement de Pontarlier, et certains synclinaux ou anticlinaux de la région des plateaux. On peut voir, avec M. Kilian, dans cette orientation anormale, l'influence indirecte de failles profondes en relations avec les failles de la vallée du Rhin et ayant rejoué au moment de la formation des plis.

Sculpture du sol. — Le relief du Jura a déjà singulièrement été modifié par le travail de l'érosion. Les têtes des plis, plus ou moins disloquées par l'effort de plissement, ont disparu, exposant à l'action de l'atmosphère les tranches des assises du sol. Dès lors, par suite des variations de résistance des couches, un mécanisme analogue à celui qui a constitué les corniches de la Région Parisienne orientale a fait apparaître une suite d'accidents topographiques secondaires. Les uns en saillie, ce sont les *crêts;* les autres en creux, ce sont les *combes.* De cette façon, un pli d'architecture simple est devenu un ensemble topographique des plus complexes.

Il résulte de cette décomposition en éléments parallèles, due à l'alternance des couches dures et des couches tendres, que, si la plupart des grandes vallées du Jura sont des vallées synclinales, beaucoup des vallées secondaires ou combes sont des vallées monoclinales, et que certaines, entaillées par l'érosion dans le sommet d'une voûte, peuvent être des vallées anticlinales. On conçoit également que, par suite de la variation du profil dans l'étendue d'un même pli, beaucoup de combes puissent être fermées à leurs deux extrémités, dessinant de véritables boutonnières.

A ces manifestations longitudinales de l'érosion s'ajoutent des effets transversaux. On sait que les croupes du Jura présentent, en maints endroits, des coupures que l'on désigne sous le nom de *cluses*. Certaines d'entre elles ont pris leur origine dans des actions mécaniques, elles sont alors, le plus souvent, accompagnées d'un *décrochement* des plis. Mais la plupart sont dues à la seule action de l'érosion localisée par les ensellements de l'architecture. Les *ruz* sont, comme les cluses, des coupures, à tracé *conséquent*, mais ne traversant qu'un seul flanc d'une voûte.

Enfin, il faut considérer que l'érosion a aussi agi d'une façon souterraine, soit que l'eau ait mécaniquement agrandi des fissures, soit que chargée d'acide carbonique elle ait pu dissoudre les calcaires. De là, la constitution de cavités dont l'effondrement a modifié la surface extérieure. C'est ainsi que s'expliquent non seulement de nombreux accidents de détail comme les *creux*, les *emposieux*, mais encore des affaissements généraux encadrés par des failles à contour fermé, comme on peut en observer à la limite du Vignoble et des Plateaux.

D'autre part, l'eau courante n'a pas été le seul agent de modification du relief, et de nombreux traits de la physionomie du Jura ont pris naissance sous l'action des glaces. Non seulement la région a vu se développer des glaciers autochtones, mais elle a été envahie en partie par le grand glacier alpin que l'on désigne sous le nom de glacier du Rhône. Les blocs erratiques d'origine alpine, que l'on trouve perchés sur les flancs de l'escarpe orientale jusqu'à 1 200 mètres d'altitude, montrent que les glaces venaient battre le rempart du Jura jusqu'à hauteur d'Aarau. Débordant par les points bas des hautes chaînes, elles pénétraient même dans l'intérieur en charriant des matériaux exotiques jusqu'aux environs d'Ornans, tandis que plus au Sud elles franchissaient complètement le relief du Jura pour étaler dans la région lyonnaise un immense cône de déjection.

Remarques générales sur l'Hydrographie. — Le régime des eaux du Jura est tout particulier. Les fissures et la porosité des roches calcaires qui abondent dans cette région, les grottes et les cavités souterraines qu'on y rencontre en très grand nombre, facilitent la réunion des eaux d'infiltration. De là ce caractère

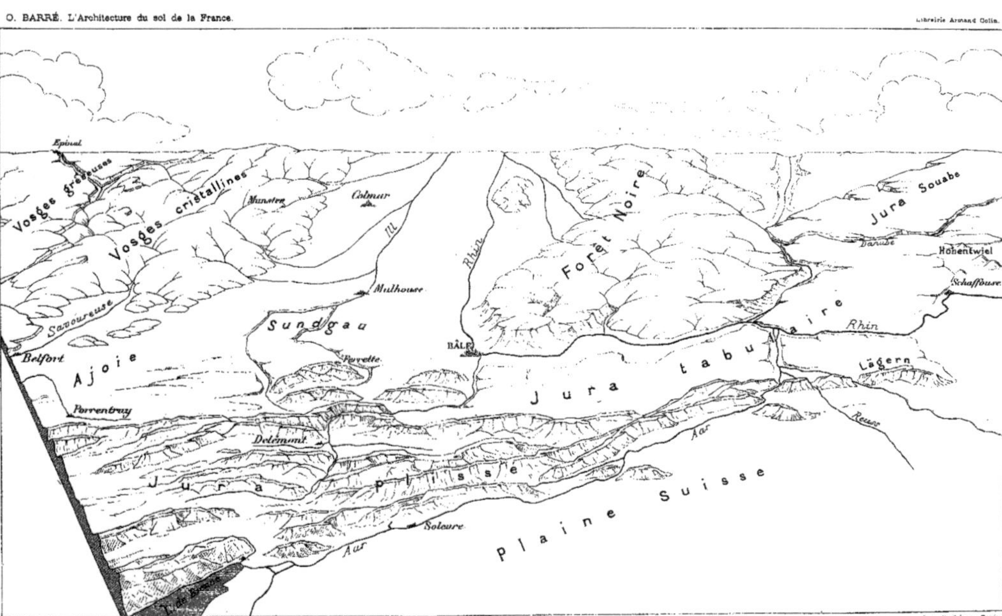

Fig. 97. — Perspective schématique montrant le contact de l'architecture plissée et de l'architecture tabulaire dans la région Jura-Vosges.

d'abondance particulier aux sources du Jura, qui appartiennent pour la plupart au type des sources *vauclusiennes;* de là, encore, ces disparitions brusques des cours d'eau dans des abîmes souterrains (*emposieux*) ou leur apparition subite dans des *creux* pittoresques, souvent appelés *bouts du monde.*

La direction des différentes rivières du Jura se ressent également de la disposition des assises du sol. Les grands plis synclinaux de la surface constituent, en effet, comme des drains naturels où doivent aboutir toutes les eaux qui se rassemblent à un niveau plus élevé. D'autre part, l'alternance de couches tendres et de couches dures ayant favorisé, comme nous l'avons vu, l'établissement de vallées secondaires ou combes également parallèles à la direction des plissements, et la communication entre ces divers éléments étant établie par les cluses, la plupart des vallées du Jura ont une disposition très tourmentée et se décomposent en longues branches parallèles à la direction générale des plis et raccordées les unes aux autres par de courts éléments à peu près perpendiculaires à cette direction. Il faut tout un concours de circonstances pour qu'elles fassent exception à cette règle et qu'elles prennent une disposition nettement transversale. C'est ainsi que la coupure que suit le chemin de fer de Nantua doit son existence à la combinaison de cluses d'érosion avec la torsion d'un synclinal où se loge précisément le lac de Silan.

Si l'on met à part les petits cours d'eau qui descendent directement vers la Plaine Suisse ou la dépression de la Saône et dont la sortie du Jura a été facilitée par la manière même dont les plis se relaient, on voit que presque toutes les eaux de la région sont réunies par les grands collecteurs de l'Ain et du Doubs. Chacune de ces rivières a un cours composite.

Il est intéressant d'analyser le cours du Doubs dont les retours brusques ont une disposition des plus caractéristiques. Dans une première branche, la rivière parcourt la zone des hautes chaînes en utilisant plusieurs synclinaux réunis par des cluses, notamment celle de Pontarlier ; son cours y a donc été déterminé surtout par les influences tectoniques. Dans une seconde qui commence à Sainte-Ursanne, ces influences tectoniques semblent avoir cédé le pas à celles de l'érosion souterraine qui aurait facilité le creusement du profond cañon au fond duquel coule le Doubs. Mais à Pont-de-Roide, un nouvel accident architectural a ouvert le passage à travers la voûte du Lomont; la déviation des plis signalée par M. Kilian ne laisse aucun doute à cet égard. Le Doubs sort alors du Jura, et il faut une autre cluse, celle de Clerval, pour le ramener dans la zone du *vignoble* où il subit de nouveau les influences tectoniques et dont il ne sort définitivement qu'à Rozet. M. E. Fournier estime que le Doubs des hautes chaînes devait se prolonger autrefois vers le Rhin, et que le changement de direction de Sainte-Ursanne a été produit par une capture au profit d'une rivière dont l'approfondissement rapide dans la zone des plateaux aurait été dû aux influences souterraines. Pareil fait pourrait se produire dans l'avenir au bénéfice de la Loue, dont les sources abondantes proviennent en partie d'infiltrations des eaux du Doubs.

Quant au Rhône, auquel aboutit en fin de compte la majeure partie des eaux du Jura, il traverse de part en part la portion méridionale de la chaîne en gagnant successivement, par des cluses, des dépressions synclinales de plus en plus occidentales. En ceci il a repris pour son compte des travaux commencés par la Valserine et d'autres cours d'eau locaux, bien avant que les eaux des Alpes Suisses ne fussent attirées par la Méditerranée.

Après avoir franchi le chaînon du Vuache, en une cluse qu'avaient préparée l'abaissement de l'anticlinal du Credo et une faille longitudinale qui le rompt en deux, le fleuve se perd à Bellegarde, dans des calcaires fissurés, pour prendre ensuite un tracé conséquent entre les anticlinaux du Gros-Foug et du Grand-Colombier. Puis, profitant d'un abaissement général de l'axe des plis, il coupe transversalement les voûtes suivantes, contourne le prolongement de la montagne de Saint-Benoît et entre dans la zone d'affaissement de la vallée de la Saône. Là, une dernière singularité lui fait rejeter la marche directe vers l'ouest et contourner le plateau jurassique *non plissé* de Morestel, en longeant la base du Vignoble dont les failles ont sans doute motivé ce détour.

De nombreux lacs s'étalent dans les dépressions jurassiennes. Si l'on ne tient compte que de leur situation, on peut les grouper en *lacs de combe* et en *lacs de cluse*. Mais si l'on veut considérer leur origine, il convient de distinguer ceux qui ont une origine tectonique, et ceux dont les eaux ont été simplement retenues par des barrages d'alluvion, des apports glaciaires, des éboulis, en un mot par un effet quelconque du travail de sculpture du sol.

L'origine tectonique est elle-même susceptible de nombreuses nuances. L'accumulation des eaux peut dépendre soit de l'existence de points bas dans les synclinaux, soit de l'étranglement de ces synclinaux, soit encore d'affaissements postérieurs à la formation des plis. Certaines étendues de tourbières qui, dans la zone des plateaux, ont succédé à des nappes lacustres, se rapportent sans doute à cette dernière cause. Peut-être celle-ci est-elle également intervenue dans la formation du lac le plus considérable de la région du Jura : le lac du Bourget. Cette nappe d'eau a une histoire fort complexe et en partie encore mal connue. Il est toutefois certain qu'elle s'est étendue à un certain moment beaucoup plus au Nord et que, traversée alors par le Rhône, elle a été coupée en deux par les alluvions du fleuve. La partie représentée aujourd'hui par les marais de Lavours a été ensuite colmatée, tandis que l'autre voyait légèrement s'élever son niveau.

Zones marginales. — Les marges du Jura ont un caractère très variable.

Du côté de l'Est, on a la *Plaine Suisse*, région en réalité assez mouvementée et dont le nom n'est justifié que par le contraste qu'elle présente avec les montagnes entre lesquelles elle se trouve comme enchâssée. Comme nous l'avons dit à plusieurs reprises, elle correspond à la dernière position occupée par le géosynclinal subalpin. Les sédiments de la mollasse qui s'y sont déposés à l'époque miocène ont été relevés et plissés dans le voisinage immédiat de l'arc alpin, où ils forment la dernière zone du système montagneux. Mais dans la *Plaine* ils ont une disposition presque horizontale, de telle sorte que les caractères topographiques dépendent uniquement du travail des agents d'érosion.

Parmi les principaux de ces traits topographiques figurent les lacs qui s'étalent au pied même du Jura. Les trois lacs de Neuchâtel, de Bienne et de Morat formaient sans doute au début une nappe unique, qui ne s'est morcelée qu'à la suite de l'abaissement général du niveau des eaux. Les barrages alluvionnaires ont eu une grande part dans leur formation. Aussi faut-il distinguer complètement de leur groupe le lac de Genève, qui marque la fin de la Plaine Suisse, en cet endroit où les zones de la mollasse plissée et du Jura viennent s'enchevêtrer, et qui a en partie une origine tectonique.

Au Nord, la bordure du Jura est hétérogène. Les géographes la désignent le plus souvent sous le nom de *Trouée de Belfort*, la définissant comme un détroit ouvert entre le Jura et les Vosges. Cette dénomination de *trouée*, dont il faut probablement rechercher l'origine dans les écrits militaires, est vicieuse au point de vue de la Géographie physique, car elle éveille une idée fausse. Il n'y a, en effet, là rien de *troué*, puisque les Vosges se sont simplement effacées au Nord et que le Jura plissé s'est arrêté au Sud. Aussi, l'appellation de *Porte de Bourgogne*, employée par M. Vidal de la Blache, est-elle infiniment préférable.

Tout d'abord, où finissent les Vosges? Où commence le Jura? Ce n'est évidemment pas au sommet du ballon d'Alsace et à la ligne de faîte du Lomont, comme le disent certaines descriptions trop sommaires. Si, comme cela est nécessaire, on considère comme Vosges tout ce qui appartient au substratum hercynien *exhumé* par l'effet combiné de la dernière phase orogénique et de l'érosion consécutive, il faut descendre jusqu'aux environs mêmes de Belfort. Et si,

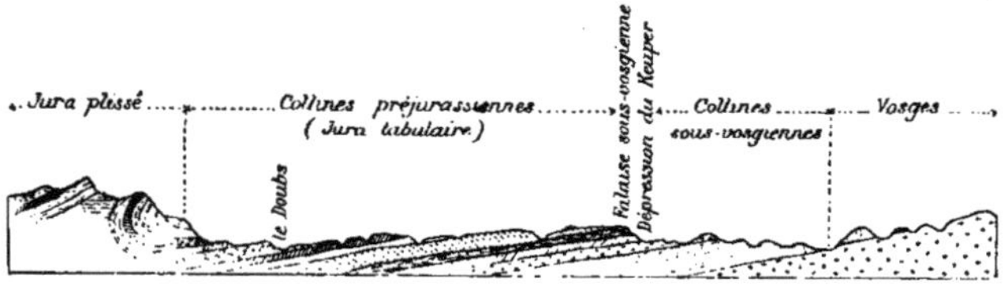

FIG. 98. — Coupe schématique N.-S. à travers le pays de Belfort.

d'autre part, on regarde comme faisant partie du Jura plissé tout ce qui est ondulation assez accusée pour avoir forcé les cours d'eau à passer en cluse, il faut remonter jusqu'à l'anticlinal de la côte d'Ormont, qui détermine la cluse de Clerval. C'est entre ces deux limites que s'étend la dépression, la *porte*, qui permet de passer du domaine du Rhin dans celui du Rhône.

Comme nous l'avons dit, cette dépression est un territoire composite. Il y a là contact entre deux zones essentiellement différentes auxquelles M. W. Kilian a donné les noms de *zone sous-vosgienne* et de *zone préjurassienne*. La première, formée par les assises gréseuses du Trias et aussi du Permien, offre une suite de collines boisées séparées par des fonds humides; la seconde, présentant presque toutes les couches du Jurassique, s'étale en plateaux ondulés découpés par des failles de direction N.-S., où les eaux sont bues par de nombreuses crevasses. La limite entre les deux régions est indiquée par une dépression N.E.-S.W. Elle correspond aux affleurements tendres du Muschelkalk et du Keuper, où l'érosion a évidé un véritable sillon que souligne la corniche dessinée plus au Sud par le bord résistant de la zone préjurassienne, à l'image des corniches de la région lorraine. M. Kilian donne à ce talus le nom de *falaise sous-vosgienne* qui a l'inconvénient de le classer dans la zone dépendant des Vosges alors qu'il fait manifestement partie de celle qui précède le Jura. Aussi préférerions-nous la dénomination de *côtes préjurassiennes* qui tient compte du groupement naturel et de l'analogie avec les *côtes* lorraines.

Plus à l'Est, ces régions font place à deux autres qui sont surtout en rapport avec la plaine d'Alsace; ce sont : l'*Ajoie* ou *Elsgau*, pays à fond tertiaire, mais couvert presque en totalité d'alluvions anciennes; et le *Sundgau* où le Tertiaire apparaît davantage. Mais il reste, en bordure immédiate du Jura plissé, une zone de terrains jurassiques *non plissés* qui continue la zone préjurassienne de M. Kilian. Comme elle, c'est un *Jura tabulaire* où le relief ne provient que de l'action du mécanisme de l'érosion sur des compartiments découpés par des failles. Toutefois, au milieu de cette zone tabulaire, le Jura plissé prononce une sorte de retour offensif par le petit pays plissé de Ferrette, dont le Blauenberg est le trait principal. Cette extension est due à l'influence de la dépression rhénane qui était dessinée dès l'époque oligocène, c'est-à-dire bien avant la formation des plis. On comprend que l'effort de plissement, arrêté au N.E. et au N.W. par les masses de la Forêt-Noire et des Vosges, ait pu s'étendre plus librement en face de leur intervalle.

C'est du côté du Nord-Ouest que la limite du Jura plissé est la plus difficile à préciser. Là, la zone faillée du Vignoble vient en contact avec les plateaux de la Franche-Comté septentrionale dont la bordure est également hachée de cassures. La région plissée englobe une bonne partie du territoire compris entre le Doubs et l'Ognon, à hauteur de Besançon, et notamment ce que l'on nomme quelquefois les monts de Chailluz.

La carte tectonique de la haute vallée de la Saône montre que les plateaux de la Franche-Comté septentrionale correspondent à un compartiment du sol analogue à celui qui détermine la région sous-vosgienne. Seulement ici le plongement vers le Sud est beaucoup plus doux, de telle sorte que la couverture jurassique a pu se maintenir. Le modelé des plateaux est également une conséquence indirecte de la disposition architecturale. Du côté de l'Ouest, leur individualité se traduit par une vraie façade sur la vallée de la Saône. Des sources abondantes, dues à ce que le rassemblement des eaux est favorisé par la porosité des calcaires et les dislocations, jaillissent de sa base. Sur le sommet, la pente générale des strates fait apparaître les couches successives du terrain secondaire, coupées en biseau et ébauchant des terrasses partout où la différence de dureté des couches du sol l'a permis; ainsi aux environs de Vesoul, où le Bajocien dessine une terrasse de plus de 200 mètres de relief par rapport à la vallée du Durgeon.

A cette zone de plateaux de la Franche-Comté se relie le curieux relief de la *Forêt de la Serre*, où apparaît un morceau de l'ancien socle hercynien, ramené au jour par l'intensité des dislocations. La valeur du lien qui relie les terrains anciens des Hautes-Vosges à ceux de la Région centrale de la France est ainsi rendue sensible; et l'on comprend bien comment les plissements alpins ont dû se résoudre

Fig. 99. — Coupe N.-S. à travers les plateaux de la Franche-Comté septentrionale.
1, grès bigarré; 2, muschelkalk; 3, keuper; 4, grès infraliasique; 5, lias inférieur; 6, lias moyen; 7, lias supérieur; 8, bajocien.

en failles dans une région où le socle rigide se trouvait à une si petite distance de la surface du sol.

La vallée de l'Ognon, qui sépare les plateaux de la Franche-Comté septentrionale de la région sous-vosgienne, a une origine nettement tectonique. Les renversements de couches qui accompagnent les failles semblent indiquer qu'il n'y a pas eu simple affaissement et que les actions de poussée latérale qui ont donné naissance au Jura plissé se sont propagées jusque-là dans une certaine mesure.

A l'Ouest enfin, le Jura plissé s'arrête brusquement à la dépression de la Saône. Les derniers talus du Vignoble dominent si nettement la plaine que toute ambiguïté dans les définitions est impossible. Il y a toutefois des distinctions à établir dans cette plaine de la vallée inférieure de la Saône. La quasi-uniformité du relief y est en effet compensée par une assez grande variété de la nature des sédiments, et cette variété est la cause de la subdivision en divers *pays*.

A ce propos, il n'est pas indifférent de revenir sur les derniers épisodes de l'histoire sommaire que nous avons donnée de la dépression de la vallée de la Saône en traitant de la région du Nord-Est.

Les prodromes de l'affaissement général se traduisirent sans doute dès l'époque éocène par l'apparition de quelques petits lacs ; mais la grande nappe du *lac bressan* ne fut constituée qu'au moment de l'Oligocène. Les eaux s'étendaient alors des environs de Gray à ceux de Lyon, peut-être même au delà de ce dernier point. Mais l'affaissement n'était point terminé. La période miocène le voyait s'accentuer en même temps que se plissait le Jura. Il continuait encore au début du Pliocène. Ainsi se dessina, à hauteur de Lyon, une sorte d'isthme au travers duquel un émissaire prépara la disparition graduelle de la nappe lacustre. A ce vaste lac aboutissaient de nombreuses rivières venant, les unes de ces *façades* que nous avons décrites en étudiant la haute vallée de la Saône, les autres du Jura. Grâce à elles, les galets et les sables arrachés aux Vosges venaient s'étaler, à côté des débris calcaires provenant du Jura ou de l'isthme morvanno-vosgien et de dépôts ferrugineux d'origine chimique. Mais bientôt le lac se vida et fut remplacé par une vallée fluviale où toutes les assises récemment déposées furent englobées à leur tour dans le travail de sculpture. Cependant les vicissitudes de la topographie n'étaient point terminées. La période glaciaire, en permettant aux glaces et aux détritus alpins de s'amasser jusqu'aux environs de Lyon, déterminait la reconstitution d'un barrage transversal et la stagnation temporaire des eaux. Ce n'est donc que tardivement qu'une nouvelle Saône pouvait se former, entraînant une accentuation du travail de sculpture.

De ce processus complexe a résulté la différenciation des *pays* qui bordent la base du Jura : la *Forêt de Chaux*, où s'étalent des galets vosgiens amenés par l'Ognon, dont un bras contournait le relief de la Forêt de la Serre ; la *Bresse*, qui dessine une cuvette dont le centre se trouve aux environs de Louhans, et où les marnes du Pliocène inférieur sont recouvertes de sables qui les ravinent, indiquant ainsi les nuances des mouvements qui réglèrent les rapports de la dépression avec le Jura ; la *Dombes*, dont le relief est inverse de celui de la Bresse et dessine une dorsale allant de Lyon vers Pont-d'Ain, et où les limons argileux abandonnés par le recul des glaces ont constitué une couverture imperméable ; le *Bas-Dauphiné* enfin, que nous retrouverons à propos de la vallée du Rhône et où de grandes moraines restent encore visibles.

ALPES

La description des Alpes françaises est une de celles qui donnent le plus à faire aux géographes pour concilier leur méthode habituelle avec les nécessités de la géologie.

Si l'on considère le dédale montagneux qui s'étend du lac de Genève à Nice, on voit que l'érosion y a tracé une suite de coupures transversales. Pour le voyageur qui veut passer de l'une à l'autre, par exemple de la vallée de l'Isère à celle de l'Arc, sa voisine, la cloison qui les sépare joue forcément le rôle d'une unité. Il est donc bien difficile au géographe de se soustraire à l'obligation de faire ressortir cette unité dans sa nomenclature. De plus, il lui faut tenir compte de ce que l'aspect de la nature alpestre varie singulièrement à mesure qu'on descend de la Savoie vers la Méditerranée. Au Nord, les eaux sont abondantes ; les forêts garnissent les pentes jusqu'aux limites de la végétation forestière ; les *alpes* ou prairies donnent de magnifiques pâturages. Au Midi, le climat devient brûlant en été ; les forêts n'existent plus qu'en des parties privilégiées, le roc est le plus souvent dénudé ; la végétation elle-même a changé : le pin, le chêne-vert ont pris la place du hêtre, des sapins, du mélèze et du châtaignier. Il résulte de ces deux ordres de faits qu'une bonne description physique des Alpes occidentales doit procéder, pour ainsi dire, de proche en proche, du Nord au Midi, et envisager successivement les unités encadrées par les vallées, en insistant d'ailleurs plus sur ces vallées, qui sont la partie vivante de la zone montagneuse, que sur les cloisons intermédiaires qui n'ont pour la plupart qu'une valeur absolument passive.

Mais, d'autre part, le simple aperçu que nous avons donné de la genèse des Alpes occidentales nous conduit immédiatement à penser que cette façon de procéder est en contradiction complète avec les conditions structurales. La manière dont la fosse géosynclinale s'est déplacée au cours des âges indique en effet nettement que la répartition des matériaux s'est faite suivant de larges bandes ayant une disposition conforme à celle de l'arc alpin, et qu'il en a été de même des différentes esquisses du relief.

Ainsi donc, d'un côté on est amené à concevoir des divisions transversales et, de l'autre, des divisions longitudinales. Si l'on opte pour les premières, *on crée forcément des ensembles hétérogènes au point de vue tectonique comme au point de vue de la nature des matériaux du sol*, et si l'on adopte les secondes, *on ne met en lumière aucun des traits physiques qui attirent l'attention aussi bien sur la carte que sur le terrain, où le souci des voies de communication passe en première ligne.* Aussi peut-on dire que toute description géographique qui veut faire un usage exclusif de l'un ou de l'autre de ces deux systèmes de division ne peut être que défectueuse. Il faut de toute nécessité adopter une sorte de compromis : définir d'abord les grandes divisions architecturales, puis reprendre la description de proche en proche, *en indiquant à la fois les unités topographiques apparentes et les raisons de leur hétérogénéité.* En ceci encore on pourra être guidé par la connaissance de l'architecture du sol, car la plupart des vallées transversales qui paraissent découper arbitrairement les zones naturelles longitudinales sont une conséquence directe de la disposition tectonique et de ces ondulations transverses qui se superposent, aux plissements longitudinaux, en abaissant ou relevant leurs axes.

Architecture générale. — C'est à Ch. Lory que l'on doit le premier essai d'une esquisse générale de l'architecture des Alpes occidentales. Ce savant distingua, dans le territoire montagneux, deux grandes bandes : l'une externe, la région des *chaînes subalpines;* l'autre interne et se subdivisant elle-même en quatre zones, la région des *chaînes alpines.* Suivant lui, ces différentes zones, différenciées par la nature des matériaux, étaient séparées les unes des autres par de grandes failles qui avaient joué un rôle prépondérant dans la genèse du relief actuel.

Voici le tableau qu'il traçait de cette genèse :

Tout d'abord, dans une sorte de premier acte des révolutions orogéniques où l'influence directe de la pesanteur s'était seule fait sentir, le territoire alpin, morcelé par les grandes failles, avait pris une disposition en gradins étagés. Puis, succédant aux actions verticales, de grands mouvements horizontaux de refoulement, occasionnés par l'effondrement des régions limitrophes des Alpes, s'étaient heurtés aux résistances de ces gradins et traduits par des plissements et des renversements de couches.

Ce premier essai d'une synthèse de la région alpine donna un point de départ bien défini aux travaux des géologues qui ont succédé à Ch. Lory; et si les observations nouvelles forcent à abandonner aujourd'hui la plupart de ses conclusions, il est juste de reconnaître l'énorme importance qu'il a eue au point de vue de la connaissance

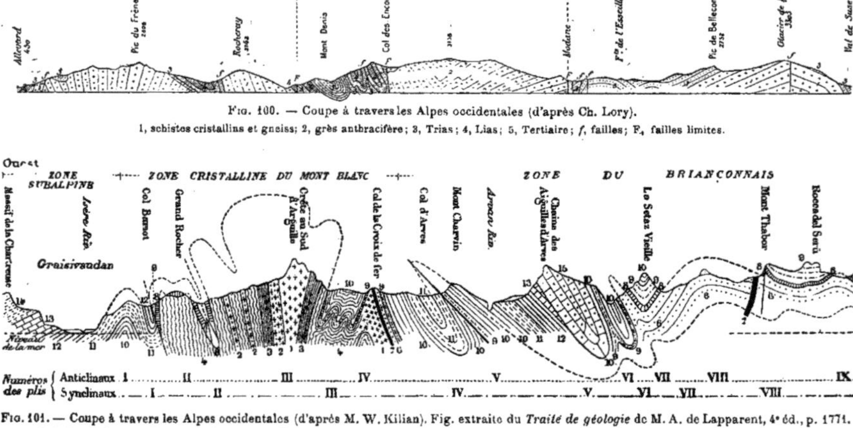

Fig. 100. — Coupe à travers les Alpes occidentales (d'après Ch. Lory).

1, schistes cristallins et gneiss; 2, grès anthracifère; 3, Trias; 4, Lias; 5, Tertiaire; *f*, failles; F_4 failles limites.

Fig. 101. — Coupe à travers les Alpes occidentales (d'après M. W. Kilian). Fig. extraite du *Traité de géologie* de M. A. de Lapparent, 4ᵉ éd., p. 1771.

1, 2, 3, 4 roches granitiques et substratum ancien antérieur au Houiller; 5, schistes lustrés; 6. Carboniférien; 7, orthophyres; 8, Permien; 9, Trias; 10, 11, Lias; 12, série médiojurassique; 13, série suprajurassique; 14. Infracrétacé; 15, Tertiaire.

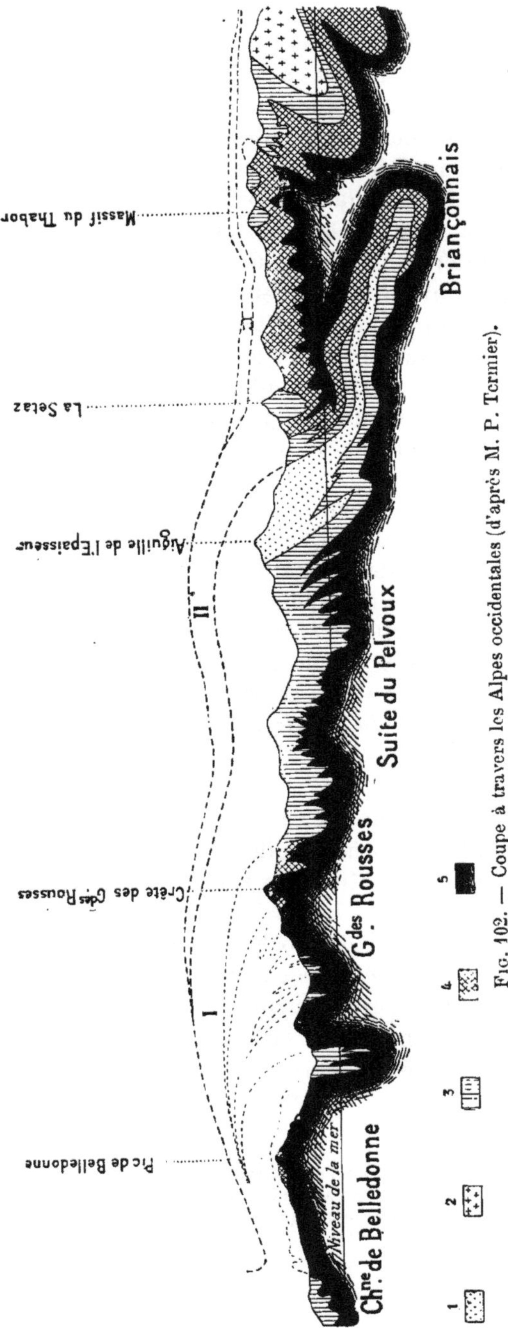

Fig. 102. — Coupe à travers les Alpes occidentales (d'après M. P. Termier).

1, Tertiaire; 2, schistes lustrés ou série cristallophyllienne mésozoïque avec roches vertes subordonnées; 3, terrains secondaires, schistes lustrés exceptés; 4, Permo-houiller; 5, massifs granitiques et substratum antérieur au Houiller; I, II, III, nappes de recouvrement.

des Alpes. Nous en résumons les éléments dans la figure qui représente, d'après Lory, la coupe générale des massifs alpins du Dauphiné (fig. 100).

Des observations minutieuses ont montré depuis que les prétendues grandes failles des Alpes n'étaient le plus souvent que des plis-failles ou des surfaces d'étirement des couches. Il en résulte que les affaissements n'ont pas eu le rôle prépondérant auquel on avait cru tout d'abord, et que les principaux traits de l'architecture de la chaîne doivent être rapportés aux efforts tangentiels et aux plissements. Pour mesurer les progrès faits dans la connaissance de la tectonique, il suffit de comparer la coupe de Ch. Lory à celles que M. W. Kilian, il y a quelques années, et M. Termier tout récemment, ont données de la même partie du territoire montagneux. Les premières indiquent les relations entre les diverses couches du sol et montrent que les plis se groupent pour former un immense *éventail composé*. Les secondes, sans entrer dans le détail des assises, font voir que cet éventail composé a été laminé et déformé après coup par la superposition de grandes nappes de recouvrement qui, venues de l'Est, ont couché sous elles tous les plis autochtones. Nous avons pu reproduire ici les parties de ces coupes qui ont trait au flanc occidental de l'éventail (fig. 101 et 102).

Comme l'érosion a fait disparaître presque partout les nappes de recouvrement venues de l'intérieur de l'arc alpin et a même découronné les faisceaux de plis autochtones qu'elles avaient couchés sous elles, les Alpes nous montrent aujourd'hui les *cœurs* de ces faisceaux autochtones. Aussi, pour le besoin de la description géologique et géographique, peut-on parfaitement concilier, avec les données si complexes de la tectonique, les grandes divisions simples établies autrefois par Ch. Lory en se basant uniquement sur la distribution des matériaux.

On s'accorde, en effet, aujourd'hui à conserver la division en *région subalpine* et en *région alpine*, ainsi que la subdivision de cette dernière en trois zones qui rappellent sensiblement celles de Ch. Lory; mais en établissant entre ces différents éléments de tout autres rapports tectoniques, et *en spécifiant bien que ces divisions ne s'appliquent guère qu'à la partie de la chaîne qui s'étend de part et d'autre du parallèle de Grenoble, et qu'elles doivent être sensiblement modifiées lorsqu'on se rapproche du lac de Genève ou de la Provence.*

Adoptons avec ces réserves les divisions de Ch. Lory; traversons les montagnes, de la plaine du Piémont à la vallée du Rhône, en passant par Grenoble, et notons les variations de l'aspect et de la nature du sol.

Tout d'abord nous ne rencontrons que des roches cristallophylliennes apparaissant directement sur une grande étendue des hauts massifs de la frontière, ou masquées par un manteau de schistes lustrés[1] plus récents, que percent en maints endroits des roches éruptives désignées d'une façon générale sous le nom de roches vertes. Ces terrains forment une zone d'architecture isoclinale

---

1. Les géologues ont longtemps discuté sur l'âge de ces schistes lustrés. Après les avoir attribués au Trias, puis à la série primaire, on a été amené à les considérer comme réellement triasiques ou liasiques. M. Termier admet même que leur partie supérieure est d'âge éocène. Ce sont des roches sédimentaires d'âges divers transformées par le métamorphisme.

déversée vers l'Est ; on lui donne le nom de *zone du Mont Rose* ou
du Piémont. Quelque accidentés ou même singuliers que puissent
y être les détails du sol, l'ensemble des formes générales n'est
point heurté et présente une majestueuse ampleur. La partie qui
correspond aux schistes lustrés est plus hospitalière que celle qui
correspond aux terrains anciens ; les forêts s'y développent ainsi
que les pâturages, et les villages s'y sont installés à des altitudes
plus hautes que partout ailleurs.

A la zone du Mont Rose en succède une autre, où ne se montrent
que des terrains sédimentaires relativement anciens (jurassique
inférieur, trias et terrain carbonifère), sauf en certains endroits où
apparaît le terrain tertiaire. Cette zone, que l'on a pris l'habitude
de désigner sous le nom de *zone du Briançonnais*, est relativement
étroite et présente un aspect bien différent de celui de la précédente.
Les couches du sol sont énergiquement plissées et offrent aux
yeux des formes âpres et tourmentées avec un coloris sombre
dans les parties qui correspondent au terrain carbonifère (grès à
anthracite), et aux grès et ardoises du terrain tertiaire. Cette partie
tertiaire est souvent désignée sous le nom de zone des Aiguilles
d'Arves. Les plis y sont franchement déversés vers l'Ouest et passent
souvent au pli-faille, produisant ainsi ce qu'on appelle une architecture imbriquée.

Cette zone franchie, on en rencontre une troisième où l'on voit
réapparaître les terrains cristallins et cristallophylliens, mais cette
fois d'une façon discontinue, et sous forme de massifs à contours
grossièrement elliptiques distribués en une sorte de chapelet dont
les intervalles sont remplis par des terrains sédimentaires. C'est
la *première zone alpine* ou *zone du Mont Blanc*, où les plis semblent
avoir pris une disposition analogue à celle que présente une corde
en vibration : les *nœuds* ayant occasionné l'apparition des massifs
cristallins dont la couverture sédimentaire a été dispersée par
l'érosion, et les *ventres* ayant vu se produire d'immenses refoulements de cette même couverture. C'est ainsi que se succèdent *sur
trois files* les massifs centraux des *Aiguilles Rouges*, de *Belledonne*,
du *Mont Blanc*, des *Grandes Rousses*, du *Pelvoux* et du *Mercantour*,
ces deux derniers séparés par les régions sédimentaires du *Gapençais* et de l'*Embrunais*. Les terrains cristallins de ces massifs centraux
présentent un aspect bien plus mouvementé que ceux de la zone du
Mont Rose. Le laminage qu'ont eu à subir les couches du sol et l'action de la gelée sur les hautes cimes y font apparaître des formes
abruptes et de véritables aiguilles.

Enfin on arrive à la zone la plus extérieure des Alpes. Ici les terrains anciens ont définitivement disparu; on ne trouve que des terrains secondaires et encore ne sont-ils que bien exceptionnellement plus anciens que le Jurassique supérieur. Le crétacique joue surtout un rôle prépondérant. D'autre part, les formes des massifs montagneux sont différentes et sont surtout caractérisées par de grands escarpements, alternant avec des sortes de paliers et de vastes étendues où les plis du sol sont assez doux pour simuler de véritables plateaux. C'est la région des *chaînes subalpines*. Rien n'est plus caractéristique que le contraste que présentent leurs formes massives avec les lignes de faîtes dentelées des chaînes alpines.

Rappelons brièvement les caractères tectoniques de l'ensemble constitué par ces différentes zones.

Les premières, c'est-à-dire les zones alpines, s'associent pour dessiner un immense *éventail composé*. La partie carboniférienne de la zone du Briançonnais constitue l'axe de cet éventail, tandis que ses flancs sont respectivement formés, d'une part par la zone du Mont Rose et ses schistes lustrés, et de l'autre par le reste de la zone du Briançonnais (zone des Aiguilles d'Arves) et la zone du Mont Blanc. La dernière, ou zone subalpine, est indépendante de cet éventail. Ses plis ont une allure que M. P. Termier a qualifiée d'*hésitante;* le déversement se fait le plus souvent vers l'extérieur des Alpes, mais quelquefois vers l'intérieur.

Mais, avons-nous dit, les grandes divisions de Ch. Lory ne s'appliquent franchement qu'à la partie dauphinoise de la chaîne; d'importantes modifications doivent y être apportées lorsqu'on se rapproche du lac de Genève ou de la Méditerranée. Il convient de les noter avec soin.

Au Nord, un premier changement est apporté par la naissance des plis du Jura qui viennent en quelque sorte relayer les plis subalpins dans leur rôle de bordure de la région plissée. Un autre se traduit, au Nord du cours de l'Arve, par l'apparition des Préalpes où l'on se trouve en présence d'un des problèmes les plus compliqués de l'architecture alpine. Là, apparaissent brusquement de grandes masses de terrains triasiques et jurassiques qui se superposent d'une façon anormale au terrain tertiaire et ne présentent plus la disposition en éléments parallèles qui caractérise si bien la région subalpine. C'est une région nouvelle dont les caractères se poursuivent en Suisse, de l'autre côté de la vallée du Rhône, et que les géologues désignent sous le nom de *Préalpes romandes*. La partie française est plus spécialement dénommée *Préalpes du Chablais*. Les nombreuses discussions auxquelles a donné lieu la recherche de l'origine des Préalpes sont aujourd'hui terminées. On a reconnu que les masses jurassiques qui donnent au Chablais sa physionomie particulière ont une origine *exotique*, et que leurs racines doivent être cherchées dans une tout autre région. Il y a eu là conservation partielle des nappes de *charriage* ou des grands plis couchés qui, venant de l'intérieur de l'arc alpin, se sont superposés aux plis autochtones et que l'érosion a postérieurement séparés de leurs racines.

Au Sud, d'autres modifications altèrent les rapports que l'étude de la partie dauphinoise des Alpes a conduit à établir entre les différentes zones. Elles tiennent à trois causes : l'affaissement tectonique piémontais[1]; la proximité de la *région provençale;* l'intervalle considérable qui, dans la zone du Mont Blanc, sépare les dômes du Pelvoux et du Mercantour.

L'affaissement tectonique piémontais qui, à partir du lac Majeur, fait disparaître toute la partie interne des Alpes, pénètre ici plus avant encore dans les massifs montagneux, s'étendant jusqu'à la *zone du Mont Rose* elle-même qui s'enfonce, à partir de Saluces et de Coni, sous les terrains récents de la plaine italienne. Plus à l'Ouest, la dépression architecturale qui sépare les deux *massifs centraux* du Pelvoux et du Mercantour a provoqué, comme par une sorte *d'appel au vide,* les plis à se coucher en s'empilant les uns au-dessus des autres, et incité la *zone du Briançonnais* à se déverser sur sa voisine. Enfin, le voisinage de la *région provençale* a mis les plissements alpins en présence d'un territoire déjà plissé par les mouvements que nous avons qualifiés de pyrénéens. Ce territoire a été repris en partie par les nouveaux mouvements du sol, et ainsi s'est constituée une zone *delphino-provençale*, où les deux systèmes de plis s'enchevêtrent en se raccordant dans une certaine mesure, et qui, tout en faisant bien partie des Alpes, annonce l'approche de la région restée autonome de la *Basse Provence*.

Il faudrait, pour satisfaire complètement l'esprit de nomenclature et de classification qui anime les géographes, pouvoir marquer sur la carte des limites précises aux différentes zones que nous venons d'énumérer. Mais lorsqu'on cherche à le faire, on se heurte à des

---

1. Il est bien entendu que ce mot d'*affaissement* n'implique en rien pour nous l'idée d'*effondrement*, mais vise seulement la dénivellation architecturale qui fait disparaître les plis alpins, par *ennoyage*, sous les terrains récents de la plaine piémontaise.

difficultés insurmontables. Les zones tectoniques s'accolent les unes aux autres et le plus souvent leur séparation n'est indiquée topographiquement que par des accidents très secondaires du sol. S'il faut faire une exception pour le grand sillon tracé par l'Arly, l'Isère moyenne et le Drac, qui semble séparer si nettement les massifs alpins des massifs subalpins dans la partie de la région montagneuse qui comporte cette classique division, ce ne peut être qu'avec bien des réserves, car en réalité cette dépression coupe obliquement un grand nombre de plis. Il convient donc de se contenter d'indications générales, et de ne pas chercher dans la délimitation topographique des différentes zones architecturales une précision que l'on n'obtiendrait qu'au détriment de la vérité.

Sculpture du sol. — Pour bien comprendre ce qu'a pu être la sculpture du sol dans la région des Alpes, il faut se souvenir que celle-ci s'est formée comme par une suite d'esquisses successives dont chacune a été reprise, dans une certaine mesure, par les actions orogéniques qui modelaient la suivante. On conçoit alors que les traits physiques qui frappent nos regards ne peuvent être que le résultat d'une synthèse étrangement compliquée, et l'on n'est point étonné de voir que l'on ne fasse encore que débuter dans les essais de reconstitution des phases du phénomène.

Lorsqu'on s'imaginait que les plis du sol s'étaient élevés dans les airs en manière de gerbes dont il ne nous est plus donné de voir que les troncs, on pouvait se figurer que les eaux avaient été principalement guidées à l'origine par les synclinaux accusés que comporte une semblable distribution tectonique. Dès lors on était conduit à étendre à l'ensemble des faisceaux des plis alpins les principes que nous avons énoncés à propos de l'établissement du réseau hydrographique de la région du Jura. Cependant un esprit réfléchi ne pouvait manquer d'être frappé par ce fait, que les contacts des différents faisceaux n'étaient mis en évidence par aucun des traits physiques si nets qui auraient dû dériver d'un semblable mode de rassemblement des eaux.

Aujourd'hui que l'on a constaté que les plis avaient leur maximum de complication à une certaine profondeur et se simplifiaient au contraire dans le voisinage de la surface topographique initiale, que l'on soupçonne même que cette surface a été souvent déterminée par de grandes nappes de recouvrement, on doit se faire de la *surface structurale* une tout autre idée qu'autrefois. Il convient

de se la figurer comme très simplement ondulée avec un certain
nombre de parties déprimées et de parties surélevées, échos très
affaiblis des dispositions internes beaucoup plus complexes que
nous avons signalées, sous le nom de cuvettes synclinales et de
dômes anticlinaux, dans le chapitre de notre introduction ayant trait
à la tectonique. C'est cette surface relativement simple qui a servi
de guide aux eaux pour se rassembler, et c'est elle qu'il convient
d'essayer de reconstituer si l'on veut rechercher l'origine première
des réseaux hydrographiques actuels.

Déjà M. Lugeon a pu démêler ainsi l'écheveau formé par les
cours d'eau de la Savoie. Le cadre de notre étude d'ensemble ne nous
permet point de le suivre dans ses travaux de détail; mais il nous
faut mentionner, parce qu'elles ont une extrême importance, ses
conclusions sur l'évolution générale des grandes vallées alpines.

Tout le monde sait que ces vallées sont le plus souvent constituées
par l'association de branches transversales et de branches longitudinales. Suivant M. Lugeon, l'écoulement sur la surface topographique initiale se serait fait par des cours d'eau qui auraient cherché à gagner par le plus court les rivages de la fin de la période
miocène. Chacun de ces cours d'eau, de tracé conforme aux pentes,
c'est-à-dire *conséquent*, aurait été localisé par les abaissements
transversaux que les faisceaux de plis présentent de distance en distance. Sur ces collecteurs seraient ensuite venus se greffer latérale-
ment des cours d'eau *subséquents*, dont ceux qui avaient affaire aux
terrains tendres auraient rapidement pris une importance prépondérante. De là, la création de vallées longitudinales ayant plutôt un
caractère sculptural qu'un caractère tectonique. Enfin un travail
de synthèse aurait constitué les vallées actuelles, par l'association
de certaines parties des vallées transversales conséquentes et des
cannelures longitudinales subséquentes.

L'application de ces principes amène à considérer la grande
dépression soulignée par l'Isère, depuis Albertville jusqu'à Grenoble,
puis par le cours du Drac, non comme un trait primordial tectonique, ainsi qu'on est tenté de le faire *a priori*, mais comme un
simple accident de l'évolution sculpturale. Ce grand fossé qui joue
un rôle si important dans les descriptions géographiques doit son
existence à la nature peu résistante des matériaux accumulés dans
le géosynclinal alpin alors qu'il occupait cet emplacement, c'est-à-
dire pendant une bonne partie de la période jurassique et en particulier pendant le Lias. Tout au contraire, la sortie des eaux de la
région montagneuse aurait été réglée de longue date par les abais-

sements transversaux des plis; de telle sorte que les coupures par
où passent maintenant le Rhône et l'Isère pour gagner la grande
dépression rhodanienne seraient des traits en relation directe avec
la tectonique.

L'observation des faits vient à l'appui de ces conclusions. Et de
même que l'on observe que la vallée du Graisivaudan est indépendante de la direction des plis qu'elle coupe obliquement sans les
suivre, on constate que la coupure de Grenoble et celle de la Balme
correspondent à des abaissements transversaux de l'architecture.

Parmi les innombrables épisodes de la sculpture du sol dans la
région des Alpes, il faut compter ceux qui ont eu pour cause l'extension glaciaire. Il n'est donc pas inutile de savoir jusqu'où les glaces
ont pu pousser dans les différentes parties de la zone montagneuse.

Le glacier du Rhône, après avoir envahi la Plaine Suisse, venait
buter contre le rempart du Jura. Quelques dérivations de ce grand
courant poussaient directement vers l'Ouest en profitant des points
bas de la chaîne, notamment dans la direction de Nantua; mais la
branche principale se dirigeait vers le Sud pour contourner l'éperon
du Grand-Colombier. Chemin faisant, elle se soudait au glacier de
l'Arve, puis, par la dépression occupée aujourd'hui par le lac du
Bourget, aux glaciers de l'Isère et de l'Arc et au grand glacier dauphinois qui s'étalait dans les vallées du Drac, du Vénéon et de la
Romanche. Cette masse énorme de glaces s'élevait à une hauteur
uniforme de 1 200 mètres, et était comme endiguée par les chaînes
subalpines dont elle forçait la barrière en trois endroits correspondant aux coupures actuelles du Rhône et de l'Isère et à la région
intermédiaire de Pont-de-Beauvoisin; puis elle se répandait, en
s'abaissant, dans la dépression rhodanienne. Au Nord, elle poussait
jusqu'aux environs de Lyon où l'on retrouve les dépôts glaciaires
étalés sur les hauteurs de Fourvières; mais au Sud, elle s'écartait peu
de la zone montueuse, n'atteignant point sans doute Saint-Marcellin.

A cette énorme masse des glaciers savoisiens et dauphinois
s'adossait, dans la haute montagne, le glacier de la Durance. Mais
là, l'influence du climat plus méridional venait restreindre le
développement de la nappe de glaces qui ne dépassait que de peu
Sisteron. La même cause restreignait les glaciers de la région du
Var et de la Tinée. L'action particulièrement active de l'érosion
dans cette partie des Alpes, en faisant disparaître la plupart des
dépôts d'origine glaciaire, a rendu difficile la reconstitution de
ces glaciers méridionaux; toutefois il est certain qu'ils atteignaient

Saint-Martin-de-Vésubie. Il semble, en somme, qu'il y ait eu là, pour les glaciers, une réduction semblable à celle qui différencie aujourd'hui les petites étendues neigeuses des Alpes maritimes des grands champs de glaces de la Savoie et du Dauphiné.

On notera que l'ensemble de la période glaciaire a compris, dans les Alpes occidentales comme dans le reste de l'Europe, des épisodes interglaciaires. Il a été démontré, en particulier, que la région de la Durance a vu trois glaciations successives séparées par des intervalles pendant lesquels l'érosion a pu reprendre le creusement des vallées.

Divisions géographiques habituelles, leurs rapports avec les zones tectoniques. — Nous avons déjà insisté sur ce fait que les grandes vallées, en se creusant peu à peu, avaient fait apparaître des lignes de faîte et isolé les uns des autres des massifs montagneux qui constituent, par la force des choses, des unités géographiques. Mais nous savons que ces unités sont hétérogènes, et il nous faut maintenant mettre au point les définitions que l'on a l'habitude d'en faire.

Disons tout d'abord, à ce propos, un mot de l'antique division en Alpes Graies, Alpes Cottiennes, et Alpes Maritimes, qui résumait naguère toute la topographie alpine en une ligne de faîte séparant les deux versants français et italien. Cette ligne de faîte, qui commence dans la région du Mont Blanc pour aboutir au col de Tende, n'appartient exclusivement à aucune des zones tectoniques à travers lesquelles elle serpente capricieusement. Aussi faut-il bien se garder d'accorder une valeur structurale soit à sa disposition d'ensemble, soit à ses divisions classiques qni ne correspondent à aucun tronçonnement naturel. On conçoit cependant qu'on puisse conserver ces dernières comme fournissant une démarcation physique convenable du Nord au Sud, parce qu'elles correspondent aux trois grands systèmes de drains des Alpes occidentales, ceux de l'Isère, de la Durance et du Var. Servons-nous-en donc pour fixer les idées, et passons successivement en revue les divers massifs de la Savoie, du Dauphiné, de la Haute-Provence et du Comté de Nice, qui s'adossent respectivement aux Alpes Graies, aux Alpes Cottiennes et aux Alpes Maritimes.

Savoie. — Lorsqu'on jette les yeux sur la carte, l'attention est immédiatement attirée par le profond sillon que trace, de Grenoble à Albertville, la vallée de l'Isère, et que prolonge ensuite, vers Sallanches, la vallée de l'Arly. Aussi les géographes sont-ils facilement amenés à s'emparer de la définition de Ch. Lory et à dis-

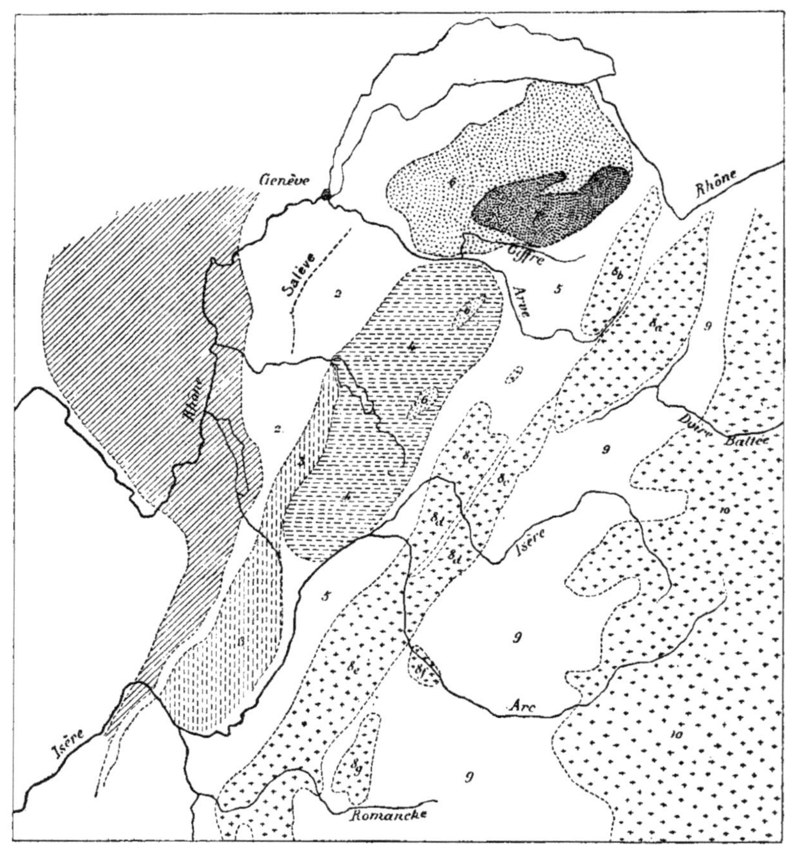

FIG. 103. — Croquis tectonique de la Savoie.

1, zone du Jura; 2, zone de la mollasse; 3, chaînes subalpines (faisceau jurassien); 4, chaînes subalpines (faisceau du Genevois); 5, chemise sédimentaire de la première zone alpine, sillon du Graisivaudan, plis couchés des Hautes-Alpes calcaires; 6, lambeaux des Annes et de Sulens, nappes de recouvrement des Préalpes médianes; 7, nappe de la Brèche du Chablais; 8, Massifs centraux (*a* du Mont Blanc; *b*, des Aiguilles rouges; *c*, du massif de Beaufort; *d*, du Grand Arc et du Mont Bellachat; *e*, de Belledonne; *f*, de Rocheray; *g*, des Grandes Rousses); 9, zone du Briançonnais; 10, zone du Mont-Rose ou du Piémont. Échelle de 1 : 1 500 000.

tinguer, en Savoie, les chaînes alpines des chaînes subalpines; trop facilement amenés peut-être, car ce besoin de définitions précises les conduit, à prolonger par pur esprit géométrique, le fossé

Fig. 104. — Coupe et perspective schématique montrant l'intercalation de la zone de la mollasse entre les plis subalpins et ceux du Jura.

de séparation et à chercher au delà de Sallanches, dans la haute vallée du Giffre ou le val d'Illiez, une démarcation tranchée qui n'existe plus. Pour rectifier cette exagération, il faut se souvenir que le Graisivaudan n'est point, à proprement parler, un fossé tectonique, mais une dépression sculptée dans les terrains tendres qui forment l'enveloppe extérieure de la zone des massifs centraux. De telle façon qu'aux endroits où, pour une raison ou une autre, le creusement de ce fossé n'a pu se faire, des massifs montagneux prennent forcément la place de la dépression tout en en étant la suite naturelle.

Ces réserves faites, on peut considérer dans la Savoie deux groupes de massifs séparés par le sillon Isère-Arly. Ce sont, d'une part les chaînes subalpines et de l'autre les chaînes alpines. Il faut les étudier séparément.

Partie subalpine. — Au Nord et à l'Ouest, dans la partie subalpine, les grandes unités architecturales sont, comme nous le savons, le *Jura*, la *dépression de la mollasse*, les *chaînes subalpines* proprement dites et les *Préalpes du Chablais*.

Voyons comment elles se partagent les massifs montagneux.

Le *Jura* proprement dit se sépare des massifs subalpins au plifaille de Voreppe où s'avance en pointe la zone de la mollasse. Le massif le plus intérieur qui peut lui être attribué est celui du Gros-Foug, à l'Est du lac du Bourget.

La *dépression de la mollasse* qui lui succède va en s'évasant vers le lac de Genève. Au milieu des croupes indécises qui lui correspondent, l'anticlinal du Salève surgit comme un intermédiaire entre le Jura et les chaînes subalpines. Au delà de l'Arve, se produit un brusque changement, et l'on voit la mollasse disparaître sous les nappes exotiques des Préalpes.

Les *chaînes subalpines* forment deux faisceaux qui se relaient : le faisceau *jurassien* et le faisceau du *Genevois*.

Le premier, ainsi nommé à cause des grandes analogies qu'il présente avec le Jura, comprend le massif de la *Grande-Chartreuse* et se termine en pointe par le Semenoz dans le voisinage d'Annecy. Le second forme les chaînes des *Bauges* et celles qui, les continuant au nord-ouest de l'Arly, peuvent être groupées sous le nom de *Genevois* proprement dit. Il y a cependant des différences d'aspect très notables entre ces dernières montagnes. Dans le Genevois l œil est attiré par d'énormes masses de calcaires crétaciques qui couronnent la plupart des croupes anticlinales, tandis que dans les Bauges cette couverture ne s'est maintenue que dans les parties basses de l'architecture et a disparu des anticlinaux où l'érosion a ouvert, comme dans la Chartreuse, de sombres vallées verdoyantes. Cette différence tient à l'abaissement notable du faisceau de plis dans le Genevois. Comme l'a dit M. Lugeon, le Genevois nous représente aujourd'hui ce qu'ont dû être à un moment les montagnes des Bauges. Celles-ci ne nous apparaissent que beaucoup plus usées et nous montrent ce que deviendra le Genevois dans un avenir lointain.

Jusque-là, tout est net et les géographes s'arrangent assez bien des divisions des géologues. Mais lorsqu'on a remonté suffisamment le cours de l'Arly pour se rapprocher de Sallanches, la tectonique se complique. Il faut renoncer alors à suivre les plis autochtones,

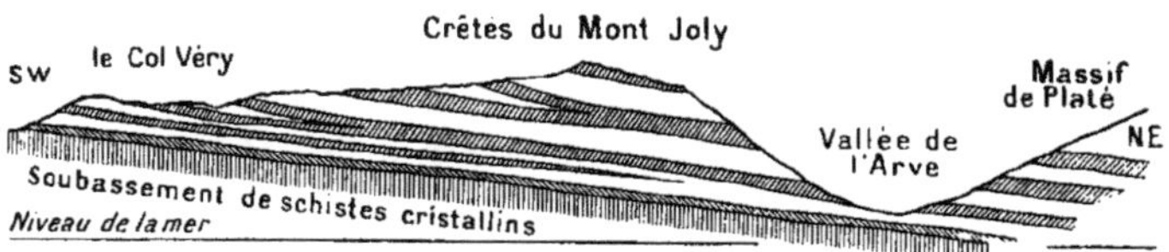

Fig. 105. — Plis couchés du Mont Joly et du massif de Platé (d'après M. Ritter).

que ce soient ceux de la zone de la mollasse ou ceux des faisceaux subalpins, et faire entrer en ligne de compte les masses étrangères qui, venues de l'intérieur des Alpes, se sont superposées à eux en imprimant, autant par la nature de leurs matériaux que par leur disposition couchée, un caractère spécial à l'orographie. Bien avant Sallanches, les montagnes de Sulens et des Annes offrent des lambeaux exotiques déversés sur le grand synclinal du Reposoir. La chaîne des Aravis montre un empilement de plis couchés qui viennent manifestement de la zone du Mont Blanc et que l'on a retrouvés dans le soubassement du désert de Platé. Enfin, au Nord, les grandes nappes de recouvrement du Chablais [1] viennent se

---

1. Le cadre de cette étude ne comporte point une analyse de ces nappes, sur lesquelles les derniers travaux de M. Lugeon ont apporté des renseignements décisifs. Disons toutefois qu'au-dessus des plis autochtones, dont on voit certains entrer sous la couverture exotique le long de la vallée de l'Arve, et d'autres ressortir le long de la vallée du Rhône, sont venus se superposer les éléments suivants : 1° des *nappes à racines externes* formées par de grands plis couchés dont l'origine doit être cherchée sur le versant nord des Alpes ; 2° des *nappes à racines internes* qui paraissent avoir pris naissance bien plus au Sud, dans la région du Piémont et qui présentent, outre le chevau-

superposer à l'ensemble des plis autochtones de la rive droite de l'Arve. On est amené ainsi à distinguer, entre Arve et Rhône, les *Préalpes du Chablais*, pays de forêts et de beaux pâturages dont les

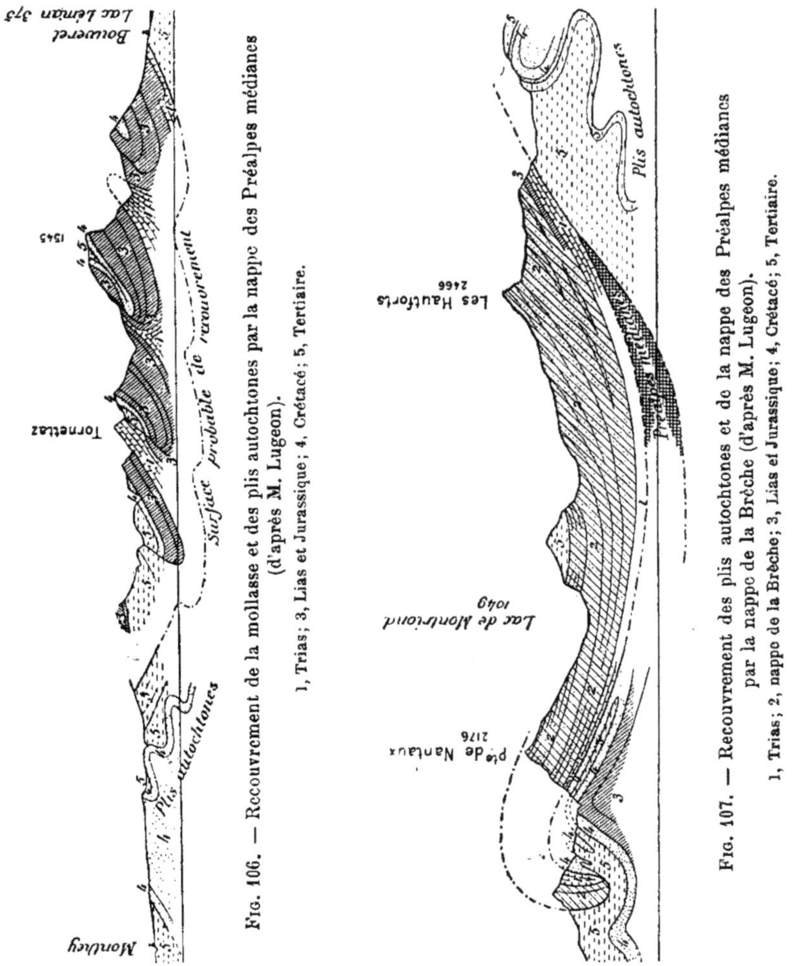

Fig. 106. — Recouvrement de la mollasse et des plis autochtones par la nappe des Préalpes médianes (d'après M. Lugeon).

1, Trias; 3, Lias et Jurassique; 4, Crétacé; 5, Tertiaire.

Fig. 107. — Recouvrement des plis autochtones et de la nappe des Préalpes médianes par la nappe de la Brèche (d'après M. Lugeon).

1, Trias; 2, nappe de la Brèche; 3, Lias et Jurassique; 4, Crétacé; 5, Tertiaire.

pentes verdoyantes sont coupées par des parois rocheuses correspondant aux couches dures, et les *Hautes chaînes calcaires de la*

chement général, des plis nombreux et accentués; on y distingue la nappe des *Préalpes médianes*, recouverte elle-même par celle de la *Brèche du Chablais*.

Le travail de l'érosion a séparé les têtes de ces nappes de leurs racines, de telle façon

Savoie qui les séparent des massifs cristallins de la première zone alpine et où se dressent les sommets de la Dent du Midi et des Dents Blanches.

Les régions que nous venons d'énumérer présentent plusieurs dépressions transversales qui ont une importance capitale au point de vue des communications et intéressent par suite au premier chef les géographes; ce sont : la coupure de Grenoble, la dépression du lac du Bourget, celle du lac d'Annecy et la vallée de l'Arve. Les considérations qui précèdent nous montrent qu'elles coupent les faisceaux de plis et qu'aucune d'elles ne peut, à proprement parler, constituer une limite naturelle ainsi qu'on pourrait être tenté de le croire *a priori*. Néanmoins, l'architecture du sol est pour quelque chose dans leur disposition. La coupure de Grenoble a été nettement déterminée par un abaissement transversal des axes des plis qui a provoqué le rassemblement des eaux en même temps que des cassures transversales localisaient leur cours; il en est de même de la vallée de Faverges-Annecy, où une disposition spéciale des plis motive de plus l'aspect sinueux de l'ensemble de la dépression; la même cause est encore intervenue pour régler le dessin d'une bonne partie des vallées de Chambéry et de l'Arve inférieure; enfin, c'est aussi l'abaissement local des plis des Bauges qui a été la cause de la formation de la vallée du Chéran. Toutefois, en ce qui concerne la Dranse, l'Arve et le Giffre supérieurs, on est obligé de reconnaître qu'il n'y a point de corrélation entre l'emplacement des thalwegs et les lignes transversales de dépression tectonique. M. Lugeon estime que cette contradiction n'est qu'apparente. Suivant lui, la cause déterminante de la formation des vallées a toujours été la disposition de la surface structurale; mais celle-ci, dans les régions que parcourent les rivières précitées, tirait ses caractères des charriages qui ont amené les nappes exotiques à se superposer aux plis autochtones de la zone du Chablais.

Partie alpine. — Au Sud et à l'Est du fossé Isère-Arly, on trouve, accolées les unes aux autres, les trois zones alpines. Les profondes coupures de la Tarentaise et de la Maurienne y délimitent,

<hr>

que, partant du lac de Genève pour se diriger vers le Sud, on rencontre successivement la bande de la *mollasse*, la nappe des *Préalpes médianes* dont les replis sont si semblables à ceux du Jura qu'on les croirait tout d'abord enracinés sur place, la nappe de la *Brèche* ou l'irrégularité est au contraire de règle et où se produisent les contacts les plus anormaux, enfin les *Hautes Chaînes calcaires* où apparaissent les plis couchés à racines externes, qui ont été, comme on le voit, dépassés dans le déversement vers le Nord par les plis à racines internes.

de concert avec les vallées de l'Arly et de la Romanche, trois grands groupes de massifs montagneux. Pour fixer les idées, on peut désigner les deux premiers sous les noms d'Alpes du Mont Blanc et d'Alpes de la Vanoise; on ne fait ainsi que généraliser l'appellation de leurs parties principales. Quant au troisième groupe, compris entre le Graisivaudan, la Maurienne et la Romanche, il est plus difficile de lui donner un nom d'ensemble tant son morcellement tectonique s'accuse dans la topographie; la chaîne de Belledonne et les Grandes Rousses sont ses éléments les plus importants.

Voyons comment sont constituées ces unités hétérogènes.

Les *Alpes du Mont Blanc* appartiennent tout entières à la première zone alpine. On sait que l'usure du sol y a fait apparaître des

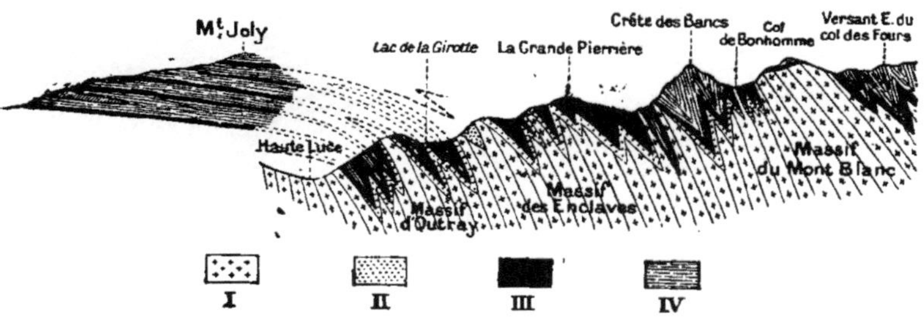

Fig. 108. — Coupe du Mont Joly et de l'extrémité méridionale du massif du Mont Blanc
(d'après M. Marcel Bertrand).
Figure extraite du *Traité de géologie* de M. A. de Lapparent, 4ᵉ éd., p. 1772.

I, Archéen, II, Carbonifèrien; III, Trias; IV, Lias.

massifs cristallins de forme amygdaloïde qui correspondent aux endroits où les plis ont été surélevés, et se trouvent entourés et séparés les uns des autres par des ceintures sédimentaires, vestiges de l'enveloppe qui les enrobait complètement à l'origine et que l'érosion n'a respectée que dans les parties déprimées de l'architecture. Ces massifs centraux se présentent sur trois files. La première est représentée par le massif du Mont Blanc proprement dit, encadré entre les deux grands synclinaux de Courmayeur et de Chamounix. Des plis intermédiaires de moindre importance y ont préparé l'apparition des deux rangées d'*aiguilles* qui dominent la vallée de l'Arve et l'Allée Blanche, ainsi que de la dépression médiane où s'étalent les grands champs de neiges et de glaces. La seconde forme le massif des Aiguilles-Rouges et le Prarion. Quant à la troisième, elle se montre dans le massif de Beaufort, pour disparaître au mont Joly sous les empilements de plis du Lias et du Trias qui, issus de la bande précédente, sont venus se rabattre vers l'extérieur des Alpes.

Les *Alpes de la Vanoise*, au contraire, se partagent entre les trois zones alpines. La première zone constitue toutes les montagnes qui s'étendent depuis le confluent de l'Arc et de l'Isère jusqu'à Saint-Jean-de-Maurienne. La ceinture sédimentaire qui en forme l'enveloppe s'arrête à Aiguebelle et à La Chambre; quant aux noyaux cristallins, ils ne forment que deux masses caractérisées respectivement par le Grand-Arc et le mont Bellachat et séparées, au col de Basmont, par un petit synclinal liasique et houiller. La zone du

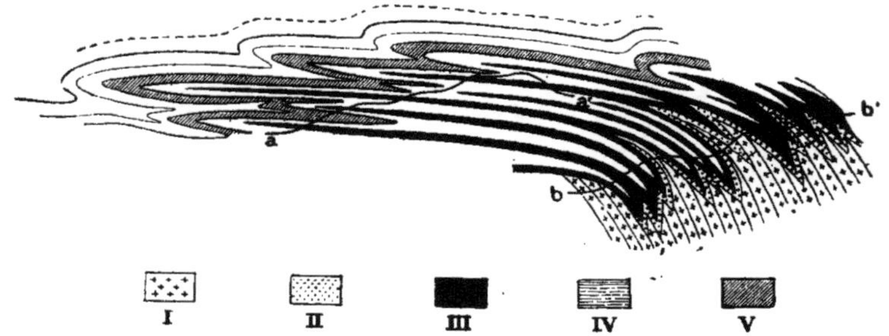

FIG. 109. — Coupe schématique rétablissant la série des couches disparues de la figure 107 (d'après M. Marcel Bertrand).
Figure extraite du *Traité de géologie* de M. A. de Lapparent, 4ᵉ éd., p. 1773.
I, Archéen; II, Carbonifférien; III, Trias; IV, Lias; V, médiojurassique; aa' profil du Mont-Joly; bb' profil du Massif de Beaufort.

Briançonnais qui lui succède, à Saint-Jean-de-Maurienne, comprend d'abord une partie tertiaire où se trouve le massif des Encombres, puis une bande de terrains carbonifériens qui forme l'axe de la zone et où s'élèvent les glaciers de Chavières. A Modane, enfin, commence la zone du mont Rose qui contient les glaciers de la Vanoise proprement dite et le mont Pourri. C'est à l'accolement de ces éléments successifs qu'est dû le nombre relativement grand des communications transversales qui permettent de passer de Tarentaise en Maurienne.

Au sud de la Maurienne, dans le troisième groupe de massifs, la première zone alpine joue un rôle plus important. Les trois files e ses massifs centraux amygdaloïdes sont représentées. Tout d'abord, on a la chaîne de *Belledonne* qui s'élève le long du Graisivaudan et dont l'importance orographique est considérable. Son énorme noyau, de structure relativement simple, surgit d'une gaine schisteuse de Lias et de Médiojurassique dont les croupes adoucies forment un premier gradin du côté du Graisivaudan et contrastent vigoureusement avec la ligne de crête finement dentelée de la masse cristalline. Puis, après un synclinal en grande partie liasique, qui se traduit par une dépression, viennent les *Grandes-Rousses*, encadrées entre le col du Glandon et la combe d'Arves. Ici la structure est plus compliquée. Les plis de date tertiaire ont modelé à nouveau une région où se distinguent les traces des mouvements de date hercynienne. L'ancien substratum, plissé, puis usé et percé de larges intrusions éruptives, a été recouvert en discordance d'un épais manteau de Trias et de Lias, et le tout a été repris par les plissements alpins qui ont épousé grossièrement l'orientation de leurs aînés. Enfin, à l'est des Grandes-Rousses, le petit massif cristallin du Rocheray représente, non loin de Saint-Jean-de-Maurienne, le prolongement de la bande cristalline la plus interne, celle du mont Blanc proprement dit. Au delà, commence la zone du Briançonnais, dont les subdivisions sont bien mises en évidence par la coupe de M. Kilian. Elle montre d'abord, dans la partie tertiaire, les Aiguilles d'Arves; puis, dans la partie jurassique et carboniférienne, le Galibier, dont l'architecture est imbriquée, la Sétaz, le mont Thabor.

Dauphiné. — Le grand sillon du Graisivaudan se prolonge au sud de Grenoble par la vallée du Drac qui s'infléchit, dans le *Trièves* et le *Champsaur*, en contournant les massifs cristallins de la première zone alpine. De là, la dépression rejoint la Durance par le col Bayard et Gap en enveloppant la région du *Devoluy*, et pousse un retour vers le Nord par Aspres et Veynes. C'est toujours à la nature peu résistante des sédiments à faciès marneux du Lias et du Médiojurassique qu'elle doit son existence. Non seulement elle ne correspond pas à une dépression synclinale tectonique et coupe obliquement les plis, mais elle est souvent tracée aux dépens d'aires anticlinales. Quoi qu'il en soit, on peut la considérer comme une délimitation entre les chaînes alpines et les chaînes subalpines, en faisant, au sujet de l'extension vers le Sud de ces dénominations classiques, les restrictions que l'on sait.

Partie subalpine. — Les plis subalpins du faisceau jurassien que nous avons vu former le massif de la Grande-Chartreuse se poursuivent de l'autre côté de la coupure de l'Isère, dans le *Vercors* et les *monts du Lans*. Plus à l'extérieur, et séparé du Vercors par le prolongement du pli-faille de Voreppe, le Jura pousse son extrême pointe. Les failles que l'on croyait autrefois abonder dans ces régions ne sont en somme que les surfaces d'étirement des plis-

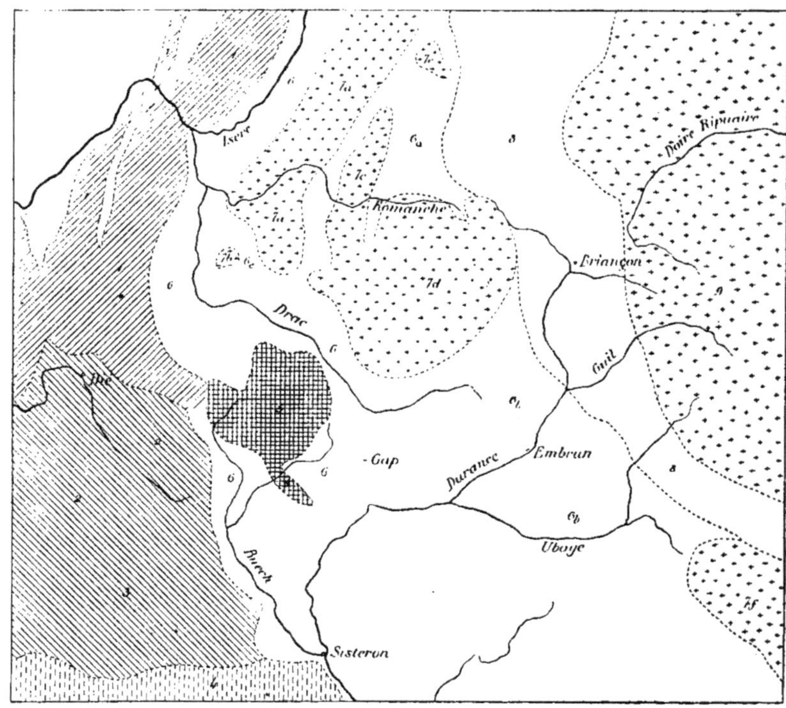

Fig. 110. — Croquis tectonique du Dauphiné.

1, chaînes subalpines (fin du Jura et faisceau jurassien de la Chartreuse et du Vercors; 2, Diois; 3, Baronnies; 4, Ventoux; 5, aire synclinale et relief par inversion sculpturale du Devoluy, du Beauchêne et de la montagne de Ceüze; 6, sillon sculptural creusé dans l'enveloppe mésozoïque externe de la première zone alpine et les aires anticlinales du Trièves, du Champsaur et de la région Aspres-Veynes; 6a, enveloppe mésozoïque interne de la première zone alpine; 6b, régions de l'Embrunais et du Gapençais; 6c, dépression de la Matheysine; 7, massifs centraux de la première zone alpine; (a, de Belledonne et du Taillefer; b, de la Mure; c, des Grandes Rousses; d, du Pelvoux; e, de Rocheray; f, du Mercantour); 8, zone du Briançonnais; 9, zone du Mont Rose ou du Piémont. Échelle de 1 : 1 500 000.

failles. Dans l'intervalle, l'atténuation de la courbure des plis a motivé une disposition en plateaux ondulés.

Jusque dans le voisinage du coude septentrional de la Drôme, on est dans le faisceau jurassien, et l'allure des plis est à peu près N.-S. Mais, à hauteur de Die, la disposition du relief change brusquement et l'on sent que l'on entre dans un territoire dont l'architecture est toute différente. On s'est, en effet, rapproché de la Provence et l'on pénètre dans une région que les plissements alpins ont bien affectée, mais qui avait déjà été modelée par les plissements tertiaires préoligocènes; ceux que nous avons qualifiés de *pyrénéens*. Cette superposition de deux plissements de dates assez rapprochées s'est traduite de deux façons différentes. Tantôt les efforts alpins ont simplement fait rejouer, en les accentuant, les accidents pyrénéens dont la direction générale était E.-W.; tantôt, au contraire, ils ont imposé à l'architecture une orientation N.-S. Ces plis ont eu, en outre, à compter avec un certain nombre d'aires synclinales allongées qui ont eu un rôle directeur.

C'est à la disposition de ces aires synclinales que sont dus les caractères particuliers de la topographie du *Diois* et des *Baronnies* qui lui font suite au Sud. Cette topographie est caractérisée par des bassins elliptiques, dont la *forêt de Saou* donne un exemple typique. Les dépressions, d'aspect quelquefois désolé, sont entourées d'une ceinture d'escarpements due à la consistance de certaines couches du sol; on ne peut y pénétrer que par d'étroites cluses suivies par les lits de torrents, souvent à sec. Mais il faut encore relater à propos de l'architecture du Diois et des Baronnies un autre fait d'un caractère plus général : c'est qu'aux différentes époques de l'histoire alpine l'ensemble de leurs territoires a joué, par rapport aux régions voisines, le rôle de dépression. L'étude des sédiments a permis, en effet, à M. V. Paquier de reconnaître que

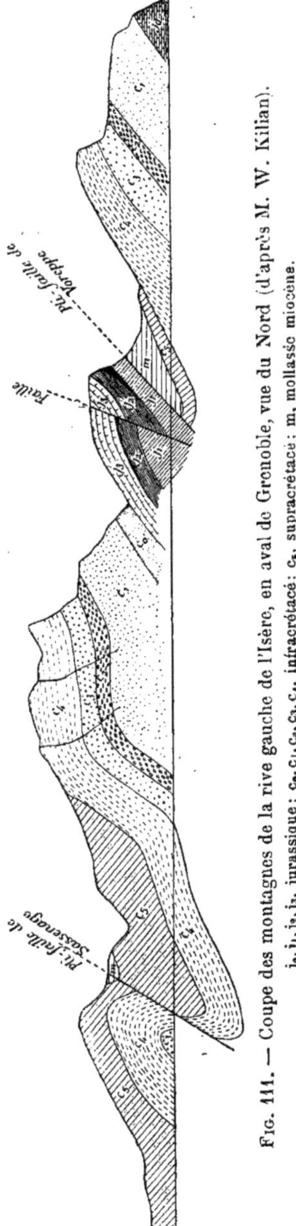

Fig. 111. — Coupe des montagnes de la rive gauche de l'Isère, en aval de Grenoble, vue du Nord (d'après M. W. Kilian).

j_0, j_1, j_2, j_3, jurassique ; c_0, c_1, c_2, c_3, c_4, infracrétacé ; c_5, supracrétacé ; m, mollasse miocène.

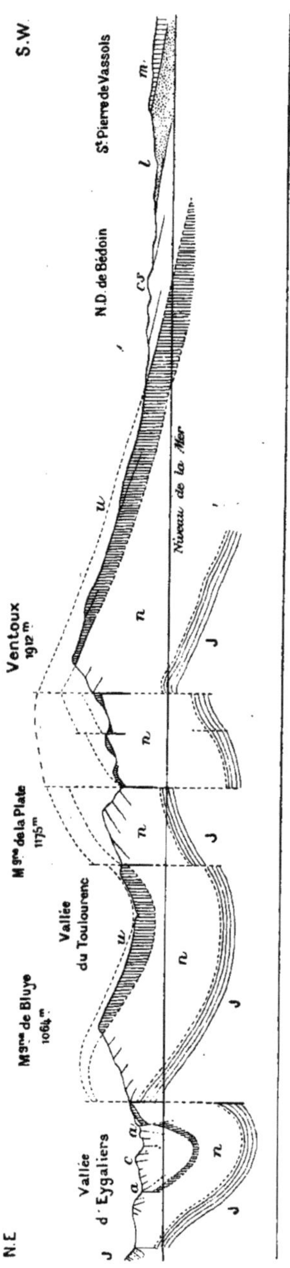

Fig. 112. — Coupe du Mont Ventoux (d'après Leenhardt). Figure extraite de l'édition française de *La Face de la Terre* de M. Suess. j, jurassique supérieur; n, u, a, infracrétacé (u, représente l'urgonien); c, supracrétacé; l, oligocène lacustre; m, mollasse marine miocène. Échelle de 1 : 120 000 (hauteurs et longueurs).

dans le géosynclinal jurassique et crétacique il y avait là une fosse particulièrement profonde. La même tendance à l'affaissement s'est manifestée pendant la période des plissements alpins et a incité les éléments tectoniques voisins à se déverser de ce côté.

Au sud des Baronnies, la direction E.-W. devient décidément prédominante dans le *mont Ventoux* et la *montagne de Lure*. Ici les plissemens alpins ont surtout fait rejouer les accidents provençaux de date préoligocène. L'ensemble est d'ailleurs dissymétrique et s'abaisse en pentes douces vers le Sud en formant les *plateaux de Saint-Christol*[1], dont la partie méridionale ravinée par l'érosion est désignée, sur les cartes, sous le nom de Monts de Vaucluse. Plus au Sud encore, se dresse une dernière chaîne d'orientation analogue qui comprend le Lubéron et les Alpines. Elle marque à peu près la limite jusqu'à laquelle se sont étendus les remaniements alpins.

Il reste, pour achever la revue des massifs que nous avons qualifiés de subalpins, à parler de ceux qui s'élèvent à l'est du Diois jusqu'aux environs de Gap, en constituant le *Dévoluy* et le *Beauchêne*. Ces massifs où dominent les

1. Mention spéciale doit être faite des environs de Banon où, fait rare dans les régions plissées, apparaît un véritable champ de fractures tel qu'on en distingue dans les pays d'architecture tabulaire.

terrains crétaciques et tertiaires, correspondent à des aires synclinales de dépression tectonique. Il y a là, mais sur une échelle d'une
majestueuse ampleur, une de ces inversions de relief que nous
avons définies en parlant du jeu de l'érosion. Dans le Devoluy et le
Beauchêne, l'abaissement architectural a permis aux terrains suprajurassique et crétacique de se maintenir et de constituer, grâce à la
consistance qu'ils ont précisément en ces endroits, des massifs montagneux. Au contraire, dans la zone qui forme le tour de ces régions,
la surélévation des plis a amené la destruction rapide de la couverture résistante et précipité l'attaque des terrains jurassiques anciens à faciès marneux. Ceux-ci se sont laissé facilement entamer
en dessinant les dépressions relatives du *Trièves*, du *Champsaur*, et
de la région Gap-Tallards-Aspres-Veynes. A l'intérieur de cette zone
périphérique se dressent, comme des remparts, les murailles calcaires du Beauchêne, de la montagne de Ceüze et du Devoluy. Au
centre de ce dernier, la disposition architecturale déprimée se traduit par l'existence de la vallée de Saint-Étienne, où ont pu se conserver les dépôts tertiaires. Il faut observer enfin qu'à l'Ouest, tout
cet ensemble est en contact anormal avec le Diois sur lequel il se
déverse.

Partie alpine. — La région des chaînes alpines tire, dans le
Dauphiné, son caractère spécial de ce fait que la première zone
alpine présente, après le massif central du Pelvoux, un abaissement
considérable des axes de ses plis. Cet abaissement explique la disparition momentanée des massifs cristallins amygdaloïdes qui
jouent un si grand rôle en Savoie, ainsi que le déversement vers le
S.W. d'une partie de la zone du Briançonnais, sur l'ensellement
architectural qui sépare les régions surélevées du Pelvoux et du
Mercantour. Il explique aussi la disposition du cours de la Durance
et sa traversée oblique des zones alpines. Ce trait physique attire
toutefois trop l'attention dans l'examen de la carte et l'on ne peut,
sans réserves expresses, suivre les géographes lorsqu'ils en font la
base de leurs divisions.

On considère, en effet, le plus souvent que la Durance divise la
région montagneuse en deux parties. Dans l'une, le haut massif du
Pelvoux absorbe les regards et impose le nom d'*Alpes du Pelvoux* à
un ensemble qui en réalité est hétérogène. Dans l'autre, on réunit
artificiellement, sous le nom d'*Alpes Cottiennes*, la ligne de faîte et
les massifs montagneux qui se soudent à elles en séparant les vallées de la Cerveyrette, du Guil et de l'Ubaye.

Il faut revenir sur ces définitions qui ne sont basées que sur la distribution des vallées.

En désignant sous le nom d'Alpes du Pelvoux tout ce qui est compris entre la Romanche, le Drac, la Guisanne et la Durance, on soude en réalité une partie de la zone du Briançonnais à celle du Mont Blanc, et on néglige les divisions de détail de cette dernière. Comme au nord de la Romanche, la première zone alpine comprend, en effet, plusieurs unités cristallines distinctes séparées par des synclinaux où s'est conservée la couverture sédimentaire. C'est d'abord le petit *massif de la Mure* dont il n'existe pas, à proprement parler, d'équivalent en bordure du Graisivaudan et qui est le résultat d'une surélévation locale, d'un *nœud*, dans l'enveloppe liasique

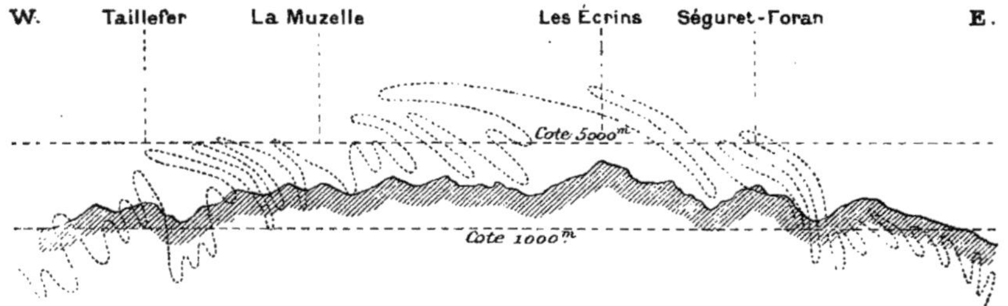

Fɪɢ. 113. — Coupe schématique transversale du massif du Pelvoux (d'après M. Termier).
Figure extraite du *Traité de géologie* de M. A. de Lapparent, 4ᵉ édit., p. 1773.
La ligne pleine représente le profil du sol; la courbe ponctuée correspond à la surface de base du Trias.

extérieure de la première zone alpine. Puis, après la dépression de la *Matheysine*, parsemée de petits lacs et encombrée de détritus glaciaires, le massif du *Taillefer*, prolongement direct de celui de Belledonne et qui s'arrête au *Val Bonnais*. Vient ensuite la terminaison des Grandes-Rousses accolée directement au puissant massif du *Pelvoux* dont elle n'est séparée que par le col de la Muzelle. On retrouve, dans cette région du Pelvoux proprement dit, le régime architectural signalé dans les Grandes-Rousses, c'est-à-dire la superposition de plis alpins à des plis hercyniens de direction sensiblement analogue. Les plis alpins, qui ont imposé le caractère définitif, sont tous déversés vers l'W. et présentent des ondulations transversales qui ont déterminé le rassemblement des eaux et provoqué la formation de la vallée de Saint-Cristophe, du Val Godemar et même d'une partie de la vallée de la Romanche.

Tous les massifs cristallins que nous venons d'examiner plongent successivement au Sud sous le manteau sédimentaire auquel l'abaissement général des plis de la première zone alpine a permis de se maintenir. La chaîne de Beaumont au sud du Val Bonnais appartient déjà à ce manteau ; puis, viennent les montagnes confuses du *Gapençais* et de l'*Embrunais*, que nous retrouverons sur la rive gauche de la Durance. Enfin à l'Est, la zone du Briançonnais, séparée de la première zone alpine par le Lautaret, le col de l'Eychauda et la *Vallouise*, fait son apparition et constitue les massifs de la Condamine et du Prorel qui précèdent immédiatement Briançon[1].

A l'est de la Durance, les apparences déterminées sur la carte

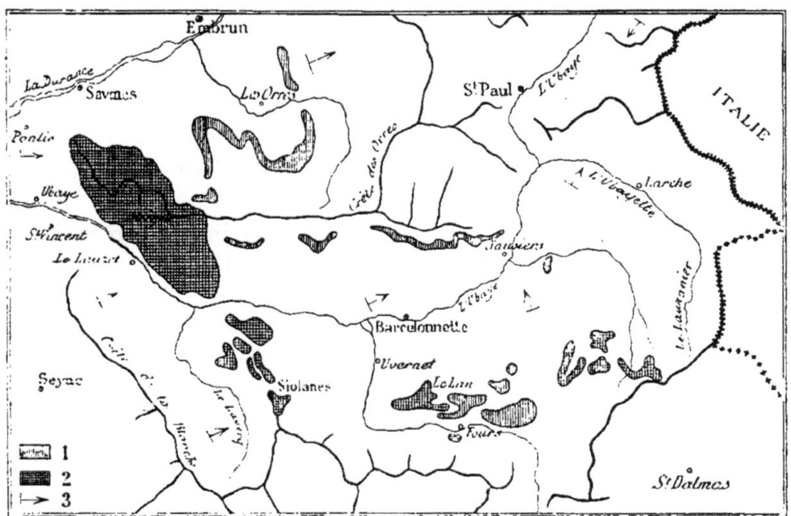

FIG. 114. — Structure géologique de la Vallée de Barcelonnette (d'après M. Haug).

1, affleurement de la nappe triasique correspondant au pli couché de Jausiers ; 2, lambeaux de recouvrement résultant d'un grand pli couché dont la racine est située en arrière du précédent ; 3, pendage des couches. Échelle de environ 1 : 440 000.

par la ligne de faîte franco-italienne et les profondes vallées du *Queyras* et de Barcelonnette sont suffisamment accusées pour que les géographes soient tentés de décrire les montagnes comme formant une chaîne, celle des *Alpes Cottiennes*, flanquée, sur le versant français, de deux grands contreforts : la chaîne de *Furfande* entre Cerveyrette et Guil, et celle du *Parpaillon* entre Guil et Ubaye.

---

1. Suivant M. P. Termier, la partie supérieure du Prorel est couronnée par une écaille de recouvrement, vestige du puissant système de nappes exotiques qui aurait couché sous lui tous les plis autochtones de la partie alpine du Dauphiné, ne s'arrêtant que devant le renflement tectonique de la chaîne de Belledonne.

Cette association est défectueuse. Les Alpes Cottiennes appartiennent presque tout entières à la zone du Piémont dont les terrains anciens sont cachés, sur le versant français, par une robe de ces schistes lustrés qui donnent une physionomie si spéciale aux hautes vallées. La zone du Briançonnais forme la chaîne de Furfande où les plis atteignent une complication plus grande encore que d'ordinaire, puis elle s'infléchit vers l'Est en relayant la zone du Mont Rose dans son rôle de zone faitière lorsque celle-ci disparaît. Le col de Vars, la vallée de l'Ubayette et le col de Larche marquent à peu près sa limite occidentale. Enfin, la chaîne du Parpaillon appartient à cette région de l'Embrunais dont nous avons déjà parlé. L'architecture a été compliquée ici par des plis couchés qui, se déversant du N.E. vers le S.W., ont superposé des couches exotiques de Trias à l'architecture locale. C'est à ces nappes exotiques, dont il ne reste plus aujourd'hui que des lambeaux, qu'appartiennent certains couronnements comme ceux du Grand Morgon et de la chaîne des Orres.

Les liens qui unissent l'hydrographie à la disposition architecturale n'ont pas encore été, dans le Dauphiné, l'objet de recherches très précises, si ce n'est en ce qui concerne le Diois et les Baronnies où M. Paquier a mis en lumière l'influence des zones elliptiques synclinales et les captures opérées par le Buech au détriment du réseau initial. Néanmoins on sent bien que le changement progressif qui fait passer les vallées de la direction N.-S. dans le Vercors à la direction E.-W. dans le voisinage du Mt Ventoux, ne peut être dû qu'à l'influence de la tectonique et à la prépondérance que le type provençal prend peu à peu sur le type alpin.

Le tracé de la Durance, avec sa direction oblique par rapport aux zones alpines, déroute au premier abord, car il n'est ni conforme à la disposition des plis longitudinaux, ni nettement transversal. Mais il faut bien se dire que la surface structurale a tiré en grande partie son caractère du déversement de la zone du Briançonnais sur la première zone alpine, et que tant que l'on ne l'aura pas reconstituée par la pensée, il sera difficile de se faire une idée des conditions initiales qui ont présidé au rassemblement des eaux. Le cours du Buech soulève une question analogue ; il est surimposé sans doute aux plis autochtones.

Il paraît établi que les cours d'eau du système de la Durance avaient à peu près acquis leur disposition actuelle dès la fin de l'époque miocène, mais bien entendu sans avoir approfondi leurs vallées. A l'époque pliocène, un grand lac occupait toute la région

qui s'étend au S. W. de Digne jusqu'à Mirabeau. La Durance, la
Bléonne, l'Asse, le Verdon y débouchaient par des cluses en déversant leurs apports détritiques. C'est là l'origine de ces poudingues
de cailloux roulés qui forment le *plateau de Valensole* et que nous
retrouverons en examinant la façon dont les Alpes proprement dites
se soudent à la Basse-Provence.

Haute-Provence. — Comté de Nice. — La partie méridionale
des Alpes, outre qu'elle ne s'élève pas directement au-dessus de la
dépression rhodanienne mais se soude insensiblement au territoire
montagneux autonome de la Basse-Provence, est par elle-même très
confuse et ne présente pas de ces grandes coupures qui, dans la
Savoie et le Dauphiné, favorisent la tâche des géographes en leurs
fournissant des divisions. Aussi se contente-t-on le plus souvent de
résumer ses massifs montagneux sous deux grandes dénominations :
les *Alpes de la Haute-Provence*, à l'Ouest du Var, les *Alpes Maritimes* à l'Est.

L'extrême complexité de l'architecture de cette partie des Alpes
empêche qu'on puisse en tirer grand secours pour la nomenclature géographique ; néanmoins, si l'on veut se faire une idée des
caractères spéciaux que présente ici la région montagneuse, il est
absolument nécessaire d'avoir compris tout au moins la nature
de la tectonique.

Le premier fait qui attire l'attention est la disparition de ce
grand fossé, d'origine sculpturale, qui, depuis Sallanches jusqu'aux
environs de Gap, nous a servi à séparer les Alpes en deux grands
territoires. Le concours de circonstances auquel il devait sa formation cesse en effet dans les Alpes méridionales, où l'abaissement
tectonique des plis de la première zone alpine et le voisinage de la
Basse-Provence qui fait perdre peu à peu aux sédiments le facies
essentiellement marneux qu'ils avaient dans la région Delphino-
savoisienne ont ralenti le travail de sculpture. C'est donc en vain
que, par esprit de continuité, on s'ingénierait à vouloir distinguer
une région de chaînes alpines et une région de chaînes subalpines.
Il y a contact complet entre la première zone alpine et les plis les
plus extérieurs, si tant est que ceux-ci puissent encore être dis-
tingués théoriquement.

Le second fait, que toute carte physique met en lumière, c'est
que, tandis que les montagnes les plus extérieures se disposent
en chaînons parallèles qui décrivent comme des festons concen-

triques autour de Castellane pour rejoindre ensuite le cours inférieur du Var par de grandes branches rectilignes, les massifs
intérieurs ont une disposition orographique toute différente et
semblent constituer des *paquets* indépendants. La clef de ce contraste est dans les conditions spéciales de la tectonique.

Si, pour un instant, on fait abstraction du ruban extérieur de
chaînons parallèles, on constate que la presque-totalité des montagnes appartient à la première zone alpine. La zone du Mont Rose
a en effet disparu depuis la vallée de la Stura, et la zone du Briançonnais, très réduite de largeur au col de Larche, est rejetée sur le
versant italien. Or, on sait que l'architecture de cette première zone
alpine comprend une série d'aires surélevées et d'aires déprimées
alternant un peu comme les *ventres* et les *nœuds* d'une corde en
vibration. Jusqu'ici nous avons vu les aires surélevées avoir une
valeur suffisante pour que l'érosion ait pu les débarrasser du manteau sédimentaire et faire apparaître le substratum cristallin. Il
n'en est plus de même dans la partie méridionale des Alpes. Un
seul massif amygdaloïde cristallin s'y montre, préparé de vieille
date, il est vrai, car il apparaissait déjà comme une île au sein
des mers suprajurassiques et crétaciques. C'est le *Mercantour*. Il
peut être considéré comme l'homologue du Pelvoux et appartient,
par conséquent, à la partie la plus intérieure de la première zone
alpine. En avant de lui, aucune masse cristalline visible ne correspond à la chaîne de Belledonne ou aux Grandes Rousses; mais des
dômes anticlinaux montrent que l'architecture a conservé son
caractère *bossué*. On peut donc, à titre d'image explicative, se figurer
que, dans un stade plus avancé de l'érosion, le pays situé à l'W.
du Mercantour présenterait les caractères que le massif de la
Mure, le Taillefer et la fin des Grandes Rousses donnent à la région
qui précède le Pelvoux. Peut-être même alors, les nouveaux îlots
cristallins dégagés par les progrès de la dénudation seraient-ils contournés par une dépression creusée aux dépens du ruban des
chaînons parallèles extérieurs, absolument comme le Graisivaudan a été creusé aux dépens de la chemise liasique du massif de
Belledonne. Quoi qu'il en soit, on se rend compte que l'architecture de la région comprend le grand massif cristallin du Mercantour et, en avant de lui, une série d'aires anticlinales et synclinales
où la tectonique bossuée habituelle à la zone du Mont Blanc se
complique de tous les froissements du manteau sédimentaire conservé au-dessus des dômes cristallins.

Alors, pour achever de comprendre les formes du sol, il suffit de se dire que les surélévations ou abaissements tectoniques relatifs, localisés de la façon que nous avons indiquée, ont eu forcément pour effet d'exposer ici telle assise du sol à être rabotée alors que là elle

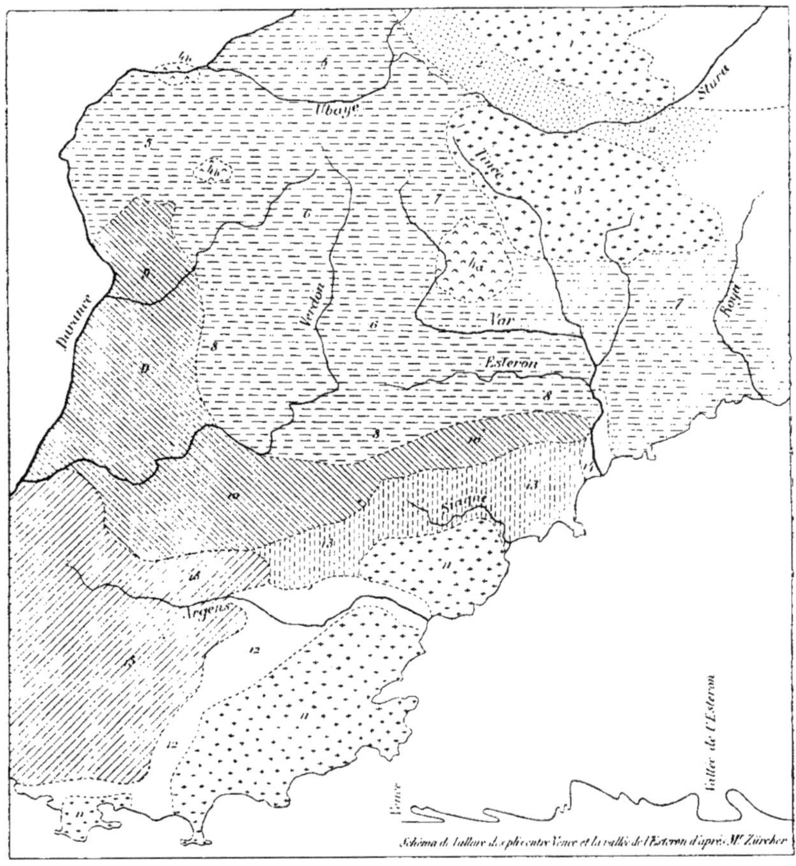

FIG. 115. — Croquis tectonique des Alpes maritimes et de la Provence.

1, zone du Mont-Rose ou du Piémont; 2, zone du Briançonnais; 3, dôme cristallophyllien du Mercantour; 4a, terrains primaires du dôme de Barrot; 4b, terrains primaires de Remollon et de Barles: 5, Embrunais; 6, Alpes de la Haute Provence; 7, Alpes Maritimes ; 8, zone des Barres : 9, Plateau de Valensole; 10, Plateaux de raccord; 11, Massif ancien des Maures et de l'Estérel: 12, dépression de Cuers; 13, chemise mésozoïque de l'Estérel; 14, ancien delta du Var; 15, Montagnes de la Basse-Provence. Échelle de 1 : 1 500 000.

aura pu échapper à l'érosion, de telle manière que les différentes formations sédimentaires apparaissent comme par grandes taches indépendantes; et de se souvenir ensuite que, dans chacun de ces îlots, la sculpture du sol a dépendu de la résistance plus ou moins grande des matériaux. Tout alors s'éclaire. On saisit la raison d'être des différents *paquets* montagneux. On devine aussi que de nombreuses inversions de relief ont pu se produire et que tel ou tel massif peut parfaitement correspondre à une dépression synclinale

Fig. 116. — Coupe schématique N.-S. à travers les Alpes de
00, Archéen; 0, Primaire; 1, Trias;

de l'architecture, si cette dépression a permis à des couches relativement jeunes de subsister, en adoptant, grâce à leur résistance particulière, des formes très accusées. Tel est le cas de certaines couches crétaciques, comme celles du Turonien, ou tertiaires, comme les grès oligocènes, dits grès d'Annot.

Ces renseignements généraux doivent être accompagnés de quelques notions élémentaires sur la distribution des aires anticli-

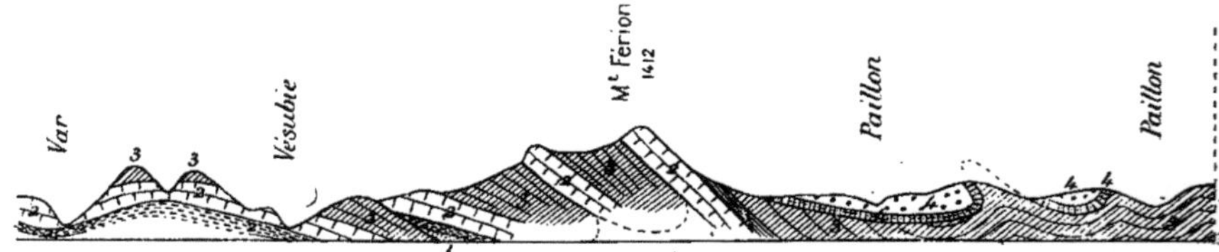

Fig. 117. — Coupe schématique E.-W. à travers le
1. Trias; 2, Jurassique.

nales et synclinales dans les Alpes de la Haute-Provence et les Alpes Maritimes.

Les *Alpes de la Haute-Provence* présentent une aire de surélévation qui est indiquée par des pointements de Trias à Remollon, sur la Durance, et de grès houiller à Barles. Sur son pourtour, il y a rencontre de plis E.-W. qui viennent de la région subalpine et des plis alpins de direction N.-S. Cette rencontre se fait avec pénétration réciproque, les plis E.-W. antérieurs aux autres les forçant à décrire des festons, avec rebroussements à la rencontre des anticlinaux. La

contre-partie de ce bombement est constituée par une aire de dépression qui a permis aux terrains tertiaires de se conserver par
flaques et que le Verdon traverse du N. au S. pour se diriger d'Allos
vers Castellane. C'est à cette aire que correspond le massif du
Cheval Blanc, en grande partie crétacique, et le mont Saint-Honorat,

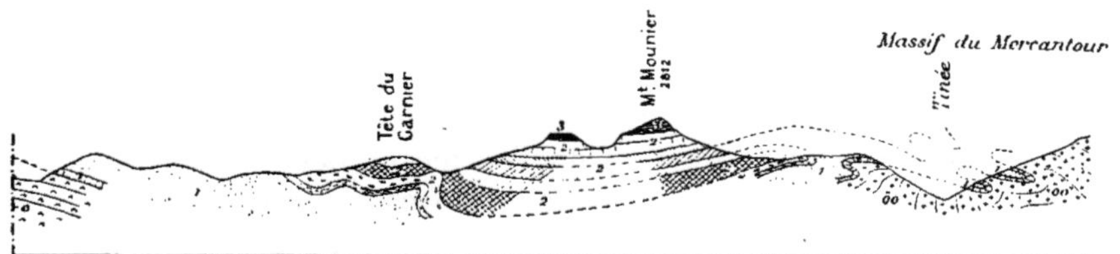

la Haute-Provence et les Alpes Maritimes (d'après les travaux de M. L. Bertrand).
2, Jurassique; 3, Crétacique; 4, Tertiaire. Échelle de environ 1 : 180 000 (longueurs et hauteurs).

dont le relief est dessiné par les grès d'Annot. Autour de cette
dépression et sous son influence directrice, les plis les plus extérieurs tracent les chaînons parallèles dont nous avons parlé et constituent ce que M. Zürcher a proposé de nommer la *zone des barres*.

Dans les *Alpes Maritimes*, dont la tectonique a été étudiée par
M. Léon Bertrand, les aires anticlinales sont au nombre de deux :
celle du Mercantour et celle du Var supérieur. L'aire du Mercantour
a une importance géographique considérable. L'énorme îlot ellip-

lpes Maritimes (d'après les travaux de M. L. Bertrand).
Crétacique; 4, Tertiaire. Échelle de environ 1 : 120 000 (hauteurs et longueurs).

tique de terrains cristallins, dont l'usure a donné naissance à tant
de dépôts sédimentaires du voisinage, fournit la ligne de faîte
depuis les environs du col de Larche jusqu'à ceux du col de Tende.
C'est à lui que les hautes vallées doivent cette abondance relative
d'eau et de végétation qui fait contraster si vigoureusement leur
aspect avec celui des vallées arides entaillées dans les calcaires.
Quant à l'aire du Var supérieur, dont le dôme de Barrot constitue
la partie capitale, sa surélévation tectonique bien moindre n'a
permis à l'érosion de mettre à jour que le Trias et le Permien.

Entre ces aires anticlinales s'intercalent deux aires synclinales. L'une, située au Nord du dôme de Barrot, peut être désignée sous le nom d'aire synclinale de la Sanguinière; c'est elle qui fournit les sommets qui dominent les sources du Var. L'autre, au Sud, se subdivise en cuvettes distinctes que séparent, comme des cloisons, des relèvements accessoires des couches du sol. Ce sont les aires synclinales subordonnées du Var moyen, de l'Esteron, de la Bevera et de Menton. C'est là que les interversions de relief dues aux causes que nous avons énumérées se font surtout sentir. A l'aire du Var moyen, appartient le massif du Tournairet, dont les sommets sont constitués par le crétacique ou le tertiaire; à celle de la Bevera, correspond le massif de l'Aution, qui a les mêmes caractères. Les dépressions de Sospel, de Breil, de Saint-Martin-Lantosque ont, au contraire, été sculptées dans les cloisons surélevées, et font apparaître des terrains plus anciens.

Autour de tout cet ensemble, l'enveloppe extérieure, constituée au Sud des Alpes de Provence par la zone des *barres*, semble se continuer d'abord par les chaînons voisins de l'Esteron, puis par ceux qui, sur la rive gauche du Var, descendent dans la direction de Nice.

On comprend que, dans ce territoire complexe de la Haute Provence, l'hydrographie ait dû passer par des phases diverses et que son étude soulève bien des problèmes de détail. La plupart d'entre eux n'ont point encore été abordés. Nous nous contenterons de faire remarquer que l'influence de la tectonique se traduit dans la disposition si caractéristique du Var. L'aire de dépression du Var moyen a fait certainement appel par rapport aux cours du Var supérieur, du Cians et de la Tinée. Quant au coude de cette dernière, en amont de Saint-Sauveur, il est évidemment commandé par le dôme du Mercantour.

BASSE-PROVENCE

Considérations générales. — L'histoire géologique de l'ensemble de la Région française nous a montré qu'après la dislocation du continent hercynien il avait subsisté, dans la région méditerranéenne, une terre sur laquelle on n'a naturellement que des renseignements assez vagues, mais dont l'existence est hors de doute et qui a reçu le nom de *Tyrrhénide*. Nous avons vu cette Tyrrhénide limiter, pendant la durée des temps secondaires, les mers de la

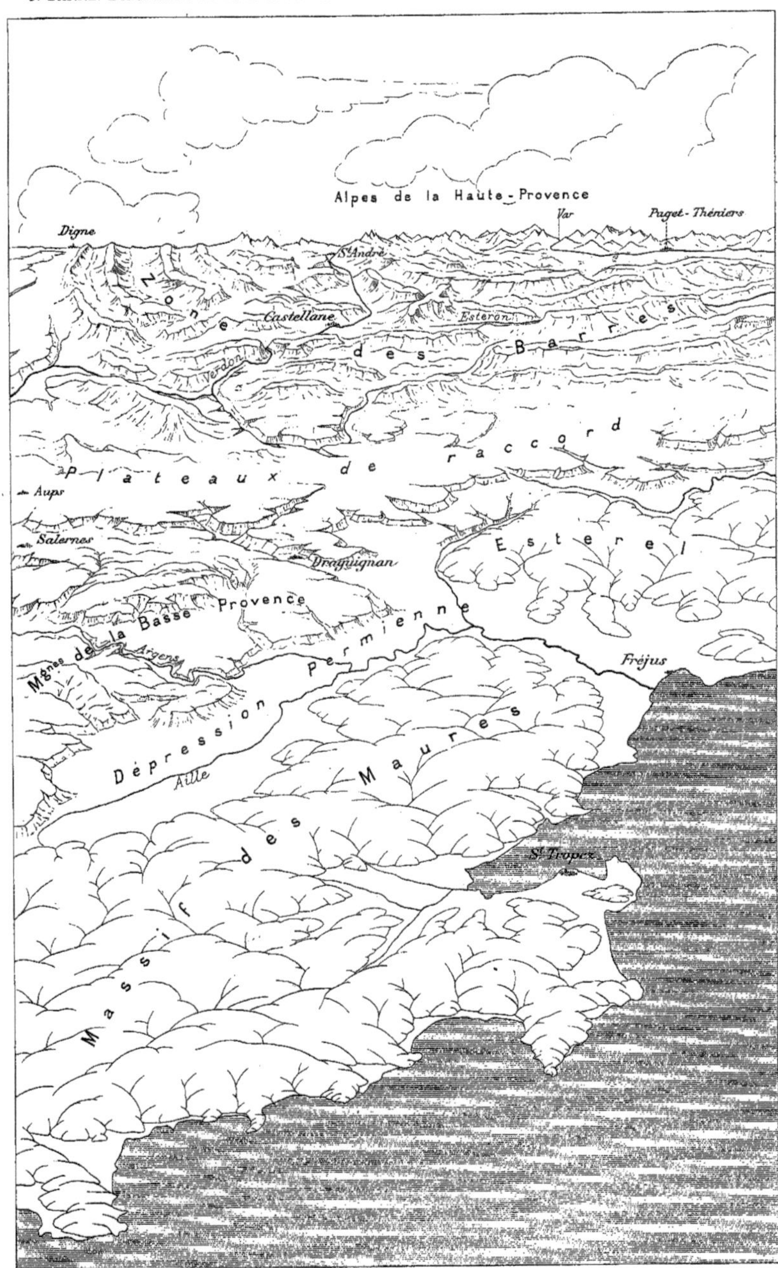

Fig. 118. — Perspective schématique du contact des Alpes et de la Basse Provence.

région alpine et imposer aux sédiments un facies de caractère littoral bien différent de celui qu'ils acquéraient dans le géosynclinal alpin. Enfin nous savons que peu après le début de l'ère tertiaire, à l'époque éocène, les actions de plissement se sont manifestées dans le voisinage de cette terre méridionale, en même temps que dans les Pyrénées et, par conséquent, bien avant les mouvements alpins proprement dits. Tout donc nous indique qu'il y a, en bordure de la Méditerranée, un territoire assez étendu qu'il faut distinguer des Alpes. C'est ce territoire auquel on a donné le nom de *Basse-Provence*. Il est nécessaire d'indiquer en quelques mots les phases principales de son évolution.

La désagrégation du territoire hercynien se traduisit tout d'abord, à l'époque permienne, par l'apparition de lagunes saumâtres qui s'étendirent des environs de Nice à ceux de Marseille, en préparant l'invasion marine qui devait, plus tard, isoler nettement la Tyrrhénide. Cette invasion marine ne cessa de progresser pendant la première partie de l'ère secondaire, en faisant reculer les rivages vers le Sud. Pendant la deuxième partie, au contraire, le pays s'exhaussa peu à peu, trahissant, par des soudures temporaires avec le Mercantour ou la partie émergée de la région rhodanienne, la tendance à une émersion générale. Celle-ci se produisit à la fin de la période crétacée. La Tyrrhénide forma alors avec la région alpine et la région rhodanienne un territoire d'un seul tenant où se manifestèrent bientôt les plissements dits *pyrénéens*. Ces plis se localisèrent au nord de la Tyrrhénide, adoptant à peu près comme limite septentrionale celle de l'extension du facies provençal des terrains secondaires.

Cependant les mers avaient fait leur réapparition dans la région alpine; un géosynclinal s'y développait de nouveau qui s'infléchissait vers l'Est, en contournant le Mercantour, pendant que des lagunes envahissaient une partie de la Provence et s'avançaient vers la vallée de la Durance. Bientôt les mouvements alpins proprement dits se développent peu à peu en remaniant les plus septentrionaux des plis antérieurs, qui sont ainsi englobés dans la région alpine. Après le paroxysme final, la soudure se fait de nouveau entre les différents éléments territoriaux de la France du Sud-Est. Enfin les écroulements méditerranéens détruisent la Tyrrhénide et une partie des plis provençaux, laissant les portions qui en subsistent accrochées à la masse des Alpes.

Il résulte de cette histoire que la Basse-Provence présente deux éléments naturels bien distincts : le fragment de l'ancienne Tyrrhénide et la région des plis provençaux non remaniés par les mouvements alpins. Le premier est représenté par les montagnes des *Maures* et de l'*Esterel;* la seconde, par les *Montagnes de la Basse-Provence.*

La délimitation de la zone ancienne des *Maures* et de l'*Esterel* est facile à indiquer. Sur la carte géologique, elle est mise en évidence par une bande de terrains permiens qui, partant de la baie de Saint-Nazaire ou de Sanary, aux environs de Toulon, va rejoindre le golfe Jouan. Sur la carte topographique, elle est jalonnée successivement par la baie de Sanary, la plaine de Cuers, la vallée du Real-Martin, affluent du Gapeau, les cours de l'Aille et de l'Endre, affluents de l'Argens, du Riou blanc et de la Siagne. Toutefois la limite tracée par cette dernière rivière n'est qu'approximative et l'on sent par la présence du petit massif qui se trouve sur la côte, aux environs de Cannes, que la masse ancienne se prolonge souterrainement à l'Est de la Siagne et que les terrains triasiques et jurassiques qui affleurent entre Grasse et Antibes n'en sont que la chemise.

La séparation entre les *Montagnes de la Basse-Provence* et les *Alpes* est beaucoup moins nette. Il y là une sorte de charnière où le sol a été comme comprimé entre les deux systèmes de plis. Ainsi s'est établie une zone de raccord ondulée, où le caractère provençal et le caractère alpin viennent se fondre peu à peu. Nous distinguerons cette région sous le nom de *Plateaux de raccord.*

Plateaux de raccord. — Nous nous sommes arrêtés, à la limite des Alpes, à cette zone des *barres*, dont les chaînons parallèles, soulignés par le cours de l'Esteron, sont coupés en *clues* par les rivières qui cherchent à descendre vers l'Ouest et le Sud. Avec les plateaux de raccord, la scène change. Ils débutent, au Nord, par une puissante nappe de poudingues formés par les cailloux roulés que le cours de la Durance déversa, à l'époque miocène, dans le grand lac que nous avons vu s'intercaler entre les plis provençaux et le relief récemment accentué des Alpes. Cette nappe, où les massifs de la montagne de Lure, du Luberon et de la *barre* de Bauduen s'enfoncent en jouant, suivant M. Zürcher, le rôle de ces *épis plongeants* que l'on construit pour guider les rivières torrentielles, a été relevée par les derniers mouvements alpins. Aujourd'hui, elle se présente à nos yeux comme égratignée par l'érosion et constitue, de part et d'autre du cours de l'Asse, un pays médiocrement fertile auquel on peut donner le nom de *plateau de Valensole.*

A ce plateau tertiaire succède une suite de plateaux jurassiques

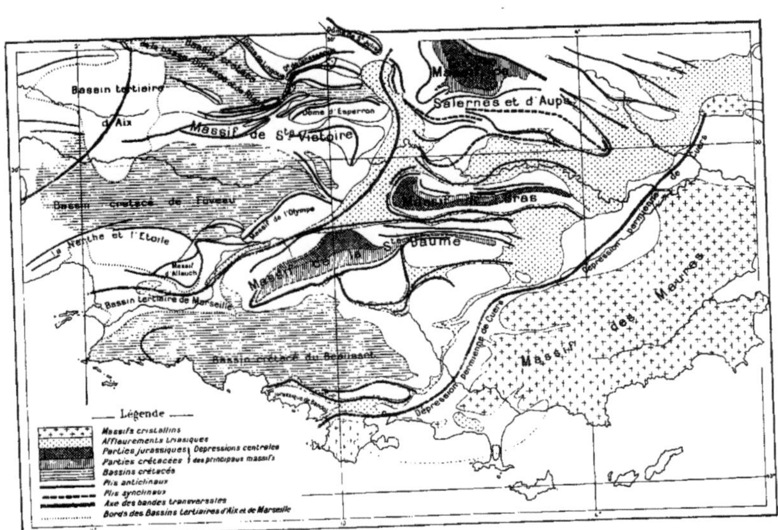

Fig. 119. — Massifs et lignes directrices de la Basse-Provence.
(Réduction de la figure publiée par M. Marcel Bertrand dans les *Annales de Géographie*, tome VI, année 1897.)
Échelle de 1 : 730 000.

qui viennent finir en pointe sur le Var inférieur et se terminent au
sud par les hauteurs qui dominent la route de Grasse à Draguignan.
Leur surface ondulée, formant, suivant l'expression locale, des
plans successifs, est le plus souvent dénudée, et montre directement
les couches calcaires. Celles-ci, poreuses et fissurées, laissent filtrer
les eaux pluviales qui disparaissent dans des abîmes souterrains,
de telle sorte que le pays est aride et le plus souvent désert. Les
cours d'eau le traversent en des gorges étroites et profondes qui constituent de véritables *cañons*. L'analogie avec les *causses* qui bordent
le Massif central est frappante.

Dans toute cette région, l'influence alpine, quoique très atténuée, est cependant dominante. Elle se traduit par l'orientation de
certaines vallées qui, se prolongeant bout à bout, suivent la direction des derniers festons alpins, ainsi que par le déversement vers
le Sud des ondulations du sol.

Montagnes de la Basse-Provence. — C'est à peu près au Sud
d'une ligne tirée de Grasse au confluent du Verdon avec la Durance
que commencent les Montagnes de la Basse-Provence. Déjà à Mirabeau, la Durance franchit un accident nettement provençal.

Toutes ces hauteurs, formées généralement de calcaires, sont
recouvertes d'une maigre végétation forestière, ou arides et dénu-
dées. Les parties cultivées et les lieux habités se trouvent dans les
fonds où apparaît l'humidité, et d'où quelques cultures et les plan-
tations d'oliviers montent péniblement à l'assaut des pentes.

La carte hypsométrique montre des massifs d'orientations à peu
près semblables, mais confus, et qui au lieu de s'aligner, comme
dans les Alpes, en longues chaînes continues, semblent indépendants
les uns des autres. Une analyse plus serrée montre que ces massifs
s'arrêtent brusquement à trois dépressions transversales, indiquées
la première par la plaine de Cuers, la seconde par la vallée de
l'Huveaune et Barjols, la troisième enfin par l'Étang de Berre et la
ville d'Aix. Dans le premier intervalle s'échelonnent le massif du
Beausset, le massif de la Sainte-Baume, le massif de Bras et le
massif de Salernes; dans le second, les massifs de l'Étoile, de
l'Olympe et de Sainte-Victoire; enfin de l'autre côté de l'Étang de
Berre, viennent les chaînes d'Éguilles et de la Trevaresse.

La structure de tous ces groupes montueux est extrêmement
compliquée. On y trouve les traces de renversements de couches qui
tantôt se montrent en série normale et tantôt en série inverse et
celles d'étirements qui dénotent des charriages importants. Il faut

signaler enfin que les plis s'arrêtent brusquement aux dépressions transversales par des failles périphériques.

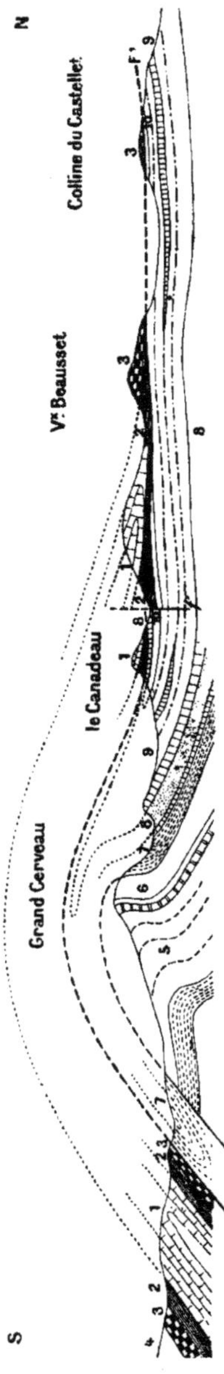

L'explication de toutes ces dispositions est un des problèmes les plus ardus que puisse présenter la tectonique. La solution complète n'en a pas encore été trouvée, et l'on ne peut donner pour le moment une synthèse définitive de la structure de l'ensemble de la Basse-Provence. Il est incontestable cependant qu'il y a eu des charriages étendus, et que l'architecture présente une suite de dômes allongés.

Différentes hypothèses ont été émises pour expliquer l'existence simultanée de ces charriages et de ces dômes. La dernière en date est celle de M. Marcel Bertrand ; elle s'appuie sur l'étude détaillée de la région qui se trouve au Nord de Marseille et en tire des caractères de très grande probabilité.

Une immense nappe de charriage, d'un déplacement d'une quarantaine de kilomètres, aurait recouvert la Basse-Provence, et se serait vue ensuite plissée en même temps que son substratum ; les plis se morcelant en chapelet de dômes sous l'influence directrice encore inexpliquée des dépressions transversales de Cuers, de Barjols et d'Aix. Si l'on se souvient, d'une part, des complications qu'entraînent les charriages par le retroussement du substratum ou l'entraînement de lames de charriage, et de l'autre, des discontinuités que le travail de l'érosion peut introduire dans un ensemble continu à l'origine, on comprend qu'à l'aide de l'hypo-

Fig. 120. — Coupe des lambeaux de recouvrement du Beausset (d'après M. Marcel Bertrand). *Bulletin de la Société géologique de France*, 3ᵉ série, tome XV, pl. XXIII, fig. 1. Échelle de 1 : 60 000 (hauteur et longueur)

1, 2, Trias ; 3, infralias ; 4, Lias ; 5, Jurassique ; 6, Infracrétacé ; 7, suite de l'Infracrétacé et commencement du Crétacé ; 8, 9, 10, Crétacé ; F, f, contacts anormaux et failles.

thèse précédente[1] on puisse interpréter toutes les singularités de la tectonique provençale.

Parmi les éléments longitudinaux du relief, il convient de mentionner spécialement la vallée de l'Arc, dont le rôle a toujours été si important au point de vue des communications entre la France et l'Italie. Sa position semble avoir été préparée de longue date, car elle marque à peu près l'axe des lagunes de la fin du Crétacé et des lacs de l'Éocène.

Maures et Esterel. — Au Sud des montagnes de la Basse-Provence, séparé d'elles par la plaine de Cuers et les vallées qui la prolongent, se dresse le fragment de l'ancienne *Tyrrhénide* qui est resté accolé au continent actuel et que la vallée inférieure de l'Argens divise en deux parties : les *Maures* et l'*Esterel*.

Tout distingue ces hauteurs des montagnes voisines : les formes de leurs masses cristallines, comme la végétation forestière plus touffue qui les couvre.

Deux facteurs interviennent dans l'architecture de cette région, que l'on a qualifiée de « Provence de la Provence ». Ce sont les plis, maintenant usés, de l'époque hercynienne, et les cassures de date tertiaire qui ont rajeuni le relief, par un contre-coup des événements qui modelaient les montagnes de la Basse Provence. Leur superposition a produit, dans la masse ancienne, comme une sorte de torsion.

On peut rapporter plus spécialement à l'ancienne architecture hercynienne la disposition de la vallée inférieure de l'Argens et la différence d'aspect qui existe entre les Maures et l'Esterel. Les sédiments permiens de la vallée de l'Argens, résultats de l'érosion post-hercynienne, montrent en effet qu'il existait là une dépression que le nouveau cycle de sculpture n'a fait que ressusciter, à l'image de ce qui s'est passé dans certaines parties des Hautes-Vosges et du Morvan. Quant à l'Esterel, il tire sa physionomie spéciale des épanchements porphyriques qui ont troué les schistes cristallins au moment des dislocations de la fin de l'ère primaire et qui déterminent des formes particulièrement accentuées.

L'influence des cassures tertiaires, de direction générale semblable à celle des massifs de la Basse-Provence, se fait sentir dans le tracé de la vallée de Collobrières, l'orientation du golfe de Saint-Tropez et

---

1. Des travaux miniers entrepris dans le bassin de Fuveau, au Nord de Marseille, donneront, dans un avenir prochain, le moyen de constater matériellement l'existence du charriage.

le maintien de nombreux petits lambeaux permiens sur les flancs des croupes cristallines.

Reste à expliquer la nature du sillon qui fait le tour des Maures et isole ainsi géographiquement les terrains cristallins. *A priori*, il peut sembler n'être qu'un simple résultat de sculpture analogue à celui qui dégage de sa ceinture liasique le Morvan septentrional. Mais la manière toute spéciale dont les plis provençaux s'arrêtent à la plaine de Cuers force à modifier cette opinion et à croire qu'une influence tectonique, dont le caractère n'est pas encore défini, est entrée en jeu tout au moins en cet endroit.

VALLÉE DU RHONE

Histoire géologique sommaire. — Nous avons déjà eu l'occasion d'insister sur ce fait que la vallée du Rhône et celle de la Saône n'ont d'autre analogie que celle de leur orientation commune; et nous savons que, si le sous-sol rigide de la dépression de la Saône n'a fait que se craqueler sous l'influence de la crise alpine, la dépression rhodanienne a été, au contraire, directement intéressée par les actions de plissement. L'étude qui a été faite par M. Depéret des traits généraux de l'évolution de la vallée du Rhône nous renseigne à ce sujet.

La préparation d'un grand couloir de direction N.-S. semble dater de l'époque hercynienne elle-même. Une dépression synclinale remontait à ce moment jusqu'à Vienne, en s'intercalant entre les plis de la Région centrale de la France et ceux dont on retrouve la trace dans les massifs cristallins de la première zone alpine. Après la dislocation du continent hercynien, les lagunes du Trias et les mers d'une bonne partie des temps secondaires dessinèrent encore plus ou moins une dépression N.-S., le long de laquelle le bord même du Plateau central actuel s'élevait en falaise dans toute la région de l'Ardèche. A la fin du Crétacé seulement, l'emplacement de la vallée du Rhône émerge peu à peu.

Cette nouvelle situation s'accentue au début de l'ère tertiaire, en même temps que les plis provençaux élèvent comme une barrière vers le Sud. Néanmoins les anciennes influences structurales interviennent bientôt, pour dessiner de nouveau une dépression N.-S. qui est soumise à un mouvement d'affaissement continu. Elle forme d'abord, à l'époque éocène, une vallée continentale que l'on peut qualifier de précurseur de la vallée actuelle, et où les eaux s'écoulent de lacs en lacs en déposant des sédiments fluvio-lacustres. Puis, pendant l'Oligocène, se montrent des lagunes saumâtres. La mer les envahit franchement, pendant le Miocène, en utilisant les ensellements des plis provençaux qui *s'ennoyent*. Enfin, la grande crise alpine soulève toute la région et ramène, pour la deuxième fois, la dépression rhodanienne à l'état de région fluviale. Les derniers frémissements de la période pliocène permettent bien aux eaux marines de faire un retour offensif, par un bras étroit qui s'avance jusqu'aux environs de Lyon, en se ramifiant dans les vallées entaillées par l'érosion de la période précédente; mais ce n'est qu'un épisode et le régime fluvial se rétablit bientôt d'une façon définitive.

On sent combien ces passages fréquents des conditions continentales aux conditions marines, ainsi que la succession des phases d'érosion qui en ont été la conséquence, ont dû introduire de variété dans la sédimentation tertiaire, et on comprend l'impor-

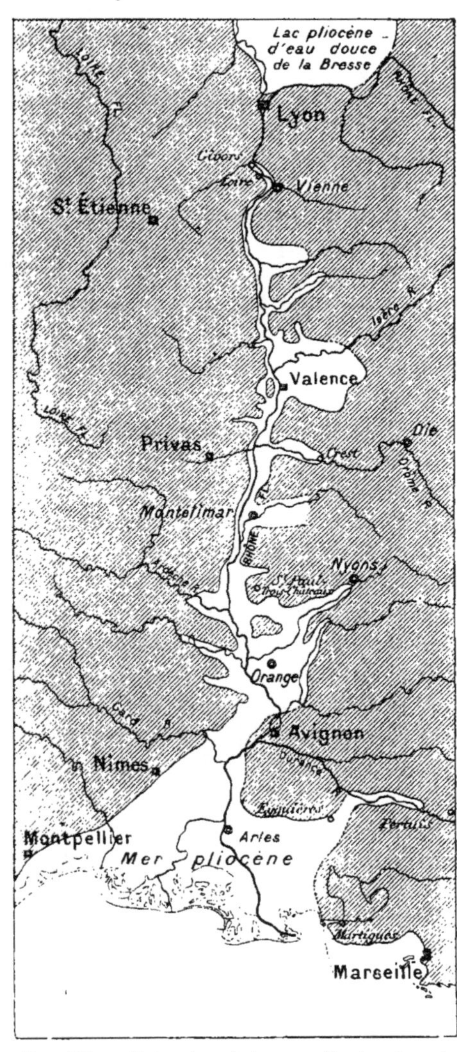

Fig. 121. — Extension de la mer pliocène dans la vallée du Rhône (d'après Fontannes et Depéret). Figure extraite de l'édition française de *La Face de la Terre* de M. Suess, tome I, p. 388.

tance de la part des matériaux détritiques dans les remblais successifs qui se sont superposés en se ravinant les uns les autres. A ces

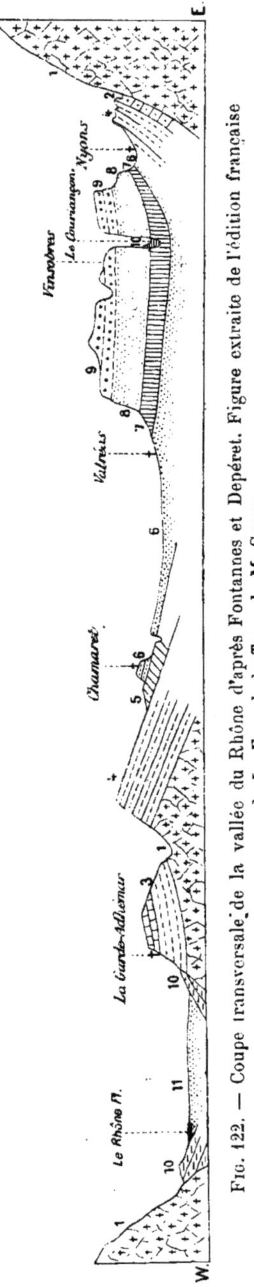

Fig. 122. — Coupe transversale de la vallée du Rhône d'après Fontannes et Depéret. Figure extraite de l'édition française de *La Face de la Terre* de M. Suess.

1. Crétacé; 2, sables et argiles de l'Éocène inférieur; 3, Oligocène; 4, 5, 6, Miocène (mollasse; grès et sables du premier étage méditerranéen); 6, sable intermédiaire, 7, Miocène (2ᵉ étage méditerranéen); 8, 9, Pliocène (dépôts continentaux de sables, limons et cailloutis); 10, Pliocène marin; 11, alluvions du Rhône.

matériaux tertiaires accumulés dans la dépression rhodanienne, il faut ajouter encore la couverture des dépôts pléistocènes et récents, en faisant une place spéciale à ceux qui ont une origine glaciaire et proviennent de l'immense nappe de déjections issue des glaciers de la Savoie et du Dauphiné.

Conséquences géographiques. — La courbe décrite par l'arc alpin rapproche suffisamment les montagnes du Diois de la façade du Plateau central pour créer, à hauteur de Montélimar, un étranglement qui divise la vallée du Rhône en deux sections distinctes. C'est à cet étranglement que se fait le passage du Nord au Midi. En amont, le climat est humide et brumeux; en aval, il se modifie subitement, le mûrier, puis l'olivier font leur apparition, et à Orange, on se trouve dans la zone ensoleillée qui se développe autour de la Méditerranée.

Grandes aussi sont les différences de structure.

Dans la section supérieure, le sol est formé par des sédiments tertiaires d'âges divers qui, dans le voisinage immédiat des Alpes, ont été compris dans le mouvement de plissement, mais sont restés horizontaux dans la vallée proprement dite. Presque partout ils sont recouverts par des apports alluvionnaires et surtout des produits glaciaires. Parmi ceux-ci, de nombreuses moraines, dont la plus occidentale s'avance jusqu'à la Croix-Rousse et à Fourvières, indiquent à nos yeux les variations qu'a subies la position du front des anciens glaciers. En avant d'elles s'étalent des nappes de cailloutis fluvio-glaciaires, qui se terminent par des terrasses d'altitudes différentes.

Le socle qui supporte tous ces sédiments récents a servi de barrage entre le bras de mer pliocène de la vallée du Rhône et le grand lac d'eau douce de la Bresse. Sa nature profonde est révélée par quelques failles, notamment celles qui amènent au jour le plateau jurassique de Morestel, désigné aussi sous le nom d'*Ile Crémieu*, et par les sondages faits pour retrouver le prolongement du bassin houiller de Saint-Étienne. Ces derniers ont montré que les plis hercyniens de la Région centrale de la France coupaient là obliquement la dépression du Rhône, à l'inverse de ce qui se passe au Sud de Vienne.

L'ensemble de la région forme le *Bas-Dauphiné*, qui se subdivise en *Viennois* et en *Valentinois*. La vallée de la Bourbre, qui correspond sans doute à un ancien lit du Rhône, et celle de Beaurepaire, qui suit un ancien lit de l'Isère, y tracent deux grands sillons. Entre ce dernier et l'Isère s'étend le *plateau de Chambaran*. Suivant la nature des alluvions, le sol est tantôt très fertile comme dans la plaine de la *Valloire*, tantôt infertile comme dans la *Bièvre* qui la prolonge, et dans les *Balmes Viennoises*. Le Rhône, comme repoussé par les Alpes, mord à plusieurs reprises sur le socle cristallin du Plateau Central ; ainsi à Vienne et à Tournon.

La partie inférieure de la vallée va en s'évasant vers le Sud, encadrée, à l'Est, par les chaînes subalpines, et à l'Ouest par les hauteurs également plissées qui précèdent la bordure tabulaire du Plateau Central et dont les plus septentrionales, celles de la montagne de Berg et de la région d'Alais, semblent prolonger les montagnes du Diois, tout en formant un ensemble tectonique distinct.

Comme les plis de la rive gauche, ces plis de la rive droite sont de date tertiaire. Comme eux, ils paraissent avoir été constitués définitivement dès l'Éocène, dans le voisinage de la côte, et avoir été remaniés postérieurement, plus au Nord. Comme eux, enfin, ils ont une direction générale E.-W., fort nette dans l'*Uzégeois* où elle semble prolonger celle du mont Ventoux, et qui ne s'altère que dans le voisinage du Massif central. Tout s'accorde, en un mot, pour montrer la continuité de la zone plissée, dont la vallée proprement dite ne constitue qu'un *ennoyage* partiel sous les sédiments récents. Au milieu de leurs dépôts horizontaux surgissent d'ailleurs, comme des îles, maints éléments de raccord. Grâce à eux, le Rhône est par-

fois commandé par de véritables abrupts, ainsi à Donzères et à
Mornas; à Avignon même, un rocher isolé domine le fleuve; une
masse plus considérable, la Montagnette, s'élève au Nord de Tarascon.

L'ensemble de la région se partage entre le *Comtat* et la *Provence*,
à l'Est, et le *Languedoc*, à l'Ouest. Le Rhône s'y ralentit peu à peu.

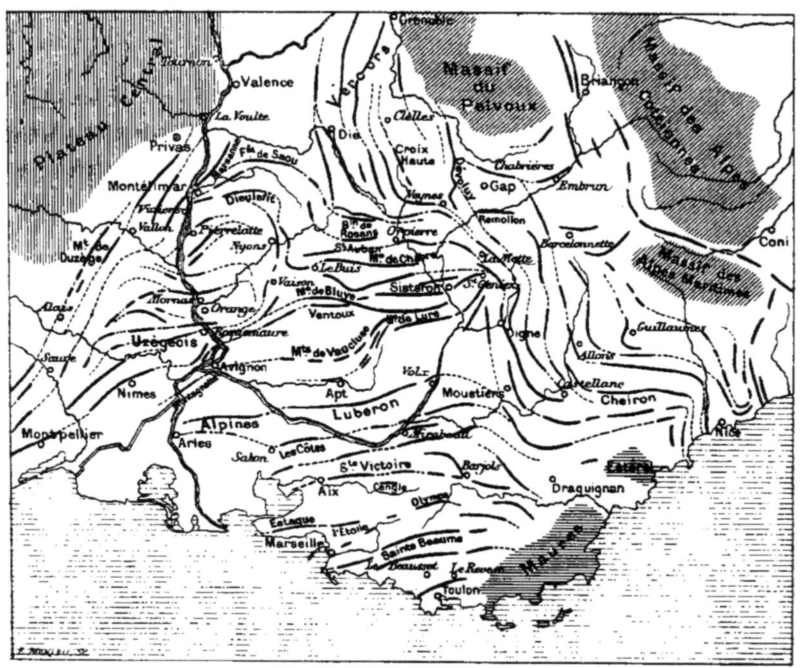

Fig. 123. — Allure générale des plissements tertiaires dans le Sud du Dauphiné, la
Provence et la Vallée du Rhône d'après M. W. Kilian. Figure extraite de l'édition
française de *La Face de la Terre* de M. Suess.

— Directions des dislocations (plis, failles, etc.). ---- Raccords hypothétiques de ces lignes.
Les hachures représentent les massifs cristallins. — Échelle de 1 : 2 500 000.

Son delta commence à Arles, enserrant entre ses bras la *Camargue*,
et laissant à l'Est la plaine caillouteuse de la *Crau*, dont le sous-sol
doit être considéré comme une création de la Durance pliocène qui
descendait directement à la mer par le « pertuis » de Lamanon.

En récapitulant tout ce que nous avons dit de la région du Sud-
Est, on devine aussitôt quels ont pu être les principaux épisodes de
l'histoire du fleuve. On voit, en particulier, son cours s'établir aussitôt après le départ de la mer pliocène, suivant pas à pas celle-ci

dans son retrait et héritant des cours d'eau plus anciens qui venaient la rejoindre. Puis, si l'on fait abstraction des nombreuses vicissitudes dues aux diverses extensions glaciaires, on le voit menacer les régions voisines de la morsure régressive de son érosion : s'annexer la dépression de la Saône ; et, s'aidant des cours d'eau du Jura méridional, marcher à la conquête d'une partie de la région suisse pour finalement y capter les eaux qui, sortant du Valais, se dirigeaient peut-être vers le Rhin.

CHAPITRE V

RÉGION DU SUD ET DU SUD-OUEST

Histoire géologique sommaire. — Grandes divisions. — L'événement qui a imposé à la France du Sud et du Sud-Ouest sa disposition géographique a été la formation des Pyrénées. Les circonstances qui ont précédé la constitution de cet élément de la ride alpine sont à connaître, car elles donnent la raison des grandes divisions qu'il convient d'adopter.

Après la dislocation du continent hercynien, et sauf au début de la période crétacique où il y eut une émersion complète, une même situation générale persista, mais avec quelques nuances, pendant toute la durée de l'ère secondaire.

En voici les caractères :

Au Sud de l'*Ilot central* de la France s'étend une large nappe marine, limitée au Midi par un autre fragment du continent hercynien : la *Meseta ibérique*. Entre ces deux bornes s'avance en pointe un troisième territoire, de forme allongée, qui se relie sans doute plus ou moins à ce que nous avons appelé la *Tyrrhénide*. Suivant que la mer gagne ou perd du terrain, qu'en un mot il y a transgression ou régression, les rivages de l'Ilot central et de la Meseta reculent ou avancent, et la langue de terre intermédiaire s'efface ou s'accentue ; mais il n'en est pas moins vrai qu'il y a toujours tendance au dédoublement de la nappe marine et point d'appui intermédiaire pour la sédimentation.

Une autre particularité est à noter. C'est la manière dont l'Ilot central se termine vers le Sud. Le plus souvent c'est par une sorte de presqu'île qui, partant du Rouergue, s'avance sur la Montagne Noire actuelle et qui parfois, poussant plus loin, s'étend jusqu'au

cœur des Corbières. Là encore, si les variations du domaine maritime apportent des modifications de détail fréquentes, la situation
générale présente des caractères constants. Que ce prolongement
péninsulaire se morcelle en îlots distincts sur la Montagne Noire
et la région de Mouthoumet dans les Corbières, qu'il s'efface complètement, ou que, prenant une importance momentanée, il soude pour

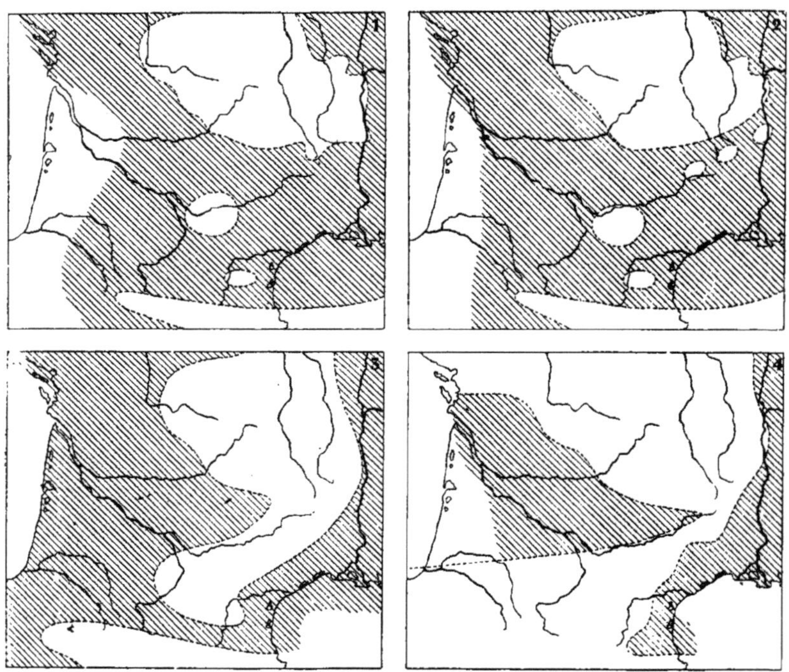

Fig. 124. — Variations des terres émergées dans la région Sud-Ouest de la France pendant la période jurassique, d'après les cartes paléogéographiques de M. A. de Lapparent.
1, époque charmouthienne ; 2. époque bathonienne ; 3, époque séquanienne ; 4, époque portlandienne

un temps l'îlot central au noyau de la future chaîne des Pyrénées,
il affirme son existence et fait prévoir la manière dont la nappe
océanique disparaîtra de l'Aquitaine.

Après l'émersion générale provisoire du début de l'ère tertiaire,
la même distribution des terres et des mers se rétablit pendant une
bonne partie de la période éocène. Mais bientôt la terre médiane
accentue son importance ; la bande des plis pyrénéens s'élève progressivement ; le détroit de Carcassonne se ferme et fait place à un
seuil qui ramène la mer de l'Aquitaine à l'état de golfe. L'Oligocène

et le Miocène voient ce golfe se réduire peu à peu en faisant place à
des lagunes. Celles-ci s'encombrent graduellement, et ainsi se prépare l'avènement du régime fluviatile, auquel la phase glaciaire de
l'époque pleistocène apporte ses modifications habituelles.

On conclura de cette histoire qu'il faut distinguer, dans la
France du Sud et du Sud-Ouest, trois grands éléments territoriaux :
les *Pyrénées;* la région de liaison entre ces montagnes, le Massif
central et la Provence, c'est-à-dire les *Corbières,* la *Montagne Noire*
et le *Languedoc;* enfin l'*Aquitaine.*

PYRÉNÉES

Comme pour les Alpes, il a fallu modifier progressivement les
idées qu'on s'était faites tout d'abord sur l'architecture des Pyrénées.
Seulement ici la tâche est loin d'être aussi avancée; les études de
détail manquent encore pour la plus grande partie de la chaîne, et
les difficultés qu'on rencontrera à les pousser sur le territoire
espagnol empêcheront sans doute longtemps encore de pouvoir formuler des conclusions définitives.

La disposition longitudinale de la chaîne, la situation presque
axiale des masses de terrains primitifs et granitiques qu'on y rencontre, font des Pyrénées une des régions qui se sont le mieux prêtées à la théorie des soulèvements. Aussi Dufrénoy, dans l'explication de la Carte géologique, attribua-t-il la naissance de ces
montagnes à un soulèvement spécial, le soulèvement des Pyrénées,
tandis qu'il faisait intervenir d'autres soulèvements antérieurs et
postérieurs pour expliquer la présence des crêtes qui s'écartent de
la direction générale de la chaîne et, en particulier, des Corbières.
Une autre apparence géographique, celle de la brisure que semble
déterminer le val d'Aran, l'entraînait à l'hypothèse d'une sorte de
décrochement transversal ayant rejeté la moitié orientale de la
chaîne vers le Nord.

Plus tard, Magnan abandonnait l'idée de soulèvement pour
admettre que le relief était dû à des effondrements provoqués par la
lente contraction du globe terrestre, et professait que les Pyrénées
devaient leur origine à de nombreuses failles. Mais bientôt un certain nombre d'études de détail montraient l'existence de plissements
énergiques allant jusqu'au renversement des couches du sol. Grâce
à ces études et à leurs travaux personnels, MM. E. de Margerie et

Schrader pouvaient affirmer que la chaîne avait une architecture plissée et faisait partie de la famille alpine.

Depuis le moment où cette constatation a été faite, l'étude d'ensemble des Pyrénées n'a pas progressé de façon décisive.

Comme nous l'avons déjà dit, on ne peut encore donner au sujet de l'architecture de ces montagnes que des renseignements fort généraux.

Architecture générale. — L'examen de la carte géologique montre que la tectonique des Pyrénées comporte deux bombements d'inégale importance. Ces deux bombements sont séparés par une sorte de seuil où l'ordonnance des plis s'affaisse, et dont le rôle architectural peut être comparé à celui que jouent les cols dans l'hypsométrie. Cette disposition se trahit à nos yeux par la disparition des terrains anciens dans la région qui s'étend de part et d'autre du pic d'Orhy. Mis au jour aux deux extrémités de la chaîne par suite du relèvement tectonique, ils s'enfoncent là sous les terrains post-primaires, dont les affleurements septentrionaux et méridionaux viennent se rejoindre.

Ces deux bombements architecturaux ne sont que l'expression actuelle de la tendance au relèvement qui s'est manifestée, pendant toute la durée de l'ère secondaire, dans la partie axiale de la grande dépression marine qui s'étendait entre l'Ilot central de la France et la Meseta ibérique. Les plissements éocènes ont englobé dans leurs manifestations les anciennes esquisses; mais les conditions de ce remaniement sont loin d'être nettement connues. Quoi qu'il en soit, la distinction entre les deux parties relevées s'impose.

Dans la partie de la chaîne qui s'étend de la Méditerranée au seuil tectonique dont nous avons donné la définition, c'est-à-dire jusqu'au pic d'Anie, la disposition allongée du noyau ancien et des rubans de terrains secondaires et tertiaires qui le bordent frappe immédiatement les yeux. Elle conduit à rechercher s'il n'y a point, comme dans les Alpes de la Savoie et du Dauphiné, un accolement de zones de caractères distincts.

A ce point de vue, en mettant à part les Corbières, on peut, avec MM. E. de Margerie et Schrader, distinguer une zone centrale formée de terrains primaires et de grands massifs granitiques, et un certain nombre de zones latérales, savoir : sur le versant français, les zones de l'Ariège et des Petites Pyrénées, et sur le versant espagnol, les

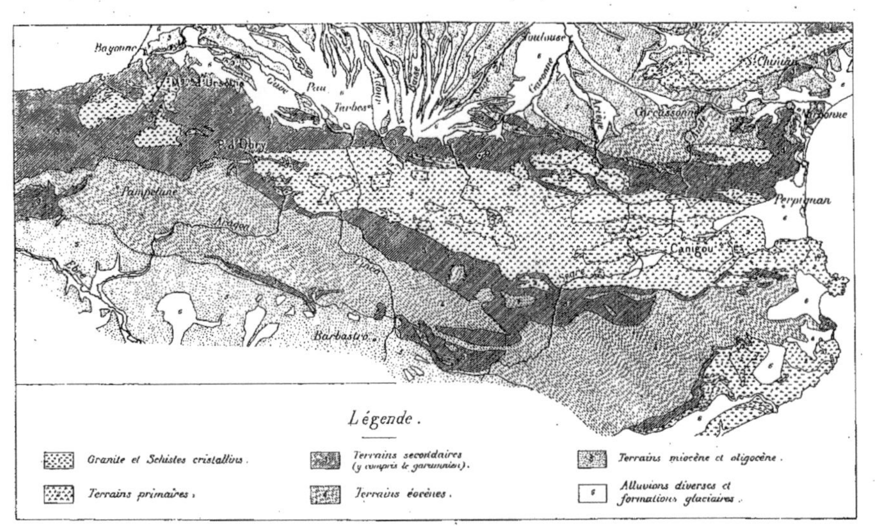

Fig. 125. — Croquis géologique des Pyrénées (d'après la carte géologique à 1 : 800 000 de MM. E. de Margerie et F. Schrader).
Échelle de 1 : 2 500 000 environ.

zones du Mont-Perdu, de l'Aragon et des Sierras. Le déversement très net des plis vers l'extérieur, c'est-à-dire vers les plaines miocènes de l'Èbre et de la Garonne, permet d'affirmer que l'ensemble de ces zones a une disposition en éventail composé. Mais aucune coupe générale, analogue à celle que M. Kilian a donnée pour les Alpes Dauphinoises, ne nous renseigne encore sur les éléments de cet éventail et la manière dont ils se répartissent entre les différentes zones. On peut toutefois, à la seule inspection de la carte géologique, soupçonner que l'éventail n'est point symétrique, car aucune analogie ne se fait sentir dans la succession des affleurements sur les deux versants.

Pour trouver la suite normale des zones que nous venons d'énumérer, traversons l'ensemble de la chaîne en nous dirigeant de Toulouse vers Barbastro.

Après la plaine miocène qui nous conduit jusqu'au cours moyen de l'Arize, nous atteignons la *zone des Petites Pyrénées*, formée de Crétacé supérieur et d'Éocène; d'une façon générale ses plis se renversent vers le Nord. Puis nous passons dans la *zone de l'Ariège*, où le Crétacé inférieur et le Jurassique enveloppent des îlots formés de terrains primaires et de noyaux granitiques. Cette disposition évoque le souvenir de celle de la première zone alpine; mais le manque d'études de détail précises empêche d'affirmer qu'il y ait là un véritable chapelet de massifs analogues aux massifs amygdaloïdes alpins.

La *zone centrale* offre ensuite à nos yeux une vaste étendue de terrains primaires dont le manteau, déchiré par places, laisse apparaître çà et là des affleurements granitiques. Quelles que soient les réserves qu'il convient de faire au sujet de la valeur des contours que les cartes géologiques actuelles donnent à ces affleurements, quels que soient aussi les doutes que l'on peut avoir sur l'âge exact des roches qui s'y montrent, on ne peut manquer d'être frappé de leur groupement en bandes successives. On est en droit de voir dans ces bandes l'indice d'anticlinaux qui ont relevé les couches profondes, mais dont il reste encore à déterminer les caractères.

En poursuivant notre marche vers le Sud, nous pénétrons dans la *zone du Mont-Perdu*, formée surtout de Crétacé supérieur et d'Éocène. Le Jurassique et le Crétacé inférieur n'apparaissent qu'à l'état d'exception, et aucun affleurement granitique ne se montre. Aucune comparaison ne peut donc être établie avec la zone de l'Ariège. Les couches s'adossent au massif primaire en se renversant fréquemment vers le Sud. Mais bientôt le Crétacé disparaît sous l'Éocène; nons entrons dans la *zone de l'Aragon*, dont l'architecture généralement déprimée a permis le maintien, sur tous les plis, d'un manteau général de ce terrain relativement récent. Par contre, dans la *zone des Sierras*, la complication de l'architecture a donné à l'érosion le moyen de nous montrer de nouveau non seulement le Crétacé, mais encore le Trias, dans des rides qui ont quelque ressemblance avec celles des Petites Pyrénées, mais dont la disposition planimétrique est infiniment plus complexe.

Si, pour traverser les montagnes, nous avions choisi notre chemin plus à l'Est ou plus à l'Ouest, nous n'aurions point rencontré la succession des zones dans son intégrité.

A l'Ouest, l'approche de la dépression tectonique transversale se fait sentir par l'enfoncement des Petites Pyrénées et des Sierras sous des couvertures de terrains plus récents, l'évanouissement des

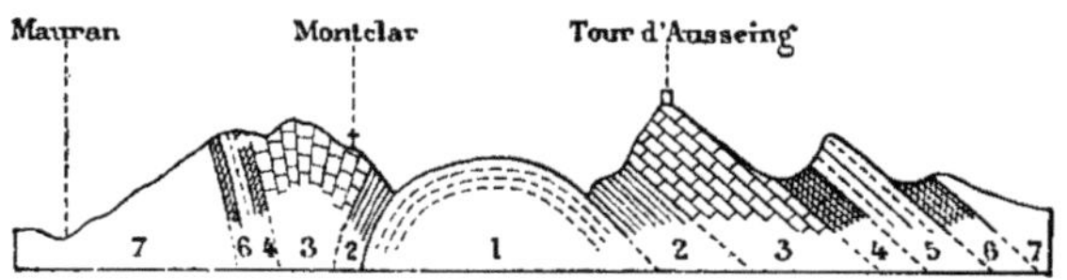

Fig. 126. — Coupe transversale des Petites Pyrénées (d'après Leymerie). Figure extraite du *Traité de géologie* de M. A. de Lapparent, 4ᵉ éd., p. 1384.
1 à 6, Crétacé (les couches 1, 3 et 5 formées de calcaires résistants); 7, Tertiaire.

massifs granitiques de la zone de l'Ariège et le maintien de couches crétacées dans certains synclinaux de la zone centrale.

A l'Est, l'exagération du bombement, produisant un effet contraire, a permis le décapement plus complet de la zone centrale et la mise à jour de masses cristallines plus étendues qui se soudent les unes aux autres. La zone de l'Aragon disparaît et les Sierras se rapprochent de la zone du Mont-Perdu, subissant ainsi l'influence d'un massif ancien qui se dresse sur les rivages de la Catalogne. Ce massif est indépendant des Pyrénées et en est séparé par une vaste zone synclinale, où sont venus s'entasser les débris des premières esquisses du relief de la chaîne. Enfin, dans le voisinage de la côte, la zone centrale se montre seule, mise en évidence par les plaines du *Roussillon* et de l'*Ampurdan*, véritables *trous* d'effondrement remblayés en partie par des terrains récents.

En voyant surgir de nouveau les terrains anciens dans la partie des Pyrénées qui se rapproche de l'Atlantique, on est porté à croire que, sous l'effet du nouveau bombement architectural, la disposition

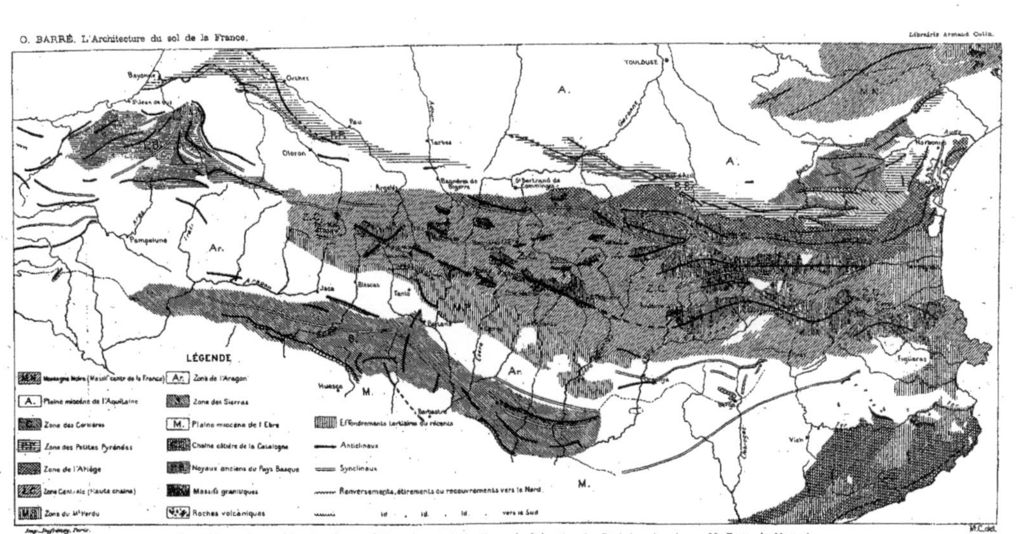

Fig. 127. — Carte schématique figurant l'allure des principales lignes de dislocation des Pyrénées, dressée par M. Emm. de Margerie.

Carte extraite de « l'Aperçu de la structure géologique des Pyrénées » de MM. Emm. de Margerie et Fr. Schrader, 1892.

en zones doit revivre. Il n'en est rien; et si les affleurements crétaciques et triasiques des environs de Salies-de-Béarn peuvent être
considérés comme un indice de la continuation de la zone des Petites
Pyrénées, il faut s'arrêter là dans la comparaison.

Il y a en effet, dans la partie occidentale des Pyrénées, un déran-
gement complet de la disposition architecturale. Les plis pyrénéens
semblent tourner autour d'une sorte de môle, constitué par un noyau
ancien que l'on a pris l'habitude de désigner sous le nom de *massif
du Labourd*, et dont l'extrémité septentrionale est marquée par les
gneiss de la montagne d'Ursouïa. Cette masse cristalline paraît elle-
même indiquer une sorte de rebroussement des plis du massif
ancien. A-t-on là une simple unité tectonique de la chaîne pyrénéenne? Ou bien se trouve-t-on en présence des vestiges d'un massif
d'ancienne consolidation englobé dans les plis plus récents? C'est ce
qu'il est impossible de dire dans l'état actuel de la question. Mais
ce que l'on peut affirmer, c'est que le déversement des plis vers
l'extérieur se continue sur le versant français du *Pays basque*,
accompagné même de charriages importants dont on vient de trouver les traces dans le voisinage de Biarritz et de Bayonne.

Sculpture du sol. — L'examen des Alpes nous a montré combien la recherche des relations qui existent entre la tectonique et
le tracé des vallées est délicate et suppose de connaissances détaill-
lées. Aussi est-il facile de prévoir que les Pyrénées ne peuvent
être encore l'objet que de quelques remarques sommaires.

Il existe, au pied du versant nord des montagnes, une ceinture
de terrains détritiques, à éléments grossiers, que l'on désigne sous le
nom de poudingues de Palassou, du nom du géologue qui les a le
premier signalés. Sur le versant méridional, des matériaux analogues couvrent de vastes étendues dans la zone de l'Aragon et dans
les plateaux qui s'intercalent entre les Sierras et les montagnes de
la Catalogne. Ces poudingues sont éocènes, mais antérieurs à la fin
de la période; ils ont été relevés par des mouvements postérieurs à
leur dépôt. Ces diverses particularités montrent clairement qu'un
premier relief important s'était élevé avant la fin de la période éocène,
et qu'il a été en prise à de gigantesques érosions avant que les derniers mouvements orogéniques aient pu donner à la chaîne son
architecture définitive. Elles prouvent également que, dans cette
première phase de sculpture, les conditions atmosphériques devaient
être sensiblement les mêmes sur les deux versants.

Il n'en a pas été de même par la suite. Le travail de démolition, considérablement atténué sur le versant méridional, y a laissé subsister la plupart des couches éocènes; tandis que le versant septentrional, formant écran aux attaques directes des vents humides et violents qui viennent de l'Atlantique, a été démantelé au point que la presque-totalité des formations tertiaires et même une bonne partie de l'ossature secondaire des chaînons extérieurs ont disparu. Cette différence de proportions dans l'attaque des deux versants s'est fait sentir jusque dans les épisodes glaciaires. Les grands champs de neige et de glace qui couvraient toute la haute montagne, du Canigou au pic d'Anie, avaient, grâce à l'excès de vapeur d'eau apporté par les vents venant de l'Atlantique, des proportions autrement considérables sur le versant français que sur le versant espagnol. Aussi leurs déjections ont-elles pu encombrer la partie sous-pyrénéenne de l'Aquitaine. alors qu'elles ne se rencontrent qu'à l'état sporadique dans les vallées espagnoles.

Mais une autre cause a encore agi pour accélérer l'usure du versant français : c'est la proximité plus grande du niveau de base, tout au moins pour la partie occidentale de la chaîne. Et il est résulté de tous ces facteurs que la manière dont les Pyrénées se terminent du côté de la plaine miocène de l'Èbre est toute différente de celle dont elles s'arrêtent du côté de l'Aquitaine. Au Sud, les croupes des Sierras correspondent à une fin naturelle. Au Nord, la façade est artificielle : l'érosion a coupé obliquement les chaînons les plus extérieurs, faisant disparaître, dans la région de Tarbes, toute trace des plis des Petites Pyrénées, et atténuant le relief de la saillie accentuée que devait dessiner à l'origine le Pays basque.

Si, quittant les bords de la chaîne, on passe à l'intérieur des massifs montagneux, on constate que, sous l'influence des particularités qui favorisent l'érosion sur le versant français, la ligne de faîte a peu à peu reculé vers le Sud. La presque-totalité du noyau ancien du Pays basque a été conquise par le système hydrographique de la Nive. Dans toute la partie centrale de la chaîne, la ligne de partage des eaux a été repoussée jusqu'à la limite méridionale des terrains primaires, lorsqu'elle n'a pas été rejetée jusqu'à l'origine de la zone du Mont-Perdu. Maints sommets célèbres, comme le Marboré, appartiennent au Crétacé ; le Mont-Perdu est même formé par un lambeau d'Éocène qui s'est maintenu dans un repli du Crétacé. Ce n'est en somme qu'à partir du Val d'Aran que l'équilibre se rétablit et que les deux versants se partagent à peu près également la zone axiale.

Quant à l'évolution du réseau hydrographique, il est naturellement assez difficile de s'en rendre compte, étant données les difficultés qu'on a à reconstituer la *surface structurale* qui en a fourni le point de départ. Toutefois, sur le versant espagnol, l'usure relativement faible permet de deviner quel a pu être le caractère général de cette surface, qui comportait sans doute, dans la zone de l'Aragon, une suite de cuvettes encadrées entre le bombement axial de la chaîne et un relèvement parallèle de la zone des Sierras. Les cours d'eau descendant du bombement axial devaient être recueillis au passage par cette dépression longitudinale, qui communiquait à son tour avec la dépression de l'Ebre par les ensellements du rempart des Sierras. L'écho de cette disposition se retrouve dans les cours actuels de l'Aragon, du Gallego, du Rio Cinca, et ne s'éteint

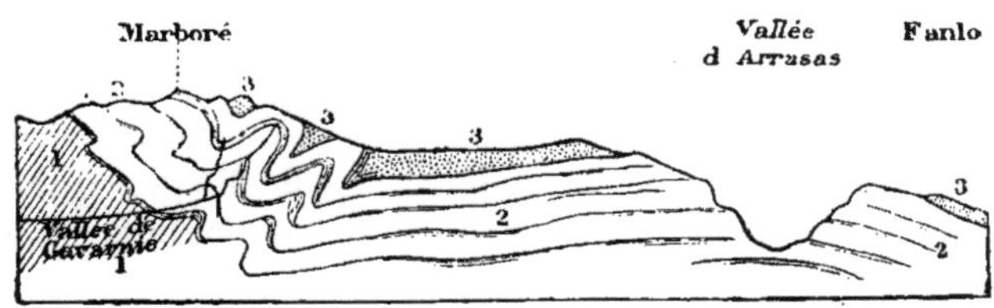

Fig. 128. — Coupe schématique à travers le massif du Mont-Perdu.
(d'après M. E. de Margerie).
Figure extraite du *Traité de géologie* de M. A. de Lapparent, 4ᵉ éd., p. 1791.

1, terrains primaires; 2, supracrétacé; 3, Éocène.

que lorsque la zone des Sierras se rapproche de celle du Mont-Perdu. Peut-être de semblables conditions existaient-elles sur le versant français? Mais l'érosion a tout enlevé, et c'est à peine si la manière dont les Petites Pyrénées de la Haute Garonne se détachent du relief général de la chaîne peut en donner le soupçon. En conséquence, le versant nord ne présente point de dépression tectonique d'ensemble; et si quelque élément de vallée se conforme çà et là à la disposition architecturale, ce n'est qu'un événement local. Il en est de même pour les vallées d'origine purement sculpturale; et aucun sillon, semblable à celui qui, dans les Alpes, sépare les massifs alpins des massifs subalpins, ne s'est établi aux dépens d'affleurements présentant sur une grande longueur un facies uniformément peu résistant.

Conséquences géographiques. — Au point de vue géographique, il convient de faire subir à la description de la zone pyrénéenne une évolution semblable à celle qui a modifié les idées qu'on se faisait de son architecture.

On aimait à se figurer autrefois la chaîne des Pyrénées comme offrant, dans son plan, avec sa dorsale et ses contreforts latéraux, l'aspect d'une vaste feuille de fougère. Puis on a voulu distinguer de grands alignements, dus aux différents soulèvements que l'on s'imaginait avoir agi sur la région. Il faut convenir aujourd'hui que ces alignements ne sont que des apparences, et que la division des Pyrénées en grandes branches, avec rejet au centre, à hauteur du val d'Aran, n'a pas de raison d'être. L'idée qu'on doit se faire de la disposition des Pyrénées est toute différente. La surface occupée par les montagnes est accidentée de nombreux plis dont la direction, d'ailleurs assez variable, fait toujours un certain angle avec la direction générale *apparente* de la chaîne. La ligne de faîte emprunte successivement les éléments des plis les plus centraux, en sautant de l'un à l'autre par une sorte de crémaillère. Cette disposition est plus sensible au val d'Aran que partout ailleurs, c'est ce qui a fait croire pendant si longtemps à un rejet architectural des Pyrénées en cet endroit.

On ne peut aborder un ensemble d'aussi grande étendue sans y introduire des divisions. Celles qu'adoptent les géographes sont d'ordinaire absolument conventionnelles. Dans le sens de la longueur, il arrive le plus souvent que, séduits malgré tout par l'apparence de brisure du val d'Aran, ils divisent la chaîne en deux branches : Pyrénées orientales, de la Méditerranée à la Garonne : Pyrénées occidentales, de la Garonne au voisinage de l'Atlantique. Parfois cependant, on adopte une division ternaire ; c'est lorsqu'on s'attache surtout à la description des voies de communication. La partie centrale des Pyrénées constitue, en effet, une véritable barrière que franchissent seulement quelques sentiers, et ce n'est que dans le voisinage des côtes que le réseau routier se développe et qu'apparaissent les voies ferrées. La division en Pyrénées orientales, Pyrénées centrales et Pyrénées occidentales, avec le col de Puymorens et le Somport comme limites, semble alors justifiée. Mais au fond, elle est arbitraire et sujette à être modifiée d'un jour à l'autre. Mieux vaut encore s'inspirer du peu que l'on sait sur la tectonique de la chaîne, quitte à réserver pour l'avenir les subdivisions un peu détaillées

En nous plaçant à ce point de vue, nous remarquerons tout d'abord qu'il faut faire une place à part au *Pays basque*, où les plis adoptent la disposition spéciale que nous avons signalée ; puis, qu'à l'autre extrémité, on peut distinguer, du reste des Pyrénées, la partie où les effondrements voisins de la Méditerranée se sont avancés jusqu'au cœur de la zone centrale, en faisant disparaître presque en totalité les zones extérieures. On revient ainsi à une division ternaire, mais cette fois rationnelle.

Ce principe admis, on doit se demander si l'on peut pousser plus loin les divisions théoriques.

Pour le *Pays basque*, il est difficile de le faire, et l'on devra se contenter d'indiquer le rôle directeur du massif ancien du *Labourd* avec son môle terminal de la montagne d'Ursouïa.

Dans la partie orientale, entre le col de la Perche et la Méditerranée, on dispose de plus de ressources. On distinguera les *Albères*, où des croupes d'altitude moyenne présentent une alternance de rochers dénudés et d'espaces gazonnés de parcours facile, et le *Canigou*, dont la masse, qui s'élève brusquement à 2 785 mètres, peut servir à caractériser un pli plus septentrional que celui des Albères. On mentionnera les plaines symétriques du *Roussillon* et de l'*Ampurdan*.

Enfin, dans la partie centrale, entre le col de la Perche et la dépression tectonique qui commence au pic d'Anie, on pourra essayer de se servir de la division en zones proposée par MM. E. de Margerie et Schrader. Sur le versant espagnol, la chose est relativement facile, car si la zone du Mont-Perdu n'est séparée de la zone centrale par aucun trait physique important, les zones de l'Aragon et des Sierras se traduisent très bien dans l'hypsométrie générale, et sont susceptibles de divisions de détail raisonnées. On peut, en outre, faire une place spéciale au *plateau de Llusanès* dont les poudingues éocènes s'intercalent entre les montagnes de la Catalogne et la terminaison orientale des Sierras. Mais sur le versant français la tâche devient malaisée. Une fois que l'on a cité les *Petites Pyrénées*, où l'on peut insister sur l'ensellement architectural que M. Carez a récemment signalé aux environs de Saint-Martory et qu'utilise le cours de la Garonne, il est impossible de dégager des éléments bien distincts de l'ensemble complexe que constituent la zone de l'Ariège et la zone centrale. Le peu de largeur laissé par l'érosion au versant septentrional empêche même que les cours d'eau y aient découpé, comme dans les Alpes, de ces massifs, hétérogènes au point de vue tectonique, mais qui s'imposent comme unités géographiques. Force est donc de procéder de proche en proche, en s'occupant surtout de la ligne de faîte. Tout au plus pourra-t-on chercher à se servir des affleurements granitiques pour esquisser l'allure encore bien peu précisée des plis. On arrivera ainsi à insister, dans la zone de l'Ariège, sur le massif de Saint-Barthélemy et celui des Trois-Seigneurs qui en est séparé par le synclinal du col de Port; et, dans la zone centrale, sur les affleurements qui correspondent respectivement : 1° au pic de Madres; 2° au pic de Carlitte, aux monts Maudits et au massif de Néouvielle : 3° aux Posets.

CORBIÈRES. — MONTAGNE NOIRE. — LANGUEDOC

Les géographes ont l'habitude de rattacher l'étude des Corbières à celle des Pyrénées et de considérer le seuil de Naurouze comme une démarcation essentielle à établir. Cette manière de faire peut être adoptée, à titre de première approximation, en substituant toutefois la dénomination de seuil du Lauraguais à celle de seuil de Naurouze qui tient un compte trop considérable d'un accident purement hypsométrique, car elle procède du souci d'établir une distinction entre la région des plis pyrénéens et la région tabulaire qui forme l'extrémité du Massif central. Mais, dans une étude un peu serrée, il vaut mieux, selon nous, réunir, dans un même ensemble, les *Corbières*, la *Montagne Noire* et le *Bas Languedoc*, afin de bien mettre en lumière la façon dont la région pyrénéenne se relie à celle de la Basse Provence, en contournant le môle constitué par le prolongement extrême du Massif central. Au surplus, on verra que les particularités de l'architecture des Corbières ne s'opposent pas à ce groupement, si même elles ne le demandent.

Corbières. — Les Corbières sont une de ces régions dont la plupart des géographes donnent une définition vague ou erronée. Généralement, on les fait commencer au col de Saint-Louis et finir à la dépression de Carcassonne, mais sans préciser leurs limites latérales. Quelques-uns, poussés sans doute par le désir de motiver d'une façon simple l'emplacement du col de Naurouze et du défilé de Salses, massent tout le relief, jusqu'à la mer, en un tout auquel ils donnent le nom de Corbières. Ils attribuent alors à ces hauteurs deux branches séparées par la haute vallée de l'Aude : l'une finissant au défilé de Salses et l'autre s'arrêtant au col de Naurouze. Le manque de précision se double alors d'une association tout à fait artificielle.

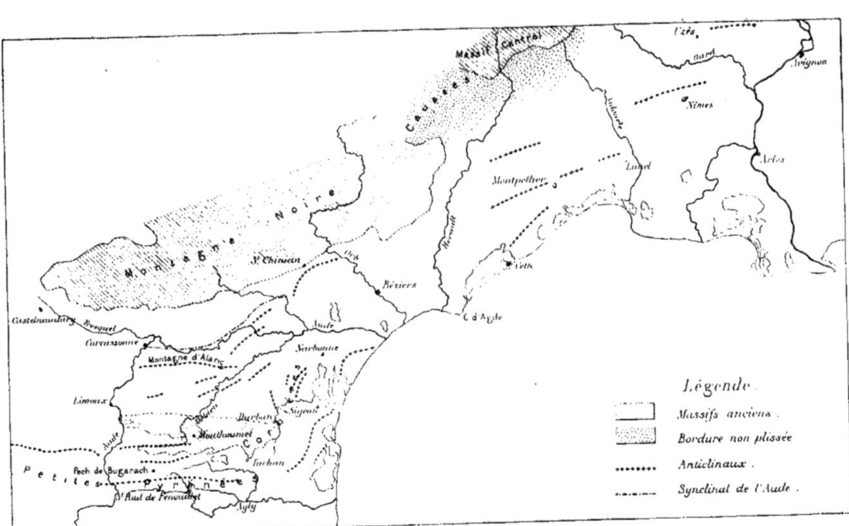

Fig. 129. — Plis des Corbières et du Bas Languedoc d'après les travaux de MM. E. de Margerie et Roman).
Échelle de 1 : 1 450 000.

L'histoire géologique sommaire de la région du Sud nous a montré que, pendant la durée des temps secondaires, une sorte d'isthme de jonction s'était constamment esquissé entre l'Ilot central et le noyau de la future chaîne des Pyrénées. Parfois cette ébauche de la cloison, qui sépare aujourd'hui le Bas Languedoc de l'Aquitaine, ne se traduisait que par quelques îles, dont l'une sur l'emplacement des Corbières actuelles; parfois même ces îles étaient recouvertes par les mers, mais c'était alors par des eaux sans grande profondeur. La fosse géosynclinale se trouvait plus au Sud, sur l'emplacement des Petites Pyrénées, c'était donc là que se faisait la vraie coupure géographique.

Plus tard, à la fin de l'Éocène, lorsque se formèrent les plis pyrénéens, le mouvement de plissement s'étendit à l'ancien îlot des Corbières et aux terrains qui avaient pu se déposer entre lui et la Montagne Noire. Mais les plis ainsi formés conservèrent, par rapport aux plis pyrénéens, une indépendance suffisante pour que ceux-ci aient dû les contourner comme ils l'eussent fait en rencontrant un territoire rebelle aux actions de plissement. C'est donc très légitimement que l'on peut distraire les Corbières de la zone pyrénéenne pour en faire une partie intégrante de la cloison qui sépare l'Aquitaine du Bas-Languedoc, cloison à laquelle elles se rattachent par leurs racines profondes.

Les travaux de M. E. de Margerie et ceux de M. Carez permettent de préciser les véritables limites des Corbières. A l'Ouest, leurs plis ne dépassent pas la vallée de l'Aude; au delà, toute trace de plissement fait défaut et les collines du *Mirepoix* sont dues au simple travail de l'érosion dans les nappes éocènes. A l'Est, c'est le méridien de Durban qui marque à peu près la limite. Toutes les hauteurs qui surgissent entre cette localité et la côte correspondent à des plis pyrénéens; celles qui s'avancent vers Narbonne, par Sijean et Fontfroide, appartiennent aux plis des Petites Pyrénées, et celles qui s'approchent de Salses se rattachent à la zone de l'Ariège. Au Nord, les Corbières s'arrêtent à la dépression de Carcassonne, dans le voisinage de laquelle la Montagne d'Alaric correspond au dernier anticlinal. Quant à la limite méridionale, elle est plus difficile à indiquer à cause du déversement vers le Nord des plis pyrénéens qui déferlent sur les Corbières. Le mieux est de se servir de la dépression synclinale de Saint-Paul-de-Fenouillet, parce qu'elle est très caractéristique sur la carte; mais en faisant soigneusement observer que le chaînon anticlinal de Saint-Antoine-de-Galamus qui la domine au Nord est aussi pyrénéen que celui de Lesquerde qui se dresse de l'autre côté de la vallée, et que le pic de Bugarach lui-même n'est qu'un lambeau de recouvrement couché sur les plis autochtones des Corbières.

La région montagneuse ainsi définie peut se diviser en *Hautes-Corbières* et *Corbières septentrionales*. Les premières correspondant à l'apparition des terrains anciens dont l'ensemble est également désigné sous le nom de *Massif de Mouthoumet*. Leur extrémité orientale, située près de Durban, dessine un véritable cap autour duquel se sont infléchis les plis pyrénéens. Les secondes se poursuivent jusqu'à la Montagne d'Alaric, dont la voûte anticlinale régulière n'est altérée que par quelques fractures. Dans toutes ces montagnes, les plis, d'autant plus énergiques que l'on se rapproche plus des Pyrénées, se déversent franchement vers le Nord. On sait d'ailleurs que, sauf en quelques parties marneuses, leur ensemble constitue une région d'aspect ingrat et désolé.

Si l'on comprend la raison d'être du cours supérieur de l'Aude, dont l'emplacement semble avoir été indiqué par un abaissement transversal des plis, mis en évidence, dans les Pyrénées de l'Ariège, par l'intercalation de terrains secondaires entre deux pointements de terrains cristallophyliens, et, plus au Nord, par la disparition des plis des Corbières, on en est au contraire à chercher encore l'explication de bien des particularités de l'hydrographie de la région des Corbières. Il est notamment bizarre de voir l'Agly traverser, sans l'utiliser, l'importante vallée synclinale de Saint-Paul-de-Fenouillet, pour couper, en des gorges profondes, l'anticlinal de Lesquerde et les terrains cristallins qui lui succèdent vers le Sud. Peut-être, mais ce n'est là qu'une simple hypothèse, son cours, déterminé par les conditions topographiques de l'ancienne surface structurale qui avait été influencée par le déversement des plis vers le Nord, est-il surimposé ?

Montagne Noire. — Les géologues ont pris l'habitude de désigner sous le nom de Montagne Noire l'ensemble des hauteurs formées de terrains anciens qui, de la dépression de Carcassonne aux Causses, forment façade sur le Bas-Languedoc, et se soudent, au Nord, aux plateaux cristallophylliens du Rouergue. Ils ne font ainsi que généraliser la dénomination qui est donnée dans le pays à la partie extrême de cette sorte d'*avancée* du Massif central de la France.

L'histoire de cette région a pu être reconstituée grâce surtout aux études de M. Bergeron. On peut la résumer brièvement en disant

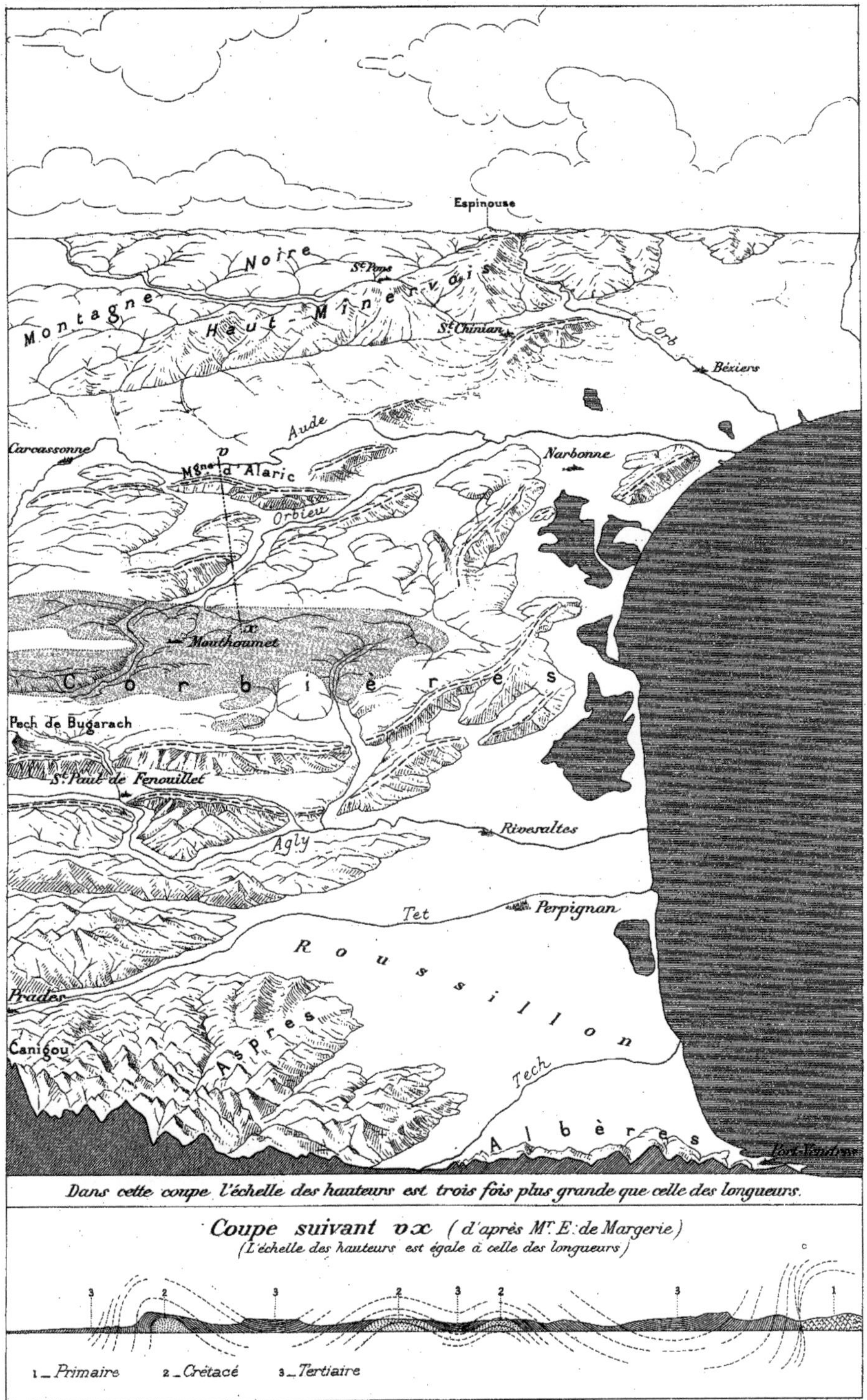

Fig. 130. — Perspective schématique du contact des Pyrénées, des Corbières et de la Montagne Noire.

La partie teintée indique les terrains anciens de la région de Mouthoumet.

que la Montagne Noire offre à nos yeux un fragment de l'ancienne France hercynienne, rajeuni dans une certaine mesure pendant la période tertiaire.

Après être resté à l'état émergé, durant l'ère secondaire, bien plus fréquemment que l'îlot ancien des Corbières, le territoire de la Montagne Noire vit, au moment de la formation des Pyrénées, se

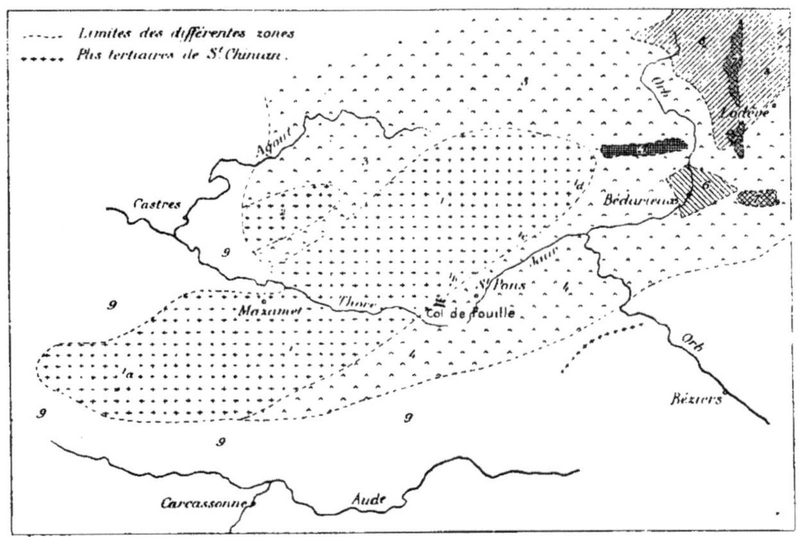

Fig. 131. — Croquis tectonique de la Montagne Noire (d'après les travaux de
M. Bergeron).

1, gneiss et roches métamorphiques cambriennes du dôme de la Montagne Noire ; 1a, Montagne Noire proprement dite ; 1b, Saumail ; 1c Espinouse ; 1d, Caroux ; 2, Sidobre ; 3, enveloppe primaire (Monts de Lacaune) ; 4, enveloppe primaire (Monts du Minervois) ; 5, Houiller ; 6, Jurassique de l'effondrement de Bédarieux ; 7, roches volcaniques tertiaires de l'Escandorgue ; 8, Jurassique des Causses ; 9, Tertiaire du Castrais, du Carcassès et du Bas-Minervois.

presser contre lui les sédiments secondaires et tertiaires qui forment sa bordure méridionale. Grâce à sa rigidité, le massif ancien forma buttoir ; néanmoins M. Bergeron estime que la partie méridionale, directement exposée au choc, fut ébranlée et se déversa, par réaction, vers le Sud, en même temps que se préparaient les effondrements qui se manifestèrent ultérieurement dans le voisinage de Bédarieux.

Ces mouvements de date tertiaire ont influencé en quelques endroits la topographie actuelle, mais celle-ci résulte surtout des particularités de l'ancienne pénéplaine relevée, et par suite de la tectonique hercynienne. Cette antique architecture comportait un grand dôme dont le noyau, raboté par l'érosion, se montre à nos yeux sous la forme d'une masse de gneiss d'origine métamorphique, entourée par des bandes de terrains primaires qui représentent les tranches des couches qui enveloppaient jadis le noyau cristallophyllien.

Le relief gneissique est divisé en deux par la coupure, d'origine probablement tectonique, du Thoré et du col de la Feuille. Au Sud, on a la *Montagne Noire* proprement dite, qui tire son nom de la teinte sombre que lui donnent ses forêts. Au Nord, on trouve, du côté de l'W. le plateau du *Sidobre* caractérisé par un affleurement étendu de granulite; et, du côté de l'E., les *Monts· de l'Espinouse*, dont la morne étendue, coupée de tourbières, se termine au-dessus de la vallée du Jaur par les hauts talus du *Saumail*, enfin le *Caroux*.

Quant à la bordure primaire, elle ne fait pas le tour complet du relief cristallin, enfouie qu'elle est encore, à l'Ouest, sous les sédiments tertiaires du Castrais et du Lauraguais. Sa partie septentrionale constitue les *Monts de Lacaune*, et sa partie méridionale, les *Montagnes du Minervois* séparées de la masse gneissique qui les domine de 300 à 400 mètres, par la vallée du Jaur. Au Nord-Est, en se rapprochant des Causses, on trouve le bassin houiller de Graissessac qui se prolonge lui-même par le bassin permien de Lodève. Mais de ce côté la régularité de la ceinture primaire est troublée par l'effondrement de Bédarieux, qui a permis au Jurassique et même à des lambeaux de terrains éocènes d'échapper à l'érosion.

Cet ensemble de la Montagne Noire se rattache au Massif central par les plateaux monotones du *Rouergue*. C'est la région des *Ségalas*, ou terres à seigle. Ses parties les plus élevées se trouvent à l'Est, où elles dominent les Causses sous le nom de *Lévezou* et de *Montagne des Palanges*

Bas-Languedoc. — Le Bas-Languedoc s'adosse à la Montagne Noire et aux Causses et s'étend jusqu'à la mer. C'est une zone plissée, prolongement des chaînons pyrénéens qui contournent les Corbières, mais où les plis sont souvent enterrés dans des sédiments plus jeunes qu'eux.

On peut distinguer dans les plis deux groupes, séparés par une région d'ennoyage qui correspond aux cours inférieurs de l'Orb et de l'Hérault.

Le groupe occidental comprend les plis de la montagne de la Clape

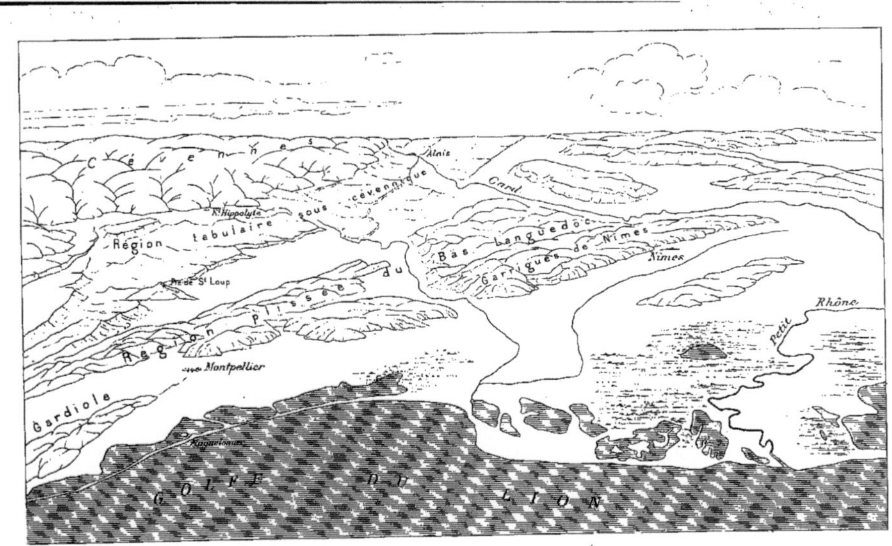

Fig. 132. — Perspective schématique du contact des plis du Bas-Languedoc et de la région tabulaire du centre de la France.

et ceux de Saint-Chinian. Les premiers font apparaître le crétacique en bordure de la côte, les seconds se déversent contre le buttoir de la Montagne Noire et ramènent au jour non seulement le Crétacique, mais encore le Jurassique et même le Trias. Ils font partie intégrante

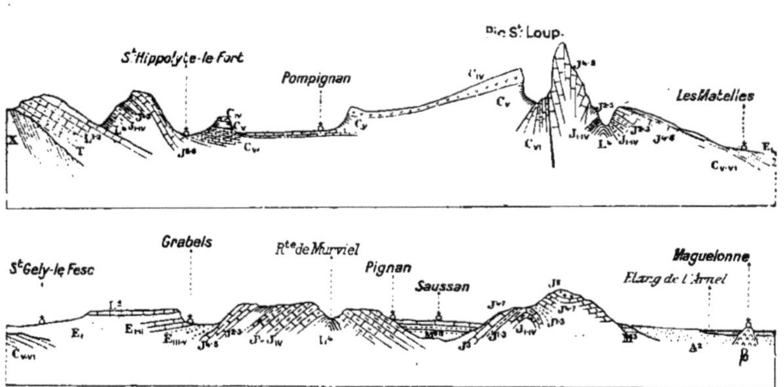

Fig. 133. — Coupe N.-S. des Cévennes à la Méditerranée (d'après M. Roman). Figure extraite des *Annales de Géographie*, année 1899, p. 120.

T, Trias; L. Lias; Jɪ- ₁ᵥ médiojurassique; J¹⁻³, J⁴⁻⁸ suprajurassique; C, infracrétacé; E, Éocène. M, Miocène; B, basaltes. — La deuxième coupe est la continuation de la première vers le Sud.

du *Minervois* et servent d'intermédiaire entre les hauteurs primaires des Montagnes du Minervois et la plaine.

Le groupe oriental, qui a été spécialement étudié par M. Roman, se subdivise en trois plis, séparés par des dépressions synclinales.

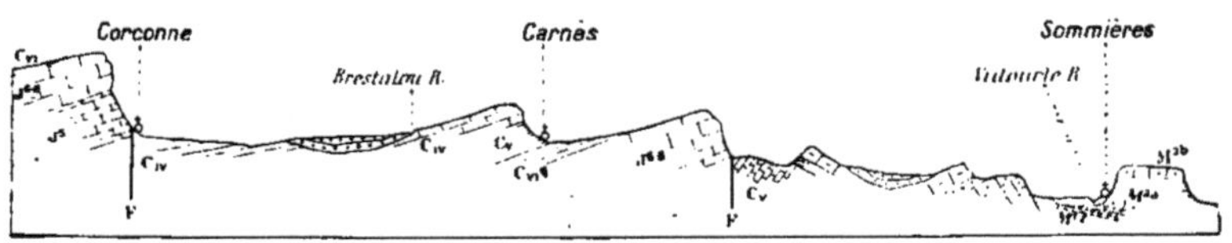

Fig. 134. — Coupe de la région non plissée sous-cévennique (d'après M. Roman). Figure extraite des *Annales de Géographie*, année 1899, p. 120.

J, Suprajurassique; C, infracrétacé; M, Miocène.

Ce sont les plis de la Gardiole, de Montpellier et du pic de Saint-Loup. Au Nord de ce dernier, des plateaux de structure tabulaire marquent la fin du régime plissé. On peut, avec M. Roman, les désigner sous le nom de *plateaux sous-cévenniques*. La succession des affleurements fait voir que le niveau architectural des plis s'abaisse progressivement à mesure qu'on se rapproche de la mer.

Le pli du pic de Saint-Loup montre en certains endroits les couches inférieures du Lias ; dans le pli de Montpellier on ne voit plus poindre que le Lias moyen ; enfin, dans la Gardiole, le terme le plus ancien est le Médiojurassique. La même observation peut être faite pour les dépressions intermédiaires qui ont été comblées respectivement par l'Éocène, le Miocène et le Pliocène.

Entre les deux groupes de plis, les terres caillouteuses du *Biterrois* et de l'*Agadais* ne présentent que des mouvements du sol insignifiants. Parmi eux, se remarquent de petits appareils volcaniques en ruines, comme la Montagne d'Agde, qui donnent à penser que des dislocations profondes doivent être cachées par le manteau des terrains récents.

Il nous reste à montrer comment cette contrée du Bas-Languedoc se relie à celle de l'Aquitaine.

Le dernier anticlinal des Corbières, celui de la Montagne d'Alaric, est séparé de la Montagne Noire par une vaste région synclinale, dont le flanc nord s'appuie contre le massif ancien en montrant, en bordure de la Montagne Noire, des calcaires éocènes qui dessinent de véritables *causses* et se prolongent jusqu'à la région des plis de Saint-Chinian. C'est dans ce synclinal que, sous l'influence de la proximité relative du niveau de base fourni par le golfe du Lion, a dû se déplacer progressivement, aux dépens de l'Aquitaine, le seuil géographique qui relie les deux versants de l'Atlantique et de la Méditerranée. Après avoir été situé sans doute dans le *Carcassès*, il a été rejeté peu à peu dans le *Lauraguais*. C'est là que se trouve le col de Naurouze, simple entaille dans le talus qui, sous le nom de *coteaux de Saint-Félix*, termine la nappe supra-éocène de l'Aquitaine, à la manière des *corniches* de la Région Parisienne orientale. Peut-être est-il permis de penser que l'Aude actuelle ne doit sa disposition qu'à cette marche régressive du seuil géographique vers l'Ouest, et qu'auparavant la rivière devait s'écouler vers la Garonne. A défaut d'études de détail probantes, l'examen de la carte géologique donne à croire que le seuil tectonique, celui de la *surface structurale*, devait se trouver à l'Est de Carcassonne.

AQUITAINE

Considérations générales. — Nous considérerons comme faisant partie de l'Aquitaine tous les pays qui s'étendent entre les

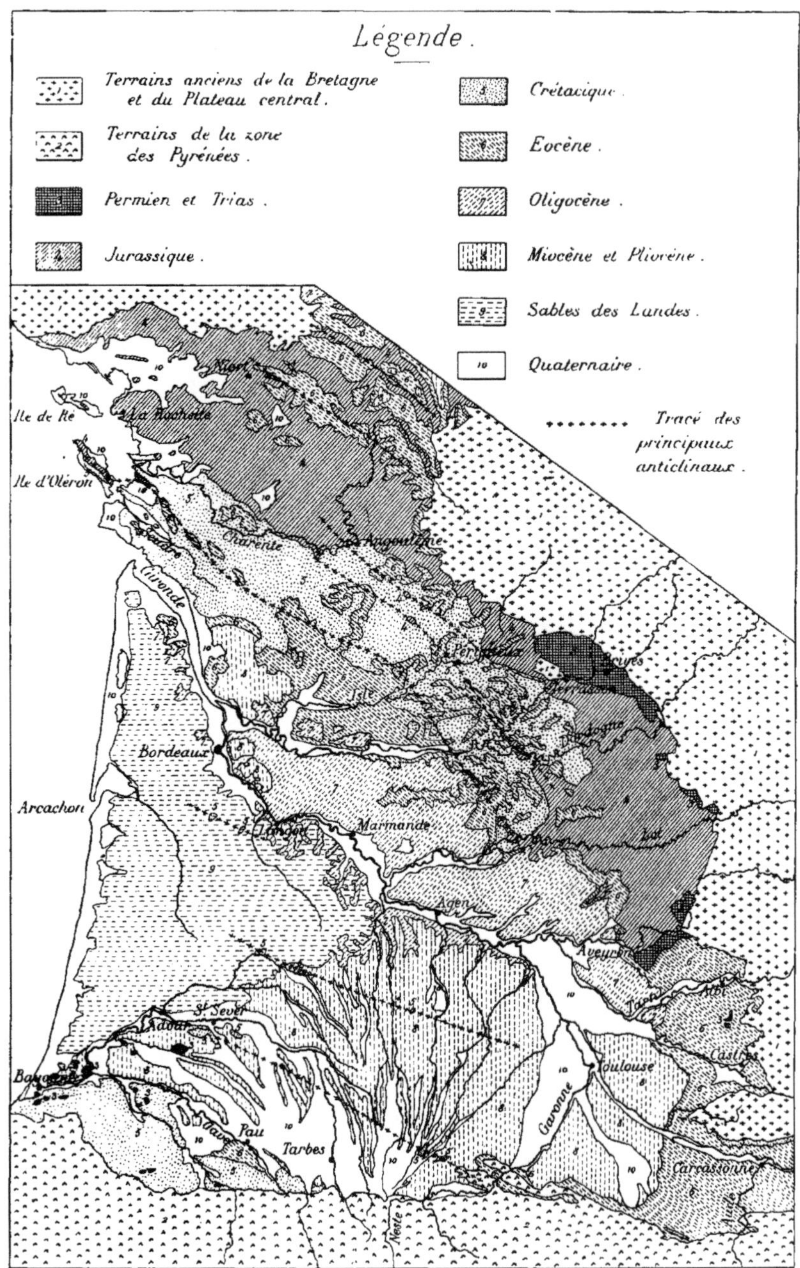

Fig. 135. — Croquis géologique de l'Aquitaine (d'après la carte géologique à 1 : 1 000 000).

Échelle de 1 : 3 000 000.

affleurements de roches anciennes de la Vendée, du Massif central et de la Montagne Noire d'une part, et les Pyrénées de l'autre.

La région ainsi définie peut être qualifiée de bassin géographique, car, l'Adour et la Charente mis à part, toutes ses eaux se rendent à la mer par un seul estuaire. Mais ce n'est pas une raison pour que, se laissant séduire par l'harmonie des teintes conventionnelles de la carte géologique, on élargisse cette conception de bassin et qu'on la transporte dans l'histoire de l'évolution géographique. Pas plus que la Région Parisienne, l'Aquitaine n'a été un *bassin* d'où les mers se sont retirées graduellement en marquant leur recul par des *laisses* successives de sédiments. S'il y a eu là une nappe marine pendant l'ère secondaire, ce n'a pas été sans intermittences; et si parfois cette nappe a eu des contours qui rappelaient ceux de l'Aquitaine actuelle, le plus souvent sa disposition a été totalement différente. L'examen des sédiments montre, en effet, que tantôt les eaux s'étendaient librement de l'*Ilot central* de la France à la *Meseta ibérique*, en contournant ou submergeant le noyau ancien des Pyrénées orientales et en communiquant avec la Région rhodanienne par-dessus le Rouergue, et que tantôt elles laissaient émerger de vastes surfaces pour se concentrer dans un étroit géosynclinal.

A l'époque oligocène, après la surrection des Pyrénées, il n'y avait pas encore, à proprement parler, de *bassin*. Si la Montagne Noire était dessinée, le Massif Central était toujours réduit à l'état de contrée indécise où s'étendaient précisément à ce moment d'immenses lacs ou lagunes; et ce n'est strictement qu'en arrivant à l'histoire de la fin de la période miocène qu'on est en droit de se servir de cette expression.

A cette époque, la mer est réduite à un golfe compris entre les hauteurs relativement anciennes des Pyrénées et le relief tout récent que le contre-coup de la crise alpine vient de donner, par voie de *rajeunissement*, à la Région centrale de la France. Aux dépôts détritiques venant des Pyrénées et qui, dès la période éocène, s'étaient amassés sur les rivages situés en avant d'elles et du revers occidental de la Montagne Noire, s'ajoutent ceux qu'amènent les rivières descendant du Nord. Malgré quelques retours offensifs, la mer recule, faisant place à des lagunes qui s'encombrent peu à peu sous l'amas des mollasses marines ou lacustres et des dépôts sableux ou argileux que l'on trouve dans toute l'Aquitaine centrale. A ces dépôts viennent se superposer, sous forme d'immenses cônes de déjection, les matériaux d'origine fluvio-glaciaire issus de la partie centrale des Pyrénées. Enfin l'action éolienne contribue à couvrir de sables la superficie du *Plateau landais*.

Il résulte de cette histoire que l'on peut distinguer, dans l'Aquitaine, plusieurs régions de caractères différents. Ce sont : 1° la *région septentrionale*, où se succèdent, du Nord au Sud et d'une façon plus ou moins régulière, les affleurements du Jurassique, du Crétacique et du Tertiaire; 2° la *région orientale*, où le Tertiaire apparaît seul, s'adossant directement aux terrains anciens du Rouergue et de la Montagne Noire; 3° la *région sous-pyrénéenne*, où les dépôts tertiaires sont en grande partie recouverts par les matériaux quaternaires d'origine fluvio-glaciaire; 4° le *Plateau landais*, où les sables pléistocènes cachent les formations antérieures.

Les différentes particularités de ces régions tiennent surtout à la nature diverse des terrains qui y affleurent. Mais, ainsi que l'a montré M. Glangeaud, une même architecture profonde régit tous leurs territoires; et si ses effets sont le plus souvent masqués par le manteau qui s'est déposé postérieurement à son édification, ils se manifestent néanmoins clairement en maints endroits.

Les transgressions et les régressions des mers de l'Aquitaine ne furent, en effet, qu'une des manifestations du travail de déformation du sol. Concurremment avec elles, eurent lieu des oscillations et des refoulements latéraux qui, non seulement esquissèrent à plusieurs reprises la muraille pyrénéenne, mais ondulèrent encore tout le territoire. Pendant l'Infracrétacé, presque toute l'Aquitaine fut exondée, et des plis de direction N.W. se dessinèrent. Sur ces plis plus ou moins arasés, les mers crétacées vinrent étaler leurs dépôts, cachant presque toute la plate-forme jurassique. Au début du Tertiaire, la tendance au plissement se manifesta de nouveau, pour s'accentuer énergiquement au moment des grands mouvements pyrénéens.

Les plis ainsi formés ne sont pas de simples ondulations comme celles de la Région Parisienne, parmi lesquelles le dôme du Pays de Bray est une singularité. Dans la partie septentrionale, où l'on a pu les observer nettement, ils se présentent, ainsi que l'a dit M. Glangeaud, sous la forme d'anticlinaux et de dômes, passant également à des failles par rupture de la clef de voûte. En maints endroits les couches du sol sont énergiquement redressées. Dans la partie centrale, où les plis sont noyés sous les couches postéocènes, on ne peut plus que les soupçonner. Mais, dans le voisinage des Pyrénées, leurs traces apparaissent de nouveau, accusant toujours cette direction générale N.W. qui est celle des plis récents des Pyrénées occidentales comme celle des plis hercyniens du Sud de la Bretagne, si bien qu'on est en droit de se demander où finit l'édifice des Pyrénées et où commence l'infrastructure de l'Aquitaine.

Cette architecture profonde n'a sur la topographie d'une grande partie de l'Aquitaine qu'une influence assez faible. Les dépôts qui l'ont recouverte ultérieurement, ont commandé, par leurs pentes générales, le tracé des cours d'eau. Dans la partie septentrionale elle-même, où les plis ne sont plus cachés, il arrive le plus souvent que ces conditions de pente générale priment l'influence du plissement. Celui-ci est, cependant, un facteur de la topographie, surtout lorsqu'on se rapproche de la côte.

Régions septentrionale et orientale. — Le relèvement tectonique de la Région centrale de la France et de son appendice de la Montagne Noire et du Rouergue a forcé les terrains de la fraction de l'Aquitaine qui forme leur bordure à prendre des pentes générales vers le S.W. et l'W. D'après cette disposition, on pourrait s'attendre à voir se développer, dans ces parties de la France, une succession d'auréoles analogues à celles de la Région Parisienne orientale, avec le détail de terrasses et de *corniches* qui leur est habituel. Mais de nombreuses particularités entrent en jeu et altèrent cette harmonie topographique.

Tout d'abord, dans le voisinage de la mer et jusqu'à hauteur d'Angoulême, la succession des affleurements jurassiques, crétaciques et tertiaires se fait assez régulièrement du Nord au Sud, malgré quelques interversions. Mais on voit ensuite la bande jurassique s'effacer presque complètement, et le Crétacique s'avancer tout près des affleurements de terrains anciens du Massif central. Plus loin, dans la région de Brive, un exhaussement relatif de l'architecture fait apparaître le Trias et même le Permien, tandis que le Crétacique s'écarte progressivement. Plus loin encore ce dernier terrain fait complètement défaut, la région ayant été sans doute émergée au moment même de son dépôt, et le Tertiaire repose directement sur le Jurassique, aux environs de Cahors, et sur le socle hercynien dans l'Albigeois et le Castrais. Il est donc impossible de suivre, d'un bout à l'autre de l'Aquitaine septentrionale, une auréole continue. A plus forte raison en est-il de même pour les *corniches*. Si, en certains endroits, comme au sud de Niort par exemple, l'alternance de couches dures et de couches tendres nécessaire à leur modelé est suffisante, le plus souvent les facies sont assez comparables les uns aux autres pour qu'aucun gradin bien accusé n'ait pu se dessiner.

Il résulte de tout ceci que, contrairement à ce qu'on pourrait penser *a priori*, on ne saurait englober les renseignements sur la topographie des différents *pays* de l'Aquitaine septentrionale dans une sorte de formule d'ensemble, même avec des restrictions analogues à celles dont nous avons fait précéder l'étude de la Région

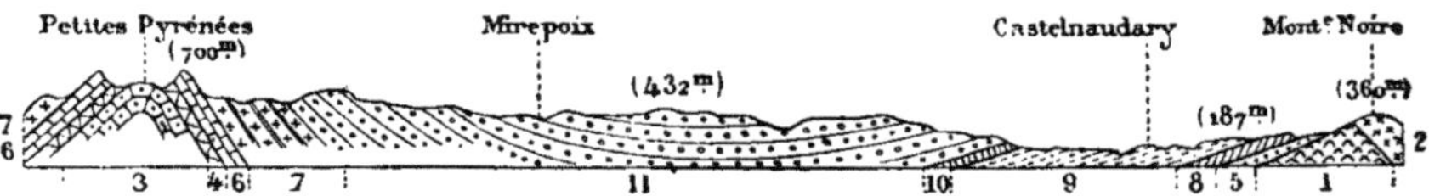

Fig. 136. — Coupe allant des Petites Pyrénées à la Montagne Noire à travers le Mirepoix et le Lauraguais (d'après Leymerie).
Figure extraite du *Traité de géologie* de M. A. de Lapparent, 4ᵉ éd., p. 1447.

1, gneiss; terrain primaire; 3, 4, 5, Crétacé; 6, 7, 8, 9, 10, 11, Eocène (grès et poudingues du type de Palassou).

Parisienne orientale. Il faut examiner séparément ces territoires. Parcourons-les de l'Est à Ouest.

Nous ne trouvons, pour commencer, que des terrains tertiaires qui appartiennent aux étages éocène et oligocène. Tout d'abord, ceux du *Lauraguais;* puis, dans une manière de golfe dessiné par les terrains anciens de la Montagne Noire et du Rouergue, ceux des parties occidentales du *Castrais* et de l'*Albigeois*. Ce sont, pour la plupart, des mollasses, mais avec quelques gisements intercalaires de calcaires lacustres; on y remarque aussi, dans les couches éocènes, des poudingues formés par les galets d'origine pyrénéenne que les courants avaient amenés jusque sur les rivages de la Montagne Noire. Comme les pentes des assises du sol se relèvent de toutes parts vers la bordure des terrains anciens, quelques gradins ont pu s'esquisser, là où il y a des alternances de dureté suffisantes dans la succession des matériaux du sol. Nous citerons, en particulier, les *coteaux de Saint-Félix*, qui dominent la *plaine de Revel*. Toutefois, le passage du socle hercynien au placage éocène qui le surmonte se fait le plus souvent sans qu'aucun trait topographique ne le souligne.

Brusquement, les terrains jurassiques font leur apparition dans le *Haut-Quercy*. Leur épaisseur considérable indique qu'il y a eu là une fosse, où les sédiments ont pu s'entasser à leur aise sur un fond qui s'affaissait sans doute graduellement. En première ligne, le long des terrains anciens, se développe un ruban liasique qui a donné naissance à une dépression dont le sol peu perméable est largement arrosé. Puis, avec le Médiojurassique et le Suprajurassique, s'étalent des surfaces arides, fissurées, véritables *causses* que les grands cours d'eau traversent en des gorges étroites et où les plus petits se perdent en des cavités souterraines dans lesquelles s'amassent également les eaux pluviales. Ce sont les causses de Martel, de Gramat, de Limogne. Le plissement général de l'Aquitaine s'y manifeste par quelques dômes, notamment celui de la Grésigne où le Trias est ramené au jour. Dans le *Bas-Quercy*, le Jurassique se recouvre peu à peu d'un manteau tertiaire qui finit par le cacher complètement et dans lequel les affluents de droite du Tarn et de la Garonne ont entaillé des sillons d'un parallélisme évident.

Si l'on pousse plus au Nord, on voit le crétacique se montrer à son tour, en même temps que, dans la région de Brive, les terrains permiens et triasiques sont ramenés au jour. De telle sorte qu'en s'éloignant du Massif central dans la direction de Marmande, on rencontre successivement des représentants de tous les grands étages du groupe secondaire. De là, de nombreux changements d'aspect. Aux terrains permiens et triasiques, formés le plus souvent de grès imperméables, correspond le *Bas Limousin*. Un petit *horst*, dû au jeu des failles, y fait surgir les terrains cristallophylliens près de Terrasson. Le Lias qui vient ensuite se traduit, à son habitude, par une zone déprimée après laquelle le Jurassique proprement dit constitue un dernier *causse*. Le Crétacique qui lui succède donne un caractère particulier au *Sarladais* ou *Périgord noir*, ainsi nommé à cause de la sombre verdure de ses bois de pins. Les vallées y sont rocheuses et les faîtes sableux. En certains points l'influence des plissements aquitains se fait sentir, particulièrement à Saint-Cyprien où un dôme fait surgir le Jurassique. Enfin le Crétacique se cache à son tour sous le Tertiaire, où les bois disparaissent à peu près.

Poussant encore plus loin vers l'Ouest, nous voyons s'évanouir non seulement le Permien de la région de Brive, mais encore presque tout le Jurassique. Le Crétacique, au contraire se rapproche du Massif central, constituant le Haut-Périgord ou *Périgord blanc* ;

les îlots jurassiques des dômes de Mareuil et de Chapdeuil y trahissent les plissements aquitains. Le manteau tertiaire débute ensuite par une large nappe éocène dont les argiles et les sables donnent à la *Double* son caractère ingrat.

Nous arrivons enfin à l'*Angoumois*, à la *Saintonge* et à l'*Aunis*, qui nous amènent à la côte de l'Océan, et nous y trouvons une succession beaucoup plus régulière des différents étages secondaires. Toutefois la pente générale vers le Sud n'est pas le seul facteur important de la topographie, et l'influence des plissements se manifeste clairement en maints endroits. L'anticlinal de l'île d'Oléron, par exemple, ramène le Jurassique au milieu des affleurements crétacés, et intervertit l'ordre de ces derniers sur une grande étendue. Quelques *pays* sont à distinguer : la *Plaine* jurassique de Niort, où les alternances de dureté ont provoqué la sculpture de trois corniches successives assez nettes ; la *Champagne* charentaise, formée de craie blanche ; le *Pays-bas* charentais, dont le fond argileux est surmonté d'alluvions anciennes.

Dans cette partie de l'Aquitaine septentrionale, voisine de la côte, le tracé des cours d'eau obéit nettement à la loi des plissements. La Charente, la Seudre, la Gironde elle-même ont la direction des accidents tectoniques ; il en est de même de certains cours d'eau moins importants comme le Né. Plus à l'Est, au contraire, ce sont les conditions de pente générale qui l'emportent et qui déterminent l'orientation de toutes les grandes rivières depuis l'Isle jusqu'au Tarn. Leurs vallées prennent naturellement des caractères différents dans la traversée des divers *pays* que nous avons mentionnés. Il faut citer notamment les méandres encaissés qu'elles dessinent dans les causses du Quercy.

Région sous-pyrénéenne. Région landaise. — Contrairement à l'Aquitaine septentrionale, les pays situés au Sud de la Garonne restèrent à l'état de zone basse pendant la période miocène. Aussi les plis de date éocène y furent-ils recouverts, en discordance, d'un épais manteau de sédiments marins ou lacustres.

Aujourd'hui, dans le voisinage des Pyrénées occidentales, ces plis ont été de nouveau dégagés par le travail de l'érosion, parce que l'influence du niveau de base a pu s'y faire sentir plus énergiquement et peut-être aussi parce que l'architecture y était plus relevée, en concordance avec le bombement tectonique du Pays basque. Leurs tranches usées nous montrent des affleurements éocènes ou crétaciques, et même des pointements de Trias. Le tout donne son caractère au pays de la *Chalosse*.

A l'Est de Pau, au contraire, dans tous les pays qui sont compris entre les Pyrénées et la grande courbe décrite par la Garonne, c'est à peine si quelques entailles atteignent les couches éocènes ou crétacées dans leurs parties les plus relevées. Cela suffit néanmoins pour montrer, jusqu'à l'évidence, la continuité en profondeur de l'architecture plissée. Au surplus, son influence se fait sentir dans la constitution même du manteau sédimentaire. Le compartimentage qu'elle a créé en avant des Pyrénées a en effet forcé les sédiments oligocènes et miocènes à se sérier. Une ligne qui traverse diagonalement tout l'*Armagnac*, du N.W. au S.E. un peu au Nord d'Auch, trace à ce point de vue une démarcation fort nette. Au Sud, se sont cantonnés les dépôts détritiques grossiers, graviers et sables; au Nord, apparaissent les dépôts à particules ténues, argiles et marnes, et les dépôts d'origine chimique.

Mais le manteau miocène est lui-même caché sur une large surface par une épaisse couverture de terrains plus jeunes, d'origine fluvio-glaciaire, et qui, ayant une grande puissance de Montréjeau à Lourdes, s'avancent, en diminuant d'épaisseur, jusqu'à une centaine de kilomètres en avant des Pyrénées. L'expression géographique de ces dépôts argilo-caillouteux est une région de transition entre la plaine et la montagne, désignée communément sous le nom de *Plateau de Lannemezan*, mais dans laquelle il faut plus exactement distinguer trois éléments : les plateaux de Lannemezan, d'Orignac et de Ger. Ce sont de vrais cônes de déjections fluvio-glaciaires, dont les matériaux se sont respectivement épanchés en avant de la chaîne par les trois chenaux de la Neste-Garonne, de l'Adour et du Gave.

Toute la topographie de l'*Armagnac*, et sous ce nom nous résumons les *pays* enclavés dans la courbe de la Garonne, se ressent de ces manifestations fluvio-glaciaires. Rien n'est plus remarquable que la disposition divergente des cours d'eau de cette partie de la France, et elle a été depuis longtemps signalée par les géographes. Son étude a été récemment serrée de près par M. L.-A. Fabre, qui a montré qu'il convenait d'établir une distinction entre le réseau hydrographique propre au complexe des cônes de déjections, et les cours d'eau issus de la zone montagneuse. Les plus extérieurs de ceux-ci, la Neste-Garonne et le Gave, gagnent la plaine par de véritables canaux de dérivation, qui contournent l'obstacle bâti en avant de leurs débouchés naturels par les amas de déjec-

tions fluvio-glaciaires. Ils utilisent à cet effet les dépressions synclinales et les abaissements d'axes anticlinaux de la zone des Petites
Pyrénées et encadrent la région des plateaux, où s'est développé, en
vertu d'un mécanisme assez spécial, un système hydrographique
particulier. Les directrices de ce système ont été imposées par les
pentes générales du sol. Quant au profil dissymétrique des vallées,
et à leur déplacement progressif vers l'Est, que l'on croyait autrefois devoir attribuer à l'influence de la rotation de la Terre, M. L.-A.

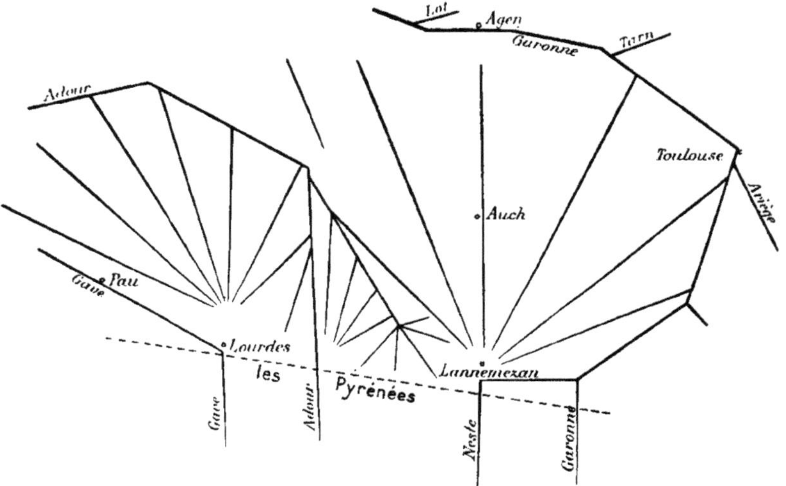

Fig. 137. — Schéma de l'hydrographie de la région sous-pyrénéenne
(d'après M. L.-A. Fabre).

Fabre a démontré que la prédominance et la violence des vents
d'Ouest, ainsi que le peu de résistance de la plupart des matériaux
du sol, en étaient les seules causes.

La situation asymétrique de cet ensemble par rapport aux rivages
de l'Océan a favorisé évidemment les rivières les plus occidentales, dans le combat engagé par les eaux courantes pour l'abaissement général du niveau de la région. Comme l'a fait remarquer
M. L.-A. Fabre, le Gave est un vrai conquérant, qui, après avoir cap-
turé les cours d'eau de la Chalosse, s'est attaqué à l'Adour lui-même
et se l'est annexé. Le cours de ce fleuve, après avoir débouché des
montagnes par Bagnères-de-Bigorre, poursuit sa route à travers les
plateaux sous-pyrénéens. Il devait se continuer jadis jusqu'à la
Garonne, qu'il atteignait sans doute vers le coude de Langon. Aujour-

d'hui, « sans raison apparente, et n'ayant devant lui que la plaine basse et sablonneuse des Landes », il s'infléchit vers l'Ouest, à Riscle, entaillant la masse du plateau argilo-caillouteux de Ger. C'est là le résultat d'une série de captures échelonnées opérées par un affluent de la rive droite du Gave, et qui ne peuvent que gagner progressivement vers l'Est jusqu'à ce que la Garonne et le Gave-Adour se soient partagé équitablement la contrée.

Sur ces plateaux d'origine fluvio-glaciaire, au sol argileux et parsemé de blocs, s'étendent de grandes landes couvertes de bruyères et d'ajoncs, dont la monotonie n'est altérée que par les coupures des vallées où se réfugient la végétation et la vie. Dans l'Armagnac, où apparaissent les formations miocènes, le pays s'ordonne en collines de formes molles et arrondies. Toutefois, en certaines parties du Haut Armagnac ou *Armagnac blanc*, des lentilles de calcaire lacustre, intercalées dans la masse des formations meubles, donnent au paysage des contours plus vigoureux. Enfin, la plaine de la Garonne étale sa large et riche bande d'alluvions modernes, dominée par des terrasses d'alluvions anciennes dont M. Boule a montré la liaison avec les formations glaciaires.

La *région landaise* dessine une sorte de triangle compris entre le golfe de Gascogne, la Garonne et l'Adour et parcouru par un système hydrographique qui lui est propre. Sur une carte hypsométrique. elle apparaît comme un élément étranger encastré dans le corps de l'Aquitaine.

Son sol est formé d'une couche épaisse de sables que l'on a reconnus récemment pour pléistocènes, et dont la partie inférieure a été transformée, sous l'influence d'infiltrations, en ce grès ferrugineux auquel on donne le nom d'*alios*. Ces sables reposent sur une plate-forme généralement tertiaire et argileuse, mais qui, en certains endroits, comme à Tercis et à Roquefort, montre le terrain crétacé, indiquant ainsi que le manteau tertiaire post-éocène recouvre là, comme dans toute l'Aquitaine, un substratum plissé.

On se trouve visiblement en présence d'une plate-forme nivelée par un mécanisme particulier et recouverte ultérieurement d'une couverture sableuse.

C'est encore à M. L.-A. Fabre que l'on doit, au sujet de la morphogénie de la région, des explications qui semblent définitives.

Remarquant que, dans sa course vers l'Ouest dans la direction de Saint-Sever, l'Adour coupe des masses d'éléments détritiques grossiers et de cailloux encore gros comme le poing, qui se dressent au-dessus de sa rive méridionale comme de véritables môles, sans se prolonger de l'autre côté, il met en fait que ce recouvrement alluvionnaire a dû primitivement s'avancer beaucoup plus loin et qu'à l'imitation de ce qui se passe plus à l'Est il a dû recouvrir d'éléments de plus en plus ténus toute la plaine landaise. Puis, rapprochant ce fait de celui du déplacement latéral des cours d'eau sous l'influence des vents d'Ouest, et des captures successives opérées par le Gave, aussi bien que d'observations en profondeur qui montrent que la plate-forme landaise a été parcourue par un lacis de cours d'eau, il conclut que cette plate-forme est le résultat d'un nivellement par l'érosion torrentielle. Quant au recouvrement sableux superficiel, l'uniformité de ses éléments sur une surface considérable et l'absence de galets montrent qu'il ne peut être le résultat d'un apport direct par les flots. Son origine serait toute différente. Les sables, incessamment amenés à la côte par toutes les rivières d'origine pyrénéenne, auraient été poussés à la conquête du continent par les vents d'Ouest, dans une marche offensive qui ne fut arrêtée que lors de la fixation des dunes de la côte par la végétation.

La région naturelle ainsi individualisée a vu se développer son système hydrographique actuel sous l'influence des niveaux de base qui l'encadrent et du fond imperméable qui supporte la couverture sableuse d'origine éolienne.

CHAPITRE VI

RÉGION DE L'OUEST

Grandes divisions. — Au moment de la dislocation du continent hercynien, l'Ouest de la France montra une résistance toute particulière. Les lagunes et les mers du Permien et du Trias semblent l'avoir respecté. Pendant toute l'ère secondaire, sa presquetotalité fit partie intégrante d'un continent qui se prolongeait sur l'Atlantique par la Cornouaille anglaise, et qu'un seuil, correspondant au Poitou actuel, relia à plusieurs reprises à l'Ilot central de la France, tantôt au titre de vestige de terres plus étendues, tantôt à celui de précurseur d'une émersion générale. Ce ne fut qu'au cours de l'ère tertiaire que la situation se renversa et que la désorganisation progressive du continent atlantique fit, à proprement parler, rentrer l'Ouest de la France dans le domaine européen, soit à l'état d'île, soit à celui de presqu'île, de contours d'ailleurs variables.

Le fait saillant de cette histoire, c'est que depuis les temps hercyniens jusqu'à nos jours, à part une invasion partielle miocène et une submersion momentanée à l'époque pliocène, une bonne partie de la région de l'Ouest échappa à toute invasion marine et resta en prise aux actions destructrices des agents extérieurs. Comme, d'autre part, les mouvements orogéniques posthercyniens ne s'y firent sentir que d'une façon discrète et qu'aucun grand rajeunissement du relief n'en fut la conséquence, il s'ensuit que nous voyons aujourd'hui, sur une très grande étendue et presque sans modifications, la *pénéplaine* due à l'usure de l'ancien relief hercynien. Il faut donc distinguer avec soin la partie où cette pénéplaine est visible, de celle où elle est encore masquée par les dépôts secondaires ou tertiaires. Ceci conduit à examiner séparément le *Massif armoricain* et ses *régions marginales*.

MASSIF ARMORICAIN

Considérations générales. — La profonde échancrure du golfe de Saint-Malo et l'embouchure de la Loire introduisent, dans la description géographique du massif armoricain, des divisions obligées, et forcent à y distinguer successivement la *Bretagne*, le *Cotentin* et la *Vendée*. C'est avec intention que nous ne prononçons pas le nom de Normandie ni celui de Maine, quoiqu'ils correspondent en partie sur la carte à la pénéplaine hercynienne. Ces anciennes provinces s'étendaient, en effet, sur des territoires hétérogènes appartenant pour la plus grande part à la Région Parisienne, de sorte que pour la clarté de l'étude architecturale, il vaut mieux rattacher leurs éléments anciens à la masse générale de la Bretagne.

Dans l'étendue des trois contrées précitées, la topographie est une conséquence réflexe de l'ancienne architecture hercynienne. Ceci ne veut point dire qu'elle en est un écho, et qu'à une ride de l'ancien relief en correspond aujourd'hui fidèlement une autre qui n'en est que l'expression infiniment adoucie. Non, la chose est plus complexe. Les différences de dureté des matériaux du sol sont entrées en jeu et ont occasionné en certains endroits ces interversions de relief auxquelles de nombreux exemples nous ont déjà accoutumés. Ce qui a subsisté, c'est *l'influence directrice*. Les modestes accidents topographiques que nous rencontrons aujourd'hui épousent, dans leur allure, si ce n'est dans leur emplacement, la disposition des grandes montagnes de la fin de l'ère primaire.

C'est en effet pendant la période carboniférienne que des refoulements énergiques, dirigés dans le sens du méridien, vinrent plisser le sol de l'Armorique, dessinant des rides de direction générale E.-W. mais légèrement convergentes vers l'W. Il est probable que les traits de cette architecture avaient une certaine analogie avec des traits antérieurs qu'ils ne firent qu'accentuer, car les sédiments primaires les plus anciens (Cambrien) montrent des facies très différents de part et d'autre de certains d'entre eux. Quoi qu'il en soit, le dessin fut assez vigoureux pour voiler toutes les dispositions tectoniques préexistantes.

L'analyse qu'a faite M. Ch. Barrois de ces plissements carbonifériens montre qu'il y a eu, dans le ridement, deux phases pendant lesquelles la direction de plissement a été sensiblement différente, de telle sorte qu'il s'est produit de véritables torsions en certains endroits où les efforts se sont superposés. De là une structure d'ensemble très variée, que compliquèrent encore des tassements et des cassures, et qui se signale par des déversements dont le sens s'inverse radicalement d'un bout à l'autre de certains plis.

Toute cette architecture ne nous apparaît aujourd'hui qu'usée jusqu'à la racine. Aussi voyons-nous se dégager çà et là, en gros noyaux ou en pointements plus restreints, les pâtes éruptives injectées jadis à plusieurs reprises dans l'épaisseur des terrains primaires; tandis que, par opposition, les représentants de toute la série de ces sédiments primaires se montrent réunis sur l'emplacement des dépressions tectoniques; les plus jeunes, ceux du terrain carbonifèrien, correspondant aux dénivellations architecturales les plus profondes. Il faut enfin signaler, en maints endroits, des flaques de sédiments tertiaires, traces manifestes d'invasions marines, ainsi que de vastes étendues d'un limon quaternaire dont la venue doit être attribuée à des changements topographiques de date fort rapprochée.

Bretagne. — M. Ch. Barrois a montré que les plis carbonifériens de la Bretagne se groupaient pour former une grande zone synclinale encadrée par deux bandes anticlinales. L'une de ces dernières, l'anticlinal de Cornouaille, paraît avoir été dessinée lors de la phase la plus ancienne de ridement; elle s'étend de l'île de Sein à Nantes. L'autre, l'anticlinal du Léon, se dirige de Brest sur Guernesey. Toutes deux ramènent au jour les roches les plus anciennes, celles que l'on désigne sous le nom de gneiss fondamentaux. Quant à la zone synclinale, elle se décompose en une quantité de plis dont le faisceau s'enrichit vers l'E., à mesure que s'écartent davantage les deux anticlinaux limites.

Comme nous l'avons déjà dit, le travail de nivellement accompli par l'érosion a arasé tous ces plis. Mais la nature des roches qui se montrent à la surface du sol peut nous servir de guide pour restituer par la pensée les éléments du relief disparu. L'emplacement des fosses les plus basses de l'architecture nous est indiqué par l'apparition des sédiments primaires les plus récents. On remarque que ces parties basses se trouvent dans la région axiale de la Bretagne, où se montrent deux nappes de terrains dévoniens et carbonifériens, réunies par un mince ruban. Les géologues donnent à ces éléments déprimés de la tectonique les noms de bassins de Châteaulin, de Laval et de Bélair. D'autre part, les affleurements des terrains primaires les plus anciens nous montrent des parties dont les formes étaient plus relevées. Enfin, les affleurements des magmas granitiques qui s'élevèrent dans les anticlinaux lors de la formation des plis, nous renseignent sur l'emplacement des parties les plus accusées de l'ancien relief. A ce sujet, il faut bien observer que les granites que l'on voit en Bretagne correspondent à plu-

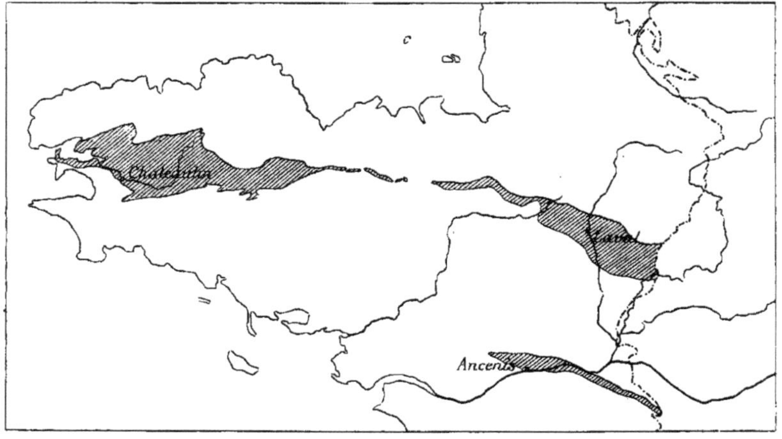

Fig. 138. — Bassins carboniférens et dévoniens de l'Armorique
(d'après la Carte géologique à 1 : 1 000 000).

sieurs venues successives, et que ce sont les plus récents qui signalent les anticlinaux carboniférens.

La topographie actuelle n'est pas, avons-nous dit, un écho fidèle de la disposition architecturale, elle n'en est qu'une sorte d'interprétation sur laquelle a influé aussi la dureté plus ou moins grande des matériaux du sol. De telle sorte que si la Bretagne peut être considérée comme formée de deux plateaux encadrant une dépression axiale, il n'y a pas concordance absolue entre ces éléments physiques et les éléments tectoniques que nous avons énumérés. Chacun des plateaux correspond, en effet, non seulement à l'une des zones anticlinales de bordure, mais encore à une portion du complexe synclinal intermédiaire, dont les parties d'architecture la plus basse constituent seules la dépression topographique axiale.

On conçoit que suivant qu'on attache plus d'importance à l'hyp-

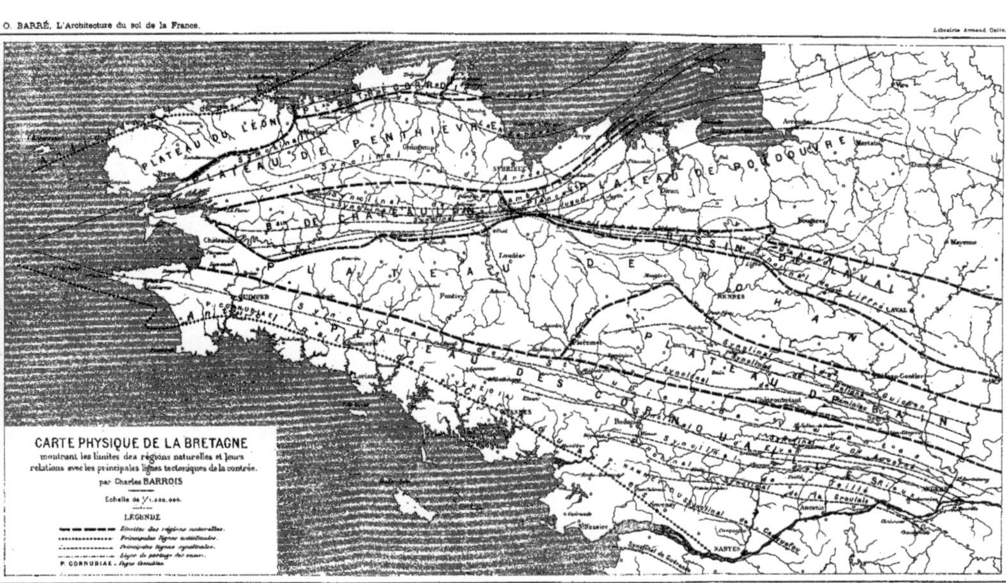

Fig. 139. — Réduction de la carte publiée dans les *Annales de Géographie*, t. VI, pl. I, 15 janvier 1897.

sométrie ou aux conditions géologiques, on arrive, en ce qui concerne ces trois éléments géographiques de la Bretagne, à des délimitations légèrement différentes. A quelque parti que l'on s'arrête, il faut indiquer ensuite d'assez nombreuses divisions de détail, afin de tenir compte des nuances que la nature diverse des terrains mis à jour introduit dans l'aspect du sol.

Voici les groupements qu'a proposés M. Ch. Barrois : 1° le *Plateau septentrional*, comprenant les Plateaux du Léon, du Trégorrois, de Penthièvre et de Poudouvre; 2° le *Plateau méridional*, comprenant le Plateau des Cornouailles, et le Plateau de Bain; 3° la *Région axiale*, ayant pour subdivisions les Bassins de Châteaulin et de Laval et le Plateau de Rohan. Ils nous serviront de base pour l'examen rapide de la Bretagne.

L'ensemble du sol breton ondule de 100 à 300 mètres d'altitude, sans qu'on puisse le qualifier de région montueuse ni de région plate. En quelques endroits seulement le relief est plus accusé. Ce sont ceux où la dureté particulière des matériaux du sol a permis à quelques masses rocheuses de rester en saillie; cette condition est remplie par certains granites et surtout certaines couches de grès siluriens, dits *grès armoricains*, que le métamorphisme a changés, par places, en véritables quartzites et qui entourent les masses granitiques d'une ceinture protectrice. Telle est l'origine de la croupe granitique de la *Montagne d'Arrée* et de ses flanquements gréseux métamorphisés. De là encore le relief gréseux et quartzeux du *Menez Hom*, de la *Montagne Noire*, des *Coëvrons*, de la *Forêt d'Écouves* et de toutes ces *forêts* qui forment les parties saillantes de l'Armorique orientale. De là, enfin, les escarpements du *Menez Bélair* et le relief granitique des *Landes du Mené*, qui vient étrangler la zone de liaison naturelle des Bassins de Châteaulin et de Laval.

Si l'on fait abstraction de ces quelques saillies un peu vigoureuses, le relief est plutôt monotone. Néanmoins, malgré l'uniformité apparente du territoire, certaines distinctions sont à faire entre ses différentes subdivisions.

Dans le *Plateau méridional*, le grand anticlinal de Cornouaille joue un rôle prépondérant. Les ondulations en lesquelles il se décompose montrent alternativement des bandes granitiques et des terrains cristallophylliens, gneiss à l'W., micaschistes à l'E. Les bandes granitiques correspondent à des landes dont les principales sont les *Landes de Lanvaux*, celles de *Grandchamp* et du

Sillon de Bretagne. Ces dernières s'arrêtent à un ressaut assez accentué dû à la résistance d'un long et étroit filon de quartz. Les bandes argilo-schisteuses qui les séparent sont imperméables et fournissent, à la limite des bandes granitiques, des niveaux de sources nombreuses. Dans les pays de Nantes et de Guérande, d'autres ondulations secondaires se greffent sur l'anticlinal de Cornouaille. Leurs faisceaux, légèrement divergents, à la manière des barbes d'une plume, dit M. Ch. Barrois, conservent toujours au sol la même *disposition rayée.* Cette disposition se retrouve dans le *Plateau de Bain;* là, ce ne sont point des granites mais des grès qui alternent avec les schistes imperméables.

Dans le *Plateau septentrional,* le grand anticlinal qui est l'homologue de l'anticlinal de Cornouaille ne forme guère que le *Pays de Léon.* Plus à l'Est, il disparaît, ébréché par l'échancrure

Fig. 140. — Coupe des Montagnes Noires (d'après M. Ch. Barrois).
1, grès armoricain; 2, Dévonien; 3, Houiller.

du golfe de Saint-Malo, pour ne se montrer de nouveau que dans les îles anglo-normandes. Les autres plateaux appartiennent aux éléments les plus septentrionaux de la grande zone synclinale axiale; d'où une beaucoup moins grande homogénéité d'aspect que dans la Cornouaille. Le sol est d'ailleurs plus fertile, grâce à l'humidité plus abondante, à la présence, surtout dans le *Trégorrois,* de matériaux éruptifs anciens de décomposition facile, et enfin à un manteau de limon quaternaire. Dans le *Penthièvre* et le *Plateau de Poudouvre,* le sol est comme lardé de filons de diabase qui font l'office de véritables drains.

A l'Ouest, le *Bassin de Châteaulin,* formé de terrains dévoniens et carbonifériens de nature argilo-schisteuse, présente des prairies qui contrastent avec les landes de la *Montagne d'Arrée* et les roches arides des *Montagnes Noires* qui l'encadrent. Ces dernières se décomposent en deux étroites crêtes rocheuses parallèles formées, l'une de quartzites dévoniens, l'autre de grès armoricains. Ce sont les tranches redressées des couches qui servent de support aux lépôts carbonifériens et qui sont restées en saillie grâce à la dureté le leurs matériaux. Le *Menez Hom,* qui s'avance vers la presqu'île

de Crozon, et la *Forêt de Quénécan* qui prolonge les Montagnes
Noires vers l'Est ont la même raison d'être. C'est encore une cause
identique qui complique le relief de la partie occidentale de la
Montagne d'Arrée. Là se trouve en effet, aux environs de Huel-
goat, un massif granitique isolé. Enrobé primitivement dans des
couches primaires dont les tranches ne lui constituent plus aujour-

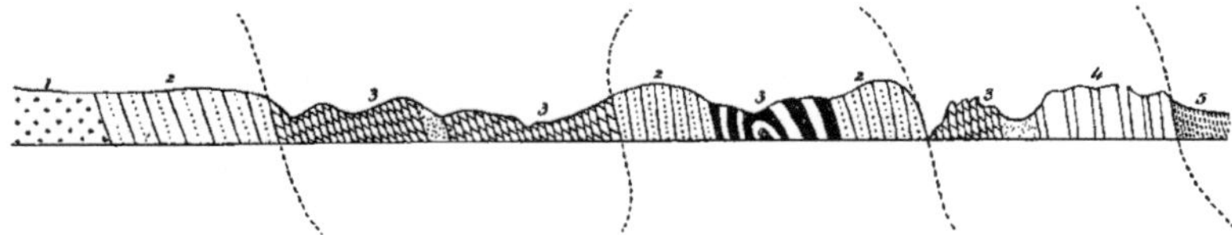

Fɪɢ. 141. — Coupe de la Forêt de Quénécan (d après M. Ch. Barrois).
1, granite: 2, grès armoricain ; 3, schistes siluriens ; 4, Dévonien ; 5, Houiller.

d'hui qu'une ceinture, il devait constituer un élément isolé du
relief originel. Par suite de la dureté même que le métamorphisme
a donnée aux matériaux de cette ceinture, il se relie aujourd'hui à
la masse générale de la Montagne d'Arrée, s'épanouissant en une

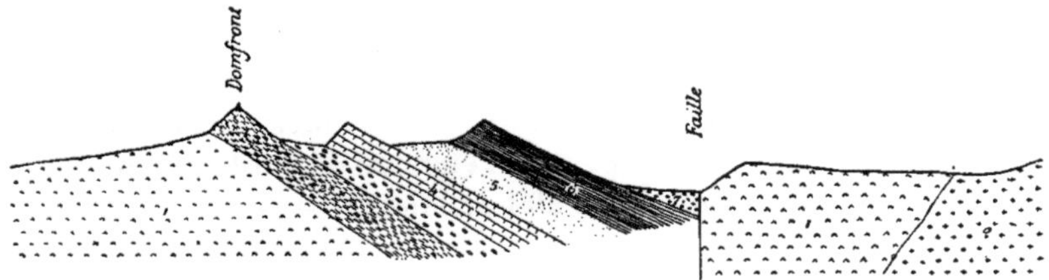

Fɪɢ. 142. — Coupe de la ride de Domfront (d'après M. Bigot, *Bulletin du laboratoire
de géologie de la faculté de Caen*).

0, granite ; 1, phyllades ; 2, grès armoricain ; 3, schistes ; 4, grès de May ; 5, schistes ;
6, grès ; 7, schistes.

croupe dont le Mont Saint-Michel de Brasparts forme le point
culminant.

A l'Est, le *Bassin de Laval* occupe une situation symétrique de
celui de Châteaulin, mais sans en avoir le développement. Formé
comme lui de terrains dévoniens et carbonifériens, mais de nature
calcaire, il est beaucoup plus favorisé au point de vue de l'agricul-
ture. Sa limite méridionale n'est marquée par aucune saillie caractérisée, et il se soude insensiblement au Plateau de Rohan. Mais au
Nord, il s'arrête nettement au relief de la *Forêt de la Charnie*, que
prolonge une étroite ride dont on retrouve les traces au Nord de

Laval et de Vitré. Ce relief de la Forêt de la Charnie n'est qu'un cas particulier d'une disposition générale qui se retrouve plus au Nord, dans les *Coëvrons*, la ride du *Pail*, la *Forêt d'Écouves* et cette longue muraille coupée de brèches pittoresques qui va directement de Mortain à Domfront. Tous ces accidents dérivent d'une même cause : la présence de bandes de grès siluriens, qui, dans la sculpture du sol, ont pris la figure saillante convenant à leur dureté. Quant à cette présence, elle s'explique par des raisons diverses, mais se rattachant toutes à un affaissement architectural, soit de simple forme synclinale, soit de caractère plus complexe. La nature gréseuse du sol se traduit aussi par la présence de forêts, seule forme de végétation qui convienne à ce sol ingrat; ainsi la Forêt de la Charnie, la Forêt de Pail, les Forêts d'Écouves et de Multonne, la Forêt d'Andaine.

Au centre, enfin, le *Plateau de Rohan* court d'un bout à l'autre de la Bretagne, servant de transition entre le Plateau méridional et les Bassins de Châteaulin et de Laval dont il étrangle le trait d'union géologique, à tel point que celui-ci, le Bassin de Bélair, ne peut être compté comme unité par les géographes. Constitué par les formations cambriennes que l'on désigne sous le nom de phyllades de Saint-Lô et dont la surface exposée à l'air libre devient facilement argileuse, ce Plateau de Rohan se prête au développement des pâturages, sauf en quelques parties gréseuses où apparaissent les forêts, et dans l'étendue de petits affleurements granitiques qui sont restés à l'état de landes. Sa partie orientale est d'une fertilité relative, grâce à quelques dépôts tertiaires et à un manteau de limon.

Cotentin. — La limite du Cotentin et de la Bretagne proprement dite est indiquée par un trait assez accentué du relief. C'est une croupe, allongée de l'E. à l'W., qui est encadrée dans l'*Avranchin* par les cours de la Sée et de la Sélune, et qui se prolonge, à partir de Mortain, par la muraille gréseuse que nous avons déjà eu l'occasion de définir. En se reportant aux principes généraux que nous avons énoncés à plusieurs reprises, il suffit de constater que la première partie de ce relief est granitique et que l'autre appartient aux grès siluriens, pour deviner que son ensemble topographique est hétérogène, aussi bien au point de vue de l'architecture qu'à celui de la nature des matériaux. Le granite, dont la présence est l'indice certain d'un ancien anticlinal, n'a été conservé qu'en vertu de la protection donnée par les terrains métamorphisés, qui l'entourent de deux véritables murailles. Quant aux grès, leur présence est subordonnée à celle d'une faille longitudinale le long de laquelle les couches siluriennes ont été comme laminées, donnant naissance à des rochers pittoresques.

Au Nord de cette ride accentuée qui contribue à donner de l'importance au *Bocage normand,* on retrouve les plis du Penthièvre, dont la continuité n'a été rompue qu'en apparence par l'échancrure du golfe de Saint-Malo. Ils nous montrent des plateaux granitiques qui correspondent aux anticlinaux et avec lesquels font

corps les premières couches cambriennes modifiées par le métamorphisme. Entre eux, les schistes non modifiés, moins résistants, donnent des dépressions ondulées. Quelques affleurements de grès armoricain tournant au quartzite jouent leur rôle habituel.

Parmi les dépressions synclinales, celle qui passe par Lessay et semble se prolonger dans le Penthièvre jusque vers Landerneau joue un rôle spécial dans la topographie actuelle. C'est une sorte de partie faible du massif ancien. Les terrains jurassiques s'y avancent en un golfe auquel font suite les Marais de Gorges et la zone basse des landes de Lessay. Des témoins tertiaires montrent d'ailleurs que la mer a envahi cette dépression à l'époque miocène, réduisant la partie septentrionale du Cotentin à l'état d'île.

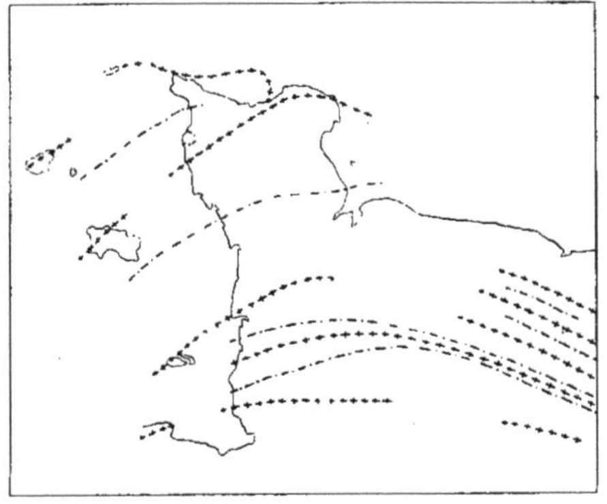

Fig. 143. — Plis du Cotentin (d'après M. Lecornu). Les traits formés de croix indiquent les anticlinaux ; les traits en pointillés mixtes, les synclinaux. Échelle de 1 : 3 000 000.

Vendée. — A l'inverse du Cotentin, qui n'a pas d'autonomie tectonique et n'est en somme qu'un fragment de la Bretagne dont il n'est séparé qu'en apparence, la Vendée a une certaine individualité architecturale, en ce sens qu'elle montre à nos yeux la face usée d'une partie un peu spéciale de l'ancienne zone montagneuse hercynienne.

Le prolongement de l'axe anticlinal des Cornouailles se traduisait là sans doute par un dôme dont l'étendue des affleurements actuels de granite et de granulite indique l'importance. L'histoire géologique montre d'ailleurs qu'à plusieurs reprises cette région a montré une résistance spéciale à l'ennoyage. Elle a constitué une île pendant une bonne partie de la période crétacique, et a été également séparée de la Bretagne au moment de l'invasion marine miocène.

Il résulte de cette particularité architecturale que la Vendée montre une sorte de noyau de granite et de granulite, entouré d'affleurements schisteux qui correspondent aux zones synclinales encadrantes.

Au noyau correspond la *Gâtine ;* à la zone schisteuse septentrionale, les *Mauges ;* à la zone schisteuse méridionale, le *Bocage vendéen.* Ce dernier élément de la Vendée a un aspect plus varié que les autres. Les ondulations de détail de son architecture y font apparaître de petits îlots granitiques. Là se trouvent des landes ou des forêts, qui contrastent avec les prairies et les cultures de la masse schisteuse. Près de Chantonnay, une faille longitudinale a permis à un lambeau de terrain houiller et même à des flaques de calcaires jurassiques de se maintenir. L'aspect habituel du Bocage s'atténue aussitôt; on se croirait déjà dans la *Plaine vendéenne,* bordure jurassique qui se raccorde à la *Plaine de Niort.*

La Vendée est séparée de la Bretagne par le cours inférieur de la Loire, ou, pour mieux dire, par la région relativement déprimée que traverse le fleuve pour se jeter à la mer et que soulignent le lac de Grandlieu et les marais de la Grande Brière. La situation architecturale déprimée de ce compartiment du sol n'est qu'un reflet de l'état de choses plus ancien auquel nous avons déjà fait allusion. Des lambeaux de terrains tertiaires d'âges divers, aussi bien que quelques témoins crétaciques, montrent que depuis les temps hercyniens la mer s'est avancée par là à plusieurs reprises. Bien plus, la présence d'un bassin carbonifère, celui d'Ancenis, prouve qu'il y avait déjà là une partie basse de l'architecture hercynienne. Ainsi donc la séparation de la Vendée et de la Bretagne est d'ordre tectonique. L'influence de l'ancienne architecture hercynienne se traduit même dans le détail du cours de la Loire, qui épouse la direction des plis dans une partie du bassin d'Ancenis et dans le trajet de Nantes à Paimbœuf.

RÉGIONS MARGINALES

Considérations générales. — Les pays qui forment la marge du massif armoricain font partie de ce que nous avons nommé la *Région Parisienne*. Comme dans les fragments de cet ensemble complexe que nous avons déjà étudiés, on y voit apparaître les terrains secondaires et tertiaires, mais dans des conditions différentes, ce qui explique l'absence de toute analogie topographique.

Au premier coup d'œil jeté sur une carte géologique à petite échelle, l'attention est attirée par la manière quasi géométrique dont s'arrête le massif armoricain, en dessinant le saillant d'Alençon et le rentrant de la Loire. La pensée vient aussitôt que cette régularité est due à un brusque affaissement de l'architecture, et que ce sont des failles qui tracent la limite de la partie visible de l'ancienne pénéplaine hercynienne. L'examen d'une carte plus détaillée fait revenir sur cette impression. En voyant les divers terrains post-primaires empiéter irrégulièrement sur le socle hercynien, en constatant aussi que, par une sorte de réciprocité, des îlots anciens surgissent de la même manière au milieu de la bordure secondaire, on comprend aussitôt que les affaissements brusques ne sont que des exceptions locales, et que, dans son ensemble, l'ancienne pénéplaine hercynienne s'enfonce doucement sous le manteau mésozoïque, à la manière d'un rivage sous les flots de la mer. C'est d'ailleurs cette situation qui s'est maintenue à travers les âges pendant les temps secondaires, avec des oscillations relatives de niveau qui ont permis aux mers d'empiéter plus ou moins sur le socle ancien, amenant ainsi des transgressions et des régressions dans la suite des dépôts sédimentaires. Et l'on ne peut mieux se figurer l'aspect qu'ont dû avoir, pendant ces oscillations, les rivages orientaux de l'Armorique, qu'en se reportant à celui même que présente aujourd'hui même la côte occidentale avec ses dentelures, ses îles et ses écueils.

De toutes ces transgressions, la plus prononcée se fit sentir pendant la période crétacique. C'est ce qui explique que des lambeaux de formations de cette époque, conservés par des particularités locales de l'architecture, apparaissent, directement appliqués sur les terrains anciens, en dépassant de beaucoup vers l'Ouest les terrains jurassiques. C'est ce qui explique encore le rentrant accentué que la limite des terrains anciens dessine dans le voisinage de la Loire, dans cette région où les sédiments crétaciques transgressifs ont pu se maintenir grâce à l'abaissement du socle hercynien.

On pourrait, par un raisonnement inverse, être tenté d'attribuer le saillant que prononce le massif armoricain dans le voisinage d'Alençon à une surélévation tectonique de l'ancienne pénéplaine; surélévation due soit à l'ancienne architecture, soit à une modification récente de son assiette. La disposition des failles tertiaires du Perche (fig. 144 et 146) montre bien qu'il y a eu, dans le voisinage de ce saillant, une esquisse de bombement, qui s'est résolue en gradins par affaissement de la clef de voûte. Mais le prolongement de ce bombement dans le massif armoricain est discutable. Une autre cause est plus manifeste. C'est la dureté des matériaux gréseux accumulés dans cette partie de la pénéplaine hercynienne par suite des particularités synclinales de sa structure. Dureté qui leur a permis de former comme de véritables épis, résistant aussi bien aux agents atmosphériques qu'à l'érosion marine, et précédés, vers l'Est, d'une file d'écueils que l'on retrouve maintenant encastrés dans les dépôts mésozoïques.

Par suite de la pente générale vers l'Est, les diverses couches secondaires apparaissent taillées en biseau et dessinant une suite d'*auréoles*, qui épousent plus ou moins les sinuosités caractéristiques de la limite des terrains anciens. Mais les différences de valeur que présente le plongement des couches font que la largeur de ces auréoles n'est pas constante. C'est ainsi que l'ensemble des auréoles jurassiques, très développé au Nord du saillant d'Alençon, se rétrécit peu à peu au Sud, pour disparaître complètement dans le voisinage immédiat de la Loire. Quoi qu'il en soit, cette disposition en auréoles, si semblable à celle que l'on observe dans la Région Parisienne orientale, donne à penser que le relief du sol doit présenter les mêmes particularités que dans la France du Nord-Est. En réalité il n'en est rien, et la disposition est des plus confuses.

Les raisons de ce contraste avec la Région du Nord-Est sont diverses.

En premier lieu, la série des terrains secondaires est loin d'être complète. Le Trias n'apparaît que sur une faible étendue dans le voisinage du Cotentin. En aucun endroit, le Lias ne prend l'importance qu'il a en Lorraine. On ne voit point de représentant des divers étages de la série suprajurassique, et il en est de même de presque tout l'Infracrétacé. Le nombre des auréoles secondaires est donc bien plus restreint que dans la Région Parisienne orientale. De plus, dans les étages représentés, les alternances de facies,

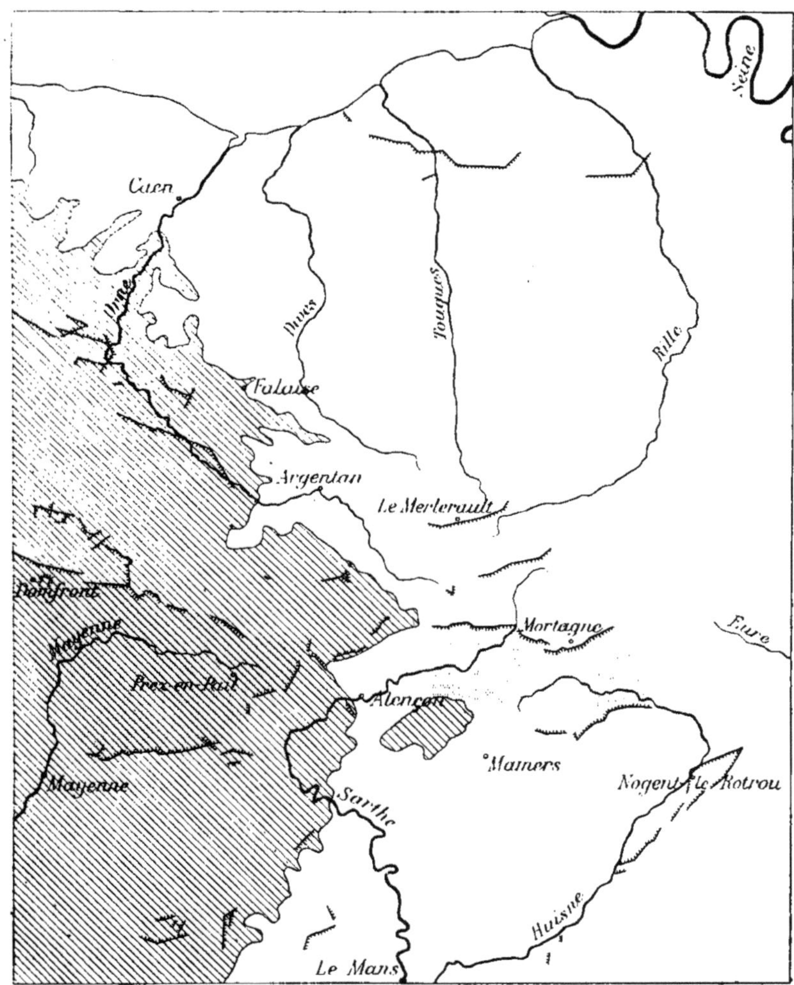

Fig. 144. — Limites du massif ancien de l'Armorique et failles du Maine et du Perche.

Les affleurements des terrains anciens sont indiqués par le grisé. — Les failles sont représentées par des traits bordés de hachures du côté de la lèvre affaissée. — La partie ombrée indique le compartiment du sol dont le niveau architectural est le plus déprimé. Échelle de 1 : 1 150 000.

nécessaires à la production des corniches par voie de sculpture, sont moins nettes et moins fréquentes.

En second lieu, l'influence de la pente générale des assises du sol vers un centre commun, qui était prépondérante dans la *zone périphérique* de la Région Parisienne orientale, a été ici contrebalancée par le mouvement d'affaissement qui a amené la mer miocène en Anjou et jusque dans l'Orléanais, en capturant la Loire, et dont nous avons déjà vu l'influence sur la topographie de la *nappe centrale tertiaire* de la Région Parisienne.

Enfin, quantité d'accidents architecturaux accessoires, ondulations ou failles, ont imposé aux couches du sol une disposition en désaccord avec une ordonnance concentrique régulière de terrasses et de corniches. Les ondulations, de direction générale N.W.-S.E. font partie du même système que celles de la France du Nord-Ouest. Comme elles, ce sont des *ondulations posthumes* qui se sont développées progressivement pendant la durée des temps secondaires et tertiaires en s'accentuant à la fin de la période miocène. Quant aux failles, sans doute aussi de date miocène, elles se localisent surtout dans le Perche.

Il résulte de tout ceci, que dans l'étude géographique des parties secondaires et tertiaires de la France de l'Ouest, il serait illusoire de vouloir suivre une auréole d'un bout à l'autre, comme on le fait si commodément dans la Région Parisienne orientale, et qu'il vaut mieux procéder par tranches, en réunissant sous une même rubrique les descriptions des différents *pays* dont la topographie est influencée par une même cause architecturale.

Détail des différents pays. — Un premier groupement peut comprendre, au titre de la *Normandie*, tout le territoire qui s'étend entre le massif armoricain, la côte, la basse Seine et le Merlerault. Les ondulations architecturales, peu nombreuses, n'ont sur la topographie qu'une influence médiocre et le facteur dominant est celui de la pente générale que les couches du sol ont vers le N.E. Cette pente générale fait qu'en se dirigeant de l'Ouest à l'Est, on rencontre successivement des terrains de plus en plus jeunes : tout d'abord le Jurassique, puis le Crétacique et enfin un manteau général d'argile à silex, résultat probable de la modification sur place, pendant la période éocène, des couches supérieures de la craie. L'alternance de consistances inégales, nécessaire à la formation d'un talus, ne se produit guère avant l'entrée en jeu de ce

Fig. 145. — Coupe de la Basse Normandie, parallèlement à la côte.
(d'après M. Bigot, *Bulletin du laboratoire de géologie de la Faculté des Sciences de Caen*).

0, terrains anciens du Cotentin ; 1, Trias ; 2, Lias ; 3, 4, médiojurassique ; 5, 6, suprajurassique ; 7, Crétacé ; 8, argile à silex ; 9, Tertiaire et Quaternaire.

manteau et de la protection qu'il donne aux couches crétacées sous-jacentes.

La partie jurassique comprend : le *Bessin*, pays de pâturages assis sur le lias argileux, et la *Campagne de Caen*, où affleurent les calcaires médiojurassiques, en constituant une contrée agricole assez sèche. A la limite méridionale apparaissent de petits îlots de terrains anciens, noyés dans le jurassique et remarquablement alignés. Ce sont des fragments des plis primaires de la région de Falaise, qui jouèrent jadis le rôle d'écueils, à l'image de ceux qui prolongent aujourd'hui vers l'Ouest les pointes extrêmes de la Bretagne.

Le Crétacique, avec sa couverture d'argile à silex, se dresse en talus sur la rive droite de la Dives. Là commence le riche *Pays d'Auge* que de petites vallées entaillent çà et là jusqu'au Jurassique et que le *Hiémois* continue, au Sud, avec des caractères à peu près semblables. Plus loin, l'épaisseur de la craie augmente dans le *Roumois* et la *Campagne de Neubourg,* où le jurassique n'est plus atteint par le fond des vallées. Enfin la craie disparaît elle-même complètement sous le manteau d'argile dans le *Thimerais*, la *Plaine de Saint-André,* l'*Ouche* et les *Terres françaises* qui doivent leur valeur agricole à une couverture supplémentaire de limon.

Au Midi de ces territoires, le *Perche* et le *Bas Maine* constituent une deuxième unité, à laquelle se rattachent quelques éléments subsidiaires.

Ici la topographie tire surtout son caractère de l'influence d'un groupe de failles. Ces failles, orientées grossièrement de l'E. à l'W., dessinent une suite de voussoirs qui se relèvent en gradins, vers le Nord et le Sud, de part et d'autre d'un compartiment plus affaissé que les autres

au point de vue tectonique.
Ce dernier constitue une dépression médiane suivie par
les cours supérieurs de la
Sarthe et de l'Huisne. Comme
tous ces voussoirs sont légèrement inclinés vers l'Est,
et que d'autre part ils plongent, ceux du Nord vers le
Nord, et ceux du Sud vers
le Sud, il en est résulté que
chacun d'eux a été décapé
méthodiquement par l'éro-
sion, de la manière qu'impose cette disposition. De
telle sorte que les affleurements des diverses assises
du sol y dessinent comme
des chevrons en rejet d'un
compartiment à l'autre, et
qu'il en est de même pour les
éléments de corniches qui
ont pu se sculpter et notamment pour le talus final, déterminé par la consistance
du manteau d'argile à silex.

De là toute la topogra-
phie qui semble *a priori* si
confuse, et sur laquelle les
ondulations n'ont eu, à l'inverse de ce que l'on croit
généralement, qu'une in-
fluence de détail.

La démarcation entre les
pays formés de terrains secondaires qui s'adossent au
massif armoricain et les
plateaux tertiaires du *Pays
chartrain* et de la *Beauce* est
indiquée par les talus fes-
tonnés du *Perche*. Leur cou-

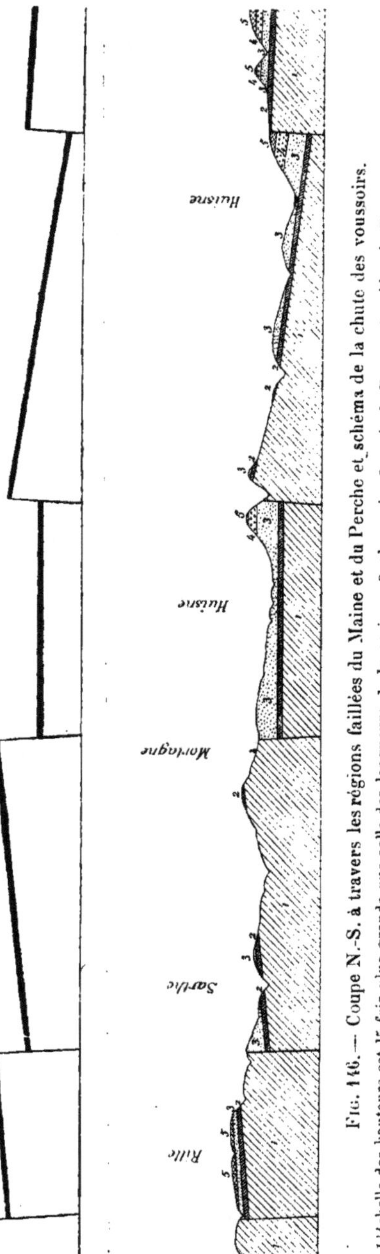

Fig. 146. — Coupe N.-S. à travers les régions faillées du Maine et du Perche et schéma de la chute des voussoirs. 1, Jurassique; 2, glauconie; 3, craie de Rouen; 4, sables du Perche; 5, argile à silex.

L'échelle des hauteurs est 15 fois plus grande que celle des longueurs.

ronnement est formé par l'argile à silex au-dessous de laquelle ont pu se maintenir, comme base, les sables crétacés, coupés de bancs de grès, que l'on désigne sous le nom de sables du Perche. Ces sables et leur couronnement d'argile sont le plus souvent couverts de bois. Le tout se subdivise, du Nord au Sud, en *Haut Perche, Petit Perche* et *Perche Gouet*. Çà et là des collines détachées, comme celles des forêts de Bellême et de Bonnétable, présentent le même aspect; elles se continuent dans le *Bas Maine* où les forêts de Vibraye et de Bersay ont les mêmes caractères.

Entre ce relief boisé du Perche et le massif armoricain, le Jurassique et le Crétacique, coupés en biseau, montrent leurs affleurements, mais avec la confusion apparente qu'occasionne le compartimentage en voussoirs d'altitudes tectoniques différentes et avec quelques anomalies plus spécialement imputables à l'influence des ondulations. La partie jurassique forme des territoires de grande culture. Elle comprend certains *pays* spéciaux comme la *campagne d'Alençon*, le *Saosnois*, la *Campagne de Conlie*. En certains endroits des éléments de terrasses ont pu s'ébaucher : ainsi les *Monts d'Amain* dont la masse oxfordienne se rattache topographiquement à la ceinture du Perche. Les parties crétaciques forment surtout' des pâturages. Au milieu d'elles, sous l'influence de l'irrégularité des failles ou l'effet des ondulations, se montrent anormalement quelques îlots jurassiques. L'un d'eux, grande boutonnière ouverte dans la masse crétacique, constitue, à l'Est du Mans, un *pays* spécial, le *Belinois*, qui a tous les caractères du Saosnois. Enfin, au Sud du compartiment tectonique le plus bas, surgit un îlot important de terrains anciens. C'est la *Forêt de Perseigne*, où l'on retrouve, avec les grès armoricains, tous les caractères de la Forêt d'Écouves et des autres promontoires terminaux du massif armoricain.

Une troisième section comprend les pays limitrophes de la Loire. Là, a toujours régné une tendance à l'affaissement, qui s'est traduite en particulier par l'importance de la transgression crétacique et par cette invasion marine de date miocène qui a déposé ses *faluns* jusqu'au delà de Blois. Aussi les terrains antérieurs au Crétacé, masqués par le débordement de ce terrain, n'y apparaissent-ils qu'à la faveur des dislocations, et la craie y est-elle recouverte non seulement par le manteau d'argile à silex, produit de son altération, mais par toute une série de lambeaux tertiaires d'âges divers, dont les termes éocènes ou oligocènes sont des formations d'eau douce, tandis que les derniers venus sont les faluns miocènes.

On y distingue l'*Anjou* et la *Touraine*, coupés tous les deux par la Loire dont la large vallée, occupée par des alluvions récentes, forme le *Val d'Anjou* et la *Varenne*.

Le *Haut-Anjou*, sur la rive droite du fleuve, montre surtout le terrain crétacé; toutefois l'effet des ondulations architecturales y ramène au jour quelques pointements jurassiques. Cette influence des ondulations s'accentue sur la rive gauche, dans le *Bas-Anjou*. La vallée de la Loire, à hauteur de Saumur, correspond à un synclinal. Mais un anticlinal a surtout de l'importance, c'est celui qui, se résolvant en failles longitudinales, fait surgir la grande bande jurassique du *Loudunais*. Dans son voisinage s'alignent une suite de petits îlots anciens, enracinés dans les sédiments crétacés comme ceux que nous avons signalés aux environs de Falaise le sont dans le jurassique. Comme eux, ce sont des écueils qui précédaient l'ancien rivage armoricain, mais à une autre date.

Les formations tertiaires qui, dans l'Anjou, n'apparaissent que sur le couronnement de quelques plateaux isolés, comme ceux qui dominent Bourgueil et Saumur, prennent, dans la Touraine, une importance presque exclusive. La craie non modifiée ne se montre plus qu'au fond des vallées et sur le flanc des coteaux qui bordent la Loire, où elle est creusée de nombreuses excavations aujourd'hui habitées. L'argile à silex règne en maîtresse dans l'ingrate *gâtine* de Touraine et le *plateau de Sainte-Maure*. Elle se montre encore, entre Loire et Vienne, dans les parties hautes du *Véron* où elle impose un contraste frappant avec la fertilité des parties basses. Comme toujours elle se signale par des forêts ou des landes. Des calcaires siliceux, contemporains des meulières de la Brie, forment la *Champagne* au sud de Tours. Çà et là on voit de petits affleurements de grès, dits *grès ladères*. Enfin, les faluns miocènes, plus largement représentés, donnent des terres fertiles.

Dans tous ces *pays*, les ondulations tectoniques, amorties par le manteau tertiaire, n'ont guère d'effet sur les formes topographiques. L'une d'elles se signale toutefois par une petite boutonnière jurassique à Souvigné, au nord de la Loire.

En dernier lieu vient le seuil du *Poitou*, précédé par le *Mirebalais*. Cet ancien détroit entre les terres émergées de la Vendée et de l'Ilot central, a, comme nous le savons, joué dans l'évolution du territoire français un rôle analogue à celui qu'a tenu le détroit morvanno-vosgien. Rôle analogue, disons-nous, mais non pas identique, car les périodes d'*ennoyage* du détroit poitevin ont été moins longues et les mers infracrétacées ne s'y donnèrent point la main comme elles le firent dans la région du Nord-Est.

Devenu isthme au début de l'ère tertiaire, et dépouillé de la couverture épaisse de plusieurs centaines de mètres qu'y avait déposée la transgression crétacée, ce seuil du Poitou la vit remplacée en partie par des dépôts éocènes et oligocènes d'eau douce, parmi lesquels les formations sidérolithiques, sablonneuses et argileuses, ainsi que les meulières, tiennent la plus grande place.

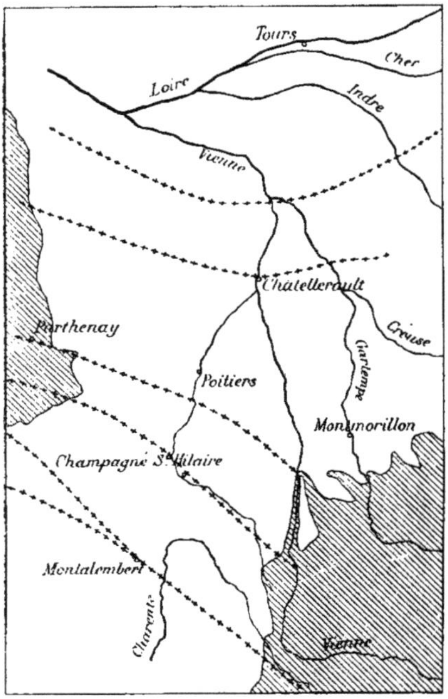

L'ensemble de ces couches tertiaires et des terrains secondaires qu'elles surmontent se superpose à une base fournie par l'ancienne pénéplaine hercynienne affaissée. Ce substratum ancien dessine des pentes descendantes vers la Région Parisienne et l'Aquitaine, et ascendantes vers la Vendée et le Limousin, reproduisant ainsi, dans les profondeurs du sol, la disposition d'un ensellement topographique, d'un gigantesque col.

Cette assiette générale se complique d'ondulations qui ont affecté l'ensemble des terrains et qui forment soudure entre les plissements de l'Aquitaine et ceux de la Région Parisienne. Ces ondulations sont signalées par l'apparition anormale d'îlots jurassiques, ou même de fragments du socle ancien. Comme ces îlots sont entourés de failles, on a pu les prendre longtemps pour de petits *horsts* ayant échappé à l'affaissement général de l'ancienne pénéplaine. Une étude plus détaillée a montré que les failles n'étaient dues qu'à la rupture locale de plis le plus souvent monoclinaux. On a constaté que ces plis, d'orientation N.W.-S.E., raccordaient les plis anciens de la Vendée à ceux du Limousin et

Fig. 147. — Plis anticlinaux du seuil du Poitou (d'après les travaux de MM. Welsch et Glangeaud).

Le grisé indique les affleurements de terrains anciens du Limousin et de la Vendée.

Échelle de 1 : 2 000 000.

qu'ils n'étaient, en somme, qu'une manifestation *posthume* de l'ancien phénomène général hercynien. En remontant du Sud au Nord, on rencontre ainsi trois anticlinaux que l'on peut, avec MM. Welsch et Glangeaud, désigner sous les noms de plis anticlinaux de Montalembert, de Champagné et de Ligugé. Plus au Nord, dans le Mirebalais, l'anticlinal de Châtellerault commence la série des ondulations parisiennes. D'autres plis, transverses à ces plis principaux, affectent sans doute le Poitou en décomposant en ondulations de détail la dépression qui sépare la Vendée du Limousin; mais ils sont encore mal étudiés.

L'influence de cette architecture plissée se traduit, dans une certaine mesure, par la disposition des rivières. Le cours supérieur de la Charente, ceux de nombreux affluents du Clain, le cours supérieur de cette rivière même, ont une orientation analogue à celle des plis; tandis que les cours inférieurs du Clain et de la Charente épousent la direction transverse. Il se peut toutefois qu'il n'y ait là que simple coïncidence, et il faut considérer que les pentes générales peuvent bien avoir suffi à diriger ainsi l'écoulement des eaux. Quant à l'effet de ces pentes générales sur la sculpture du sol, il est singulièrement amorti par le manteau tertiaire qui a recouvert les affleurements jurassiques après qu'ils avaient été décapés. La nature généralement résistante du substratum jurassique n'intervient guère que pour forcer les vallées à s'encaisser. Seul, le terrain crétacé est assez dégagé pour pouvoir dessiner, par endroits, une sorte de corniche festonnée où la craie tuffeau du sommet protège les éléments sableux et marneux du soubassement.

Hypsométrie et hydrographie. — Il nous faut maintenant revenir sur l'ensemble de la région de l'Ouest, pour chercher à en expliquer l'hydrographie générale et la disposition hypsométrique.

Si, comme nous l'avons montré, la France de l'Ouest est formée de deux grands territoires complètement distincts au point de vue de la date de leur naissance géographique, de la nature des matériaux du sol et aussi de l'agencement architectural, il n'en est pas moins vrai qu'au point de vue de la sculpture du sol, ces deux parties se sont solidarisées pendant l'ère tertiaire, lorsque les variations des lignes de rivage ont abouti à fixer pour toutes deux l'emplacement des niveaux de base.

Le sujet mérite qu'on s'y arrête un peu.

Essayons de résumer les états successifs de cette partie de notre pays. Nous voyons, après la dislocation du continent hercynien, subsister un territoire qui se prolongeait vers l'Ouest dans des conditions encore mal connues, mais que l'on sait avoir formé rivage aux mers de la Région Parisienne, en tendant à se niveler sous l'influence de ce voisinage. Pendant l'ère secondaire, les transgressions ou régressions marines firent avancer ou reculer, de ce côté, l'emplacement du niveau de base, mais la situation générale demeura toujours la même. Si l'on peut se figurer quels ont pu être les caractères de ce cycle de sculpture, s'imaginer les *rias* que devait présenter la côte lorsque les mers transgressives venaient attaquer les plis du socle hercynien, deviner l'aspect des *plaines côtières* qui venaient former ruban en avant de ce socle dans les phases de régression, il est impossible de préciser le processus qui a réduit le massif armoricain à l'état de pénéplaine et notamment de dire comment a évolué le réseau hydrographique. Les remarques qui ont pu être faites à ce sujet paraissent bien risquées, si l'on songe aux difficultés auxquelles on se heurte lorsqu'on cherche à reconstituer les étapes de cette évolution dans une région plissée, en se bornant au cycle que nous traversons, difficultés que les travaux de M. Lugeon ont si bien mises en lumière. Peu importe, d'ailleurs. L'essentiel est de savoir que le résultat de ce cycle d'érosion de l'ère secondaire fut d'achever l'usure des plis hercyniens et de former une pénéplaine où les divers matériaux anciens se groupaient suivant une disposition *rayée* conforme à celle des anciens plis.

La fin de cet état de choses fut amenée par l'émersion générale qui marqua le début de l'ère tertiaire. Lorsque les eaux marines ou lacustres revinrent dans la Région Parisienne, ce ne fut plus que pour envahir sa partie centrale, sans toucher aux terrains anciens de l'Armorique dont elles furent séparées par une large bande secondaire qui joua un rôle analogue à celui de la *zone périphérique* dans la région orientale. Mais comme la transgression crétacée avait dépassé vers l'Ouest toutes celles qui l'avaient précédée, cette bande secondaire eut ici plus d'unité et ne laissa paraître à l'origine que des sédiments provenant de cette transgression.

Comment se faisait l'écoulement des eaux sur cette espèce de glacis? Les rivières y obéissaient-elles toutes à cette disposition convergente qui, dans la France du Nord-Est, dirigeait leurs cours vers la cuvette centrale, qu'elle fût occupée par les mers éocènes, le lac de Brie, la mer des sables de Fontainebleau ou le lac de Beauce? Il est probable que non. Sans doute les eaux devaient compter avec l'influence d'une autre dépression, moins impor-

tante il est vrai, située dans la Touraine et l'Anjou où des dépôts
lacustres révèlent son ancienne existence. Une sorte de dos d'âne,
allant diagonalement de la Normandie à l'Orléanais, et dû vraisemblablement à la tendance au plissement, la séparait de la cuvette
parisienne. En outre des phénomènes de sculpture et d'alluvionnement qu'entraînait la présence de ces deux dépressions, la
surface de la craie exposée à l'air libre subissait des modifications
d'ordre chimique qui s'étendaient peu à peu en profondeur, constituant ce manteau d'argile à silex non roulés dont nous avons
signalé l'importance pour la topographie. Pendant ce temps, le
massif armoricain, soumis à l'influence de mers ayant une situation
assez semblable à celle des mers de nos jours, voyait s'établir,
dans le voisinage et au nord de l'embouchure de la Loire actuelle,
un estuaire allongé mais sans communication avec l'Anjou.

Au début de l'époque miocène, la situation se modifia de nouveau. La cuvette centrale, qui avait été occupée en dernier lieu par
le lac de Beauce, s'assécha sous l'influence de divers relèvements
du sol, notamment celui de la Région centrale de la France. Les
eaux qui descendaient de cette Région centrale poussèrent alors
vers le Nord, couvrant, des sédiments détritiques qu'elles entraînaient, toute la Sologne, l'Orléanais, le Pays Chartrain et la vallée
actuelle de la Seine, où l'on suit leurs traces jusqu'à la Manche.
Puis, au Miocène moyen, se produisit l'invasion de la mer des
faluns qui, venant de Dol, vint rejoindre, par Rennes, la dépression
de l'Anjou et de la Touraine. Une communication marine s'étant
établie ultérieurement entre l'Anjou et l'Atlantique, la partie occidentale de l'Armorique fut réduite à l'état d'île. En même temps
s'accentuaient les ondulations posthumes et se produisaient les
failles dont nous avons parlé à plusieurs reprises. Enfin, au Miocène
supérieur, sous l'effet d'un lent exhaussement d'ensemble, la mer
se retirait d'abord en Anjou, puis à peu près dans la situation
qu'elle occupe aujourd'hui. Ces derniers mouvements se faisaient
sans nouveau gauchissement du sol, et, par suite, sans que l'architecture fût sensiblement modifiée.

En rapprochant la disposition hypsométrique actuelle d'une
esquisse paléogéographique de la mer des *faluns*, on sent jusqu'à
l'évidence que la topographie que nous voyons aujourd'hui a tiré
son origine de la disposition des rivages à l'époque du Miocène
moyen. C'est la pointe de la mer en Touraine et jusque dans le
Blaisois, qui a capté des eaux venant de la Région centrale et pré-

paré le cours de la Loire, au détriment du grand fleuve qui amenait vers le Nord les sables granitiques et dont le Loing indique encore la direction générale. C'est le retrait de cette mer des faluns qui a permis au cours inférieur du fleuve de se constituer à travers le Pays Nantais aplani par l'érosion marine. C'est le bras de mer de Rennes qui a déterminé la dépression transversale que suivent

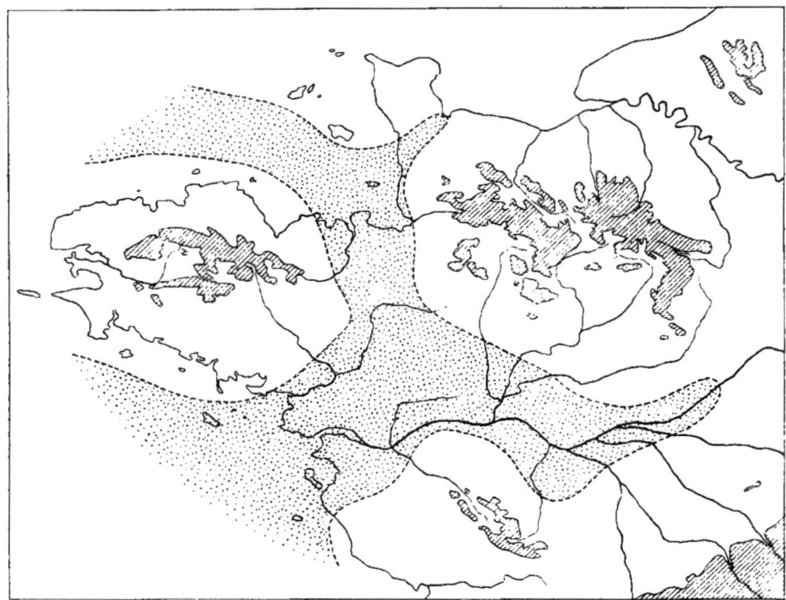

Fig. 148. — Figure montrant les rapports qui existent entre l'hypsométrie actuelle et l'ancienne extension de la mer des faluns.

Le trait pointillé et le sablé indiquent l'emplacement de la mer des faluns. Le grisé indique les parties du relief actuel qui ont plus de 200 mètres d'altitude.
Échelle de 1 : 5 000 000.

aujourd'hui en sens inverse la Rance et la Vilaine. C'est enfin sous l'action de l'ensemble des niveaux de base fournis par cette mer que se sont peu à peu dessinés les trois relèvements hypsométriques qui caractérisent la Basse-Bretagne, la Normandie et la Vendée.

Mais si l'on veut comprendre l'esprit de ces trois relèvements, il faut se reporter, comme d'habitude, à la nature des matériaux du sol et aux formes architecturales. Les indications que nous avons données à ce sujet, en examinant séparément le Massif armoricain et la Région marginale, vont nous permettre de faire quelques remarques générales.

Dans la Basse-Bretagne, tout le relief est commandé par la résistance de certains granites et surtout celle des grès armoricains et des quartzites dévoniens. Nous avons vu que ces derniers matériaux, accumulés par suite des dispositions de l'architecture hercynienne autour du bassin de Châteaulin, dessinaient, au Sud, le relief des Montagnes Noires et du Menez Hom, et qu'au Nord, ils aidaient les granites à prononcer le bossellement de la Montagne d'Arrée.

Entre ces deux reliefs, dans ce que l'on peut appeler, avec M. Gallouédec, la Cornouaille intérieure, les eaux cherchent leur écoulement vers l'Ouest par la vallée de l'Aulne, tandis que de part et d'autre elles descendent directement vers la Manche ou l'Océan. La symétrie de ce double relief ne disparaît qu'à partir de la vallée du Blavet, lorsque la bande méridionale de grès et de quartzites est disloquée suffisamment pour s'être prêtée à des captures à l'avantage du versant océanique. La structure rayée de la Cornouaille se traduit d'ailleurs, sur ce versant, par l'apparition de nombreuses rivières subséquentes qui se sont installées dans les bandes les plus tendres. L'encadrement des *Landes de Lanvaux* par deux files de cours d'eau est caractéristique à ce point de vue.

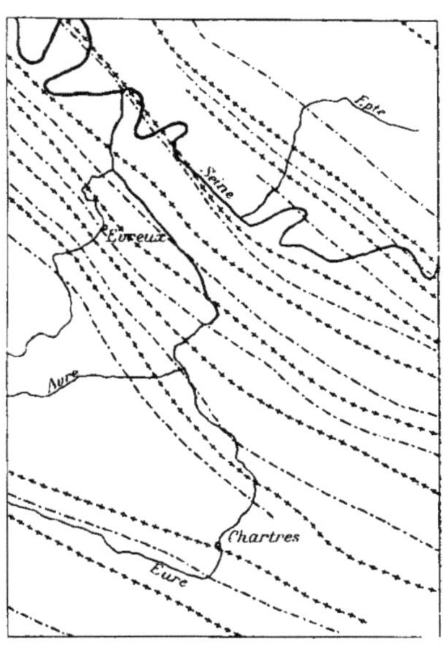

Fig. 149. — Disposition des ondulations de la Région Parisienne dans le voisinage du cours de l'Eure (d'après M. G. Dollfus).

Les traits formés de croix indiquent les anticlinaux; les traits en pointillés mixtes, les synclinaux. Échelle de 1 : 1 500 000.

Le relèvement hypsométrique de la Normandie et du Perche, qui se trouve à cheval sur le socle armoricain et sa marge parisienne, est de nature plus complexe. Dans la partie armoricaine, c'est encore la dureté des grès siluriens qui joue le rôle prépondérant ; elle a déterminé le relief des diverses *forêts* qui terminent, comme autant de promontoires, le massif ancien, aussi bien que celui de la grande ride du *Bocage normand*. Mais dans la partie parisienne, le rôle de la tectonique est plus important et plus direct. C'est sous l'effet des pentes générales qu'a pu se sculpter le talus à couronnement d'argile à silex qui fournit les points culminants du Perche. De plus, les failles tertiaires sont intervenues, pour créer une dépression tectonique transverse que les cours supérieurs de l'Huisne et de la Sarthe mettent bien en évidence et que la vallée supérieure de la Mayenne prolonge, tout au moins géométriquement, au delà du relief du Pail.

Les eaux qui descendent de ce relief obéissent à des influences diverses dont certaines sont tour à tour prédominantes. En ce qui concerne la Sée et la Sélune, qui encadrent la ride de l'Avranchin, c'est la structure rayée du socle hercynien qui a joué le rôle directeur. Pour les affluents du cours inférieur de la Seine, ce sont les influences architecturales de date tertiaire qui ont agi. En particulier, le cours de l'Eure emprunte successivement trois des ondulations synclinales. Nous avons dit plus haut comment les cours supérieurs de la Mayenne, de la Sarthe et de l'Huisne se trouvaient assis dans un même compartiment affaissé. L'Huisne moyenne s'explique également par une dislocation tertiaire.

Deux groupes de cours d'eau seulement peuvent sembler *a priori* avoir un caractère paradoxal. Ce sont, d'une part, la Mayenne et la Sarthe inférieures, et, de l'autre, quelques-unes des rivières qui vont rejoindre la côte du Calvados, comme l'Orne. La Mayenne et la Sarthe surtout attirent l'attention par la manière dont elles s'affranchissent des particularités du socle hercynien, sur lequel la dernière mord, par endroits, sans raisons apparentes. La clef de ces singularités ne peut être que la surimposition. Sans doute lorsque le manteau crétacé s'avançait plus avant vers l'Ouest, des rivières le parcouraient en descendant vers la dépression de l'Anjou. Leurs cours, s'enfonçant peu à peu, se sont fixés dans la plate-forme hercynienne sans subir l'influence de sa structure, et se sont ainsi maintenus, en dépit de la disparition, totale ou partielle, du manteau crétacé qui avait fourni jadis la *surface structurale*.

Quant au relèvement hypsométrique de la Vendée, il est le résultat de la résistance du noyau de granite et de granulite de la Gâtine, et n'entraîne point de remarques spéciales.

Les dépressions qui séparent ces bossellements généraux du relief sont un écho des différents bras des mers miocènes. Celle de Rennes se partage entre les bassins opposés de la Rance et de la Vilaine. Suivant M. G. Dollfus, la séparation devrait être attribuée à un relèvement tertiaire d'un des anciens plis hercyniens. Mais peut-être n'y a-t-il là qu'un effet de sculpture, et la résistance des grès est-elle intervenue aussi bien pour localiser les deux versants que pour introduire des inégalités dans le fond des mers miocènes.

Une dernière remarque doit clore ces considérations générales sur l'hypsométrie de la France de l'Ouest; c'est que le relèvement relatif d'ensemble qui a amené le retrait des mers miocènes n'a pas manqué d'imprimer une nouvelle activité à l'érosion. L'antique pénéplaine, entrée dans un nouveau cycle de sculpture, a vu ses cours d'eau s'encaisser profondément. En quelques endroits, de petites cascades indiquent que la résistance des matériaux n'a pas encore été vaincue, et que dans ce pays, d'autre part si vieux, il est encore quelques rivières qui ont les caractères de la jeunesse.

CHAPITRE VII

RÉGION CENTRALE

Considérations générales. — La vaste étendue occupée par les terrains anciens dans la France centrale a de tout temps attiré l'attention des géographes par les contrastes qu'elle présente avec les régions qui l'encadrent et où n'apparaissent que des formations plus récentes. Mais sa raison d'être n'a été entrevue qu'assez récemment et il reste beaucoup à faire pour connaître le détail de sa structure.

L'histoire générale de l'Europe et de la France nous a montré que dans les périodes les plus reculées de l'histoire de la Terre, un territoire émergé existait dans la région qui forme aujourd'hui le centre de la France. Nous savons que cet *Ilot central*, après avoir servi de point d'appui à la sédimentation au milieu des *mers primaires*, fut englobé dans la masse générale du continent hercynien et modelé, ainsi que les régions voisines, par les plissements de cette époque. Nous savons aussi qu'au moment où le continent hercynien, ramené par l'usure à l'état de pénéplaine, se disloqua définitivement, la partie centrale de la France fit retour à la condition insulaire, et que de nouveau un *Ilot central* subsista au sein des *mers secondaires* qui empiétèrent plus ou moins sur sa surface. Nous savons enfin que la phase d'émersion tertiaire vint englober encore une fois cet îlot dans un ensemble continental; c'est la situation actuelle.

Pour tout résumer, disons qu'à l'image de la Région de l'Ouest, la Région centrale offre à nos yeux une partie de l'ancienne pénéplaine hercynienne, mais entourée de toutes parts de marges mésozoïques ou tertiaires.

Quelles sont les conditions qui ont réglé le nouvel état géographique de cet ancien territoire ?

L'époque n'est pas encore très éloignée où l'on s'imaginait que la nappe de terrains anciens que nous voyons aujourd'hui avait émergé peu à peu d'une façon quasi régulière, et que les limites des terrains secondaires, telles que nous les observons, représentaient les étapes successives du retrait des mers. Après qu'on eut bien constaté que ces limites actuelles n'avaient aucune valeur historique et que maintes parties de la Région centrale avaient été recouvertes d'un manteau mésozoïque aujourd'hui disparu, il resta à se rendre compte de la cause de ce décapement. La théorie des *horst* de M. Suess fournit à ce sujet une première approximation ; et l'on put considérer un instant que l'immobilité de la Région centrale, pendant que tout s'écroulait autour d'elle, suffisait à expliquer sa mise en évidence et sa sculpture durant un nouveau cycle d'érosion. Mais il faut convenir aujourd'hui que cette immobilité n'est qu'une fiction, et que la masse des terrains anciens a non seulement subi des relèvements, mais encore des déformations sensibles. De quelque côté, en effet, qu'on aborde le Massif central, on constate que les ondulations, de date tertiaire, qui ont accidenté les régions voisines, viennent s'y prolonger ou s'y poursuivre, qu'elles fassent partie de la catégorie des ondulations posthumes ou qu'elles soient des effets francs et nets des mouvements alpins. La seule différence est que la rigidité des terrains anciens les a fait se résoudre en cassures, et qu'en certains endroits celles-ci ont permis l'émission de matériaux éruptifs. On sent, en fin de compte, que, depuis la dislocation du continent hercynien, des événements complexes ont contribué à déterminer les formes géographiques actuelles.

Les mouvements de l'ère secondaire nous sont mal connus. Les transgressions et régressions, qui diminuèrent ou agrandirent tour à tour l'Ilot central, paraissent avoir fait passer ses dimensions par un minimum à l'époque médio-jurassique. La fin du Jurassique et l'Infracrétacé virent au contraire les eaux marines respecter complètement la région. Tous ces déplacements du niveau de base ne se sont point accomplis sans doute sous la simple influence d'exhaussements et d'affaissements relatifs de la Région centrale. Il y a eu de plus des *gauchissements*, et par suite des modifications architecturales ; mais on n'est point encore fixé sur leur nature.

Cependant quelques remarques générales présentent de l'intérêt parce qu'elles jettent de la lumière sur le caractère de certaines parties de la Région centrale. Nous avons déjà fait observer, à propos de la dépression rhodanienne, que la partie de la façade actuelle du Massif central qui avoisine l'Ardèche avait formé long-temps une véritable falaise au-dessus des mers mésozoïques. Il est évident qu'une semblable fixité de cette côte, alors que les autres lignes de rivage de l'Ilot central subissaient de grands déplacements, ne peut s'expliquer que par des mouvements asymétriques, le plus souvent autour d'une charnière voisine de la partie fixe. L'histoire des temps secondaires, si peu connue qu'elle soit, nous prépare donc à concevoir le grand mouvement de bascule qui a donné ultérieurement un nouveau relief à la Région centrale. L'examen des terrains jurassiques des *Causses* donne une autre indication. L'énorme épaisseur que ces terrains accusent ne peut guère s'expliquer que par un affaissement progressif du sol pendant la période de sédimentation. D'où la certitude qu'il y a eu là une fosse de caractère géosynclinal et par suite une zone de faible résistance pour l'écorce terrestre. Enfin les événements de l'ère mésozoïque donnent même la clef de simples traits topographiques. Ainsi l'étude des plissements posthumes du seuil de Poitiers nous montre que les premières esquisses de ces plissements se prolon-geaient dans la couverture jurassique, aujourd'hui disparue, du Limousin et nous explique l'allure d'un certain nombre de cours d'eau, qui doivent sans doute leur tracé à la disposition structurale du manteau disparu.

Les modifications architecturales de l'ère tertiaire ont pour nous plus d'importance, parce que ce sont elles qui ont décidé les grandes divisions du relief actuel. S'il reste encore à faire pour en connaître le détail, il est cependant hors de doute qu'elles se rapportent à deux périodes respectivement contemporaines des phases pyré-néenne et alpine du grand phénomène orogénique tertiaire.

Sous l'influence de la phase pyrénéenne, la partie méridionale de la Région centrale dut se relever ; le caractère torrentiel de cer-tains sédiments éocènes de sa bordure en fait foi. En même temps les mouvements ondulatoires s'y faisaient sentir, mais en se résol-vant en cassures à cause de la rigidité du sol. Les failles qui limitent les terrains anciens du côté de l'Aquitaine n'existent guère, en effet, que lorsque la bordure du massif est parallèle à la direction des plis. Ce ne sont point les traits limites d'un *horst*, mais les traces indubitables d'une certaine solidarité tectonique entre l'Aquitaine et la Région centrale.

Les mouvements contemporains de la crise alpine proprement

dite furent plus caractérisés. Le relief, vague et indécis à la
fin de l'Oligocène, s'élève brusquement pendant la période miocène. De grands courants fluviatiles s'établissent, qui déversent,
sur la Région Parisienne, de vastes dépôts détritiques. Dans le
massif en voie de relèvement, les plis alpins se propagent sous la
forme d'ondulations à grand rayon de courbure et se résolvent
bientôt en cassures, en déterminant les dépressions longitudinales
N.-S. de la Loire et de l'Allier. Sous l'effet de ces dislocations
dont les principales sont accomplies avant la fin de la période miocène, mais qui se poursuivent par quelques tassements jusqu'à
l'époque pléistocène, les matières éruptives se font jour et
s'épanchent largement. Le socle surélevé, ainsi fragmenté et couvert par places de pustules volcaniques, entre dans un nouveau
cycle de sculpture. Les formes topographiques actuelles se dessinent
alors peu à peu, prenant comme point de départ de leur évolution
les grandes lignes de l'architecture récemment acquise, mais
subissant aussi, est-il nécessaire de le répéter après tant d'exemples
analogues, l'influence réflexe de l'ancienne architecture primaire
dans toute l'étendue exhumée du socle hercynien.

Force est donc, comme en Bretagne, de remonter à cette architecture primaire si l'on veut saisir la raison d'être de bien des traits de la
Région centrale. Mais le retour en arrière est ici autrement difficile.
L'usure profonde de l'antique relief hercynien a fait disparaître la
plupart des affleurements primaires qui auraient pu nous donner
des renseignements sur la localisation des anciens plis; et le plus
souvent l'observateur ne rencontre que des roches d'origine interne,
ou des matériaux tellement modifiés par le métamorphisme qu'il est
difficile de les différencier entre eux. Aussi n'est-on parvenu encore
à tracer la carte des anciens plis que dans certaines parties privilégiées. On est assuré toutefois que ces plis présentaient un grand
changement de direction au cœur même de la Région centrale.
Venant de Bretagne avec cette direction N. W. que M. Suess a qualifiée
d'*armoricaine*, ils présentent dans toute la bordure orientale la direction N.E. ou *varisque* que l'on retrouve dans les Hautes Vosges et en
Allemagne. Comment se fait le raccord des deux directions? C'est ce
qu'on n'a pu encore dégager exactement, quoiqu'on sente bien que
la dépression de la Limagne et l'ancienne fosse géosynclinale des
Causses doivent se rapporter dans une certaine mesure à ce raccord.
Mais l'intérêt qu'offre l'ancienne architecture primaire ne se borne
pas aux plissements. D'autres accidents tectoniques ont de l'importance. Ce sont de grandes failles qui morcellent presque d'un bout à

l'autre le socle hercynien; leur rôle topographique est surtout considérable dans la région occidentale, où les ondulations tertiaires ne se sont point propagées. Les principales sont celles d'Argentat, de Mauriac et du Forez; cette dernière est accompagnée d'un grand décrochement.

Quelles sont les conséquences à tirer, au point de vue géographique, de cette histoire sommaire de la Région centrale?

Tout d'abord, il faut distinguer avec soin, de ses marges sédimentaires, la pénéplaine hercynienne exhumée et rajeunie. Ensuite, dans la description de ce massif ancien, il est nécessaire de faire les parts respectives des modifications tertiaires et du fond hercynien. Ajoutons qu'en ceci l'architecture n'est pas seule à être envisagée, et que pareille distinction doit être faite au sujet de la nature des matériaux. Car bien que les temps tertiaires aient surtout été, pour le centre de la France, une ère de dénudation, il n'en est pas moins vrai qu'ils ont vu l'épaisseur de l'écorce terrestre s'y accroître en certains endroits, sous l'effet de dépôts lacustres ou lagunaires, d'épanchements éruptifs, ou d'accumulations de terrain glaciaire. Aussi est-il bon, avant d'aller plus loin, de résumer en quelques lignes ce qui concerne la répartition des divers matériaux aussi bien néozoïques que paléozoïques.

Voyons d'abord comment est constituée l'ancienne pénéplaine exhumée.

On était convaincu, il y a peu de temps encore, que le terrain archéen y avait une part prépondérante. Il faut en rabattre aujourd'hui. Bien que les études pétrographiques soient loin d'avoir dit leur dernier mot, on sait déjà que beaucoup des terrains classés jadis dans l'Archéen sont métamorphiques. La confusion s'explique d'ailleurs, car au point de vue physique les caractères sont semblables. Au milieu de ces terrains cristallophylliens, le granite et d'autres roches internes de la même famille se montrent en larges intrusions. On sent que l'usure du sol a mis là en évidence les racines de l'ancien relief hercynien et l'on voudrait se servir de ces indices pour en reconstituer les caractères. Mais, dans la partie occidentale tout au moins, il est bien difficile d'y arriver. Le socle a été mordu si profondément que les bombements généraux de l'ancienne architecture ont été atteints et que les froissements plus superficiels, que l'on devinait facilement en Bretagne, n'ont pas laissé de traces. En bordure de la vallée du Rhône, la tâche est plus aisée, sans doute par le fait que de ce côté le sol a été plus stable et plus déprimé pendant l'ère secondaire. L'alternance du granite et des roches cristallophylliennes y montre assez bien l'allure de l'ancienne architecture. Mais on est de plus aidé, dans sa reconstitution, par la disposition des affleurements houillers, et cette aide s'étend à d'autres parties

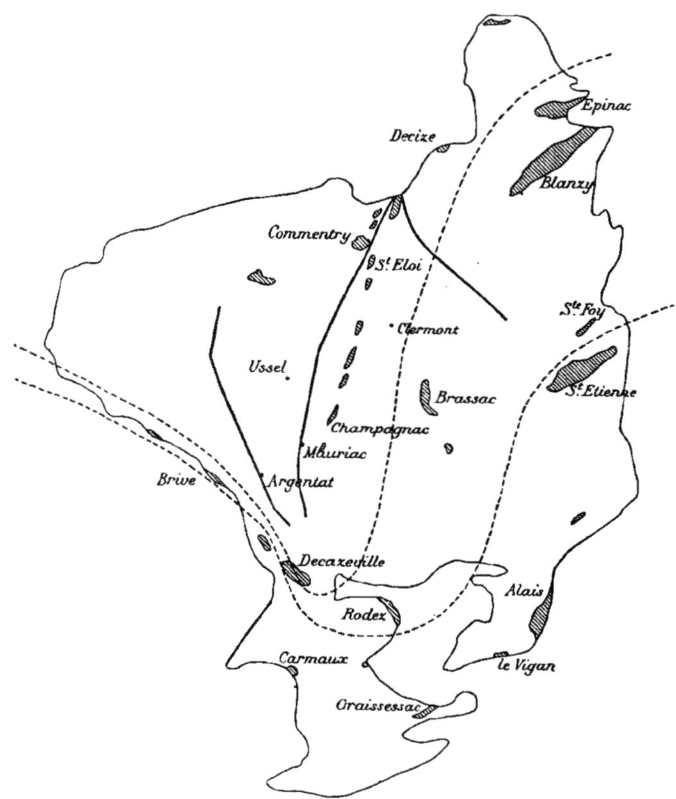

Fig. 150. — Bassins houillers et grandes failles hercyniennes du Massif central.

Le grisé indique les emplacements des bassins houillers; les courbes pointillées limitent leurs zones d'anciennetés relatives, d'après M. Marcel Bertrand. Le trait fin indique les limites du Massif ancien; les traits forts marquent les grandes failles.

du massif ancien. Il est donc bon d'envisager ces affleurements dans leur ensemble.

Le terrain houiller de la Région centrale ne se présente point, comme celui de la région franco-belge, sous la forme d'une nappe unique de grande étendue, mais sous celle d'une quantité de petits bassins isolés, dont certains cependant s'égrainent en chapelet

comme s'ils avaient fait partie jadis d'un ensemble continu. Parmi
ces bassins, les uns se trouvent sur la bordure du massif ancien, et
les autres à l'intérieur. Toutes les couches de houille qui y sont
accumulées font partie de l'étage supérieur du terrain houiller et
sont par suite plus récentes que celles de la région franco-belge ;
mais il y a même des nuances à cet égard, et l'on a remarqué que
les formations houillères de la périphérie ont dû commencer à
s'établir avant celles de l'intérieur du massif. Comme d'ailleurs
toutes les couches sont fortement plissées, on a pu en conclure
qu'elles s'étaient déposées pendant la période même du plissement,
d'abord dans les lagunes extérieures où débouchaient les grands
cours d'eau, puis dans des lacs occupant des dépressions intérieures
déterminées par les mouvements architecturaux et en particulier
par les affaissements. On comprend donc que l'examen de ces
bassins houillers puisse donner des indications sur la tectonique
hercynienne. Ceux du Morvan, du Roannais, de Saint-Étienne,
révèlent la direction *varisque* du plissement dans la partie orientale
du massif, tandis que les épanchements éruptifs primaires qui les
entourent ou les traversent mettent en lumière des lignes de dislocation. Ceux du centre, plus étroits et plus restreints, dessinent deux
traînées, dans le voisinage des grandes failles d'Argentat et de
Mauriac. On peut les considérer comme les vestiges de deux grands
chenaux houillers dont l'un surtout, celui qui passe par Champa-
gnac, est fort net. Ici, ce ne seraient pas des dépressions synclinales, mais des affaissements linéaires qui auraient été la cause
des dépôts houillers. On a même comparé la dépression de Cham-
pagnac à la grande coupure qui traverse l'Écosse et qui est utilisée
par le Canal calédonien.

Passons aux matériaux tertiaires et aux circonstances dans lesquelles ils se sont superposés à la surface monotone de l'ancienne
pénéplaine. Trois catégories sont à considérer : les sédiments ; les
matières éruptives ; les détritus glaciaires.

Les sédiments ne sont le plus souvent que des lambeaux de formations jadis beaucoup plus étendues et qui ont disparu en grande
partie sous l'effet de l'érosion. Tous ceux que nous observons ont dû
leur conservation à des causes accidentelles : affaissement relatif
du sol ou protection donnée par la superposition d'une nappe éruptive. Aussi est-il difficile de rétablir par la pensée leur extension
primitive.

Essayons de tracer le tableau des événements.

Autant que l'on peut en juger par les études récentes de M. Giraud, des lagunes vinrent se loger, au commencement de l'Oligocène, dans les parties basses de la portion méridionale du Massif ancien. Ces lagunes se reliaient aux eaux saumâtres de la dépression rhodanienne et n'avaient aucune communication avec la cuvette parisienne. C'est à elles qu'il faut rapporter les dépôts de l'Oligocène inférieur et moyen dans le Cantal, le Velay et la Limagne méridionale. Postérieurement, et comme prélude des mouvements connexes des grands plissements alpins, le domaine lacustre s'étendit vers le nord en liaison avec le lac de Beauce. La Limagne septentrionale, en particulier, joua le rôle d'une sorte de géosynclinal où s'accumulèrent, sous une énorme épaisseur, des sédiments calcaires que l'on peut rapporter à l'Oligocène supérieur. A l'époque miocène, la scène change. Le contre-coup des événements qui se passent dans les Alpes amène un relèvement considérable du sol. Sous son influence, les lacs s'assèchent et de puissants courants torrentiels prennent naissance qui portent au loin les graviers et les sables; enfin les grandes ondulations N-S. dont nous avons parlé s'esquissent. Mais le sol, trop rigide, se rompt; et de grandes dénivellations se dessinent, grâce auxquelles une partie des dépôts oligocènes peut échapper à l'érosion tandis que le reste se disperse peu à peu. Sur ces aires déprimées qui achèvent de se tasser, se déposent, en certains endroits, les dépôts fluviatiles ou fluvio-lacustres du Miocène et du Pliocène, puis les alluvions quaternaires. Et c'est ainsi que se constituent, au fond des dépressions de la Limagne, de la plaine du Forez et du Livradois, ces nappes tranquilles de sédiments dont le contraste avec le socle ancien est si frappant.

Il ne semble pas qu'aucune des nombreuses manifestations éruptives qui ont accompagné le rajeunissement du relief durant l'ère tertiaire puisse être attribuée à la phase pyrénéenne, et l'on doit considérer que toutes se rattachent aux fractures provoquées par la propagation des ondes alpines proprement dites. La plupart sont de date pliocène, mais les plus anciennes remontent au Miocène, tandis que les plus jeunes sont pléistocènes et que certaines d'entre elles, contemporaines des derniers tassements de la Limagne, n'ont peut-être précédé que de peu la période historique.

Les épanchements les plus considérables furent ceux de l'Auvergne. L'Aubrac, le Cantal, le Mont Dore, les Monts Dôme y

montrent d'énormes surfaces occupées par les matériaux d'origine
éruptive. Mais le Velay et le Vivarais eurent aussi leurs volcans,
et certaines éruptions ont envoyé des laves jusqu'au bord même
de la dépression rho-
danienne.

M. Michel Lévy,
dans une étude sur
le volcanisme en Au-
vergne, a indiqué que
les centres éruptifs
se trouvaient enfer-
més dans une sorte
de triangle ayant son
sommet aux envi-
rons de Vichy et sa
base à la limite sep-
tentrionale des Caus-
ses. Cette localisation
ne correspond pas
tout à fait à la réalité ;
et il faut remarquer,
en particulier, que la
grande traînée érup-
tive N.-S. des Monts
d'Auvergne s'est
poursuivie dans les
Causses et jusqu'au
rivage de la Méditer-
ranée, par un certain
nombre de bouches
volcaniques.

Les matériaux
éruptifs appartien-
nent à toutes les va-
riétés. Les *tufs* d'ori-

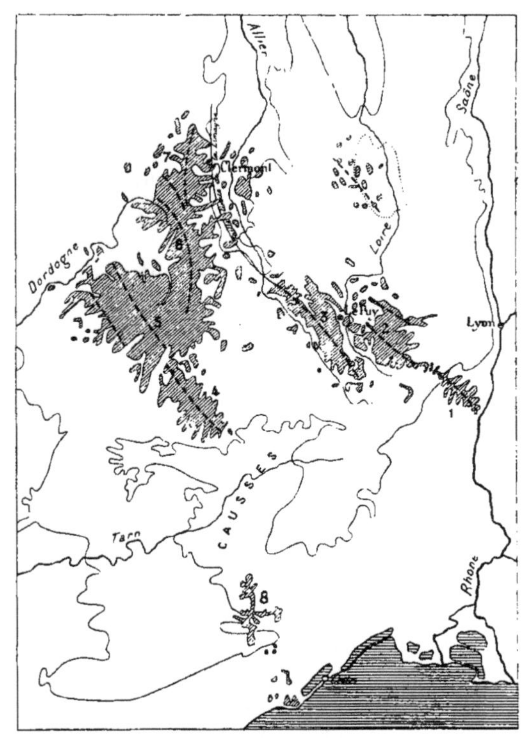

Fig. 151. — Affleurements éruptifs de date tertiaire de la
Région centrale.

1, Coiron ; 2, Mezenc et Megal ; 3, Devès ; 4. Aubrac ; 5, Cantal ;
6, Mont-Dore ; 7, Monts Dôme ; 8, Escandorgue.

Le trait plein fin indique les limites du massif ancien ; le trait
pointillé rond, le contour de la plaine tertiaire du Forez ; le
gros trait interrompu, l'emplacement probable des fractures
volcaniques (Cette dernière indication d'après le livret guide
du Congrès géologique de 1900). Échelle de environ 1 : 5 000 000.

gine boueuse et les *cinérites* dues aux projections de cendres, alternent avec des laves de toutes sortes, les unes basiques comme les
basaltes de compositions diverses, les autres plus ou moins acides,
comme les *trachytes*, la *domite*, les *andésites*, et les *phonolites*.
Souvent ces différentes roches apparaissent sous forme de brèches.
Enfin, il faut citer spécialement les *pépérites*, mélanges intimes

de sédiments marneux et d'éléments éruptifs sur l'origine et l'âge desquels on a longtemps discuté, et qui finalement paraissent, d'après M. Giraud, être dus à l'imbibition de sédiments oligocènes par des basaltes beaucoup plus récents. Aucun de ces matériaux ne s'est spécialisé dans le temps ou l'espace. En d'autres termes, aucun d'eux n'est caractéristique d'une époque ou d'une localité.

Les apparences topographiques sont excessivement variées. Ici les basaltes se présentent en nappes ou *planèzes*, dont quelques-unes sont assez étendues pour éveiller l'idée d'une sorte de déluge général; là ce sont des *sucs*, buttes isolées à couronnement horizontal, des dykes, des pics de phonolite, ou des *orgues* en colonnade. Plus loin, les laves dessinent des *cheires*, coulées issues des *puys*, et dont certaines semblent nées d'hier.

Malgré ces aspects divers, le processus éruptif a partout été le même. Les matières d'origine interne se sont épanchées par des cheminées et si l'on ne retrouve pas toujours le cône de débris, caractéristique de tout appareil volcanique, c'est qu'il a été dispersé par les agents d'érosion. Celle-ci est intervenue à plusieurs reprises, car l'activité volcanique a été coupée par des phases de repos, et il en est résulté parfois, pour les couches du sol, une disposition des plus complexes. Les vallées creusées par l'érosion dans des laves anciennes ont pu être comblées en partie par des sédiments détritiques, puis par des produits éruptifs plus récents, tufs, cendres, laves de natures diverses, brèches. Ce mécanisme a pu se répéter à plusieurs reprises; de façon que telle hauteur, mise en évidence par la dernière phase d'érosion, et qui paraît, *a priori*, le vestige d'un appareil volcanique simple, se trouve être, en dernière analyse, un amas fort complexe de matériaux de natures et d'âges divers. La jeunesse de certains districts éruptifs fait d'ailleurs qu'ils ont pu conserver une fraîcheur de formes étonnante, alors que d'autres ne nous offrent plus que des ruines émoussées.

Parmi les agents qui ont contribué à la dispersion des matériaux il faut compter les glaces. Bien que l'on ne trouve plus aujourd'hui le moindre glacier dans la France centrale, il est hors de doute qu'il en a existé de considérables. Le relèvement général de l'ancienne pénéplaine, en créant un écran directement opposé aux vents humides de l'ouest, facilita la condensation des nuées; et l'exaspération du relief dans les parties volcaniques, où certains sommets s'élevèrent certainement à plus de mille mètres au-dessus des altitudes actuelles, détermina la formation de champs de neige et de glaciers.

On distingue nettement la trace de deux glaciations, qui ont été séparées par un intervalle assez long pendant lequel s'opéra le creusement des vallées. La première remonte à l'époque pliocène. Suivant M. Boule, ses champs de neige devaient couvrir des espaces considérables. C'est dans la région du Cézallier, du Cantal et du Mont-Dore que se trouvaient les plus grandes accumulations. Les matériaux détritiques qui en sont issus s'observent jusque sur les plateaux qui dominent la rive droite de la Dordogne, donnant ainsi la preuve que la vallée n'était point creusée au moment de la première glaciation. La seconde période est pléistocène. Les glaciers furent alors localisés dans les vallées, à la manière des glaciers alpins actuels. On retrouve leurs moraines frontales et latérales dans presque toutes les vallées du Cantal.

En rapprochant les dates de ces deux glaciations de celles des éruptions volcaniques, on voit que les deux phénomènes ont pu être en grande partie contemporains, et l'on arrive, avec M. Boule, à comparer l'aspect de l'Auvergne pliocène et pléistocène à celui qu'offrent aujourd'hui certaines contrées volcaniques boréales comme l'Islande ou l'Alaska.

Grandes divisions du Massif ancien. — La nappe surélevée de terrains anciens dont nous venons de résumer l'histoire occupe un espace quadrangulaire ayant ses sommets aux environs de Confolens, de Chagny, de Valence et du Vigan. Les contrées analogues du Morvan et du Rouergue que nous avons déjà eu l'occasion de définir s'y soudent comme deux appendices. Comme on l'a fait justement remarquer, si l'on fait abstraction des fosses d'effondrement et des saillies parasites des anciens volcans, l'ancienne pénéplaine dessine aujourd'hui un grand plan incliné qui se relève doucement dans la direction du Sud-Est. De telle sorte que l'appellation de *Plateau central* dont on fait fréquemment usage est assez justifiée.

L'ensemble des territoires qui correspondent à ce plan incliné présente à la fois une certaine uniformité d'aspect et une grande variété géographique : uniformité, en ce sens que, d'un bout à l'autre, on retrouve certains caractères généraux ; variété, en ce sens que nombre de modifications de détail se superposent en quelque sorte à la structure générale. On reconnaît là les influences respectives de la condition d'ancienne pénéplaine et du rajeunissement récent.

Ce sont les modifications architecturales récentes qui commandent les grandes divisions géographiques. Elles résultent, comme nous le savons, de ce furieux coup d'épaule donné à la Région centrale par l'extension des mouvements alpins et qui a même failli la plisser. Les deux principales d'entre elles sont indiquées par les vallées de la Loire et de l'Allier, qui établissent deux grandes coupures de direction sensiblement N.-S.

Il résulte de la disposition de ces coupures qu'en marchant de l'Est à l'Ouest, on rencontre successivement trois grandes séries de hauteurs, d'allures parallèles, qui se soudent dans leur partie méridionale.

La première, que nous désignerons sous le nom d'*Escarpe orientale*, forme façade sur la vallée du Rhône ; elle établit la séparation entre le versant de l'Atlantique et celui de la Méditerranée. Les deux autres, connues respectivement sous les noms de *Monts du Forez et du Velay* et de *Monts d'Auvergne*, bordent les hautes vallées de la Loire et de l'Allier. Ces reliefs correspondent aux grandes esquisses d'ondulations d'origine alpine dont nous avons parlé plus haut ; de nombreuses failles, parallèles à leur direction générale, les décomposent en gradins plus ou moins affaissés. Dans leurs parties méridionales, ils perdent peu à peu leur autonomie apparente et finalement se soudent les uns aux autres dans les plateaux du *Gévaudan*.

Au delà des Monts d'Auvergne commence une région de formes plus molles, où l'ancienne pénéplaine se montre presque sans autres modifications que celles qui résultent du nouveau cycle de sculpture. Nous la désignerons sous le nom de *partie occidentale du massif*.

Escarpe orientale. — Les hauteurs qui terminent le Massif central du côté de l'Est s'élèvent brusquement au-dessus de la grande dépression tracée par les vallées de la Saône et du Rhône. Relativement basses et morcelées au Nord, où elles séparent la vallée de la Saône de celle de la Loire, elles augmentent en altitude et en importance à mesure qu'on descend vers le Sud et prennent finalement, dans le Vivarais et les Cévennes, un caractère absolument massif. Aussi comprend-on bien que les géographes se décident souvent à les diviser en deux grandes sections, séparées par la coupure qu'ouvre la vallée du Gier et qui se poursuit vers Saint-Étienne et la Loire par le col du Pas-de-l'Ane et la vallée du Furens.

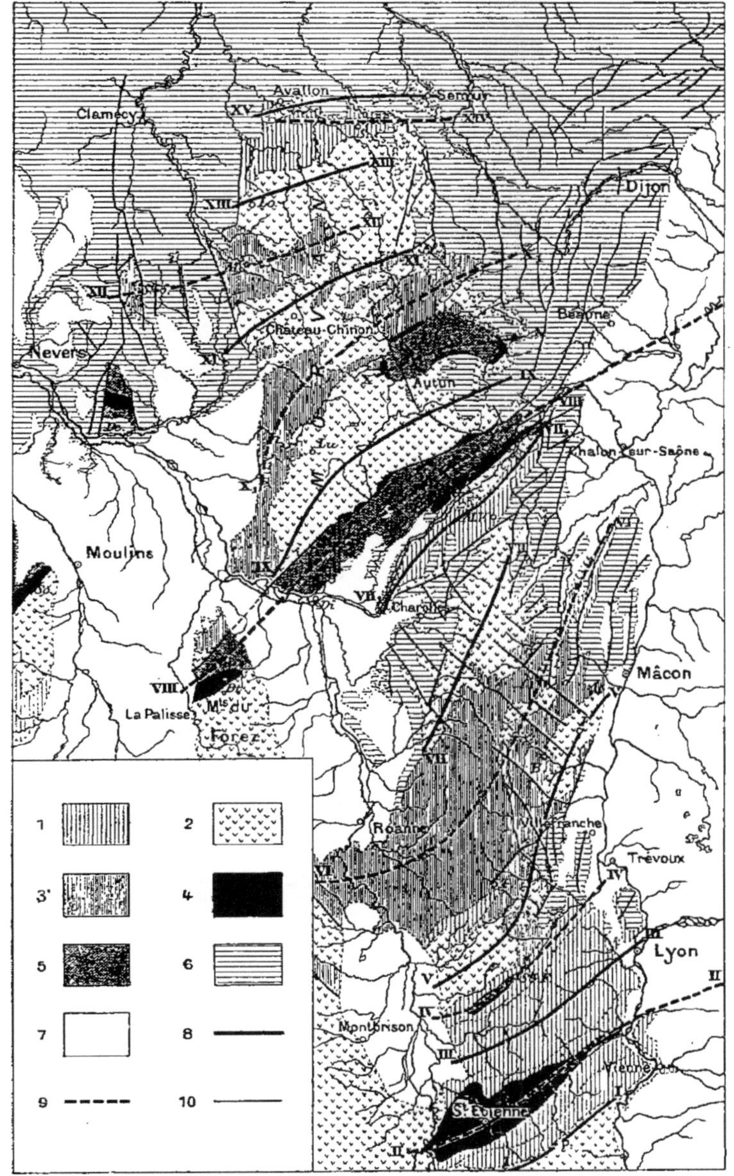

Fig. 152. — Plis hercyniens dans le Nord-Est du Massif central (d'après la carte géologique à 1 : 1 000 000 et les travaux de M. Michel Lévy).
Figure extraite de l'édition française de *La Face de la Terre* de M. E. Suess.

1, Archéen ; 2. granite et granulite ; 3, terrains paléozoïques et porphyres intercalés ; 4, Houiller ; 5, Permien ; 6, Trias et Jurassique ; 7, dépôts tertiaires et alluvions ; 8, anticlinaux ; 9, synclinaux ; 10, failles. Échelle de 1 : 1 500 000.

Les différences que l'on constate dans la nature de toutes ces montagnes tiennent à plusieurs causes : d'abord, à ce que le rajeunissement alpin ne s'est pas effectué partout de la même manière ; puis, à ce que l'ancienne pénéplaine hercynienne a toujours échappé en certains endroits aux mers mésozoïques, tandis qu'en d'autres elle a été complètement recouverte d'un manteau sédimentaire déposé par quelques-unes d'entre elles ; enfin, à ce que cette pénéplaine présente elle-même une certaine diversité dans la nature de ses matériaux et dans leur arrangement tectonique.

Dans la section septentrionale, entre la Dheune et le Gier, l'influence des mouvements alpins a été plus considérable que partout ailleurs. Elle a réussi, en effet, à esquisser une grande ondulation, d'axe sensiblement N.-S., que la rigidité du substratum hercynien a seule forcée à se rompre en voussoirs. Comme, d'autre part, la région avait été recouverte par un manteau de terrains secondaires qui faisait pont entre les sédiments de même âge que l'on observe dans le Jura et dans le Nivernais, les dénivellations de ces voussoirs ont permis à certaines parties de ce manteau d'échapper au dernier cycle d'érosion, et même à quelques dépôts tertiaires de se constituer. De telle façon que des bandes de terrains secondaires et tertiaires alternent avec les parties de l'ancienne pénéplaine exhumée par l'érosion, en introduisant des changements radicaux dans les formes du sol et la végétation. Mais ce n'est pas tout ; l'ancienne pénéplaine a une architecture fort compliquée. M. Michel Lévy a montré qu'un système de cassures de direction N.W. s'y était superposée au système de plis primaires de direction N.E. et que, sous l'effet de cette superposition, les affleurements des diverses roches anciennes avaient parfois une direction générale apparente N-S. Il en est résulté que, si les traits fondamentaux de la topographie ont bien une direction conforme à celle des plis hercyniens, direction que l'on retrouve dans la vallée de la Dheune, celles de l'Arconce, de la Basse Grosne et de la Brévenne, d'autres s'orientent N.-S. comme l'Azergues et les chaînons montagneux qui la séparent du versant de la Loire.

Au Nord, les *Monts du Charolais* et les *Monts du Mâconnais* dominent respectivement les plaines de la Loire et de la Saône. Les uns et les autres présentent une suite de voussoirs étagés qui constituent plus spécialement les *côtes* charolaise et mâconnaise, et où apparaissent le Trias, le Jurassique et le Tertiaire. Entre ces *côtes*, dont la topographie montre, surtout dans le Mâconnais, des

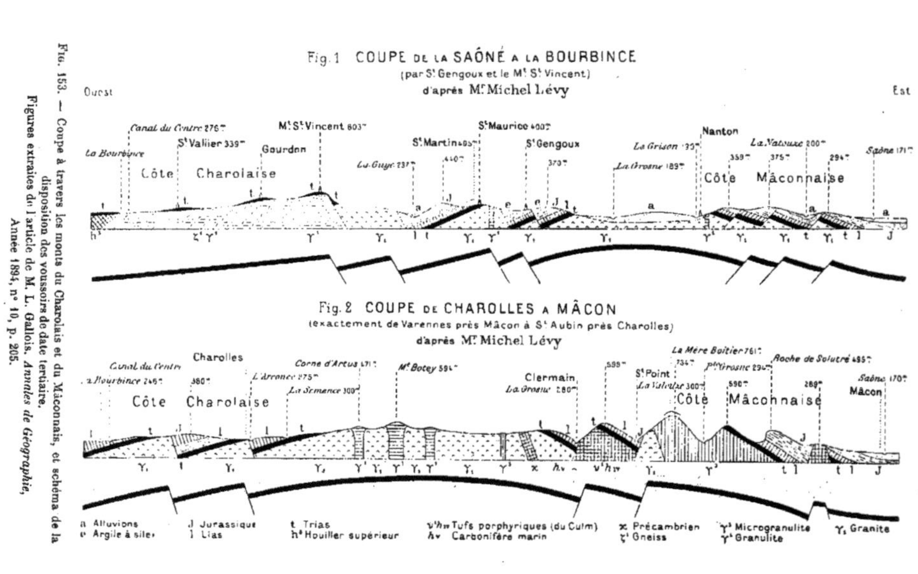

Fig. 1 COUPE DE LA SAÔNE A LA BOURBINCE
(par St Gengoux et le Mt St Vincent)
d'après Mr Michel Lévy
Ouest
Est
Canal du Centre 276m
St Vallier 339m
Gourdon
Mt St Vincent 603m
St Martin 405m
St Maurice 400m
St Gengoux
Nanton
La Grison 135m
La Natouze 300m
Saône 171m
La Bourbince
La Guye 237m
440m
370m
La Grosne 189m
359m 375m 294m
Côte Charolaise
Côte Mâconnaise
Fig. 2 COUPE DE CHAROLLES A MÂCON
(exactement de Varennes près Mâcon à St Aubin près Charolles)
d'après Mr Michel Lévy
Charolles
Corne d'Artus 471m
Mt Botey 591m
La Mère Boîtier 761m
Roche de Solutré 495m
Canal du Centre
a Bourbince 245m
380m
L Arronce 275m
La Semance 300m
Clermain
La Grosne 280m
599m
St Point
734m
Pt Grosne 294m
La Valouze 300m
590m
289m
Saône 170m
Mâcon
Côte Charolaise
Côte Mâconnaise
a Alluvions
t Trias
v²h⁴ Tufs porphyriques (du Culm)
x Précambrien
γ³ Microgranulite
γ₂ Granite
e Argile à silex
J Jurassique
l Lias
h⁴ Houiller supérieur
hv Carbonifère marin
ζ' Gneiss
γ⁴ Granulite

FIG. 153. — Coupe à travers les monts du Charolais et du Mâconnais, et schéma de la
disposition des voussoirs de date tertiaire.
Figures extraites de l'article de M. L. Gallois, Annales de Géographie,
Année 1894, n° 10, p. 205.

corniches dues à la résistance de certaines assises jurassiques, s'intercale la *montagne*, pays de roches anciennes où les formes généralement douces présentent quelques protubérances isolées dérivant de pointements de granulite.

C'est cette bande axiale qui forme ensuite les *Monts du Beaujolais*, mais avec un relief plus accentué à cause de la dureté de certains des matériaux anciens. La majeure partie du Beaujolais correspond en effet à un synclinal où les terrains paléozoïques ont été traversés par des éruptions porphyriques.

Enfin, viennent les *Monts du Lyonnais*, où la tectonique hercynienne, moins dérangée par les dislocations ultérieures, impose à la topographie la direction S.W.-N.E. de ses plis. Le corps du pays est

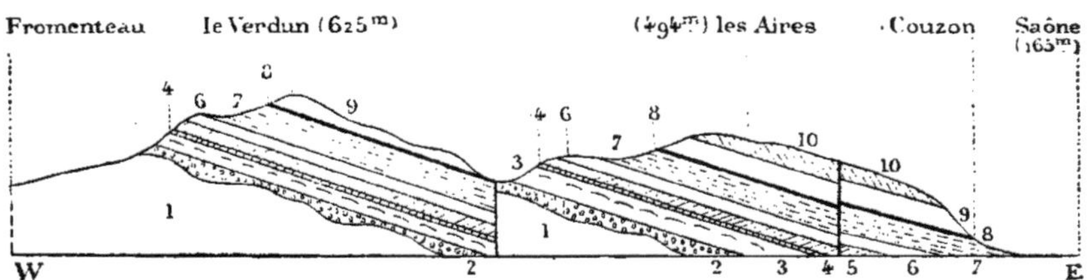

Fɪɢ. 154. — Coupe du Mont-d'Or Lyonnais (d'après MM. Falsan et Locard).
Figure extraite du *Traité de Géologie* de M. A. de Lapparent, 4ᵉ éd., p. 1064.

1, gneiss; 2, 3, Trias; 4, 5, 6, 7, 8, Lias; 9, 10, calcaires médiojurassiques.

formé par un vaste anticlinal gneisssique. Du côté de la Saône, on retrouve, conservés par des failles, les débris de l'ancienne couverture jurassique qui font presque complètement défaut sur le versant oriental du Beaujolais. Chacun d'eux constitue un élément topographique spécial, où les différences de dureté se traduisent par des corniches. Le plus caractéristique est le *Mont d'Or*, dont le soubassement archéen se montre dans le voisinage de la Saône et dont le couronnement calcaire porte une partie des défenses de la place de Lyon.

Le pays du *Jarret*, qui fait suite au Lyonnais, correspond à un synclinal hercynien très important. La houille, qui déjà se rencontre dans le petit bassin lyonnais de Sainte-Foy-l'Argentière, se trouve là accumulée sur de grandes épaisseurs, donnant un caractère industriel à tout le pays qui s'étend de Givors à Saint-Étienne. Ce synclinal, de date fort ancienne, car il était déjà esquissé à l'époque dévonienne, forme encore aujourd'hui, par un effet réflexe de sculpture, dépression topographique, et établit une véritable coupure entre les Monts du Lyonnais et le massif de Mont Pilat.

Au Sud du Jarret commencent les *Monts du Vivarais*. Les mou-

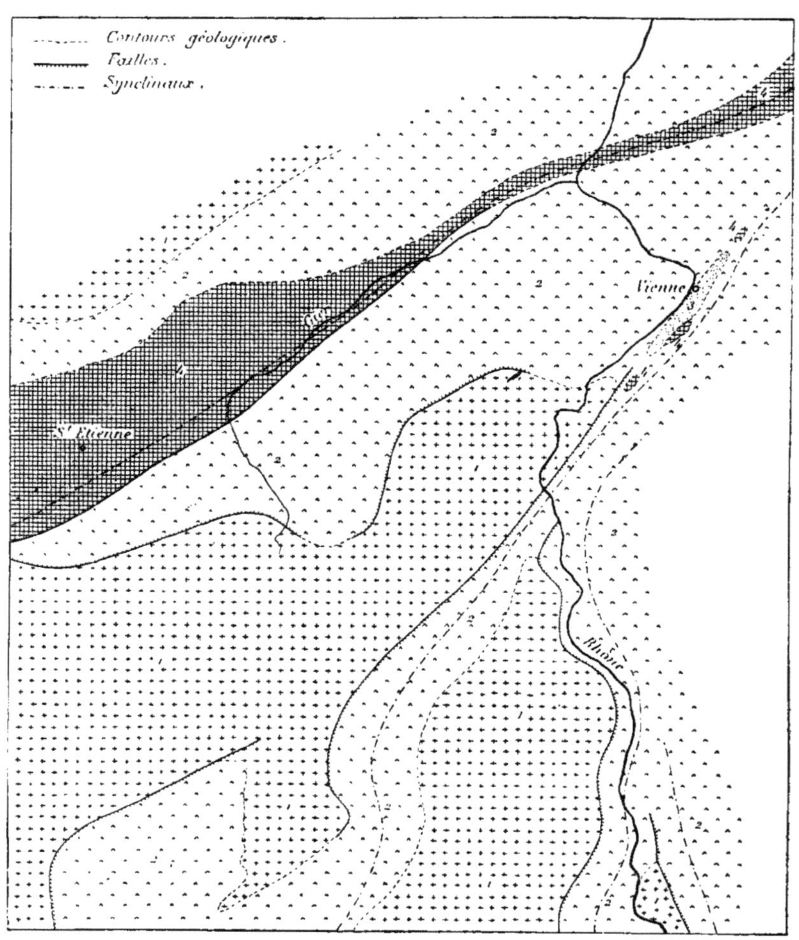

Fig. 155. — Croquis tectonique des confins du Lyonnais et du Vivarais
(d'après M. P. Termier)

1, gneiss granitoïde et granite; 2, gneiss supérieurs et schistes chloriteux;
3, Cambrien; 4, Houiller. Échelle de 1 : 460 000.

vements alpins ne semblent être intervenus que pour faire rejouer les anciennes dislocations, de sorte que c'est de l'architecture hercynienne que dépend toute la disposition orographique. Les

axes des plis, au lieu d'être pris en écharpe par la dépression rhodanienne comme cela se passe dans le Lyonnais, se redressent ici
parallèlement à cette dépression en plongeant d'ailleurs graduellement vers le Nord, si bien que le cours du Rhône utilise un des
synclinaux de l'ancienne pénéplaine, laissant à l'Est l'anticlinal de
Saint-Vallier. C'est l'anticlinal de la chaîne des *Boutières* et du *Mont
Pilat* qui fournit les altitudes des plus considérables. Les sommets,
généralement gazonnés, y présentent par places des amas irréguliers
de gros blocs qui sont désignés dans le pays sous le nom de *chirats*.
Contrairement à ce qui se voit généralement dans les régions granitiques, ces blocs ont des arêtes vives dues à ce que la masse
des gneiss granulitiques est divisée par un système de fentes
orthogonales.

Après Valence, la direction générale du bord ancien, qui était à
peu près N.-S., s'infléchit brusquement vers le S.W. Ce changement
a-t-il une cause tectonique, et les plis hercyniens reviennent-ils à
cette direction? C'est ce qu'on ne peut affirmer.

A mesure que l'on descend vers le Sud, la disposition de ces
anciens plis est de plus en plus difficile à reconnaître. Par suite du
relèvement de l'architecture, l'usure a été plus profonde et a fait
disparaître toutes les nuances de la structure en ne respectant que
le gros œuvre des fondations. A peine devine-t-on, dans les *Cévennes*,
une zone synclinale occupée par les schistes cristallins entre le
relèvement granitique du *Mont Lozère* et ceux de l'*Aigoual* et de
l'*Espérou*. Cette zone schisteuse a été déchiquetée par l'érosion en
longues crêtes, dont l'aspect tourmenté contraste vigoureusement
avec la monotonie des hauteurs granitiques. Ce sont les monts de la
Gardonnenque. Ils sont bordés, à l'Est, par un bassin houiller que
les dislocations compliquées de la bordure du massif ancien ont
soustrait à l'érosion.

Arrivés au bout de cette partie de l'escarpe orientale, dont les
géographes ont eu souvent le tort d'étendre le nom à l'ensemble, il
nous faut revenir sur nos pas et voir ce qu'est devenue cette bordure
faillée de terrains secondaires qui joue un si grand rôle dans le
Mâconnais et le Lyonnais. Complètement absente, du confluent de
la Saône à Tournon, parce que l'ancienne pénéplaine plonge là
directement sous un manteau tertiaire, elle se manifeste de nouveau
près de Valence par quelques petits paquets jurassiques, et prend,
à partir de La Voulte, une grande ampleur.

Nous avons vu, à propos de la vallée du Rhône, que la zone

Fig. 156. — Panorama de la région des *chams* triasiques, dans le voisinage de la vallée de la Borne (d'après un dessin de M. G. Fabre).
Figure extraite des *Leçons de géographie physique* de M. A. de Lapparent, 2ᵉ édition, fig. 138.

plissée alpine prend appui contre le Massif central, d'abord par ses plis alpins, puis par ses plis pyrénéo-provençaux. Mais le contact entre ces plis et la masse ancienne n'est pas direct. Partout s'intercale comme intermédiaire une bande d'architecture tabulaire où le Trias et le Jurassique, hachés par des failles, donnent au sol une physionomie spéciale.

Trois éléments topographiques sont ainsi en présence dans le *Bas-Vivarais :* les *Gras*, tables jurassiques légèrement inclinées dont les faces sculptées par l'érosion se présentent en gradins, et que les rivières traversent en véritables cañons ; les *Chams*, plateaux gréseux triasiques qui couronnent horizontalement les croupes entaillées par les torrents dans le substratum ancien ; enfin les *Serres*[1], hauteurs cristallines dentelées qui marquent le commencement du Massif central proprement dit. Au Sud de Privas, la superposition d'épanchements éruptifs fait apparaître une nouvelle unité qui interrompt la continuité des Gras. C'est le plateau basaltique des *Coirons*. Ces basaltes, dont l'éruption fut une conséquence des événements alpins, sont de date miocène ; ils couvrent un substratum complexe qu'ils ont protégé contre la morsure

---

1. L'expression de *Cham*, aussi bien que celle de *Serre*, ne correspond point à une nature spéciale de terrain, mais à une forme topographique. Bien des crêtes calcaires de l'*Uzégeois* sont désignées sous le nom de *Serres*, et maints Causses en miniature, sous celui de *Chams*.

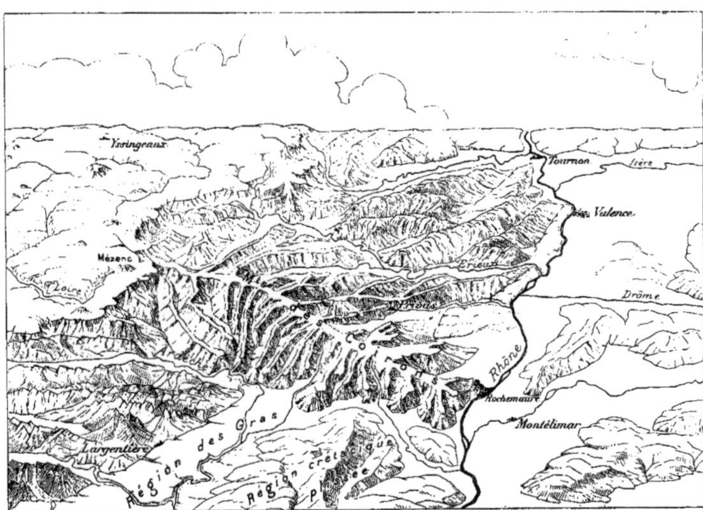

Fig. 157. — Perspective schématique de la bordure du Massif central dans le voisinage de Privas.

de l'érosion, et dessinent une croupe allongée, de direction N.W.-S.E., qu'accompagnent des dykes isolés, comme les rochers de Rochemaure.

Pour revenir à la bordure secondaire faillée, disons que si tous ses matériaux ont un caractère littoral dans la partie qui avoisine la Voulte, on constate au contraire, plus au Sud, des changements de faciès qui indiquent que certains d'entre eux se sont déposés à une bonne distance des côtes. Il vient donc à l'idée que les affleurements actuels de certaines formations ne sont que les vestiges de nappes plus étendues qui s'étalaient sans doute sur les Cévennes. Cette conclusion est absolument confirmée par ce fait que ces mêmes formations se retrouvent, à l'Ouest, dans les *Causses* et aussi dans de petits lambeaux superficiels intermédiaires disséminés dans le voisinage du mont Lozère. Toute la partie méridionale du Massif central aurait donc été recouverte par un manteau jurassique allant de la région des Gras au Quercy, et dont les Causses et les petits lambeaux précités ne seraient que des vestiges.

Pour bien comprendre les Causses et leurs annexes, il est nécessaire d'avoir quelque idée du détail de l'histoire géologique de cette partie de la France centrale. Les travaux de M. G. Fabre sont précieux à ce sujet.

A l'époque triasique, l'ancienne pénéplaine hercynienne n'avait été qu'entourée par les eaux; mais au moment du Lias, un vaste golfe s'était esquissé sur l'emplacement des Causses. Ce golfe avait le caractère géosynclinal, c'est-à-dire qu'il y régnait une tendance à l'affaissement permettant aux sédiments de s'accumuler sur une grande épaisseur. Il était séparé de la dépression rhodanienne par une zone anticlinale correspondant aux Cévennes actuelles, et du Quercy par un mouvement analogue du sol, dont le pédoncule qui relie le Rouergue au Plateau central proprement dit n'est qu'un reflet. Pendant les temps jurassiques, les mouvements relatifs du sol permirent à la mer de déborder sur cet anticlinal et d'y étaler ses dépôts qui firent pont entre ceux du golfe des Causses et ceux de la région rhodanienne. Puis il y eut une émersion générale, et tout le manteau jurassique resta en prise à l'érosion. Les mouvements tertiaires, résultats indirects des grands refoulements alpins, vinrent ensuite rajeunir le relief en relevant l'axe des Cévennes. Les terrains anciens et leur couverture jurassique, déjà diminuée d'épaisseur, entrèrent alors dans un nouveau cycle d'érosion intensive dont nous voyons aujourd'hui les effets.

Sur la région anticlinale des Cévennes, le manteau secondaire n'est plus représenté que par quelques témoins. Ce sont les *petits Causses*. L'existence de ces lambeaux tient à des dénivellations tectoniques amenées par des failles dont la plupart ont la direction E.-W. L'usure des divers paquets jurassiques est d'autant moins

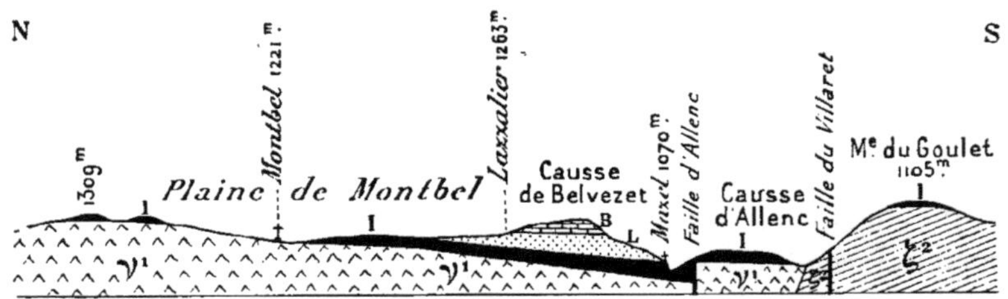

Fig. 158. — Coupe de la plaine de Montbel (d'après M. G. Fabre). Figure extraite du *Bulletin de la Société géologique de France*, 3ᵉ série, tome 21, page 630.

γ¹, granite; ξ², terrains cristallophylliens; I, infralias; L, Lias; B, médiojurassique.

avancée que l'abaissement a été plus profond, et l'alternance des couches dures et tendres se manifeste par ses effets habituels. On peut citer, comme exemple de détail de sculpture, l'ensemble formé par la plaine liasique de Montbel et le Causse de Belvezet qui la

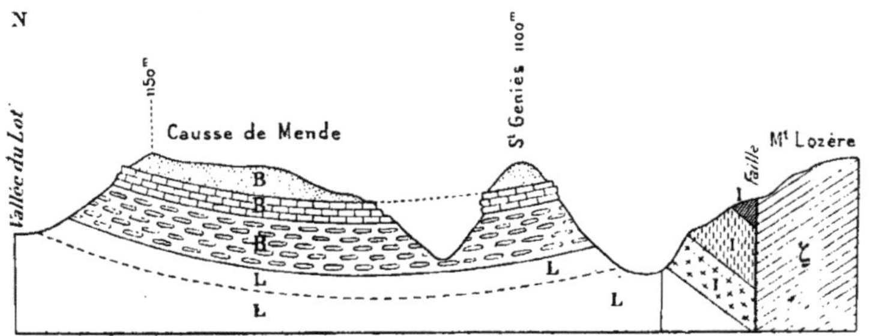

Fig. 159. — Coupe du Causse de Mende (d'après M. G. Fabre). Figure extraite du *Bulletin de la Société géologique de France*, 3ᵉ série, tome 21, page 646.

ζ, substratum ancien; I. infralias; L, Lias; B, médiojurassique.

domine par ses corniches bajociennes. Une coupe menée là, du N. au S., est intéressante; elle montre successivement trois bandes de plaques jurassiques plus ou moins continues, encadrées par les régions granitiques ou cristallophylliennes du *Palais du Roi* et de la *forêt de Mercoire*, de la *Montagne du Goulet* et du *Mont Lozère*. Ces lambeaux échappés à la morsure de l'érosion rompent l'uniformité de l'ancienne pénéplaine relevée.

Plus à l'W., apparaissent les *grands Causses*, où le Jurassique, accumulé jadis sur de grandes épaisseurs, grâce au caractère géosynclinal de la région, a été, en outre, protégé par des affaissements relatifs, au moment du relèvement d'ensemble de la France centrale.

Tout le monde connaît de réputation ces déserts pierreux au travers desquels les eaux filtrent rapidement pour se rassembler en des gouffres souterrains et dont le nom a servi à définir un type géographique. Les *cañons* des rivières découpent la table calcaire en compartiments dont chacun porte un nom spécial. Le *Causse du Larzac*, le *Causse Noir*, le *Causse Méjan*, le *Causse de Sauveterre* sont les plus considérables en surface; mais d'autres, comme le *Causse de Séverac*, le *Causse du Comtal* et le *Causse de Mende* ont, par leur situation, une importance aussi grande aux yeux des géologues. Ils sont, en effet, disposés en une file perpendiculaire au grand axe tectonique de l'ancien géosynclinal et, de concert avec les *petits causses*, jalonnent l'ancienne communication entre la mer jurassique rhodanienne et celle du Quercy. Mais l'histoire n'avait sans doute fait là que se renouveler; car les sédiments houillers et permiens qui supportent les affleurements jurassiques dans toute l'étendue des Causses de Séverac et du Comtal prouvent l'existence, à une date plus ancienne encore, d'une dépression accentuée au nord du Rouergue.

Comme le Massif central proprement dit, les Causses ont sur le Languedoc une façade qui établit un lien entre celles des Cévennes et de la Montagne Noire. C'est d'abord le talus régulier de la *Séranne*, puis une région plus complexe où les calcaires jurassiques qui prolongent les Causses sont réunis topographiquement aux paquets primaires si variés de la bordure de la Montagne Noire par la chape éruptive pliocène de l'*Escandorgue*. Ainsi s'affirment de profondes dislocations N.-S. dont la trace se poursuit dans le Languedoc jusqu'à la Montagne d'Agde. Tout cet ensemble de la façade des Causses et de la région compliquée de Lodève est désigné par les géographes sous le nom de *Garrigues*. Il ne faut pas les confondre avec les *garrigues* crétacées des environs de Nîmes, dont l'architecture relève nettement du système des plis tertiaires de la dépression rhodanienne. L'aspect rocailleux du sol et la nature de la végétation sont les seules causes de cette synonymie.

En l'absence d'études de détail sur les origines des cours d'eau issus de la partie méridionale du Massif central, il faut se contenter de quelques déductions générales tirées de l'examen de la carte et de l'histoire géologique de la région.

Le dernier mouvement tectonique d'ensemble qui a eu lieu est le relèvement de l'axe des Cévennes. C'est donc lui qui a déterminé les conditions de l'écoulement des eaux. Mais il ne faut pas oublier que ce relèvement s'est exercé sur un territoire qui était émergé depuis fort longtemps et où, par suite, un réseau hydrographique devait déjà être dessiné. L'extrême lenteur habituelle aux mouvements généraux du sol a donc dû permettre aux anciens cours d'eau de se maintenir, en enfonçant leur lit partout où des conditions nouvelles de pente n'étaient pas brutalement introduites par des accidents de détail. On a donc quelque raison d'estimer que si les torrents qui se précipitent vers la dépression rhodanienne à travers les régions faillées du Bas-Vivarais et des Cévennes sont de date assez récente, les grandes rivières qui descendent vers l'Aquitaine ont un passé plus vieux. Le parallélisme général de leurs cours, la manière indifférente dont ils traversent les terrains anciens du Massif central et du Rouergue et la dalle calcaire des Causses, sont faits pour nous montrer qu'ils ont dû s'établir à une époque où le manteau général jurassique fournissait la surface structurale et uniformisait les conditions de sculpture. Aujourd'hui que ce manteau a été enlevé sur de vastes surfaces, les vallées présentent des tronçons d'aspects totalement différents. Encaissées entre des murailles presque verticales dans la traversée des grands Causses dont la porosité a, d'autre part, interdit le développement d'affluents appartenant en propre à ces tables pierreuses, elles prennent un profil moins sévère dans les régions cristallines où l'imperméabilité du sol les enrichit de mille tributaires. L'histoire de l'évolution de leur vaste réseau offre aux chercheurs quantité de problèmes intéressants. Nous signalerons, en particulier, la façon dont certains cours d'eau longent les escarpes terminales des grands et des petits Causses et qui doit se rattacher à des inversions de relief par voie de sculpture.

Monts du Forez et du Velay. — Les hauteurs comprises entre Loire et Allier correspondent, tout au moins dans leur partie septentrionale, à l'esquisse, de date alpine, d'une zone anticlinale analogue à celle du Beaujolais et du Charolais. Le rapprochement des dépressions encadrantes nous donne sur la carte l'illusion d'une chaîne autonome, illusion que pourrait conserver le voyageur qui

se bornerait à parcourir les parties les plus agrestes, mais que l'on
perd aussitôt que, de quelque point de vue bien choisi, on réussit à
se former une impression d'ensemble. Tout ce relief n'est bien
qu'un étroit fragment de l'ancienne pénéplaine, s'abaissant régulièrement vers les plaines voisines et où aucun sommet ne fait
franchement saillie. D'ailleurs, en suivant sur la carte l'alignement montagneux, on le voit s'enraciner au Sud dans la masse des
plateaux et faire corps avec elle. La progression vers les conditions
massives, lorsqu'on descend vers le Sud, est la même que pour
l'*escarpe orientale;* et ici encore, on peut distinguer deux sections,
sans toutefois qu'une coupure équivalente à celle de Saint-Étienne
vienne les séparer.

La section septentrionale émerge insensiblement des remblais
tertiaires du Bourbonnais et de la Limagne ; et la manière même dont
elle le fait, par trois fronts distincts nettement en retraite les uns sur
les autres, donne immédiatement à penser qu'elle se compose de
trois éléments tectoniques parallèles accolés dont le plongement
vers le nord n'a pas absolument la même valeur. Deux grandes
dislocations longitudinales, la faille du Forez, accident fort ancien
mais qui a rejoué à l'époque tertiaire, et l'effondrement du Livradois, semblent séparer ces éléments ; d'autres groupes de failles
limitent leur ensemble du côté de la Loire et de l'Allier. La nomenclature géographique habituelle s'accorde d'ailleurs assez bien avec
cette division ternaire en distinguant les *Monts de la Madeleine,* les
Monts du Forez et les *Monts du Livradois.*

Voilà pour l'architecture tertiaire. Quant à l'architecture hercynienne, elle se manifeste, comme d'ordinaire, dans la répartition
des matériaux anciens. C'est ainsi que le premier compartiment,
celui des monts de la Madeleine, nous montre, dans le bassin houiller
de Bert, l'exact prolongement de celui du Creusot, et, dans les terrains éruptifs anciens du Roannais, la continuation de ceux du
synclinal du Beaujolais. C'est ainsi encore que l'on retrouve ces
mêmes terrains dans le compartiment des monts du Forez, mais
rejetés vers le Nord, aux environs de Cusset, par le décrochement
de la faille du Forez. A l'image de ce qui se passe dans l'escarpe
orientale, ces nuances s'effacent à mesure que l'on descend vers le
Sud, à cause du relèvement général de l'architecture et de l'usure
plus profonde qui en a été la conséquence.

Au sud du petit bassin tertiaire du *Livradois,* parcouru par la

Dore, on n'a plus qu'un plateau dans la masse duquel la soudure entre les éléments tectoniques septentrionaux est complète. La topographie de ce plateau est d'une grande monotonie jusqu'aux

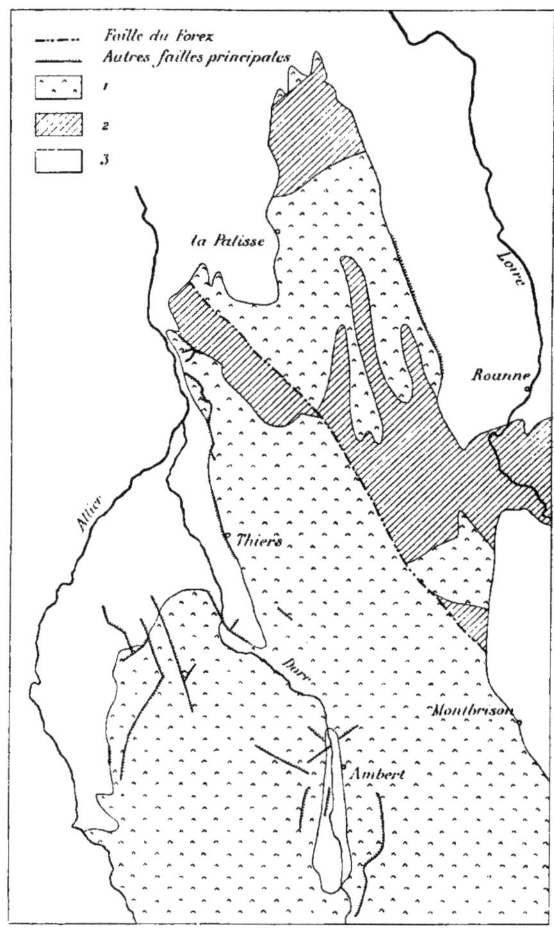

Fig. 160. — Croquis géologique des Monts du Forez.

1, terrains cristallophylliens et granitiques ; 2, terrains primaires et leurs roches éruptives ; 3, terrains tertiaires et quaternaires. Échelle de 1 : 1 000 000.

environs d'une ligne tirée de Brioude à Yssingeaux. Mais à partir de celle-ci, les vestiges d'abondantes émissions éruptives, superposées au socle ancien pendant les temps tertiaires, viennent

varier le paysage. On se trouve alors
dans la région du *Velay* qui, de l'Allier, va se souder aux monts du Vivarais.

M. Boule, qui a spécialement étudié le Velay, y a reconnu trois groupes
volcaniques distincts : le *double massif
du Mézenc et du Mégal*, le *bassin du
Puy*, et la chaîne du Velay proprement
dite ou *chaîne du Devès*. Il a fait remarquer que le phénomène éruptif
s'était étendu successivement de l'Est
à l'Ouest; qu'il avait présenté une
suite de phases d'activité, séparées par
des périodes de repos pendant lesquelles l'érosion avait chaque fois eu
le temps de faire œuvre de sculpture ;
enfin, que la nature des produits émis
avait considérablement varié d'une
phase à l'autre.

Les plus anciennes éruptions du
Mézenc et du *Mégal* datent de l'époque
miocène, c'est-à-dire de la même
époque que celle des Coirons. Un certain nombre de mamelons basaltiques
isolés indiquent d'ailleurs la liaison
qui a existé entre les deux régions.
Ces éruptions se sont continuées jusqu'au Pliocène moyen, retournant au
type basaltique alors que, dans les
phases intermédiaires, il y avait eu
émission de divers autres produits et
notamment de phonolites. Ce sont
précisément les différences entre l'aspect topographique des coulées de basalte et celui des épanchements de
phonolite qui donnent de la variété
au paysage, en faisant alterner les
plateaux monotones avec les pics de
formes souvent imposantes. Les coulées du Mézenc sont mieux conser-

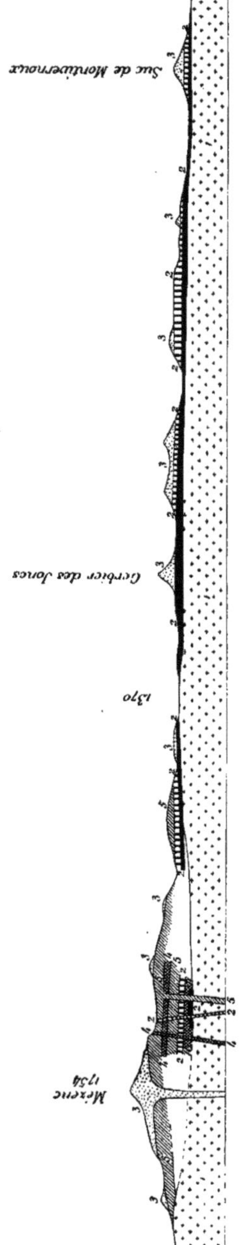

Fig. 161. — Profil des hauteurs comprises entre le Mézenc et l'origine des Coirons d'après M. Boule. *Description géologique du Velay.Bulletin du service de la Carte géologique de France*. 1, granite ; 2, basaltes divers : 3, phonolites : 4, trachytes : 5, andésites et labradorites.

vécs du côté de la Loire, où elles forment de vastes plateaux dominés par des buttes arrondies, que du côté du Rhône, où l'érosion a exercé d'énormes ravages. Le cirque des Boutières, qui est entaillé dans les laves par la vallée de la Saliouze, correspond peut-être à l'ancien emplacement d'un immense cratère. Le Mégal est plus morcelé que le Mézenc; ses nappes éruptives ont été découpées par l'érosion en tables ou en *sucs* isolés. Quelques petits lacs se montrent dans des creux dont l'origine se rattache plus ou moins directement aux phénomènes volcaniques. Le lac d'Issarlès, en particulier, occupe l'emplacement d'un ancien cratère.

Dans la chaîne du *Devès*, entre Loire et Allier, les manifestations éruptives ne commencèrent qu'au Pliocène moyen, c'est-à-

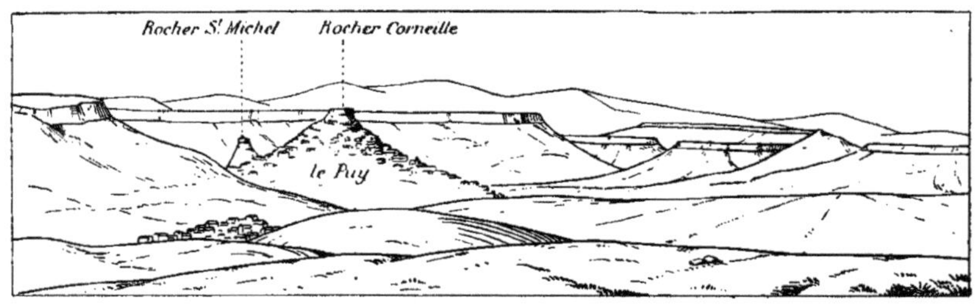

Fig. 162. — Vue des plateaux basaltiques des environs du Puy.

Le dessinateur s'est inspiré du dessin de M. Boule, publié dans le *Bulletin du service de la Carte géologique de France, description du Velay.*

dire au moment où le Mézenc et le Mégal voyaient décroître leur activité; mais elles se sont poursuivies jusqu'au Pleistocène en passant par un maximum au Pliocène supérieur. A ce moment eut lieu un véritable déluge de basalte, non point par des fissures du sol comme on a pu le croire, mais par des centaines de bouches volcaniques dont on peut retrouver la trace par les vestiges de leurs cônes de projections. C'est l'alignement grossièrement N.-S. de ces bouches volcaniques qui a permis aux coulées d'introduire, en se soudant, une *apparence* de chaîne dans la topographie actuelle.

Le *bassin du Puy* tire son caractère de ce que, pendant toute la période des éruptions du Velay, il a été une région d'affaissement où les eaux tendaient à se rassembler. Les sédiments arrachés des hauteurs voisines et déposés par les eaux, s'y trouvent en contact avec des brèches éruptives projetées par les volcans locaux et même avec des nappes de lave venues de plus loin. Le paysage actuel est le résultat de la sculpture de ce remplissage complexe de la dépression tectonique. Les escarpements qui entourent la ville comme des remparts sont taillés dans la grande nappe de basalte qui couronne le remblai. Quant au rocher Corneille et au rocher Saint-Michel qui surgissent au milieu de l'hémicycle, ce dernier comme une aiguille, M. Boule a montré que ce n'étaient point des dykes, mais des masses bréchiformes respectées par l'érosion parce qu'elles avaient été injectées de filons de basalte en cet endroit.

Monts d'Auvergne. — De même que les Cévennes, les Monts d'Auvergne viennent prendre contact avec ceux du Velay dans le *Gévaudan*, cette région de soudure où l'ancienne pénéplaine relevée n'est plus interrompue par de profondes coupures. Ce sont encore les épanchements volcaniques d'âge tertiaire qui leur imposent leur caractère distinctif. Toutefois le socle sur lequel reposent les protubérances éruptives a été respecté sur de larges surfaces, qui ont par suite leur individualité géographique.

Au Nord, entre Allier et Sioule, ce socle n'apparaît que sous forme d'une bande assez étroite, simple gradin intermédiaire entre la Limagne et les sommets des hauteurs volcaniques des *Monts Dôme*. Il s'élargit dans les *Monts du Cézallier*, mais la couverture éruptive joue encore là un rôle prépondérant. Au Sud au contraire, il s'épanouit largement dans les *Monts de la Margeride* et le *plateau de la Viadène* qui, de concert avec les terrains anciens du Rouergue, encadre le causse du Comtal. Les Monts de la Margeride montrent une croupe aplatie qui s'élève légèrement au-dessus du soubassement général et doit tirer sa raison d'être de causes tectoniques encore peu étudiées. Ce n'est point en effet la dureté d'un élément particulier du sol qui en a motivé le relief, car celui-ci est dessiné indifféremment dans le granite et le gneiss. D'autre part, son pied occidental est suivi d'une manière significative par le cours supérieur de la Truyère et celui d'un de ses affluents, en même temps que par des flaques éocènes respectées par l'érosion.

Les hauteurs éruptives forment quatre groupes distincts : l'*Aubrac*, le *Cantal*, le *Mont Dore*, les *Monts Dôme*.

L'*Aubrac* s'élève entre les Monts de la Margeride et la Viadène. L'étude n'en a été encore faite que très superficiellement par les géologues. Une grande nappe de basalte, qui masque peut-être des vestiges d'éruptions antérieures, y détermine une surface à peine ondulée couverte de vastes pâturages. Quelques protubérances plus résistantes forment les points culminants, sans indiquer les anciennes bouches éruptives dont les cônes de projections ont depuis longtemps disparu.

Vient ensuite l'énorme masse du *Cantal*. Ici l'étude a été faite complètement et l'on a pu suivre l'histoire de la région depuis l'époque oligocène, où le socle ancien était couvert de lacs plus ou moins saumâtres, jusqu'aux dernières manifestations éruptives.

La période des lacs oligocènes est antérieure au relèvement d'ensemble du Massif central. A ce moment, les nappes lacustres du Cantal faisaient sans doute partie d'un système plus considérable qui s'étendait de la Limagne au Quercy. Les couches d'origine nettement fluviatile qui recouvrent les sédiments lacustres correspondent au relèvement du relief. A l'époque miocène eurent lieu les premières éruptions. De nombreuses bouches vomirent des basaltes, qui vinrent recouvrir directement les dépôts lacustres et fluviatiles, alternant même avec ces derniers. Puis, mais avec des intervalles de repos, apparurent des matériaux éruptifs divers. A l'époque pliocène, les éruptions se concentrèrent en un groupe unique, accumulant les matériaux de projection, et en particulier les cinérites, sous forme d'un immense cône que couronnèrent les laves. Enfin un véritable déluge de basalte sortit de l'énorme chaudière volcanique et, s'ajoutant aux coulées de même nature issues de quantité d'autres bouches, vint recouvrir les produits des éruptions antérieures ainsi que les vestiges des sédiments oligocènes, et déborder sur le socle hercynien lui-même. A l'époque pléistocène, l'amas des matériaux volcaniques cessa de s'accroître, et l'érosion put s'acharner sans entraves au démantèlement de l'énorme masse du Cantal. Aujourd'hui ce massif est tronqué et nous présente une suite de sommets, comme le Plomb du Cantal, dessinant une couronne autour du Puy Griou, qui doit son existence à la consolidation donnée par un jet de phonolite. La disposition divergente des cours d'eau dont certains, comme la Cère et l'Alagnon, prennent naissance dans des cirques d'origine glaciaire, montre toutefois clairement la forme conique du relief initial. Au pied du versant oriental du massif, la *planèze* basaltique de Saint-Flour forme contraste par la fertilité de ses prairies avec les landes assises sur les roches anciennes du socle hercynien ; tandis qu'à la base de l'autre versant, les sédiments oligocènes des environs d'Aurillac introduisent d'autres notes dans la végétation.

Le massif du *Mont Dore* repose sur le granite du plateau de l'*Artense*. Les produits volcaniques, très variés comme dans le Cantal, y débutent surtout par des cinérites et se terminent par des basaltes. Les dernières éruptions furent tardives; le Tartaret est un volcan très récent dont les traits sont à peine altérés. Les lacs assez nombreux de la région du Mont Dore ont une origine qui se rattache plus ou moins directement aux phénomènes éruptifs. Ainsi le lac Pavin et le lac Chauvet occupent des cratères d'explo-

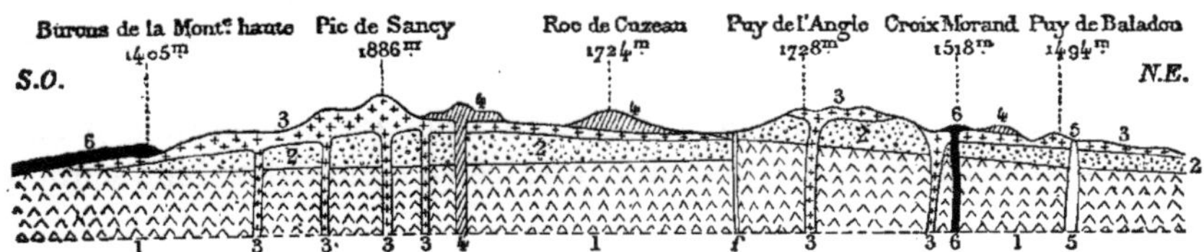

Fig. 163. — Coupe à travers le Mont-Dore (d'après M. Michel Lévy).
Figure extraite du *Traité de géologie* de M. A. de Lapparent, 4ᵉ éd., p. 1694.

1, granite; 2, cinérite; 3, trachite; 4, andésite; 5, phonolite; 6, basalte pliocène; f, faille supposée·

sion ou d'effondrement, et le lac Chambon est le résultat d'un barrage de vallée par une coulée de laves.

Plus au Nord enfin, surgissent les *monts Dôme*.

Alors que dans les centres éruptifs précédents, il est devenu difficile de reconnaître les anciennes bouches d'émission, ici on se

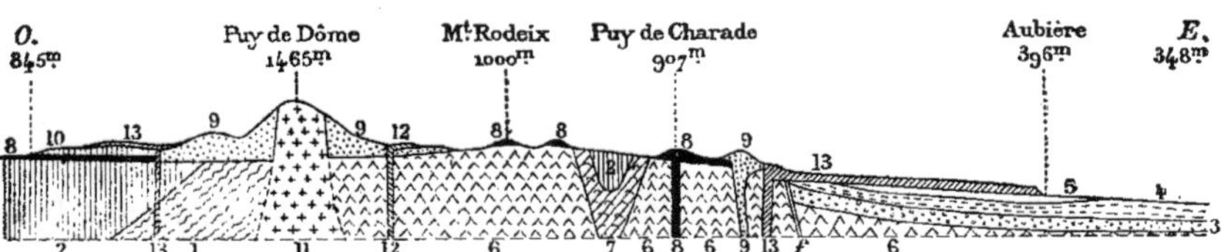

Fig. 164. — Coupe de l'Ouest à l'Est à travers le Puy de Dôme (d'après M. Michel Lévy).
Figure extraite du *Traité de géologie* de M. A. de Lapparent, 4ᵉ éd., p. 1696.

1, gneiss; 2, Primaire; 3, 4, dépôts tertiaires; 5, alluvions anciennes; 6, 7, granites; 8, basalte pliocène; 9, cinérites; 10, basalte pleistocène inférieur; 11 domite; 12, labradorite; 13, basalte supérieur; f, faille de la Limagne.

trouve en présence d'une centaine au moins d'appareils éruptifs bien conservés dont la plupart consistent en cônes de projections avec cratères, et quelques-uns seulement en dômes. C'est qu'ici les éruptions les plus anciennes datent du Pliocène supérieur. Les premières manifestations furent des intumescences pâteuses de domite qui se dégagèrent du plateau déjà relevé et sculpté par l'érosion pliocène. Puis vinrent des laves de diverses sortes et, en dernier lieu, des basaltes. Les dernières émissions paraissent n'avoir précédé que de très peu l'époque historique. La surface supérieure des coulées dont les plus grandes se dirigent vers la Sioule où elles ont poussé jusqu'à Pontgibaud, a conservé l'aspect mouvementé des coulées issues des volcans actuels. Ces *cheires* sont le plus souvent hérissées d'énormes blocs de scories qui ont formé comme une gaine à la lave. Certains cratères, comme le Puy de Pariou et le Nid de la Poule, s'ouvrent dans des cônes encore presque intacts. Aussi est-il certain qu'ils sont postérieurs à la période des grandes érosions pleistocènes.

Les groupes méridionaux, celui du Mont Dore et surtout ceux du Cantal et de l'Aubrac, ont au contraire vu commencer leur sculp-

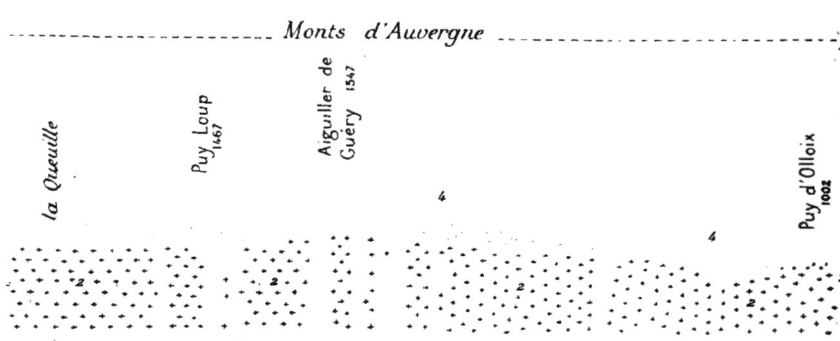

Fig. 165. — Coupe E.-W. à travers les Monts d'Auvergne et
1, Terrains volcaniques; 2, substratum ancien; 3, Tertiaire; 4, Quaternai

ture beaucoup plus tôt. Une des formes du travail destructeur fut l'érosion glaciaire. M. Boule a montré que l'Aubrac, le Cantal et le Mont Dore avaient été particulièrement encombrés de glaces à la fin de la période pliocène, après les grands déluges de basalte, alors que le relief des volcans était infiniment supérieur à celui que nous observons. A ce moment un immense champ de glaces s'étendait sur ces contrées. Sa disparition laissa le pays couvert de débris erratiques et en prise à l'érosion fluviale. Mais le caractère de la sculpture fut bientôt modifié par une nouvelle phase glaciaire, celle de l'époque pleistocène. Les glaciers, cantonnés cette fois dans les vallées qui venaient d'être creusées par les eaux courantes, en modifièrent le profil, tout en charriant les moraines latérales et frontales que l'on observe aujourd'hui.

Vallées de la Loire et de l'Allier. — L'existence des rivières jumelles de la Loire et de l'Allier tient à celle des deux dépressions

tectoniques qui encadrent le relief du Forez. On a vu que ces
dépressions étaient une conséquence des esquisses de grandes
ondulations de date alpine.

Les plaines que traversent les deux cours d'eau sont comme
enchâssées dans la masse relevée des terrains anciens, et le
contraste entre l'horizontalité relative de leurs sédiments et les
replis que l'architecture hercynienne a imposés aux matériaux du
socle ancien est frappant. Parmi ces sédiments, les plus superficiels sont le résultat d'apports fluviatiles; les autres ont pour la
plupart le caractère de dépôts lacustres, et l'on pourrait croire

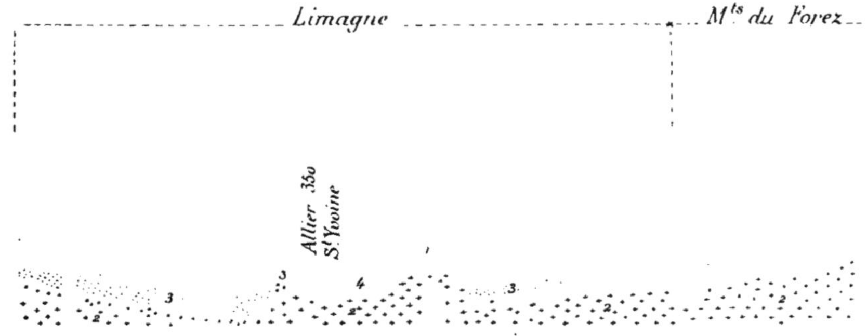

imagne (d'après les travaux de MM. Michel Lévy et Le Verrier).
chelle des longueurs, 1 : 320 000 ; échelle des hauteurs, 3 fois plus grande.

tout d'abord qu'ils se sont déposés dans les dépressions mêmes que
nous voyons aujourd'hui. Mais en constatant que des lambeaux de
ces formations lacustres se trouvent à diverses hauteurs sur les
flancs de ces dépressions et même sur le plateau qui les domine, on
a le sentiment que les nappes d'eau douce ou saumâtre couvraient
jadis de bien plus grandes étendues, et que la localisation actuelle
des terrains tertiaires n'est qu'un effet de dislocations bien ultérieures à leur dépôt.

Traçons le tableau des événements.

A l'époque oligocène, les grands lacs dont nous venons de
parler, s'étendent sur la pénéplaine hercynienne. Ceux de la
Limagne septentrionale ont même un caractère géosynclinal qui
permet aux sédiments de s'accumuler sur de grandes épaisseurs.
Le relèvement d'ensemble du Massif central, commencé dès l'Oligocène dans la Lozère, ne s'accentue dans ces régions qu'au
Miocène, se compliquant bientôt, sous l'effet de la poussée alpine.

de tendances à l'ondulation. Mais le sol trop rigide se rompt et se disloque en compartiments affaissés ou surélevés. Leurs failles limites découpent les dépôts oligocènes, exposant certains paquets à l'érosion et préservant les autres. D'abord les cassures ne donnent passage à aucune matière éruptive. Mais, à la fin du Miocène et surtout pendant le Pliocène, des volcans surgissent de toutes parts, non seulement sur les plateaux où leurs débris forment encore aujourd'hui des reliefs importants, mais sur les flancs et jusqu'au fond des dépressions où l'on trouve quantité de traces de franches éruptions, sans compter ces imbibitions filoniennes basaltiques que l'on désigne sous le nom de pépérites.

Une première file de compartiments affaissés dessine le domaine de la Loire, isolés les uns des autres par des *horsts* que le fleuve

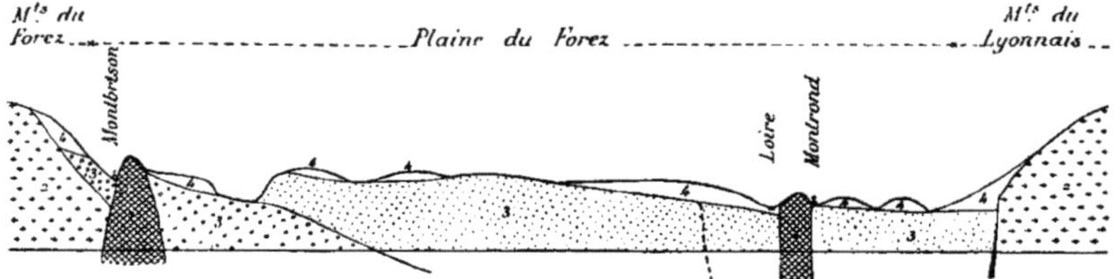

Fig. 166. — Coupe E.-W. à travers la plaine du Forez (d'après MM. Michel Lévy et Le Verrier).

1, Terrains volcaniques; 2, substratum ancien; 3, Tertiaire; 4, Quaternaire.

traverse comme par un trait de scie. C'est d'abord le *bassin du Puy*, qu'un petit horst sépare de l'*Emblavès;* puis le bassin elliptique du *Forez* parsemé de pointements basaltiques qui se groupent dans les Monts d'Uzore; enfin, après le grand horst qui relie les Monts du Beaujolais à ceux du Forez, la vaste plaine du *Roannais*.

Du côté de l'Allier, il y a plus d'unité, et le *bassin de Brioude*, le *Lembron* et la *Limagne* se donnent la main malgré l'interposition des horsts de Brassac et de Saint-Yvoine. Là, encore, on trouve les traces de l'ancienne activité volcanique, qui se poursuit d'ailleurs, de nos jours, sous la forme atténuée de manifestations thermales. Les anciennes bouches éruptives se succèdent tout le long de la faille limite de la Limagne jusqu'à Volvic, s'ouvrant aussi sur les petites failles de la Limagne qui lui sont parallèles (Fig. 167).

Les dépressions de la Limagne et du Roannais se rejoignent, au nord des Monts de la Madeleine, pour former les plaines du *Bourbonnais.* Le champ d'affaissement devient ici extrêmement complexe, sous l'effet, sans doute, du croisement des dislocations N.-S.

avec le prolongement du synclinal hercynien du Morvan. Le problème n'a pas encore été étudié dans ses détails, mais en voyant tous les voussoirs, aussi bien ceux de la bordure du Morvan que ceux de la Madeleine et du Forez, plonger sous le manteau des terrains récents, il nous paraît évident que ces éléments tectoniques ont subi une influence déprimante transverse.

L'examen de cette région du Bourbonnais soulève deux questions fort intéressantes. En première ligne, celle de la liaison des lacs aquitaniens de la Région parisienne avec les nappes d'eau

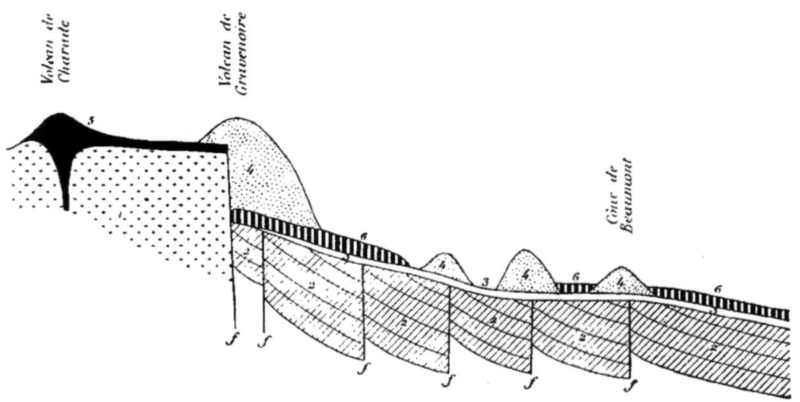

Fig. 167. — Coupe synthétique des volcans de Charade, de Gravenoire et de Beaumont sur la bordure de la Limagne (d'après M. Glangeaud, *Bulletin du service de la Carte géologique de France*).

1, granite; 2, Tertiaire; 3, alluvions; 4, cônes de scories; 5, basalte de Charade; 6, basalte de Gravenoire; *f*, failles.

analogues de la Région centrale; en second lieu, celle de la constitution du cours de la Loire. Toutes deux se rapportent à la manière dont le Massif central s'est relevé et disloqué pendant l'ère tertiaire.

Lors de la phase aquitanienne de la période oligocène, lorsque les grands lacs s'étendaient sur une bonne partie de l'ancienne pénéplaine, le relief devait être insignifiant. Aussi l'hypothèse d'une communication entre les nappes d'eau douce de la Limagne et celle de la Beauce est-elle fort admissible. Toutefois, des différences notables de facies entre les sédiments lacustres qu'on observe de part et d'autre d'une ligne tirée de Decize vers le S.W. démontrent qu'il devait y avoir là un seuil de séparation que l'inégalité d'usure du socle ancien suffirait à expliquer, à défaut d'un accident tectonique spécial. Plus tard, à l'époque miocène, la communication entre la Limagne et la Région Parisienne s'établit certainement, mais sous la forme de courants fluviaux qui entraînèrent les sables granitiques dont M. G. Dollfus a pu suivre les traces jusque sur le littoral de la Manche. C'est que le relèvement d'ensemble du Massif central venait d'introduire des différences de

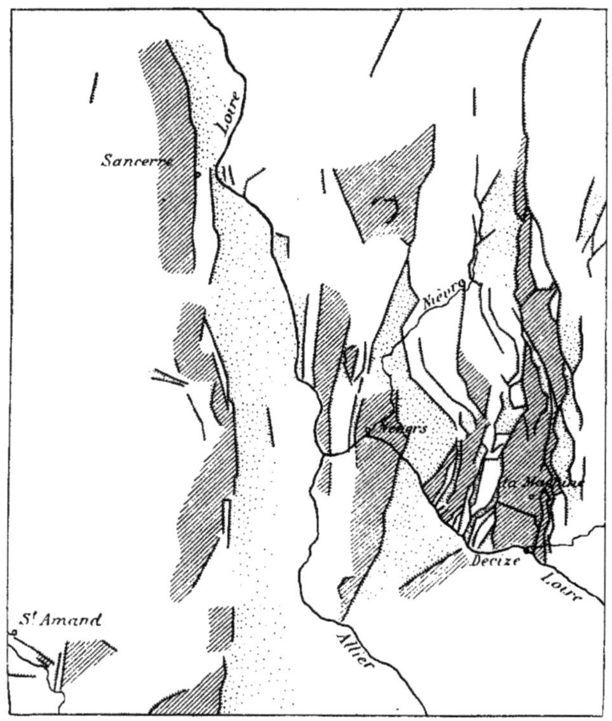

Fig. 168. — Dislocations tertiaires du Nivernais, du Sancerrois et du Bourbonnais.

Les failles sont représentées par des traits bordés de hachures du côté de la lèvre affaissée ; les compartiments surélevés par rapport à leurs voisins sont indiqués par un grisé, et les compartiments affaissés par un pointillé ; les compartiments formant gradins ont été laissés en blanc.

niveau et de précipiter l'écoulement des eaux. La localisation de leurs cours eut alors à compter avec des mouvements tectoniques de détail très complexes, indiqués à nos yeux par les failles qui découpent toute la bordure septentrionale du Massif depuis le Morvan jusqu'aux environs de Sancerre.

L'examen des compartiments surélevés et affaissés est très instructif. On voit que les grandes dénivellations qui ont limité la

Limagne du côté de l'Ouest se sont prolongées vers le Nord jusque dans le *Sancerrois*, en facilitant la marche des eaux dans cette direction, et qu'un certain nombre de compartiments surélevés séparent, au contraire, le prolongement de la Limagne de celui du Roannais. Il en résulte que l'Allier doit être considéré comme le cours d'eau principal, et que la Loire supérieure n'en est, à proprement parler, que l'affluent. Suivant M. G. Dollfus, cette dernière aurait peut-être eu primitivement une tout autre direction et ne se serait dirigée vers l'Ouest qu'à la suite d'une capture. Mais l'hypothèse d'une stagnation des eaux est également admissible. En tout cas, aucune preuve matérielle d'un ancien cours se dirigeant vers l'Est n'a encore été relevée.

Partie occidentale du Massif ancien. — La grande traînée houillère qui court diagonalement à l'W. des Monts d'Auvergne, dans le voisinage de la faille de Mauriac, marque le commencement de la partie occidentale du Massif central. Les divisions que l'on introduit dans ce territoire, où l'ancienne pénéplaine apparaît presque sans autres modifications que celles qui ont résulté de son relèvement graduel, dérivent le plus souvent du trait géométrique que trace le cours supérieur de la Vienne. On indique, au Nord de ce trait, les *Monts de la Marche;* au Sud, ceux du *Limousin;* enfin, à l'Est, dans la partie qui longe la Dordogne, le *plateau de Millevaches*, le *Franc Alleud* et la *Combrailles*. Ces définitions, tirées de simples rapports de position, doivent être étayées de remarques sur la tectonique et la répartition des matériaux anciens.

La faille d'Argentat, que nous avons déjà mentionnée au début de ce chapitre, sépare deux compartiments du sol complètement distincts, auxquels M. Mouret a donné les noms de *plateau d'Ussel* et de *plateau de Limoges*. Le premier, aride et froid, est surtout composé de roches granitiques. On y trouve, du Nord au Sud, la *Combrailles*, le *Franc Alleud*, le *plateau de Millevaches*, et enfin les *Monédières*, dont la saillie relative est due à la résistance d'un îlot de granulite. Le second, dont l'altitude est inférieure de 200 mètres, laisse surtout voir des schistes cristallins et des gneiss. Son climat est plus doux et son sol plus fertile. Les prairies y alternent avec les châtaigneraies. Ces caractères s'accentuent dans la partie méridionale, que l'on peut désigner, avec M. Mouret, sous le nom de *plateau d'Uzerche;* tandis qu'au nord les *Monts de Blond* correspondent à un massif de granulite. A ces subdivisions nous pensons qu'il faut en ajouter une autre, celle du *plateau de Boussac*, dont la masse schisteuse est bien délimitée par les failles E.-W. qui courent au nord de Guéret. Bien que ces failles ne soient pas accompagnées, comme celles de Mauriac et d'Argentat, par des dépôts houillers qui en soulignent l'importance, elles indiquent néanmoins une dénivellation tectonique bien nette et un changement dans la nature du sol.

Les cours d'eau qui sillonnent la partie occidentale du Massif central ont été sollicités par les deux dépressions de l'Aquitaine et de la Loire et se sont tous encaissés peu à peu dans l'ancienne

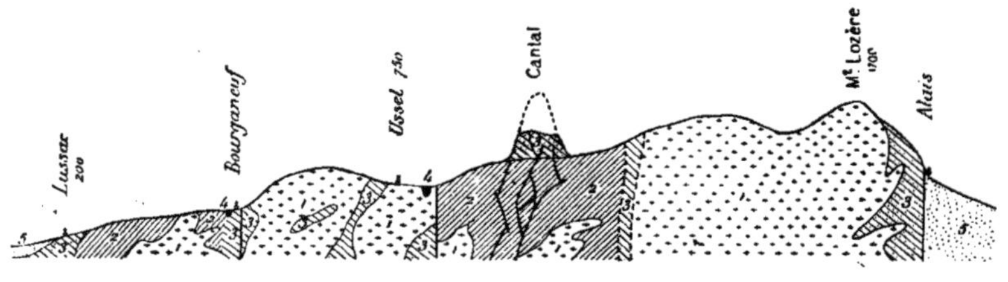

Fig. 169. — Coupe du Plateau central entre Lussac et Alais (d'après M. Mouret).

1, granite ; 2, gneiss ; 3, schistes et arkoses ; 4, Houiller ; 5, Terrains sédimentaires.

pénéplaine à mesure qu'elle se relevait. Ceux du versant méridional ont une disposition régulière qui n'attire pas particulièrement l'attention ; mais il n'en est pas de même de ceux qui se dirigent vers le Nord, et l'on ne peut manquer d'être frappé par l'allure commune à la Vienne, à la Gartempe et à la Creuse, rivières qui présentent toutes trois des branches de direction N.-S. succédant brusquement à des cours supérieurs de direction E.-W. Dans ses « leçons de géographie physique », M. de Lapparent émet l'idée que cette disposition est sans doute due à la capture, sous l'influence de la dépression de la Loire, de rivières dont l'écoulement se faisait primitivement vers l'Ouest. Nous ajouterons, en ce qui concerne les cours supérieurs de la Vienne, de la Gartempe et celui de la petite Creuse, que leur localisation semble se rapporter à la tectonique de l'ancienne pénéplaine et à la distribution des massifs de granulite. Peut-être aussi le décapement de l'ancienne couverture secondaire doit-il entrer en ligne de compte, principalement pour la Gartempe et la petite Creuse. Quant aux branches N.-S., elles dérivent vraisemblablement des conditions générales de pente.

Toutefois la vallée du Cher, en aval de Montluçon, a une origine manifestement tectonique. Elle correspond à des tassements tertiaires analogues à ceux de la Limagne et qui sont la dernière manifestation vers l'Ouest des esquisses d'ondulations de date alpine.

Marges du Massif ancien. — Nous qualifierons de marges du Massif ancien les étendues de terrains secondaires et tertiaires situées sur son pourtour et qui, entraînées dans le relèvement relatif de la Région centrale, n'ont cependant pas encore disparu sous l'effet de l'érosion.

Du côté de l'Est, où la saillie relative est brusque, on ne trouve que quelques paquets de terrains secondaires accrochés à diverses hauteurs au talus terminal du socle hercynien. Ce sont les *côtes* du Mâconnais, du Châlonnais et du Lyonnais, les *chams* et les *gras* du Vivarais. Au Sud, les nappes des *Causses* jouent avec plus d'ampleur un rôle analogue. Au Sud-Ouest, nous avons vu les ondulations de l'Aquitaine se résoudre en failles à la limite du Massif ancien, et quelques gradins tectoniques, dont le *horst* de Terrasson, se montrer dans la région de Brive. Il nous reste à examiner la marge septentrionale et à voir comment se fait le raccord de la Région centrale et de la Région Parisienne.

Faisons abstraction, pour l'instant, des dépôts tertiaires qui couvrent ici de larges surfaces, et rétablissons par la pensée la continuité entre les différents affleurements des terrains secondaires. Nous voyons aussitôt le territoire compris entre le Massif ancien et la Loire moyenne s'ordonner en auréoles analogues à celles de la France du Nord-Est, avec cette différence que certaines d'entre elles s'atrophient à mesure qu'elles se prolongent vers l'Ouest. Hormis cette particularité, qui tient à ce que l'ennoyage de la région a été très variable aux différentes époques de l'ère mésozoïque, la situation générale est absolument la même. On se trouve en présence d'un manteau dont l'étendue vers le Sud était jadis plus considérable et que l'érosion, ravivée par le relèvement relatif de la Région centrale, a coupé en biseau.

L'examen des terrains tertiaires déposés par places sur ce manteau secondaire montre une alternance de dépôts détritiques et de dépôts lacustres qui atteste que l'érosion a procédé par à-coups. Les effets habituels de sculpture n'ont cependant pas manqué de se produire, et l'on distingue des terrasses et des corniches qui, pour ne point avoir l'importance et la continuité de celles de la Région

Parisienne orientale, sont cependant assez nettes. Un premier talus, haut par places de plus de 100 mètres, correspond aux affleurements du Lias et domine le *Boischaut*. Coupé par les grands affluents de la Loire, il est suivi à son pied par des rivières subséquentes, comme la Marmande et le cours moyen de l'Arnon. A son sommet, commence une plate-forme jurassique dont les divers éléments ont des résistances trop semblables pour qu'il ait pu s'y produire autre chose que de faibles cannelures. Puis, vient une corniche dont le couronnement est formé par l'argile à silex. Elle est très accentuée au Nord de Bourges. Son importance se maintient vers l'Ouest tant que les assises infracrétacées peu résistantes qui lui servent de

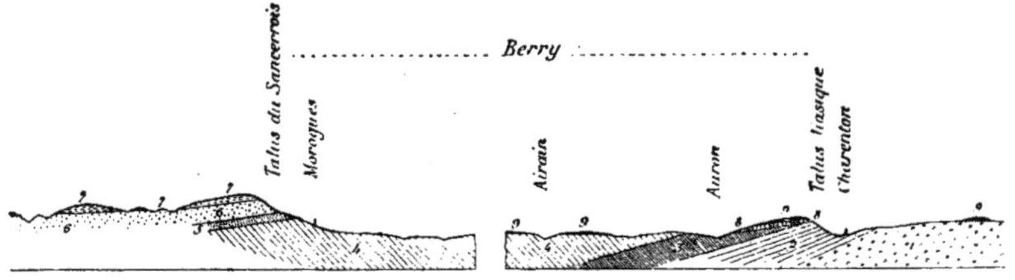

Fig. 170. — Coupe N.-S. à travers le Berry.
(L'échelle des hauteurs est 15 fois plus grande que celle des longueurs.)

1, Trias ; 2, Lias ; 3, médiojurassique ; 4, suprajurassique ; 5, infracrétacé ; 6, Crétacé ; 7, argile à silex
8, sidérolithique ; 9, limons et sables des terrasses.

base ne s'atrophient pas. C'est cette corniche qui constitue le relief des collines du *Sancerrois*, mais avec des modifications tenant aux failles qui ont découpé cette région.

Pendant le relèvement d'ensemble du Massif central, deux séries de mouvements tectoniques bien distincts ont, en effet, influencé sa bordure septentrionale. La première en date est celle des cassures de direction N.-S. qui ont haché le Nivernais et le Sancerrois ; la seconde, celle des ondulations de la Région Parisienne. Les études de M. G. Dollfus ont démontré qu'elles avaient toutes deux précédé l'apparition du volcanisme en Auvergne.

Les conséquences géographiques de ces mouvements ont été fort importantes.

Par les dénivellations qu'elles ont introduites dans le relief, les cassures N.-S. ont, tout d'abord, permis aux eaux et aux produits détritiques de se déverser plus facilement vers le Nord. Puis, le gauchissement d'ensemble contemporain des ondulations a fait sentir son influence, par l'invasion de cette mer des faluns que l'étude de la France occidentale nous a appris à connaître, et les eaux ont été attirées vers l'Ouest. L'intervention de ces divers mouvements dans le dessin de certains traits topographiques est facile à discerner. Les failles N.-S. qui ont déterminé l'emplacement de la vallée de la Loire jusqu'à Briare ont été accompagnées d'un

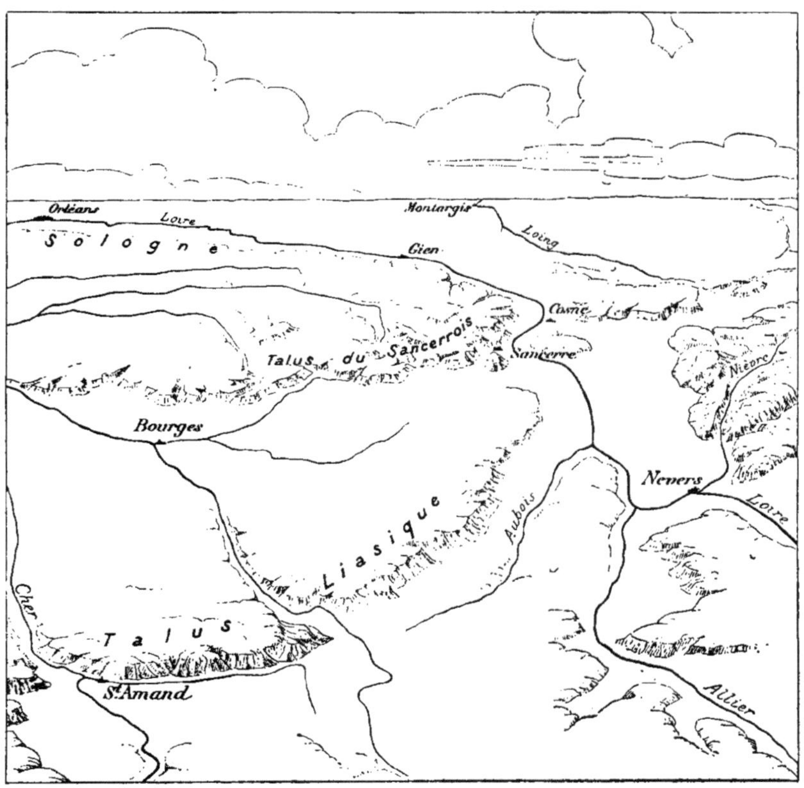

Fig. 171. — Perspective schématique des talus du Berry et du Sancerrois.

mouvement de bascule vers l'Ouest. Relevant et inclinant les territoires du Sancerrois et du Berry, il a modifié les conditions du travail de sculpture ; aussi les portions des corniches du Lias et de l'argile à silex qui dominent la plaine de l'Aubois et la Loire ont-elles une orientation N.-S. Quant aux ondulations, elles ont visiblement contribué à localiser le cours de la Loire, de Gien à Orléans, et celui de l'Indre.

Pour achever de comprendre la marge septentrionale, il faut

maintenant se souvenir que le manteau secondaire est lui-même recouvert, par places, d'une pellicule tertiaire dont les éléments superficiels sont ici d'origine détritique et là de nature calcaire. Aux uns correspondent la *Brenne* et la *Sologne*, pays de sables et d'argiles occupés par des bois, des landes et des étangs; aux autres, la *Champagne berrichonne*, où les nappes de calcaire lacustre tertiaire alternent avec les affleurements de la plate-forme jurassique. Enfin, il faut signaler le *Val d'Orléans*, où les alluvions apportées par la Loire se disposent en une bande dont la fertilité contraste avec l'aridité de la Sologne.

CHAPITRE VIII

LES CÔTES

Origine des lignes de rivage. — Dans la plupart des traités de géographie, l'étude des côtes se réduit à celle de la ligne de rivage. La description de cette dernière, la nomenclature de ses saillants et de ses rentrants, l'indication des coupures qu'y introduisent les estuaires des cours d'eau, l'énumération des îles qui la précèdent, en forment le fond.

C'est attacher une attention trop exclusive à une simple courbe de niveau du sol. Certes, elle a de l'importance, puisqu'elle indique l'emplacement du niveau de base général, et qu'elle sépare deux milieux essentiellement distincts, celui où tout s'use et celui où presque tout se construit; mais elle n'est point cependant une ligne de démarcation absolue. De part et d'autre, l'architecture du sol se poursuit avec les mêmes caractères généraux, avivée ou usée en deçà par la sculpture, empâtée au delà par les dépôts des sédiments. Aussi ne peut-on raisonnablement étudier les côtes sans se préoccuper des variations de l'architecture dans les pays qu'elles limitent.

Avant toute étude de détail, il convient de rechercher dans quelles circonstances ont pu se fixer les lignes actuelles de rivage. Mais on se heurte alors à une question préjudicielle : Y a-t-il, dans les lignes de rivage que nous observons aujourd'hui, des sections qui aient un caractère plus fondamental que les autres, c'est-à-dire dont des événements de détail n'altéreraient guère l'allure, tandis qu'ils amèneraient ailleurs de grosses modifications? En ce qui concerne la France, la réponse est fournie par la figure où nous avons représenté les lignes de rivage actuelles et ce qu'elles deviendraient sous l'effet d'un minime déplacement du niveau relatif des mers dans un sens ou dans l'autre. On voit que nos côtes n'ont ce caractère fondamental que dans la région méditerranéenne, encore n'est-ce qu'en partie ; et que dans la région océanique, la France repose sur un socle qui supporte également les Iles Britanniques, et sur lequel

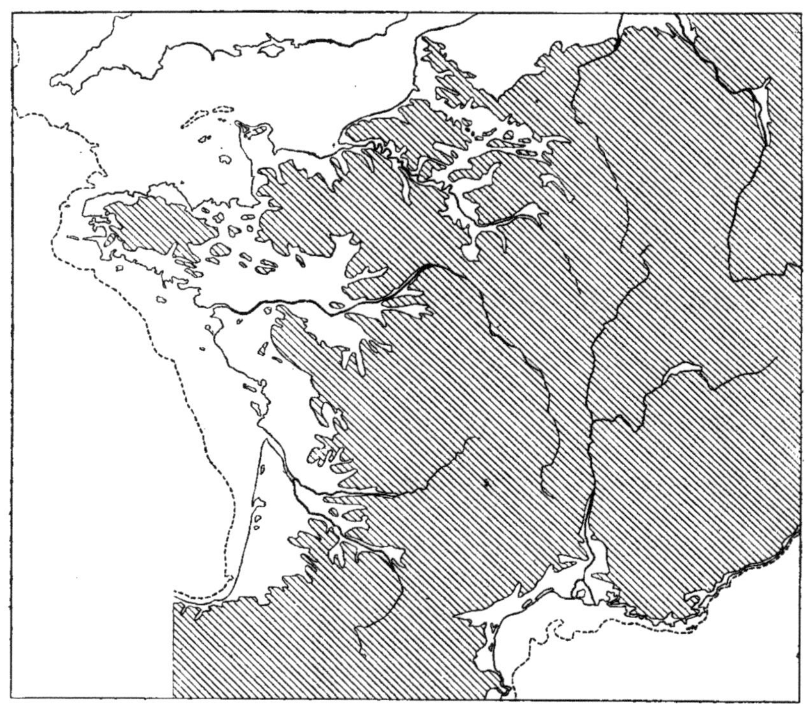

Fig. 172. — Côtes de la France dans l'état actuel et dans l'hypothèse d'un relèvement ou d'un abaissement relatif de 100 mètres du niveau de la mer.

Le trait plein indique l'état actuel ; le trait ponctué la courbe bathymétrique de 100 mètres ; le grisé, les parties de la France situées à un niveau supérieur à 100 mètres.

la mer empiète par de simples blancs d'eau pour dessiner la Manche et la Mer du Nord. On se reporte alors instinctivement à cette distinction en *mers plates* et en *mers profondes* à laquelle nous a habitués l'histoire géologique de l'Europe ; et l'on se prend à penser qu'il n'y a sans doute pas de grandes différences entre la Manche et la Mer du Nord actuelles et les nappes d'eau qui se sont avancées jadis dans la Région Parisienne, et que la situation de la Corse et de la Sardaigne peut bien présenter quelque analogie avec celle qu'occupaient autrefois certains îlots anciens, comme celui du Mercantour, au milieu des mers alpines. La position des parties jouant le rôle de *géosynclinal* nous échappe seule, faute de moyens de vérification.

Si maintenant on compare le tracé de la courbe bathymétrique de 500 mètres, qui représente à peu près le bord du socle continental, à celui des lignes directrices de l'architecture de la France, on voit que les fosses marines sont complètement indépendantes de ces directrices. Aussi bien que les anciens plis hercyniens, les plis tertiaires sont coupés comme au hasard; et l'on a le sentiment bien net que ce sont des effondrements qui ont tracé aux mers leur domaine aux dépens des grandes zones plissées. Dans la Méditerranée, l'événement capital a été la dislocation de la Tyrrhénide; dans l'Océan, il a été la destruction du continent Nord-Atlantique. *Ce sont ces effondrements qui ont déterminé l'assiette générale, les nouvelles positions respectives de la plate-forme continentale et des abîmes marins*, Quant aux lignes de rivage, *réglées par le débordement plus ou moins considérable des eaux sur la plate-forme continentale*, elles n'ont cessé de se déplacer sous l'effet de causes secondaires.

Mais il est des distinctions à faire au sujet de ces causes secondaires. Les unes sont d'ordre tectonique. Elles correspondent aux mouvements de détail qui ont accompagné ou suivi les grands phénomènes d'effondrement. Les autres sont d'ordre sculptural. Ce sont, par exemple, le sapement par les vagues, le tassement ou le glissement des alluvions, l'avancement des deltas, la formation des cordons littoraux, etc.

Suivant M. Suess, ces dernières causes auraient seules agi depuis le commencement des temps historiques. Mais cette manière de voir est sujette à discussion, et il semble bien que certains déplacements relativement récents des lignes de rivage doivent être attribués à de légers relèvements ou affaissements de la croûte terrestre.

Quoi qu'il en soit, tous ces déplacements anciens ou récents ont eu à compter avec l'architecture du sol, dont les lignes directrices ont guidé l'émersion ou l'ennoyage et indiqué des points d'appui aux formations littorales. Il nous faudra donc constamment revenir aux conditions tectoniques des régions côtières; aussi bien ce seront elles qui nous indiqueront les divisions rationnelles à introduire dans notre étude.

CÔTES DE LA MÉDITERRANÉE

Histoire sommaire de la Méditerranée occidentale. — Nous avons défini la *région méditerranéenne* en esquissant l'évolution générale de l'Europe, et indiqué la tendance que les eaux marines avaient toujours eue à l'envahir malgré les vicissitudes orogéniques qui pouvaient diminuer temporairement l'étendue de leur domaine. Nous avons dit le rôle qu'ont joué ses fosses géosynclinales dans la préparation des zones plissées, et attiré l'attention sur les masses insulaires autour desquelles elles se ramifiaient. En particulier, nous avons mentionné à plusieurs reprises la *Tyrrhénide*, cette terre qui, sous des formes variables et sans doute morcelées, a occupé au cours des âges une bonne partie de la Méditerranée occidentale. Il nous faut maintenant ajouter quelques mots sur les événements les plus récents dont cette dernière a été le théâtre.

Si l'on cherche quel pouvait être l'état de la mer Méditerranée après la surrection de la ride alpine, on constate, avec M. Suess, que son domaine avait été réduit à un minimum à la fin de la période miocène. Le bras qui la prolongeait autour des Alpes en formation, par la vallée du Rhône, la Plaine Suisse et la Plaine Bavaroise, avait disparu sous l'effet des mouvements orogéniques, et les sédiments de la mollasse qui s'y étaient déposés avaient été englobés en partie dans la zone plissée. Dans l'Europe orientale, de vastes étendues avaient été soustraites aux eaux marines et s'étaient rattachées au continent sous forme de plaines basses parsemées de lagunes saumâtres (lagunes pontiques). En somme, sous l'influence des plissements tertiaires, il s'était opéré comme une soudure générale enchâssant dans un nouveau continent les îlots anciens naguère contournés par les bras géosynclinaux, et la mer ne se trouvait qu'à l'ouest, dans ce que l'on pourrait appeler la Méditerranée baléare.

Cette situation se modifia à partir de l'époque pliocène par suite de grands effondrements qui constituèrent les fosses marines actuelles, en mordant aussi bien sur les zones plissées de formation récente que sur les éléments anciens qu'elles avaient englobés. C'est de cette sorte de morsure à l'emporte-pièce que résulte le tracé actuel des lignes fondamentales de nos côtes méridionales.

Essayons d'analyser la succession des faits.

Les côtes de la France, de l'Italie, de l'Espagne et de la Mauritanie offrent à nos yeux maints fragments de noyaux anciens, restés comme accrochés au continent actuel, alors que les masses dont ils faisaient partie ont disparu presque en totalité sous les flots. Les épanchements éruptifs qui accompagnent beaucoup d'entre eux nous indiquent la présence de cassures importantes. En d'autres endroits, le rivage coupe brusquement les faisceaux des plis tertiaires dont il faut, par suite, chercher le prolongement au delà des étendues marines. Enfin la Sardaigne, la Corse, les Baléares et d'autres îles plus petites nous donnent d'autres éléments de reconstitution d'un ensemble effondré. Les faits observés jusqu'ici sont toutefois insuffisants à poser nettement le problème, de telle sorte qu'une grande part revient aux hypothèses dans les diverses solutions qu'on a pu présenter pour le raccordement des plis tertiaires ou celui des fragments de la Tyrrhénide.

En ce qui concerne cette dernière, on peut cependant considérer comme certain que, peu avant les premiers plissements tertiaires, ceux que l'on a qualifiés de pyrénéens, elle comportait au moins deux grands éléments, l'un au Sud, sur le bord marocain et la Sierra Nevada, l'autre au Nord, dans le voisinage de la France actuelle. Entre les deux, s'avançait une fosse marine qui s'allongeait sur l'emplacement de la vallée du Guadalquivir et des Baléares, et où les dépôts sédimentaires accumulés devaient plus tard se soulever en une zone plissée dont la Chaîne Bétique et les Baléares sont des fragments.

La terre septentrionale, qui seule nous intéresse, comprenait le noyau ancien des Pyrénées, celui de la Catalogne, la région des Maures, ainsi que la plus grande partie de la Corse et de la Sardaigne. Elle présentait une particularité qu'a bien mise en évidence la suite des événements : c'est d'offrir une zone de *facile ennoyage* dans le prolongement de la vallée du Rhône actuel.

A la fin de l'Éocène, les plis pyrénéo-provençaux vinrent s'adosser à cette partie septentrionale de la Tyrrhénide, en la soudant au Massif central et à la région rhodanienne émergée. Et la mer dut contourner ce territoire ainsi agrandi, où une bonne partie des eaux fluviales dut sans doute chercher une issue au Sud, par une sorte de précurseur du Rhône et la zone de facile ennoyage précitée.

Pendant la période oligocène, la mer s'avance un instant par cette zone de facile ennoyage jusqu'en Provence, préludant ainsi à la transgression accusée de l'époque miocène. Celle-ci envahit la vallée du Rhône, la Plaine Suisse, la Plaine Bavaroise, formant une ceinture externe aux Alpes qui s'esquissent. Enfin vient le spasme final, qui modèle les Alpes et réagit sur une bonne partie des plis provençaux. La mer se retire alors dans la région baléare, où les eaux douces rhodaniennes sont sans doute de nouveau conduites par l'ensellement de la zone de facile ennoyage. C'est le moment où la Provence et le Languedoc eurent leur plus grande extension. En les parcourant du Sud au Nord, on eût trouvé successivement le noyau ancien de la Tyrrhénide septentrionale, puis les plis provençaux, pour se heurter finalement soit aux Alpes, soit au Massif central.

Mais bientôt, à l'époque pliocène, les effondrements commencent. Le Golfe de Gênes, puis le Golfe du Lion se dessinent. En même temps les eaux marines, profitant d'un abaissement relatif du continent, s'avancent encore une fois par la zone d'ennoyage dans la vallée du Rhône jusqu'aux portes de Lyon. Un pédoncule relie cependant encore le socle de la Sardaigne et de la Corse au massif des Maures. Il se brise à son tour à l'aurore de l'ère quaternaire, tandis qu'un relèvement relatif du continent force la mer à se retirer de la vallée du Rhône. Les lignes essentielles de nos côtes sont alors tracées, et si de très légers mouvements du sol se poursuivent encore, presque toutes les modifications des lignes de rivage ne relèvent plus que de la sculpture du sol et de ses phénomènes accessoires.

Golfe de Gênes et Golfe du Lion. — Nos lignes de rivage sur la Méditerranée présentent deux grands golfes raccordés par une panse de courbure inverse qui correspond à la majeure partie de la Provence.

En comparant ce tracé général de la ligne de rivage à la disposition de la plate-forme continentale dessinée par les lignes bathymétriques, on sent immédiatement la grande différence qui existe entre la constitution du golfe de Gênes et celle du golfe du Lion. Le premier a ce que nous avons appelé le caractère fondamental. Le second n'est qu'un débordement de la mer sur la plate-forme continentale, et il suffirait d'un mouvement bien léger du sol dans un sens ou dans l'autre pour en changer considérablement les dimensions. Il n'est, au surplus, que la modalité actuelle de cet ennoyage qui s'est constamment renouvelé au cours des âges dans la direction de la vallée du Rhône.

Le Golfe de Gênes a été directement tracé par les effondrements post-alpins qui ont mordu à la fois sur la Tyrrhénide, les Alpes et les Apennins, posant, par la destruction du contact entre ces différentes régions naturelles, un des problèmes les plus ardus de la paléogéographie. De nombreuses roches d'origine éruptive qui affleurent en divers points du littoral, comme le porphyre bleu de Saint-Raphaël et les labradorites d'Antibes, sont là pour nous révéler l'existence de dislocations profondes. Toutes sont d'âge tertiaire; certaines, comme les débris d'anciennes projections que l'on trouve dans le voisinage du cap d'Aggio, peuvent être attribuées à la fin du Pliocène. Mais, postérieurement à la création de la fosse marine, une sorte de réaction a dû relever notablement l'ensemble du voussoir continental. Sur toute la côte, en effet, on remarque, à l'embouchure des principales rivières, et portés à une certaine hauteur, des conglomérats pliocènes qui correspondent, sans aucun doute, à d'anciens deltas torrentiels marins.

Comme nous l'avons dit, le Golfe du Lion est le résultat d'un simple débordement de la mer sur le socle continental, débordement facilité par la tendance à l'ennoyage qui a toujours régné au sud de la vallée du Rhône. Au début des effondrements post-alpins, cet ennoyage fut plus considérable. Comme l'attestent les dépôts pliocènes inférieurs, la mer s'avança fort loin, au delà de Vienne, se ramifiant dans les vallées que l'érosion post-miocène avait entaillées dans les Alpes. Puis, le niveau relatif du sol s'exhaussant peu à peu, la mer se retira progressivement dans ses limites actuelles, ainsi que nous l'indiquent les variations de facies des dépôts pliocènes moyens et supérieurs.

Que cache à nos yeux l'ennoyage actuel? Ou, en d'autres termes, quelle partie de l'ancien ensemble continental a été respectée, sinon par les eaux marines, tout au moins par les fosses profondes? Certainement une partie de la zone plissée pyrénéo-provençale et vraisemblablement une fraction du massif ancien de la Tyrrhénide; car on a trouvé, dans le voisinage immédiat de Marseille, un conglomérat dont les éléments n'ont pu venir que d'un massif analogue aux Maures et situé à une assez faible distance de la côte.

Côtes de Provence. — Les côtes de Provence correspondent à trois éléments géographiques dont nous avons déjà étudié les caractères : les Alpes, les massifs anciens des Maures et de l'Esterel, les montagnes de la Basse Provence. D'où trois sections bien distinctes.

La section alpine présente une suite de petites dentelures, parmi lesquelles la rade de Villefranche est de beaucoup la plus considérable. Les saillants qui l'encadrent, le Mont Boron et le Cap Ferrat, ainsi que le Cap Martin dans le voisinage de Menton, ont

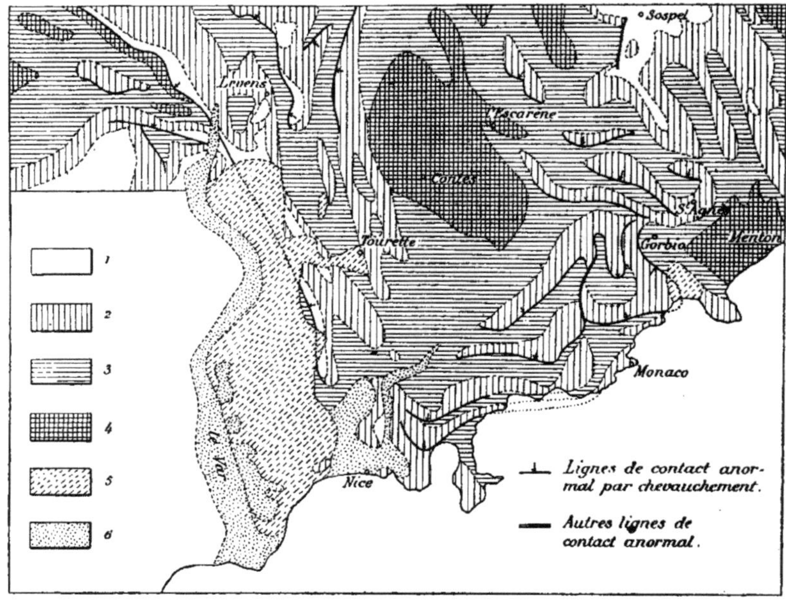

Fig. 173. — Croquis géologique des environs de Nice (d'après M. Léon Bertrand).
1, Trias; 2 Jurassique; 3, Crétacé; 4, Éocène; 5, poudingues pliocènes;
6, dépôts pleistocènes et récents. Échelle de 1 : 333 333.

une disposition grossièrement perpendiculaire à la direction générale de la ligne de rivage. Aussi pourrait-on croire qu'ils ont été commandés par une suite de plis coupés normalement par le rebord de la plate-forme continentale. Ce serait méconnaître le caractère bosselé de l'architecture des Alpes maritimes.

Nous avons vu que cette partie des Alpes comporte une suite de dômes et de cuvettes, et que l'on reconnaît ces dernières à ce que les terrains tertiaires éogènes ont pu y échapper à l'érosion. Disons tout de suite que les altitudes décroissantes[1] auxquelles

1. 2 000 mètres environ dans la région de l'Aution; 500 à 600 mètres dans la cuvette de Contes; 300 mètres dans celle de Menton.

on observe les terrains tertiaires à mesure qu'on se rapproche de la côte sont faites pour montrer que l'architecture des Alpes a en quelque sorte préparé l'effondrement du Golfe de Gênes. Une de ces cuvettes est coupée par la côte même, aux environs de Menton; une autre est située un peu plus au nord, dans la région de Contes. Entre les deux, les plis s'empilent en chevauchant les uns sur les autres; leur direction est parallèle au rivage, mais avec des sinuosités et des retours. Les couches jurassiques, plus résistantes que les autres, y dessinent des arêtes topographiques. Cette disposition des plis est la raison d'être de ce massif du Camp des Alliés que traverse la route de la Haute Corniche avant d'arriver à Nice et dont la disposition parallèle au rivage est faite pour surprendre tout d'abord. Le tracé de la côte paraît résulter du tracé même d'un des plis; les saillies du Mont Boron et de la presqu'île Saint-Jean étant des fragments d'un pli plus méridional encore.

A l'ouest de Nice, l'embouchure du Var prononce un saillant dû à l'accumulation des alluvions. Ces alluvions reposent sur un terrain pliocène dont les couches supérieures indiquent la présence d'un ancien delta torrentiel marin. La vallée du Var formait donc autrefois une échancrure profonde, dont la disparition doit être imputée non pas au seul phénomène d'alluvionnement mais encore au relèvement général du sol.

Au delà du Var, on trouve des terrains jurassiques et triasiques dont les affleurement sont rangés par ordre d'ancienneté croissante. Ce n'est là, comme nous l'avons dit autre part, que le reste de la chemise du massif ancien de l'Esterel. Les deux promontoires dessinés par le cap d'Antibes et le socle sous-marin qui supporte les îles de Lérins se rattachent à cette enveloppe extérieure du massif cristallin. En l'absence d'études de détail sur la région, on ne peut formuler, à l'égard de leur origine, que des hypothèses. La saillie du cap d'Antibes paraît se rattacher à la présence de cheminées éruptives. Quant aux îles de Lérins, leur orientation E.-W. se rapproche de celle des modifications architecturales qui ont affecté les Maures pendant l'ère tertiaire en s'étendant forcément à la chemise de terrains secondaires; elle donne à penser que la tectonique n'est point étrangère au dessin du relief.

A partir des environs de Cannes ce sont les terrains anciens qui constituent l'ossature de la côte. Nous avons vu que l'ancien fragment de la Tyrrhénide qui était resté accroché à la France actuelle portait, dans sa topographie, les traces de l'ancienne tectonique hercynienne aussi bien que celles de modifications architecturales contemporaines des mouvements pyrénéens. Le tracé de la côte a eu également à compter avec ces deux facteurs. L'ancienne dépression hercynienne qui séparait les noyaux cristallins des Maures et

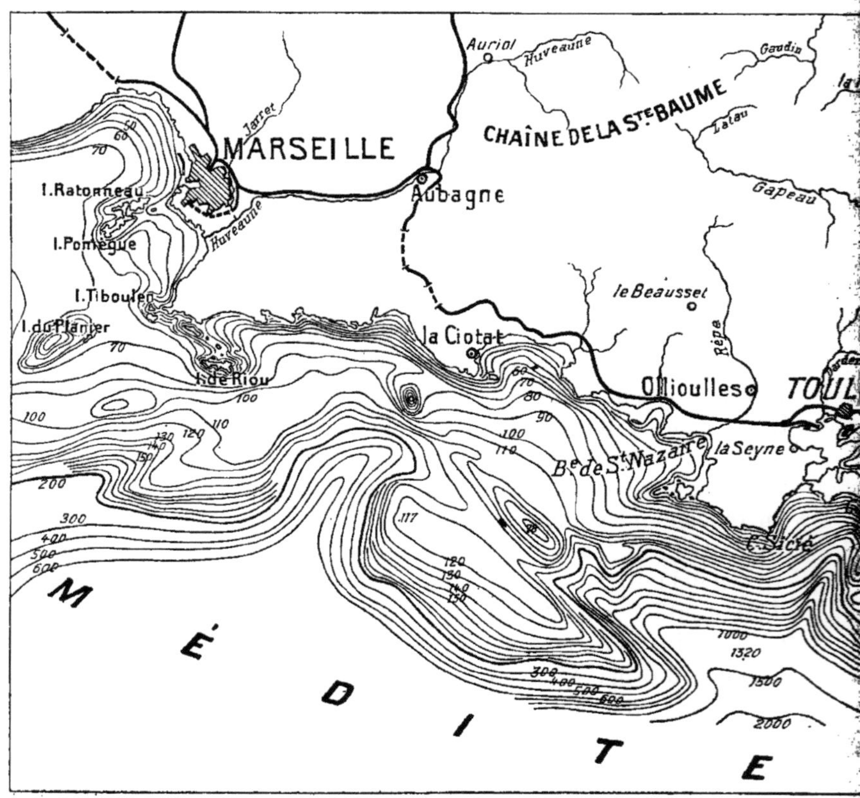

Fig. 174. — Tracé des courbes bathymétriques dans le voisinage de la Provence

de l'Esterel avait été comblée à l'époque permienne par des sédiments détritiques que des roches éruptives porphyriques avaient traversés peu après. Lorsque l'érosion tertiaire se mit à sculpter à nouveau cette région, dont le relief venait d'être rajeuni par les mouvements orogéniques, les différences de dureté des terrains permiens et des roches éruptives motivèrent à la fois le creusement de la vallée de l'Argens et la saillie accentuée des porphyres anciens auxquels s'étaient ajoutés, près de Saint-Raphaël, des porphyres récents, indices de la persistance des dislocations profondes. Ainsi fut préparé, avant toute invasion marine, le futur dessin de la ligne de rivage, avec sa saillie pittoresque de la région du cap Roux et son échancrure d'ennoyage du golfe de

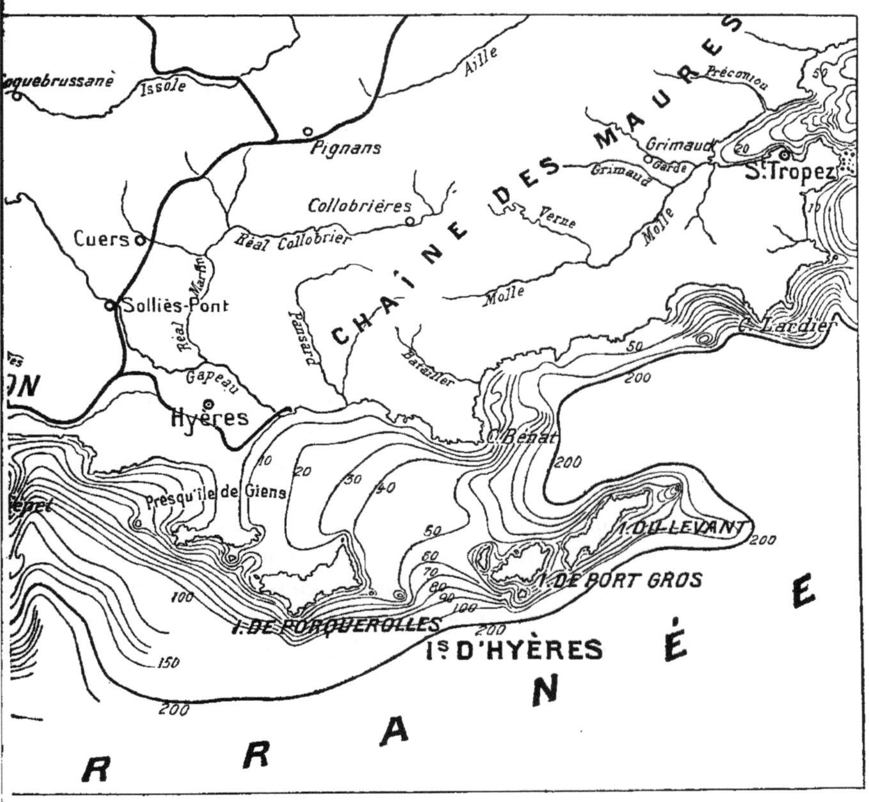

(d'après la *Carte de France* du Dépôt des Fortifications). Échelle de 1 : 500 000.

Fréjus que les remblais alluvionnaires ont considérablement atténuée par la suite.

Dans la côte des Maures, l'existence du golfe de Grimaud et la présence du socle qui porte les îles d'Hyères, l'extrémité rocheuse de la presqu'île de Giens et celle du cap Sicié, s'expliquent par les dislocations tertiaires et la succession de zones synclinales et anticlinales. La décomposition de la rade de Toulon en deux parties provient sans doute de la ramification d'une des zones synclinales.

En maints endroits, des cordons littéraux ont travaillé à atténuer le dessin des anfractuosités. Les anciennes îles de Giens et du cap Cépet ont été rattachées par eux au continent. Mais tout ce travail date de l'ère actuelle, et nulle part on ne trouve de sédiments pliocènes analogues à ceux de la Ligurie et du comté de Nice.

La presqu'île du cap Sicié, limitée au Nord par la baie de Saint-Nazaire, marque la fin apparente des Maures, mais on devine que leur masse se prolonge sous les eaux par le relief mouvementé que signalent les courbes bathymétriques. Ceci s'accorde d'ailleurs fort bien avec les observations faites sur la nature essentiellement littorale de certaines roches crétacées de la côte de la Basse Provence.

A partir de la baie de Saint-Nazaire et jusqu'au golfe de Fos, la ligne de rivage a été déterminée par l'ennoyage du relief de la Basse Provence. La baie de Bandol correspond à une dépression architecturale où avaient déjà pu pénétrer des lagunes oligocènes. La baie de la Ciotat et le bec de l'Aigle qui en domine l'entrée sont en relation directe avec la tectonique et la sculpture du bassin du Beausset. Plus à l'Ouest, les profondes *calanques* de Morgiou et de Sormiou et les *becs* qui les séparent proviennent d'une succession de synclinaux et d'anticlinaux. Les îles de Riou, de Jaire, Maire et Tiboulen semblent appartenir à un autre anticlinal à demi ennoyé et les îles Ratonneau et Pomègue forment sans doute système avec le massif de la *corniche* de Marseille. Nous avons vu, à propos de l'architecture de la Basse Provence, que la vallée de l'Huveaune correspondait à une dépression tectonique. Enfin l'Étang de Berre a aussi une origine architecturale. Quant aux flaques d'eau de son voisinage, elles paraissent résulter de l'invasion par les eaux marines ou douces de petits affaisements locaux en forme de cuvettes.

Delta du Rhône. — De même que le golfe du Lion n'est que l'expression actuelle du débordement de la mer, le delta du Rhône n'est que la modalité récente du phénomène général d'alluvionnement qui s'est poursuivi sur la ligne de rivage de la région rhodanienne, en se déplaçant peu à peu vers le Sud à mesure que la mer se retirait.

Avant le dernier stade de ce retrait, le golfe du Lion s'avançait plus profondément dans les terres, enveloppant les plis tertiaires non ennoyés, comme la Gardiole, les Alpines, la Montagnette, et recevant, outre le Rhône, un certain nombre de cours d'eau indé-

pendants, parmi lesquels la Durance qui passait alors par le pertuis
de Lamanon. En raison du relèvement du sol qui venait de s'effectuer, toutes ces rivières avaient un cours torrentiel jusqu'à leurs
embouchures et déversaient dans la mer de gros cailloux roulés qui
s'accumulaient en deltas sous-marins. Un dernier mouvement ascensionnel fit émerger ces deltas, dont les dépôts, convertis en poudin-

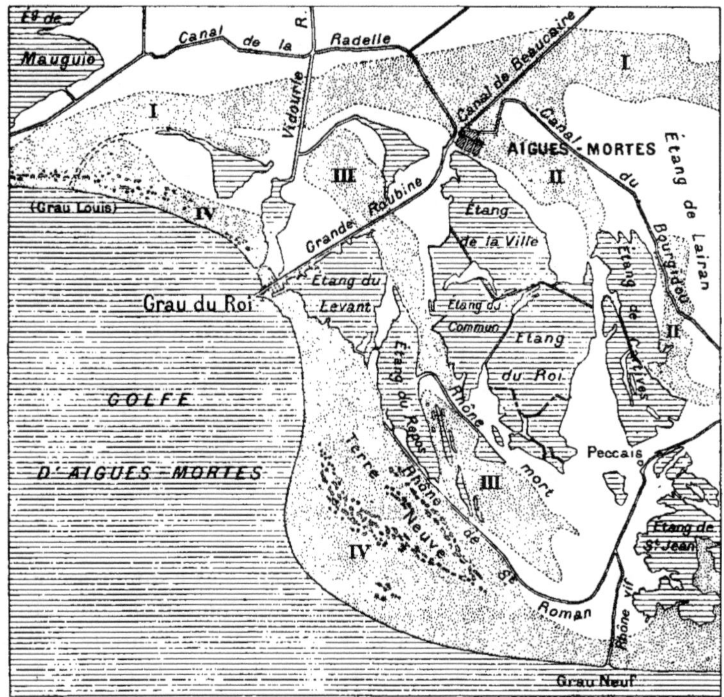

Fig. 175. — Cordons littoraux d'Aigues-Mortes (d'après la Carte géologique détaillée de la
France). Figure extraite de l'édition française de *La Face de la Terre* de M. E. Suess.
Échelle de 1 : 160 000.

gues, forment le substratum de toutes les formations superficielles
de la région rhodanienne inférieure, servant de support aussi bien
aux cailloux de surface des différentes *craus* qu'aux alluvions du
delta.

Tous les apports superficiels sont l'œuvre de l'ère quaternaire.

A la période glaciaire, se rattachent les dépôts de cailloux non
agglomérés des Craus. Chaque couloir montagneux a amené les
siens. La *Petite Crau*, ou *Crau de Saint-Remy*, est l'œuvre de la

Durance à laquelle le pertuis de Lamanon avait été fermé par le dernier relèvement du sol. La *Grande Crau*, ou *Crau d'Arles*, est celle du Rhône. Il en est de même de la *Costière* ou *Crau du Languedoc;* celle-ci correspond à un ancien bras de fleuve qui se jetait dans l'étang de Mauguio.

A la période actuelle correspond la formation du delta, résultat du comblement progressif de l'estuaire du Rhône. Son progrès, favorisé par l'absence de marées et par la douceur des pentes de la plate-forme ennoyée, est annuellement d'une cinquantaine de mètres pour l'embouchure du bras principal. La question de savoir si ce progrès ne tient point aussi à un relèvement lent du littoral a été posée et résolue par la négative. La disposition des cordons littoraux successifs par rapport au sol sur lequel ils reposent indique en effet une grande stabilité du rivage depuis de longs siècles. On peut deviner jusqu'à huit de ces cordons, quoique les plus anciens ne se signalent plus guère que par les traces de diramations du fleuve. Le plus considérable va de l'étang de Mauguio au golfe de Fos en passant au Nord d'Aigues-Mortes; il a fermé l'étang de Vaccarès. Deux autres lui succèdent, limitant d'autres nappes d'eau. Un dernier est en voie de formation. Il s'appuie aux embouchures du Rhône en dessinant les pointes de l'Espiguette et de Beauduc, et progresse lentement malgré les luttes que le rivage a à soutenir contre les flots.

Côtes du Languedoc et du Roussillon. — Le même mécanisme de cordons littoraux qui a facilité le comblement de l'estuaire du Rhône et la formation du delta, a régularisé le contour des côtes du Languedoc. Les matériaux charriés le long de la côte, sous l'influence des courants et des vents, ont trouvé un certain nombre de points d'appui qui ont permis aux flèches sableuses de se constituer et de transformer peu à peu les anfractuosités primitives en lagunes qui ne communiquent plus avec la mer que par des *graus*. Parmi ces points d'appui, les uns ont été fournis par des pointements éruptifs, comme à Maguelonne et aux environs d'Agde. D'autres ont une origine tectonique, comme la Montagne de Cette qui n'est probablement qu'une dépendance du pli de la Gardiole, et la Montagne de la Clape, autre pli pyrénéo-provençal. En arrière du cordon littoral, la bande, jadis continue, des lagunes a été tronçonnée, par les apports des cours d'eau les plus puissants, en éléments distincts qui se comblent peu à peu. Les modifications les plus considérables sont le fait de l'Aude; Narbonne, qui se trouve aujourd'hui fort loin à l'intérieur des terres était, à l'époque de Strabon, le port le plus important de la Gaule.

On connaît l'origine tectonique de la plaine du Roussillon, véritable trou découpé par affaissement dans le massif pyrénéen. La mer pliocène s'y avançait en un grand golfe qui se ramifiait en s'enfonçant entre les massifs montagneux. Là s'accumulèrent

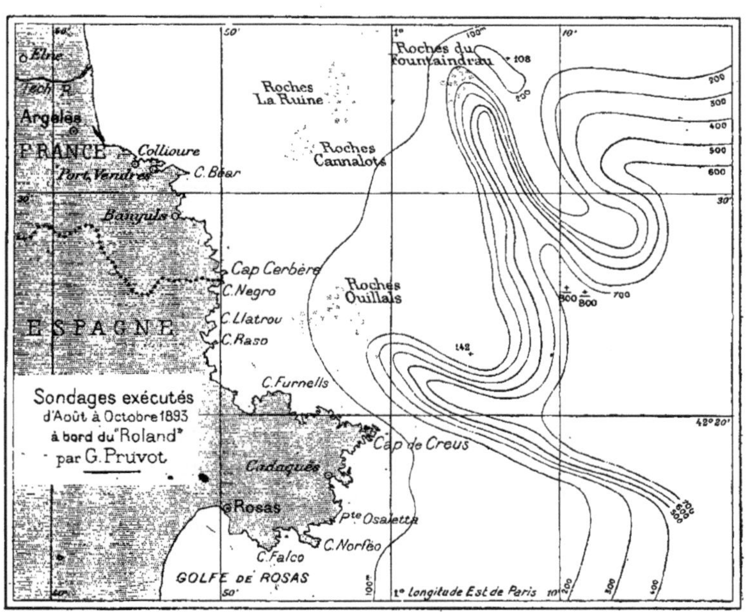

Fig. 176. — Courbes bathymétriques dans le voisinage du Cap de Creus (d'après M. G. Pruvot). Figure extraite de l'article de M. Vidal de la Blache (*Annales de Géographie*, tome IV, 1894-95).

d'abord des dépôts marins dont les premiers eurent le caractère de deltas torrentiels, puis, après un relèvement du sol, des dépôts d'eau douce. Aujourd'hui, cette côte plate est bordée d'un cordon littoral qui a trouvé ses points d'appui dans le cap Leucate et les saillies rocheuses qui précèdent le cap Béar. Les embouchures du Tech et de la Tet dessinent de légères saillies dans sa courbe régulière. Les anciennes lagunes sont déjà presque toutes comblées; seul, l'étang de Leucate se maintient presque intact grâce à l'absence d'affluent sérieux.

Au Sud de la plaine du Roussillon, la côte devient subitement rocheuse en même temps que le bord du plateau continental vient s'en rapprocher. Ce bord est lui-même tourmenté, et de grandes fosses où les fonds s'abaissent jusqu'à 700 mètres y dessinent d'étroites échancrures. En faisant la part des incertitudes que des sondages, quelque nombreux qu'ils soient, laissent toujours au tracé des courbes de niveau, on trouve un certain parallélisme entre ces courbes et la ligne de rivage. On a le sentiment que la topographie des Albères se poursuit au sein des flots, en donnant une sorte de réponse à la prolongation probable des Maures à l'Ouest de la presqu'île de Sicié.

La Corse. — A ne regarder que la disposition des lignes bathymétriques, la Corse serait une dépendance géographique de l'Italie. Le socle qui sert de support commun à cette île et à la Sardaigne se prolonge en effet vers la côte italienne par des fonds de 200 mètres au maximum. Encore de nombreuses îles s'y dressent-elles, soulignant le trait d'union. Du côté de la France au contraire la séparation est profonde, constituée qu'elle est par des fosses abyssales d'environ 3 000 mètres.

Mais si, au lieu de se borner à ces constatations, on se place à un point de vue plus général, on voit que les affinités de la Corse avec d'autres régions sont fort nettes. Tout indique que d'anciennes liaisons ont dû exister avec le noyau pyrénéen et les Maures. L'absence de sédiments pliocènes, aussi bien sur les côtes septentrionales de l'île que sur les rivages des Maures, alors qu'ils abondent sur les côtes de Ligurie et dans la vallée du Rhône, tend d'autre part à montrer que, si la Corse est séparée plus profondément de la France que de l'Italie, elle l'a été beaucoup plus tardivement.

La Corse n'est point une unité tectonique. Elle est formée de deux parties distinctes : une bande plissée de caractère alpin, et un fragment de l'ancienne Tyrrhénide dont le relief a été rajeuni par des dislocations ultérieures.

Une ligne légèrement courbe tirée de l'embouchure du Regino, près de l'île Rousse, à celle de la Solenzara, au Sud de la plaine d'Aléria, indique la séparation. Tout diffère de part et d'autre de cette limite. Au S.W., à part une ou deux flaques transgressives de terrain miocène ou quelques plages récentes, il n'y a que des roches anciennes, pour la plupart de la famille granitique. Au N.E., après une bande discontinue de dépôts éocènes, on trouve des terrains schisteux sur l'âge précis desquels s'élèveront sans doute encore de nombreuses discussions. Au N.E., les couches du sol sont énergiquement plissées et traversées par des roches éruptives récentes analogues à celles des Alpes. Au S.W. ce sont les cassures qui ont eu le rôle prépondérant, et l'on peut comparer la disposition d'ensemble à celle d'une grande voûte d'axe N.E.-S.W., dont les voussoirs auraient joué les uns par rapport aux autres.

L'hypsométrie de l'île se ressent de cet accolement de deux régions d'architectures distinctes et accuse leur soudure par un grand sillon diagonal d'une dizaine de kilomètres de largeur. Comme l'a fait observer M. Nentien, si la Corse venait à s'affaisser de 600 mètres environ, elle serait coupée en deux par un bras de mer, qui ne ferait d'ailleurs que refléter la disposition même de l'époque éocène.

Les études géologiques de détail ne sont pas assez avancées pour

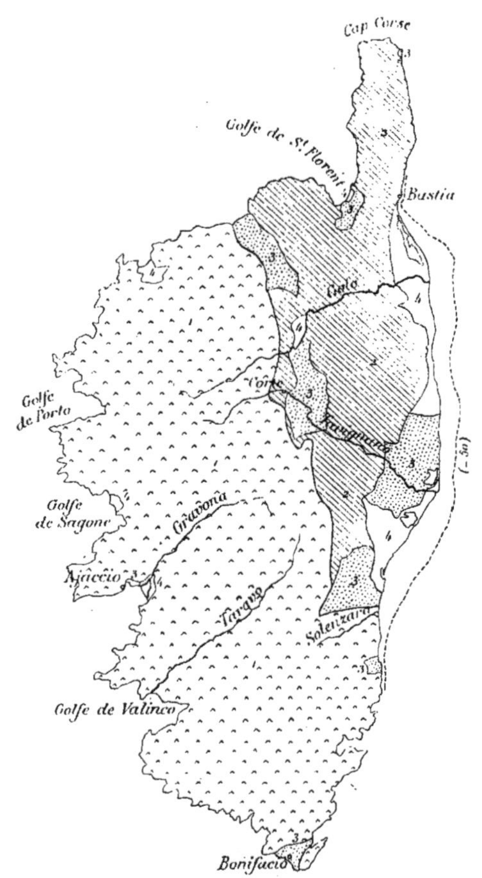

Fig. 177. — Croquis géologique sommaire de la Corse (d'après la carte géologique à 1 : 1 000 000).

1, Région hercynienne; 2, Région alpine; 3, Tertiaire 4, Quaternaire. Échelle de 1 : 1 500 000.

que nous puissions sortir des généralités et préciser un peu l'influence que l'architecture spéciale de chaque territoire a eue sur sa topographie. Toutefois le contraste frappant qui existe entre les deux parties de l'île s'explique bien. Dans la Corse alpine, la direction à peu près N.-S. des principaux mouvements du sol est due à une orientation analogue des plis. C'est à cette cause également

que doit se rapporter la formation de la presqu'île du cap Corse.
Dans la Corse hercynienne, où toutes les vallées sont orientées S. W.-
N.E. et forment des compartiments isolés les uns des autres par
d'importants chaînons montagneux de même direction générale,
c'est l'architecture hercynienne qui impose sa loi. Le jeu récent des
voussoirs ne s'est fait que par le rajeunissement de dislocations de
date ancienne ; et si une ligne de faîte générale croise obliquement
ces chaînons, ce n'est sans doute point un résultat de la tectonique,
mais une simple conséquence de leur accolement et du travail de
l'érosion. Les détails mêmes de la sculpture dérivent de l'ancien
état de choses. Parmi les matériaux, certains, comme les granu-
lites et les porphyres, ont offert à l'usure progressive une résistance autrement considérable que celle des granites au travers
desquels ils se sont frayé passage. Aussi le paysage de la Corse
occidentale présente-t-il souvent des crêtes dentelées, s'enlevant
sur un soubassement de formes plus arrondies.

C'est aussi à la tectonique qu'il faut imputer la différence d'aspect
qui existe entre les deux façades de la Corse.

Du côté de l'Est, une bonne partie des rivages, celle qui correspond au socle de liaison avec la côte italienne, appartient à la
catégorie des côtes plates. Le reste de l'île voit les montagnes se
jeter directement dans la mer ; mais il y a des distinctions à faire,
et tandis que la côte occidentale, où la ligne de rivage coupe transversalement les axes tectoniques, est une côte à *rias*, la presqu'île
du cap Corse, dont l'allure est parallèle aux plis, ne présente point
d'anfractuosités accentuées.

Faisons le tour de l'île.

Les grands golfes que nous voyons s'enfoncer profondément
dans la côte occidentale, ne sont que les prolongements des compartiments relativement affaissés de la partie hercynienne du
socle insulaire. Les pointes qui les encadrent sont le plus souvent
formées de roches granulitiques qui ont bien résisté à l'érosion
marine. Exception faite pour le golfe de Porto, la raideur des
pentes sous-marines n'est pas telle que de petites plaines alluviales n'aient pu se créer à l'embouchure des cours d'eau. La plus
considérable est le Campo del Oro qui correspond au comblement
de l'estuaire du Gravona, au fond du golfe d'Ajaccio.

Au Sud, la partie méridionale de l'île a, presque tout entière,
le même caractère jusqu'à l'embouchure de la Solenzara. Mention
spéciale doit cependant être faite de l'aspect de la côte aux envi-

rons de Bonifacio. Là, les pointes déchi-
quetées des roches anciennes font place à
une falaise verticale sapée par la mer dont
les flots se trouvent en présence d'un compartiment du sol totalement différent de
ceux qui l'encadrent. La granulite que l'on
retrouve encore plus au Sud, formant la
pointe extrême de la Corse, fait place à
des calcaires sableux miocènes qui reposent
comme un placage au-dessus du substratum. La mer y creuse des grottes qui pré-
parent l'éboulement des couches supérieures et fait reculer progressivement la
falaise. En somme, nous voyons là un ancien détroit miocène aujourd'hui émergé
et qu'un léger affaissement du sol ramène-
rait à l'état d'annexe des *Bouches* de Bonifacio.

La plate-forme sous-marine qui relie
la Corse à la Toscane se retourne le long
de la côte orientale de l'île par une étroite
terrasse dont la partie émergée constitue
les plaines d'Aléria et de Biguglia. La mer
a eu là beau jeu pour édifier des cordons
littoraux qui ont isolé des lagunes, tout
comme sur les côtes du Languedoc. La
plaine de Biguglia, où débouche le Golo,
est tout entière couverte d'un colmatage
récent. Mais dans celle d'Aléria, on voit
apparaître des couches tertiaires dont l'affleurement le plus récent est de date pliocène. Ceci démontre bien que la mer séparait déjà la Corse de l'Italie, alors que
la partie hercynienne de l'île se soudait
sans doute encore aux Maures. Dans toute
cette section plate des rivages, il n'y a
point de ports, mais seulement de ces
petits abris pour barques que l'on nomme
des *marines*.

A Bastia, la côte reprend l'aspect montagneux ; mais comme elle a une direction

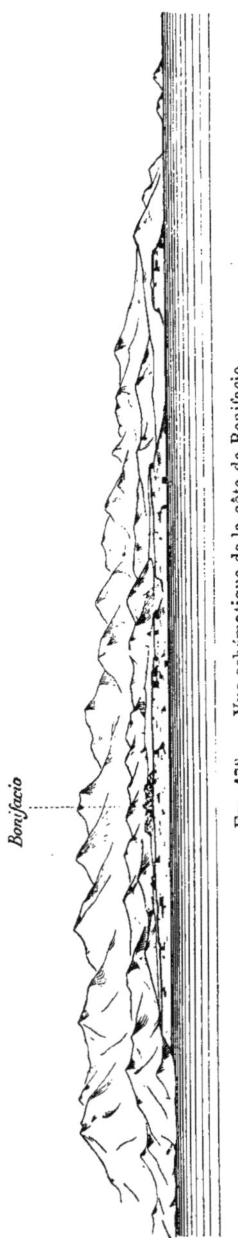

Fig. 178. — Vue schématique de la côte de Bonifacio.

Le dessinateur s'est inspiré du dessin de J. Reynaud, publié dans le Tome I des Mémoires de la Société géologique de France.

assez semblable à celle des plis, il ne se trouve encore que des *marines*. Il en est de même tout le long de la presqu'île du cap Corse. Le golfe de Saint-Florent, au contraire, bénéficie de l'orientation des plis. Il s'ouvre dans un placage de sédiments tertiaires,

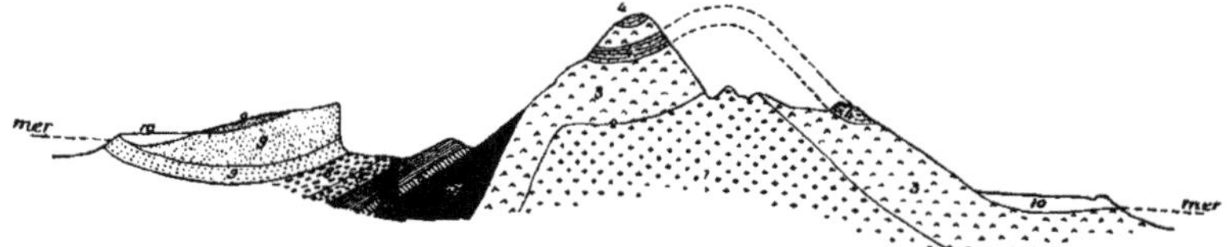

Fig. 179. — Coupe E.-W. de la presqu'île du Cap Corse par Saint-Florent
(d'après M. Nentien).

1, granulite; 2, diabase; 3, schistes; 4, calcaire cipolin; 5, Carbonifèrien; 6, Trias; 7, Lias;
8, Éocène; 9, Miocène; 10, alluvions.

dont les strates inclinées se sont prêtées à la sculpture de corniches se présentant en saillie par rapport au substratum plus ancien qui leur sert de base.

CÔTES DE L'ATLANTIQUE

Origines de la plate-forme continentale. — On sait, depuis les travaux de Neumayr et de M. Suess, que, pendant les temps secondaires, la partie du globe qui constitue actuellement le Nord de l'Atlantique était occupée par un vaste continent dont le Canada et une bonne partie de l'Europe septentrionale ne sont que les débris. Au Sud de ce *continent Nord-Atlantique* s'étendait une mer qui se prolongeait jusqu'au cœur de l'Asie. Cette mer, dont les fosses méditerranéennes proprement dites ne constituaient qu'une faible partie, débordait plus ou moins sur le continent, suivant que les mouvements de l'écorce terrestre, ou des phénomènes accessoires comme le dépôt des sédiments, en relevaient ou abaissaient le niveau relatif. M. Suess lui a donné le nom de *Téthys*.

Cette situation se prolongea pendant la plus grande partie de l'ère tertiaire, toujours bien entendu avec les déplacements des lignes de rivage qu'entraînaient les transgressions ou les régressions marines. Pendant la période éocène, la communication entre la *partie atlantique* de cette *Téthys* et sa *partie méditerranéenne* se faisait, comme aux temps secondaires, en contournant la *Meseta ibérique* par le *détroit bétique* et le golfe de Gascogne. Là se trouvaient précisément les fosses géosynclinales dont les sédiments accumulés devaient bientôt donner naissance aux chaînes plissées de la Cordillère bétique et des Pyrénées. Enfin, certains golfes s'avançaient dans l'intérieur des terres, notamment sur la basse Loire et sur l'axe de la Manche.

La surrection des plis pyrénéens, en soudant le noyau ancien

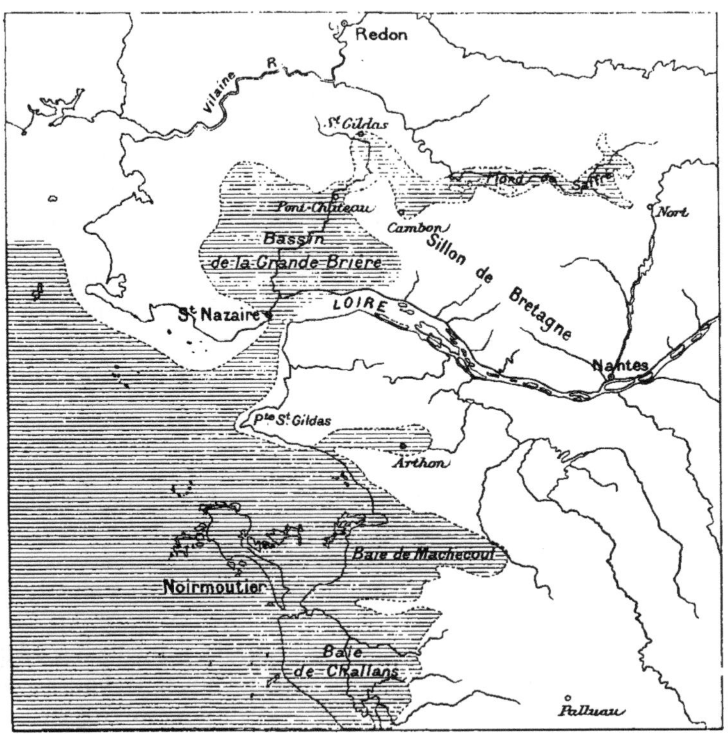

Fig. 180. — Extension de la mer éocène en Bretagne à l'époque du calcaire grossier (d'après M. G. Vasseur). Figure extraite de l'édition française de *La Face de la Terre* de M. E. Suess — Échelle de 1 : 1 000 000.

des Pyrénées au massif de Mouthoumet et à la Montagne Noire, transforma l'Aquitaine en un golfe fermé. Mais, en somme, la situation générale ne changea guère, quelque illusion que puissent faire à cet égard les déplacements assez considérables que l'on a constatés pour les lignes de rivage. Ce n'étaient que les résultats des débordements de la mer sur un socle peu accidenté, où de *simples gauchissements* suffisaient à causer l'apparition ou la disparition de golfes sans grande profondeur. Le dernier de ces événements de détail fut, on le sait, l'invasion de la mer miocène des faluns jusqu'aux environs de Blois.

A la fin de la période pliocène seulement, survint un changement radical amené par l'effondrement du continent Nord-Atlantique. La création de nouvelles fosses océaniques orientées dans le sens des méridiens rompit alors l'unité de la *Téthys* et fit naître de nouvelles apparences géographiques.

C'est de cette époque que date la plate-forme continentale actuelle. Pour la partie septentrionale, celle qui avoisine les Iles Britanniques et notre Bretagne, il ne saurait y avoir aucun doute. Mais la forme du Golfe de Gascogne est faite pour entraîner une certaine indécision, et l'on pourrait être tenté d'y voir l'influence d'un simple retrait progressif de la mer dans l'ancien golfe de la *Téthys*. Toutefois la chute brusque du relief sous-marin indique qu'il y a eu là effondrement; et, d'autre part, l'indépendance complète du bord de la plate-forme continentale et de la ligne de rivage elle-même par rapport aux ondulations tertiaires de l'Aquitaine montre bien que cet effondrement a été postérieur aux plissements.

Le Golfe de Gascogne et la Manche. — Fixés sur l'origine de la plate-forme continentale, il nous faut, avant d'entreprendre l'examen rapide des lignes de rivage, nous demander comment s'est établie leur disposition d'ensemble, et définir le Golfe de Gascogne et la Manche.

Après que les plis pyrénéens eurent réussi à transformer l'Aquitaine en un golfe fermé sans grande profondeur, le travail de comblement de ce golfe commença aussitôt et se poursuivit peu à peu vers l'Ouest. Aussi est-on porté tout d'abord à voir dans la côte actuelle de l'Aquitaine l'expression du retrait graduel du domaine marin, et dans les sables des Landes une vaste plage émergée. Mais nous savons aujourd'hui que la région des Landes a eu une tout autre origine et est due à la conquête éolienne, par les sables, d'un substratum préalablement arasé par l'évolution d'un réseau hydrographique issu des Pyrénées. Il faut donc chercher à la ligne de rivage une autre explication que celle du recul progressif de la mer, et admettre qu'elle a été créée aux dépens d'une surface émergée dont la pénurie des dépôts pliocènes visibles nous empêche de concevoir l'étendue vers l'Ouest.

En somme, les rivages du Golfe de Gascogne ne sont que le résultat du débordement de la mer sur la plate-forme continentale délimitée par les effondrements de la fin des temps tertiaires. Tout ce que l'on sait de la topographie sous-marine dans le voisinage de la côte vient à l'appui de cette conclusion. Au Sud, le long des Pyrénées, un plateau rocheux, privé ou débarrassé par les courants de tout dépôt sédimentaire récent, montre une disposition très compliquée qui se poursuit jusqu'au curieux *gouf* de Cap Breton. Au Nord, les îles qui s'échelonnent devant la côte armoricaine ont longtemps passé pour une conséquence du sapement de cette côte par la mer; mais M. Ch. Barrois a montré qu'elles n'étaient que les parties les plus élevées d'un relief envahi par les flots. Au centre enfin, le socle arasé qui supporte les sables des Landes se poursuit par des fonds en pente douce sans particularités accentuées. Partout on trouve, de part et d'autre de la ligne de rivage, une certaine analogie entre la topographie subaérienne et la topographie sous-marine.

Passons à la Manche.

Au large de la Bretagne, le bord de la plate-forme continentale se prolonge vers le N.W. de façon à envelopper les Iles Britanniques, laissant à la mer d'Irlande, à la Manche et à la Mer du Nord, le caractère de mers presque plates. Ce sont, en effet, de simples empiétements de l'Atlantique sur le socle européen.

La Manche, en particulier, est le résultat d'un ennoyage très récent, mais que des incursions temporaires répétées avaient certainement annoncé dès l'ère tertiaire.

Bien avant la constitution de l'Atlantique, et alors que sa partie septentrionale était occupée par un continent aujourd'hui disparu, la *Téthys* dut fréquemment s'avancer là en un bras, sans l'existence duquel les affinités méditerranéennes de maints sédiments tertiaires que l'on trouve dans la région de Valognes, à l'Est du Cotentin, ne sauraient s'expliquer.

Ces fluctuations continuèrent pendant la période pleistocène. A un certain moment, ce qui est aujourd'hui la Manche et la Mer du Nord fut complètement émergé; l'embouchure du Rhin se trouvait alors reportée dans le voisinage de la Norvège, et la Seine, allant réunir ses eaux à celles de la Somme, gagnait l'Océan par une dépression synclinale correspondant à l'axe actuel de la Manche. Un dernier affaissement relatif du socle continental permit à la mer d'envahir cette dépression; mais, pendant longtemps encore, et jusqu'à l'aurore des temps historiques, un isthme relia la France à l'Angleterre sur l'emplacement du Pas-de-Calais. C'est sans doute à la sculpture du sol et au sapement par les flots qu'il faut attribuer sa disparition, ainsi que le façonnement de rivages de la Manche. Il ne faut pas perdre de vue que la disposition de cette mer en entonnoir, largement ouvert aux vents d'Ouest et à la marée, est bien faite pour y faciliter l'action destructrice des vagues.

Il semble, cependant, qu'indépendamment du travail de l'érosion marine, des mouvements tectoniques d'affaissement aient agrandi la Manche depuis l'ouverture de la période historique. Les traces de cet affaissement se constatent aussi bien le long des côtes d'Angleterre que de celles de France. Peut-être, comme l'a indiqué M. Haug, à titre d'hypothèse, le bras de mer tend-il à s'accuser et à prendre le caractère géosynclinal. C'est ce que pourrait faire croire la présence, au large des îles Anglo-Normandes, d'une dépression ombilicale qui détonne avec la pente progressive des fonds vers l'Ouest.

Côtes de l'Aquitaine. — Les côtes de l'Aquitaine dépendent du Golfe de Gascogne. Elles débutent par une section rocheuse où la mer vient baigner les contreforts montagneux du Pays Basque, en s'enfonçant en baies dans les vallées de la Bidassoa et de la Nivelle. Comme nous l'avons dit plus haut, le relief continental se poursuit par une topographie sous-marine très mouvementée qui se relève dans le plateau rocheux de Saint-Jean-de-Luz et s'abaisse dans le prolongement des vallées terrestres. Il semble, d'ailleurs, à la nature de certains écueils visibles de la côte, que certains plis de l'architecture du Pays Basque se poursuivent nettement dans le domaine océanique.

Peu après Biarritz commence la côte des Landes. Sa disposition, presque rectiligne, n'est pas la conséquence de la régularisation d'anciennes échancrures par un cordon littoral, mais le simple résultat de l'intersection de la plate-forme landaise par le niveau des eaux. Et si la terre ferme débute par un relief assez accentué, ce n'est que grâce à la présence de dunes dont certaines s'élèvent jusqu'à 70 mètres de hauteur.

Les nombreux étangs qui se trouvent à peu de distance en arrière ont une tout autre origine que ceux du littoral méditerranéen. Ce ne sont pas des parties de l'océan isolées par des cordons littoraux et transformées en lagunes, mais, comme le dit

M. Delebecque, des nappes d'eau douce provenant de l'arrêt, par les dunes, des petits cours d'eau dont on voit les lits se prolonger nettement au fond de chaque cuvette. Le bassin d'Arcachon fait exception à la règle, non seulement par l'importance de la rivière qui y débouche, la Leyre, mais parce que les eaux marines y pénètrent par une brèche de la barrière des dunes. Peut-être est-il le siège d'un affaissement progressif. Quant à l'Adour, son indépendance, par rapport à l'obstacle des dunes, n'est qu'artificielle. Jusque vers la fin du xvi⁰ siècle, époque où on lui donna son issue actuelle, le fleuve devait se replier parallèlement au rivage pour chercher

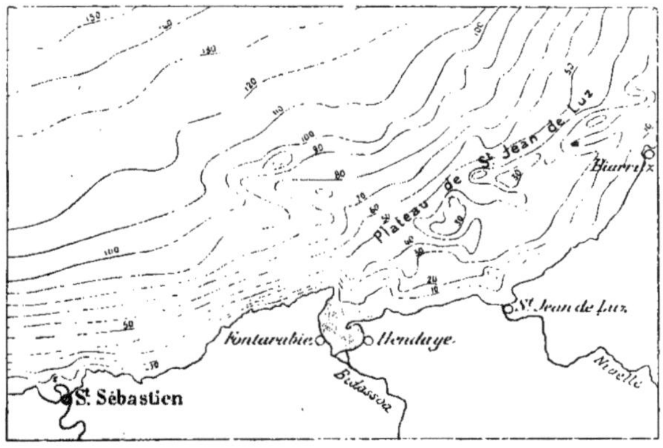

Fig. 181. — Topographie sous-marine le long de la côte du Pays Basque (d'après la *Carte de France* du Dépôt des Fortifications). — Échelle de 1 : 500 000.

une embouchure bien plus au Nord, au Vieux-Boucau. Certains veulent voir dans l'étroite et profonde fosse marine du *Gouf* de Cap Breton, le prolongement d'un cours de l'Adour plus ancien encore. Mais il est probable que cet accident si particulier correspond à un état de choses infiniment antérieur à l'existence de l'Adour lui-même, et que s'il a été suivi par un cours d'eau, c'est par quelque ancêtre du Gave, avant l'évolution qui a conduit à la synthèse hydrographique actuelle.

A partir du voisinage de la Gironde, où cesse la plate-forme ensablée des Landes, le tracé de la côte redevient mouvementé. C'est que la tectonique intervient de nouveau, et que la mer a débordé non plus sur un socle arasé, mais sur un pays où la structure interne réagissait encore sur les formes extérieures.

L'estuaire de la Gironde n'est peut-être que la conséquence d'un accident synclinal, de direction semblable à celle des divers accidents aquitains. Certaines failles relèvent le Crétacé en falaises sur la rive septentrionale du fleuve. L'île d'Oléron correspond à un anticlinal que nous avons déjà signalé à propos de l'Aquitaine, et au prolongement duquel appartient sans doute le plateau rocheux sous-marin de Rochebonne. Le Pertuis d'Antioche, l'Ile de Ré, le

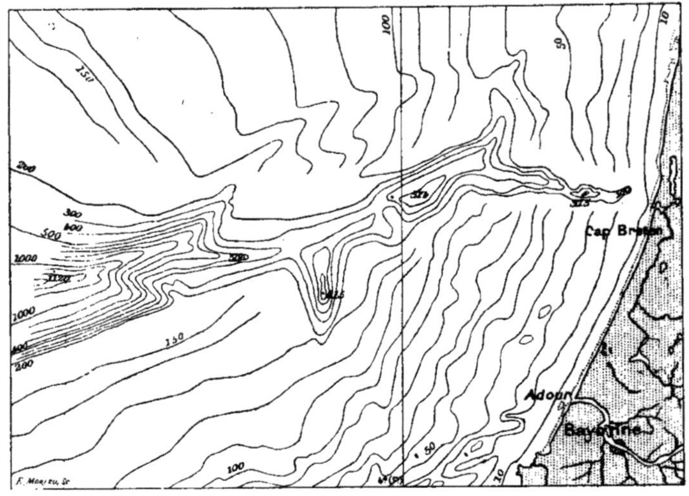

Fig. 182. — Le Gouf de Cap Breton (d'après la *Carte de France* du Dépôt des Fortifications). Figure extraite de l'édition française de *La Face de la Terre* de M. E. Suess. Échelle 1 : 500 000.

Pertuis Breton se rattachent aux dislocations du flanc Nord de cet anticlinal.

Sur toute cette partie des côtes, on observe les traces de modifications récentes dans l'étendue des terres émergées. L'îlot de Cordouan va constamment en s'amoindrissant, tandis que la péninsule d'Arvert a été rattachée au continent, et que l'ancien golfe du Poitou a été ramené aux modestes dimensions de l'anse d'Aiguillon. Les mouvements du sol paraissent n'être pour rien dans ces changements, qui peuvent s'expliquer par des effets de sapement et d'alluvionnement.

Côtes de l'Armorique. — Les rivages de l'Armorique, et par ce mot nous entendons, comme nous l'avons déjà fait, la Vendée, la

Bretagne et le Cotentin, appartiennent presque par moitié à l'Océan Atlantique et à la Manche. La nature des diverses roches anciennes et leur alternance sous l'effet de l'architecture plissée hercynienne ont imposé à leur ensemble certains caractères géné raux.

La sorte d'éperon que le socle européen présente en cet endroit au choc de l'Océan recule progressivement sous l'attaque des flots. Mais il ne faudrait pas s'imaginer que la seule force de l'érosion marine soit intervenue pour en dessiner les contours. L'*ennoyage* a eu également un rôle important.

La partie de la côte qui regarde l'Océan Atlantique décrit dans son ensemble une courbe régulière qui continue celle du golfe de Gascogne, mais que découpent d'innombrables échancrures de formes variées. En avant d'elle, de nombreuses îles sont disposées en files grossièrement parallèles au rivage. On peut, avec M. Ch. Barrois, désigner l'étendue marine qui est comprise entre la côte, Belle-Ile et Noirmoutier, sous le nom de *Morbraz*.

On enseigne souvent que les îles de la Bretagne méridionale sont les vestiges d'anciens rivages dont les parties les plus résistantes ont seules échappé à l'action des vagues. C'est là une erreur. M. Ch. Barrois a fait remarquer que certaines de ces îles, notamment la plus importante, Belle-Ile, sont constituées par des schistes tendres et nous apparaissent néanmoins comme mieux conservées que d'autres, formées de roches granitiques infiniment plus dures, comme Houat et Hoëdic par exemple; que quelques îlots, comme ceux du plateau du Four, montrent même des calcaires tertiaires déposés transgressivement sur le socle hercynien; qu'enfin les accidents tectoniques continentaux se continuent nettement dans la région des îles, et qu'en particulier le prolongement de la faille vendéenne de Chantonnay y correspond à la limite de deux groupes bien distincts. Et il en a conclu justement que l'érosion marine n'est intervenue dans la Bretagne méridionale que comme agent de sculpture, et que le Morbraz doit son existence à l'ennoyage d'une région façonnée jadis par l'érosion subaérienne et dont les parties les plus élevées nous apparaissent aujourd'hui sous forme d'îles.

La forme de la côte tire également sa raison d'être de cet ennoyage, qui s'est naturellement plus étendu dans le voisinage de la Loire que partout ailleurs, puisque c'est là que l'architecture armoricaine est la plus déprimée. Partout s'ouvrent des *rias* correspondant aux entailles des vallées. Le plus considérable de ces sillons envahis par la mer, postérieurement à leur sculpture subaérienne initiale, est le *Morbihan*.

Mais la mer n'agit point en tous les endroits de la même façon. Ici, elle détruit; là, au contraire, elle construit. Les matériaux que lui apportent la Loire et la Vilaine sont entraînés par les courants le long de la côte jusqu'à l'entrée du Morbihan, où le jeu des marées les fait ensuite pénétrer. Déjà maintes îles ont été ratta-

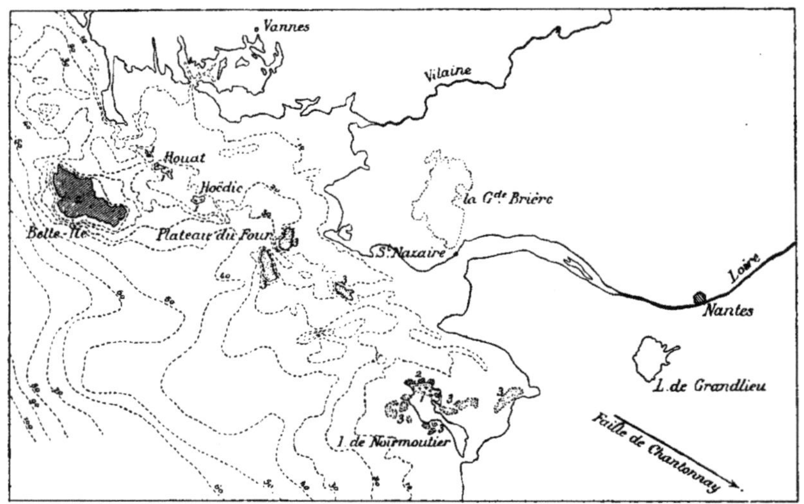

Fig. 183. — Le Morbraz et les îles de la Bretagne méridionale. Échelle de 1 : 1 400 000.

1, granite ; 2, schistes ; 3 Tertiaire.
La nature des terrains est indiquée d'après la Carte géologique à 1 : 1 000 000.

chées à la côte; ainsi les promontoires de Quiberon et du Croisic. Noirmoutier s'y relie presque à marée basse, et la baie de Bourgneuf n'est que l'expression très réduite d'un ancien golfe qui s'avançait sur tout le Marais breton. Enfin, les tourbières de la Grande Brière dérivent du comblement d'un ancien *Morbihan* correspondant peut-être lui-même à un ancien lit de la Vilaine.

Bien que les conclusions de M. Barrois ne visent que la région du Morbraz, nous pensons qu'elles peuvent s'étendre au reste de la côte jusqu'à la pointe de Penmarch. L'île de Groix et le petit archipel des Glenan s'expliquent, aussi bien que les *rias* de la côte, par l'envahissement de la plate-forme continentale. L'érosion marine n'aurait pour ainsi dire fait que changer le mode de sculpture d'un relief déjà dessiné par l'érosion subaérienne.

A partir de la pointe de Penmarch, les plis de l'Armorique, au lieu d'être pris en écharpe par le tracé de la plate-forme continentale, se trouvent coupés presque normalement jusqu'à l'embouchure de la Manche. La mer de l'Iroise trace là une facette de raccord entre les façades septentrionale et méridionale de la Bretagne. Les singularités du rivage s'y accentuent plus encore que dans le reste de l'Armorique. Pour bien comprendre leur raison d'être, il faut se reporter à la condition tectonique de l'antique pénéplaine hercynienne.

Nous avons vu que les deux pièces fondamentales de l'architecture armoricaine, les zones anticlinales du Léon et de Cornouaille, convergeaient vers un point situé au large de Brest, et que leurs gneiss et leurs granites encadraient le faisceau de plis plus déprimé du bassin de Châteaulin, où s'étaient conservés des terrains carbonifériens de nature schisteuse. Ceci suffit à nous faire comprendre les grandes lignes de la côte : les saillies relatives de la Cornouaille et du Léon accentuées encore par les îles de Sein et d'Ouessant et les *chaussées* d'écueils qui les avoisinent. Mais pour saisir le pourquoi du détail du rivage et principalement du dédoublement que la presqu'île de Crozon introduit dans l'Iroise, il faut pousser plus loin l'analyse.

Si la section de la Bretagne eût été opérée plus à l'Est, le tracé du rivage en serait devenu plus simple et la Bretagne ne nous présenterait sans doute, entre les deux saillants dessinés par les anticlinaux, qu'un unique golfe. Mais elle s'est faite en un endroit où le bassin de Châteaulin, relevé par le rapprochement des deux zones anticlinales qui l'encadrent, tend à se fermer. Dès lors, la mer a eu à compter avec le retour des plis les plus extérieurs de ce bassin ; et l'on sait que ceux du Sud contiennent des couches de grès armoricain et de quartzites d'une dureté toute spéciale. Ce sont ces grès et ces quartzites qui ont motivé la saillie de la péninsule de Crozon. Ses formes tourmentées sont dues à la façon particulière dont ces matériaux résistants ont été répartis sous l'influence de nombreuses dislocations de détail occasionnées sans doute par l'écrasement des plis.

Somme toute, si l'on veut indiquer une relation entre les grands saillants ou rentrants de la côte et les différentes zones architecturales de la Bretagne, il faut dire : 1° que la saillie du Léon corres-

pond à la zone anticlinale de même nom ; 2° que la rade de Brest
correspond à la partie nord de la ceinture du Bassin de Châteaulin,
et la péninsule de Crozon, à sa partie méridionale ; 3° enfin, que la
baie de Douarnenez, la pointe du Raz, et la baie d'Audierne se rapportent au plateau de Rohan et à la zone anticlinale de Cornouaille,
les deux anfractuosités tenant à la moindre résistance des bandes

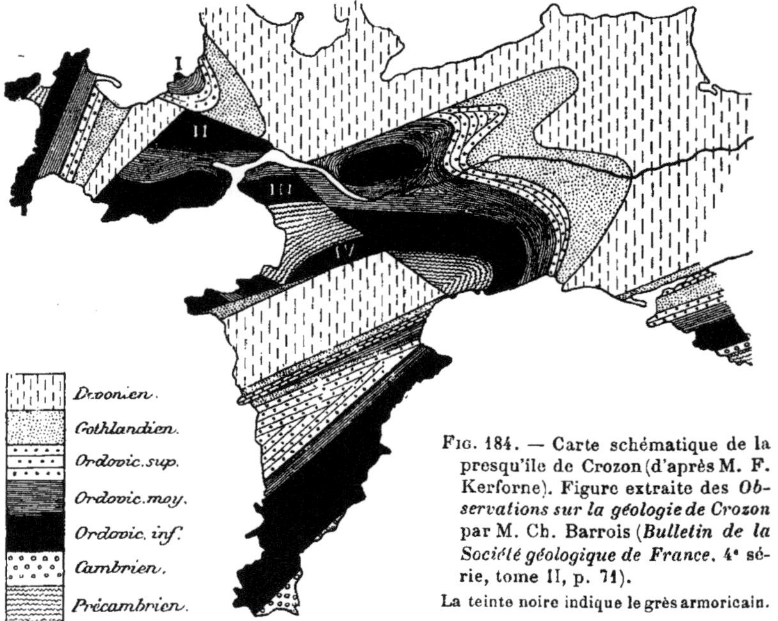

Fig. 184. — Carte schématique de la
presqu'île de Crozon (d'après M. F.
Kerforne). Figure extraite des *Observations sur la géologie de Crozon*
par M. Ch. Barrois (*Bulletin de la
Société géologique de France*. 4ᵉ série, tome II, p. 71).
La teinte noire indique le grès armoricain.

schisteuses qui entourent les granites dont est formée la pointe du
Raz.

L'influence de la tectonique armoricaine a donc été prépondérante dans le dessin général de la côte. Quant aux broderies
de ce dessin, elles résultent en grande partie des résistances inégales opposées à l'action des vagues. Mais ces broderies elles-mêmes
ne tirent-elles pas, tout au moins en certains endroits, leur raison
d'autres causes, et n'y aurait-il pas eu ennoyage d'une topographie
dessinée par voie subaérienne ? c'est ce que l'on pourrait supposer
à la vue des *rias* qui accidentent le fond de la rade de Brest. En
tout cas, la question ne se rapporte en rien à celle encore contro-
versée d'un lent affaissement pendant la période historique.

Sur le front septentrional de l'Armorique, les traits caractéristiques sont la saillie du Cotentin et le grand rentrant du golfe de
Saint-Malo. Toutefois la mer n'accuse, dans ce dernier, qu'une faible
profondeur, et la courbe bathymétrique de 60 mètres, après avoir
suivi de très près la côte du Léon, se continue directement vers le
Cotentin sans prononcer aucune inflexion accusée.

Quelles sont les raisons de cet état de choses?

Certes, l'opposition directe de la façade occidentale du Cotentin
à l'ouverture de la Manche, par laquelle s'engouffrent les marées
et les vents, peut expliquer que de ce côté l'érosion marine ait produit des effets plus considérables que partout ailleurs. Cependant
il est difficile de croire qu'elle ait suffi à délarder le socle européen
sur toute l'étendue du golfe de Saint-Malo en ne laissant subsister
comme témoins que les îles anglo-normandes. On a le sentiment
que quelque cause profonde a dû entrer en jeu. Ce n'est point un
rentrant des plis armoricains, car ils se prolongent directement
de l'extrémité de la Bretagne sur le Cotentin; c'est vraisemblablement une tendance à un affaissement architectural transverse. Il
suffit de se reporter par la pensée à la situation de l'époque miocène,
où l'Armorique était coupée en deux par un bras de mer passant
par Rennes, pour se dire que le rentrant actuel de la côte n'en est
peut être qu'un reflet.

Il faut maintenant répéter que la Manche est une mer très
récente, et que dans la phase géographique antérieure à la nôtre son
sol était émergé. Les rivières bretonnes venaient alors se jeter dans
un collecteur, prolongement du système de la Somme et de la Seine,
tandis que, par ruissellement ou altération chimique, se formait un
limon superficiel dont on relève des traces dans les îles anglo-
normandes comme en Bretagne. L'invasion de la mer ne se fit pas
tout d'un coup, mais avec des alternances positives et négatives que
nous révèlent, d'une part, les anciennes plages émergées que l'on
trouve portées à diverses hauteurs en bien des points du littoral,
et de l'autre, les tourbières recouvertes par les eaux marines. On
comprend donc qu'à certains moments, l'étendue plate du golfe
de Saint-Malo, si vouée qu'elle fût à l'ennoyage, ait pu présenter
de vastes surfaces émergées que prolongeaient sans doute encore
des régions indécises limitées par des cordons littoraux. Cet état
de choses semble avoir existé pendant une bonne partie de la
période historique.

On retrouve sur la côte septentrionale de l'Armorique, et pour
les mêmes raisons, tous les accidents de détail que la côte méri-

dionale et celle de l'Iroise nous ont appris à connaître. Les matériaux durs ont déterminé les pointes du rivage dont la plupart se prolongent par des files d'écueils; les matériaux tendres ont permis le creusement des baies et souvent de petites anfractuosités de détail excessivement curieuses, comme les étroites coupures qui, dans la région de Saint-Malo, correspondent aux filons de diabase dont le sol est comme lardé. Enfin les rivières, si minimes qu'elles soient, montrent à leurs embouchures des lits élargis par le jeu des marées. Les principales rias sont celles de la Rance et du Trieux. Cette dernière se continue en mer par un chenal accentué qui indique que la rivière se prolongeait jadis bien au delà et que la côte a reculé non seulement sous l'assaut des vagues mais encore par voie d'affaissement relatif. Cet affaissement semble d'ailleurs s'être produit pendant la période historique sur toute la façade septentrionale de la Bretagne, ce qui n'a naturellement point empêché la mer d'avoir, çà et là, un rôle épisodique de constructeur. Le fond du golfe de Saint-Malo montre de vastes surfaces conquises sur la mer, grâce à l'utilisation par l'industrie humaine de la *tangue* amenée par les flots. L'ancien marais de Dol est aujourd'hui une région bien cultivée, au milieu de laquelle se dresse l'ancienne île rocheuse du mont Dol; le moment s'approche où le mont Saint-Michel lui-même se soudera à la côte.

Côtes de la Région Parisienne. — A l'Est du Cotentin, l'allure de la côte change du tout au tout. Aucune île; plus de rias ni de promontoires accentués; mais des lignes simples, à peine interrompues par les échancrures des vallées, et qui prennent par endroits un caractère absolument massif. Même changement dans le relief : à la place de rochers déchiquetés, on ne voit que des talus tournant souvent à des falaises presque verticales; les écueils, au lieu de se disposer en chaussées qui prolongent vers le large les pointes de la côte, s'alignent en de rares files parallèles au rivage.

Tout ce changement tient au contraste que la structure simple de la Région Parisienne présente avec l'architecture compliquée de l'Armorique. En s'attaquant aux tranquilles ondulations de la première, l'érosion marine a trouvé les mêmes matériaux disposés de la même façon sur de vastes surfaces, sans aucun de ces changements brusques qu'offrent à chaque pas les plis serrés de la tectonique bretonne. Aussi le sapement s'est-il fait dans des conditions presque identiques sur de grandes longueurs de la ligne de rivage.

Les divisions de la côte sont une conséquence immédiate de celles que nous avons indiquées pour la Région Parisienne elle-même,

On se trouve d'abord en présence de cette région basse de Carentan où a toujours régné une tendance à l'affaissement, si bien que les mers miocène et pliocène ont pu y pousser un bras en réduisant le Nord du Cotentin à l'état d'île. Le socle hercynien y est recouvert de lambeaux de divers terrains secondaires et tertiaires, et n'apparaît çà et là que par quelques pointements, véritables écueils noyés dans les terrains plus récents, comme les îles Saint-Marcouf le sont aujourd'hui dans les flots et les sédiments qui s'y déposent. La côte basse qui termine la partie continentale de cette zone tectonique déprimée ne présente qu'une anfractuosité,

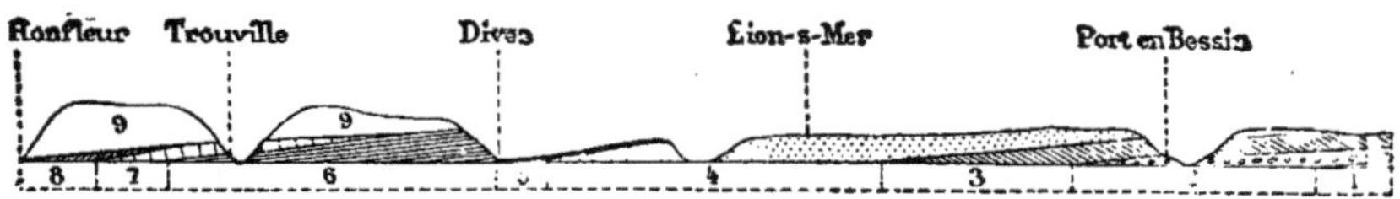

Fig. 185. — Coupe résumée des falaises du Calvados.
Figure extraite du *Traité de Géologie* de M. A. de Lapparent, 4ᵉ éd., p. 1127.

1, Lias; 2, 3, 4, médiojurassique; 5, 6, 7, 8, suprajurassique; 9, Crétacé.

la grande baie des Veys où se jettent la Vire et la Taute. Partout ailleurs, le rivage est régularisé par un cordon de dunes qui prend son origine à l'abri du cap de la Hougue.

Au Bessin et à la Campagne de Caen correspond la côte du *Calvados*. Là, le terrain jurassique se dresse en falaises bien que ses assises soient en grande partie argileuses. Un couronnement de calcaire dur en est la cause. La direction du rivage et des roches qui le précèdent, aussi bien que celles des cours de l'Aure et de la Seulles, doit certainement être attribuée à l'orientation spéciale que prennent en cet endroit les ondulations de la Région Parisienne.

Dans le voisinage de l'Orne, la côte s'abaisse et montre un cordon de dunes. Puis, dans le pays d'Auge et le Lieuvin, la falaise recommence, mais avec l'intervention du crétacé qui forme le couronnement. L'aspect en est assez varié, grâce à des nuances dans la nature des matériaux parmi lesquels s'intercalent des paquets de calcaire siliceux très dur.

Un peu avant l'embouchure de la Seine, la craie à silex fait son apparition au-dessus des autres termes de la série secondaire.

Les anciens méandres s'encaissent profondément, laissant apparaître au fond de leurs entailles une large plaine où serpente le fleuve dégénéré. Ceux de ces méandres qui avoisinent la côte montrent des boucles convexes tronquées par l'action des flots. On a le sentiment que le fleuve se prolongeait jadis bien plus vers l'Ouest; conclusion à laquelle l'examen des courbes bathymétriques fournit un appui. De nombreux bancs accidentent l'estuaire; certains, mobiles, sont de simples amas alluvionnaires; d'autres, fixes, comme le Ratier et le banc d'Anfard, paraissent devoir leur origine à des ondulations des couches jurassiques où le lit s'est creusé.

Au Nord du fleuve, le Pays de Caux se termine par une falaise

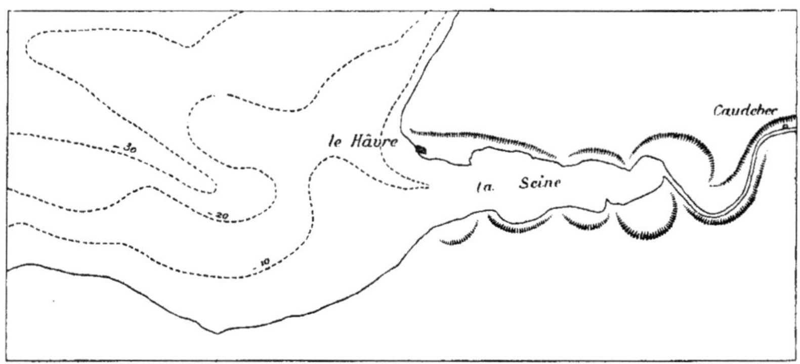

Fig. 186. — Les méandres tronqués de la basse vallée de la Seine. Échelle de 1 : 1 200 000 (d'après la *Carte de France* à 1 : 500 000 du Dépôt des Fortifications).

abrupte d'une centaine de mètres de hauteur, précédée d'une plateforme correspondant au niveau des basses mers. Les silex provenant de la destruction des assises de la craie où ils sont intercalés, se déposent à son pied et cheminent ensuite le long de la côte sous l'influence des courants. Le recul annuel de la falaise sous l'effet du sapement par les flots a été évalué à $0^m,20$ en moyenne pour les environs du Havre; mais sa régularité est souvent masquée par la chute d'énormes fragments du plateau, qui donnent à la falaise une protection momentanée. Cette falaise tronque tout le plateau de la Haute Normandie, livrant aux observations de véritables coupes naturelles du sol, notamment aux environs de Dieppe où aboutit le prolongement des accidents du Bray. Elle interrompt brusquement toutes les petites vallées du pays qui apparaissent comme suspendues (valleuses).

L'estuaire de la Somme correspond à un brusque rentrant du

talus terminal de la Région Parisienne ; rentrant adouci toutefois, en ce qui concerne la ligne de rivage, par le développement d'une région basse occupée par de véritables *polders*. Cette zone basse, désignée sous les noms de *marais* au Sud de la Somme, et de *Marquenterre* au Nord, est comprise entre un ancien cordon littoral qui s'adosse directement aux hautes terres de l'intérieur et une file de dunes. On voit que, postérieurement à la formation du cordon littoral, il y a eu émersion d'une plage de sable à l'extrémité de laquelle se sont élevées des dunes. A leur abri, le sol s'est colmaté et recouvert de tourbe.

En arrière du Marquenterre, l'ancienne falaise, que la mer n'avive plus depuis de longs siècles, s'est adoucie et dentelée sous l'influence des agents atmosphériques.

Avec le Boulonnais qui forme boutonnière dans le manteau crétacé, le terrain jurassique se montre de nouveau. Ses assises variées apparaissent en tranches sur les falaises du Cap Gris-Nez, tandis que le crétacé se retrouve plus au Nord, au cap Blanc-Nez, dans l'autre lèvre de la boutonnière.

Les sondages faits dans le Pas-de-Calais, à l'occasion du projet de tunnel sous la Manche, ont montré que les plis du sol se continuent à travers le détroit. Celui-ci présente un fond assez accidenté. Des rides parallèles à son axe, comme celles du Varne et du Colbart, y alternent avec des *creux*, comme celui de Lobourg. Le substratum rocheux de ce relief se présente à nu en certains endroits, et est recouvert en d'autres par des dépôts meubles de diverses natures, sans qu'au-

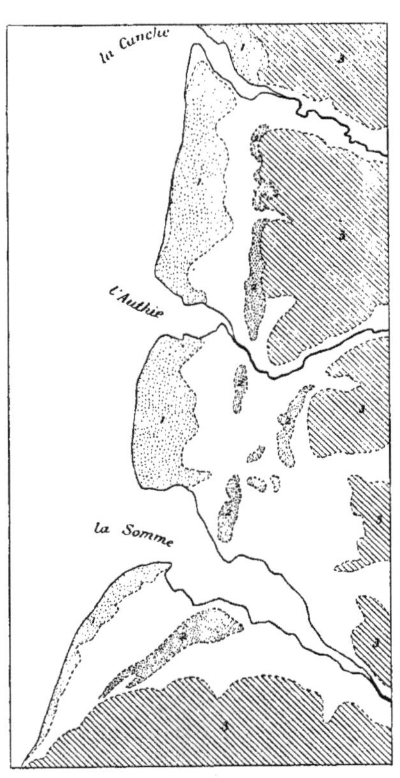

Fig. 187. — L'embouchure de la Somme et le Marquenterre (d'après la Carte géologique détaillée de la France à 1 : 80 000).

1, dunes ; 2, ancien cordon littoral ; 3, plateaux de la Picardie. Échelle de environ 1 : 500 000.

cune loi semble rattacher ces gisements aux formes topographiques. Il faut voir dans cette irrégularité l'influence de courants qui ici entraînent les matériaux en suspension et là se neutralisent les uns les autres en en permettant le dépôt.

Sur la Mer du Nord, la France n'a qu'une façade insignifiante. On sait que la *Plaine maritime* de la Région belge vient mourir là

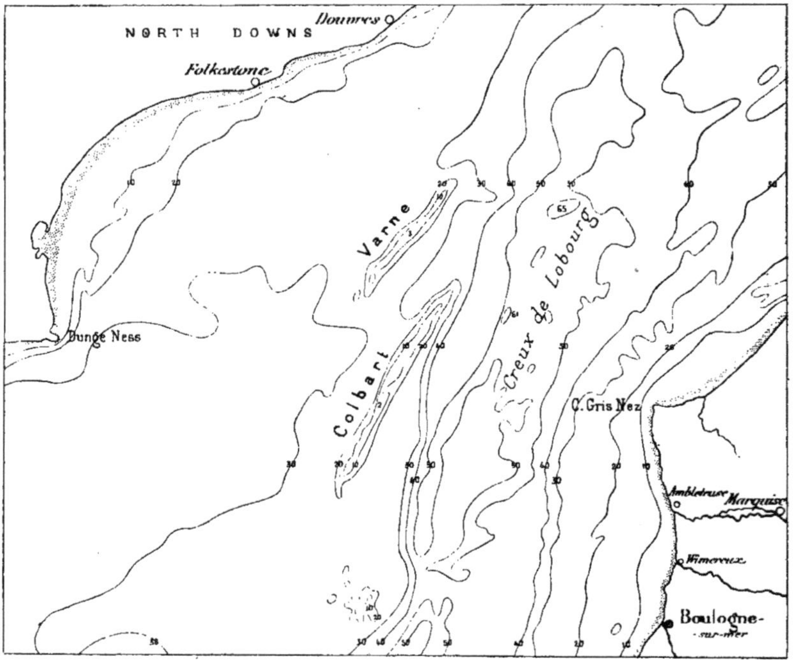

Fig. 188. — Topographie sous-marine du Pas de Calais
(d'après la *Carte de France* du Dépôt des Fortifications). Echelle de 1 : 500 000.

en pointe, protégée par un cordon de dunes. L'étude du sous-sol, qui présente une intercalation de couches de tourbe entre des dépôts d'origine marine, prouve qu'il y a eu des changements répétés du niveau des eaux; et l'examen des produits de l'industrie humaine que l'on trouve dans les couches supérieures montre que les derniers de ces changements ont eu lieu pendant la période historique.

Revenons maintenant sur l'ensemble des côtes de la Région Parisienne, et considérons le tracé en forme de crémaillère qu'affecte la ligne de rivage depuis le Calvados jusqu'au Boulonnais:

Nous pouvons nous demander si cette disposition quasi géométrique n'est point une conséquence de l'architecture même de la Région Parisienne.

Nous avons vu, en étudiant la France du Nord-Ouest et du Nord, que les nombreuses ondulations des couches du sol s'y groupaient en trois faisceaux d'allure anticlinale, séparés par les zones synclinales de la Basse Seine et de la Somme. Comme la sculpture du sol n'a établi dans ces territoires aucune inversion générale du relief, les formes topographiques y ont toujours été en harmonie directe

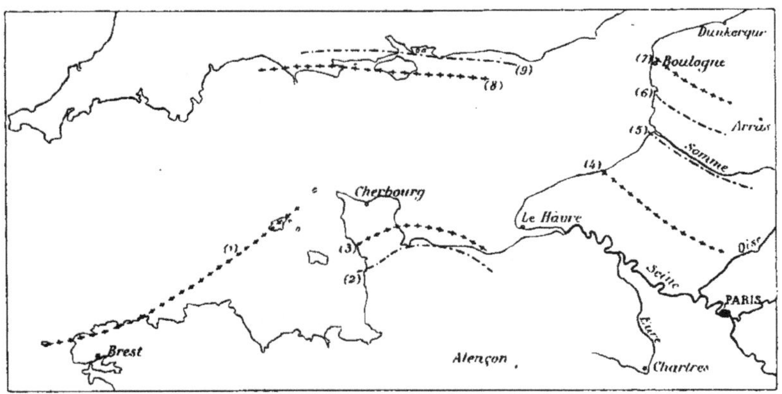

Fig. 189. — Tracé des axes des principales ondulations de la Région Anglo-Parisienne dans le voisinage de la Manche.

1, anticlinal du Léon; 2, dépression de Lessay; 3, anticlinal des Huchettes; 4, anticlinal du Bray; 5, synclinal de la Somme; 6, synclinal de l'Authie; 7, anticlinal de l'Artois; 8, anticlinal du Sud de l'île de Wight; 9, synclinal du Nord de l'île de Wight. Échelle d'environ 1 : 6 000 000.

avec cette disposition tectonique, et leur intersection par la surface de niveau des eaux, c'est-à-dire la ligne de rivage, a dû forcément accuser par un saillant chaque faisceau anticlinal et par un rentrant les deux zones synclinales. Si quelque réserve doit être faite à ce sujet pour l'estuaire de la Seine, qui a eu à compter avec une déviation considérable dans la direction des plis, la chose semble hors de doute pour le rentrant accentué de l'estuaire de la Somme.

Cette remarque relative à l'influence probable de la tectonique sur le tracé général des côtes normande et picarde conduit naturellement à une question portant sur un sujet autrement étendu, et nous amène à nous demander quelle a été la part de l'architecture du sol dans le tracé des rivages de l'ensemble de la Manche?

Si l'état des travaux géologiques ne permet point de donner

une réponse définitive, il y a tout au moins intérêt à indiquer la solution approximative à laquelle on peut s'arrêter pour le moment.

Le pli le plus extérieur de la Bretagne, l'anticlinal du Léon, a une direction conforme à celle de la Manche occidentale, abstraction faite bien entendu du golfe de Saint-Malo dont nous avons montré le caractère parasite. La facette terminale du Cotentin semble également se rapporter à la disposition des plis armoricains, et la côte du Calvados présente de même un parallélisme très net avec les plis tertiaires correspondants de la Région parisienne. Sur la rive anglaise, si le tracé des plis primaires de la Cornouaille n'a point encore été précisé, on connaît ceux des premiers plis tertiaires qui avoisinent la côte. Là aussi, il y a conformité entre l'allure du rivage et celle des lignes directrices de l'architecture. On peut donc dire que la Manche occidentale a un tracé *conséquent*. Un chenal a dû se constituer par *ennoyage* de la partie la plus déprimée du système architectural créé ou rajeuni à l'époque tertiaire; l'érosion marine a ensuite élargi ce chenal en modelant les lignes de rivages.

Tout autre est la situation dans la Manche orientale. Les plis tertiaires, au lieu de se présenter parallèlement au rivage, se redressent peu à peu et y aboutissent en fin de compte presque normalement dans le pays de Caux, la Picardie et le Boulonnais. Du côté anglais, il en est de même dans la boutonnière du Weald qui offre la continuation des accidents du Boulonnais. Le raccord des plis a été là matériellement constaté par les sondages du Pas-de-Calais.

Comme les plis de l'île de Wight succèdent immédiatement à ceux du Weald, il est logique de penser qu'ils sont la continuation des premiers plis français voisins du Boulonnais. Plusieurs interprétations ont été données au sujet de ce raccord. Suivant celle que l'on adopte, on peut considérer le synclinal de la Somme comme se prolongeant au Nord ou au Sud de l'île de Wight. Pour nous, nous avons l'idée qu'il se poursuit au Sud, dans la Manche occidentale dont il indique sans doute l'axe naturel, continuant ainsi à jouer le rôle important que nous l'avons vu tenir dans la Région Parisienne occidentale.

Quoi qu'il faille penser de cette hypothèse sur l'axe tectonique de la partie occidentale de la Manche, il reste évident que la partie orientale de cette mer n'a pas le caractère *conséquent*. On comprend donc bien qu'un isthme ait pu relier la France et l'Angleterre alors que la Manche conséquente était déjà formée, et l'on pressent que si un ensellement de l'architecture a pu y créer un point bas, sa disparition doit plutôt être imputée à la sculpture du sol qu'à une rupture par affaissement tectonique. Encore le travail a-t-il dû avoir un caractère mixte, l'érosion marine n'ayant fait que parachever l'œuvre de l'érosion subaérienne.

Notons encore que la jonction de la Manche et de la Mer du Nord n'a pu manquer de changer considérablement le régime des courants, et que la hauteur des marées qui se heurtaient auparavant au fond d'un véritable cul-de-sac a dû également être modifiée. Il se peut donc fort bien que ces changements aient suffi à soustraire aux eaux certaines plages basses comme celle qui constitue le substratum du Marquenterre, et cela à l'exclusion de tout relèvement tectonique. Mais du côté de la Mer du Nord, tout en faisant la part du changement de régime qu'ont pu amener l'ouverture du Pas-de-Calais et les apports alluvionnaires du Rhin, de la Meuse et de l'Escaut, il faut admettre avec M. Rutot des oscillations récentes du sol.

TABLE DES FIGURES

Pages.

Fig.   1.   Les anciens continents et les géosynclinaux à la période secondaire, d'après M. E. Haug..   11

—   2.   Failles verticales et obliques   13

—   3.   Compartiment affaissé encadré par des failles en gradins. . .   14

—   4.   Flexures   14

—   5.   Faille ramitiée.   14

—   6.   Champ de dislocation avec failles radiales et failles périphériques   15

—   7.   Replis des couches crétacées de l'Axenberg.   15

—   8.   Ondulation et plis réguliers.   16

—   9.   Pli symétrique et pli dissymétrique.   16

—   10.   Plis en éventail démantelés par l'érosion   16

—   11.   Pli couché et pli en éventail couché.   17

—   12.   Types divers de plis repliés.   17

—   13.   Pli étiré; plis failles   17

—   14.   Éventail composé.   18

—   15.   Éventail composé renversé   18

—   16.   Ondulations locales, conséquences des pressions développées par la chute des compartiments du sol.   21

—   17.   Affaissement local contemporain de la formation des plis d'une zone plissée   22

—   18.   Exhaussement local contemporain de la formation des plis d'une zone plissée.   22

—   19.   Coupe schématique d'un laccolithe   22

—   20.   Exemple de couches sédimentaires déposées en discordance sur un substratum plissé   23

—   21.   Rotation descendante d'un thalweg par suite des progrès de l'érosion.   26

—   22.   Sculpture d'une *table* inclinée   32

—   23.   Sculpture d'une suite de plis simples et réguliers   34

—   24.   Exemple de vallée synthétique   34

—   25.   Exemple d'inversion du relief.   35

—   26.   Masse exotique superposée à des formations autochtones et provenant du tronçonnement par l'érosion d'un grand pli couché.   35

—   27.   Exhumation, sous l'effet d'un rajeunissement du relief et d'un nouveau cycle d'érosion, d'une ancienne architecture plissée et effet réflexe de cette architecture sur les nouvelles formes topographiques.   37

Pages.

Fig. 28. Emplacement des rides successives de la région européenne, d'après M. Marcel Bertrand 41

— 29. Esquisse de l'Europe au début de la période permienne, d'après M. A. de Lapparent.. 45

— 30. Esquisse de l'Europe à la fin de la période permienne, d'après M. A. de Lapparent.. 46

— 31. Esquisse de l'Europe à la fin du Trias, d'après M. A. de Lapparent. 47

— 32. Schéma indiquant le sens des variations du domaine marin en Europe pendant l'ère secondaire. 48

— 33. Massifs montagneux alpins, et affleurements hercyniens de l'Europe centrale. 51

— 34. Esquisse de la France à la fin de la période liasique, d'après M. A. de Lapparent. 60

.— 35. Esquisse de la France au milieu de la période suprajurassique, d'après M. A. de Lapparent. 61

— 36. Esquisse de la France vers la fin de la période suprajurassique, d'après M. A. de Lapparent.. 62

— 37. Esquisse de la France au milieu de la période infracrétacée, d'après M. A. de Lapparent 63

.— 38. Esquisse de la France au milieu de la période supracrétacée, d'après M. A de Lapparent. 64

—— 39. Massifs montagneux alpins et affleurements hercyniens de la Région Française 67

— 40. Croquis géologique de la Région du Nord et du Nord-Ouest . . 75

— 41. Coupe schématique de la Région du Nord-Ouest suivant une ligne allant de Vernon au Mont-Noir.. 77

-- 42. Ondulations de la Région Parisienne occidentale, d'après M. G. Dollfus. 79

— 43. Coupe N.-S. à travers les ondulations de la Région parisienne occidentale. 80

— 44. Perspective schématique de la Région du Nord-Ouest. 81

— 45. Coupe à travers le pays de Bray, d'après M. A. de Lapparent. . 81

— 46. Disposition du réseau hydrographique de la Région Belge pendant la phase campinienne de la période pléistocène, d'après les travaux de M. Rutot 83

— 47. Le détroit franco-westphalien à l'époque carbonifériennne, d'après M. Gosselet 84

— 48. Enfouissement du bassin houiller franco-belge sous les morts terrains et chevauchement du dévonien et du silurien sur le houiller dans le voisinage de Liévin, d'après M. Barrois . . 85

— 49. Esquisse schématique de la structure du bassin houiller franco-belge, d'après M. Gosselet 86

— 50. Coupe schématique à travers l'Ardenne. 88

— 51. Croquis géologique de la Région des Plateaux primaires. . . . 89

— 52. Détroit franco-westphalien à l'époque silurienne, d'après M. Gosselet. 91

— 53. Coupe des bassins dévoniens de Dinant et de Namur, d'après M. Barrois 92

Pages.

Fig. 54. Le Rhin dans la traversée des Plateaux primaires. 93
— 55. La région des Plateaux primaires entre Namur et Mézières. 97
— 56. Schéma de l'état géographique de la France septentrionale pendant la première partie de l'ère secondaire. 102
— 57. Schéma de l'état géographique de la France septentrionale pendant la deuxième partie de l'ère secondaire 103
— 58. Grandes lignes de l'architecture tertiaire de la Terre Rhénane. 105
— 59. Croquis géologique de la région Lorraine-Vosges-Alsace. . . . 109
— 60. Coupe schématique à travers les Hautes-Vosges. 111
— 61. Coupe de la vallée du Rabodeau, d'après M. Vélain. 112
— 62. Les Hautes-Vosges vues de la vallée de Munster, d'après Hogard. 113
— 63. Lignes de faîte des Hautes-Vosges. 114
— 64. Coupe transversale des Basses-Vosges, d'après Élie de Beaumont. 115
— 65. Aspect ruiniforme du grès des Vosges, d'après Daubrée. . . . 115
— 66. Coupe N.W.-S.E. à la limite du Hunsrück et des Montagnes du Palatinat, d'après M. Lepsius. 117
— 67. Coupe et perspective schématiques de la région Lorraine-Vosges-Alsace. 119
— 68. Coupe de la côte d'Essey, d'après M. Vélain. 121
— 69. Coupe E.-W. à travers la Lorraine jurassique. 122
— 70. Capture de la Moselle par la Meurthe, d'après M. W.-M. Davis. 123
— 71. Croquis géologique de la haute vallée de la Saône. 125
— 72. Carte tectonique de la haute vallée de la Saône. . . . . . .
— 73. Coupe et perspective schématique des Faucilles 129
— 74. Coupe à travers le plateau de Langres, d'après de Nerville. . . 132
— 75. Coupe à travers la Côte-d'Or, d'après de Nerville 133
— 76. Croquis géologique de la Région Parisienne orientale. 137
— 77. Schéma indiquant les différences des structures de la *nappe centrale tertiaire* et de la *zone périphérique secondaire*. . . . 142
— 78. Largeurs relatives des bandes marneuse et calcaire au Nord de Toul. 143
— 79. Largeurs relatives des bandes marneuse et calcaire au Sud de Neufchâteau 144
— 80. Coupe à travers la Champagne humide et le Barrois 146
— 81. Coupe à travers l'Argonne 146
— 82. Coupe à travers la vallée de la Seine à hauteur de Fontainebleau 149
— 83. Extension des sables granitiques dans la Région Parisienne, d'après M. G. Dollfus 152
— 84. Coupe schématique du Morvan avant les modifications architecturales de l'ère tertiaire. 154
— 85. Croquis géologique du Morvan 155
— 86. Coupe à travers l'Auxois. 158
— 87. Coupe et perspective schématiques de la région du Morvan. . 159
— 88. Schéma des lignes directrices du système des Alpes, d'après M. Suess. 162
— 89. Division des Alpes en *Alpes occidentales* et *Alpes orientales*. 163
— 90. Coupe schématique du front Nord de la chaîne alpine à travers les Alpes Suisses, d'après M. Lugeon 165

Pages.

Fig. 91. Schéma indiquant les variations de l'emplacement du géosynclinal alpin sous le parallèle du Pelvoux   167

—   92. Extension des mers miocènes dans le Bassin du Rhône, d'après
M. C. Depéret..   169

—   93. Coupe à travers les hautes chaînes du Jura, d'après M. Choffat. 174

—   94. Coupe dans les environs du lac de Saint-Point, d'après
M. E. Fournier   174

—   95. Coupe du Vignoble dans le voisinage de Besançon, d'après
M. E. Fournier   175

—   96. Failles des Trois Chatels dans le voisinage de Besançon, d'après
M. Marcel Bertrand.   175

—   97. Perspective schématique montrant le contact de l'architecture plissée et de l'architecture tabulaire dans la région
Jura-Vosges.   181

—   98. Coupe schématique à travers le pays de Belfort.   182

—   99. Coupe à travers les plateaux de la Franche-Comté septentrionale..   184

— 100. Coupe à travers les Alpes occidentales, d'après Ch. Lory. . . .   188

— 101. Coupe à travers les Alpes occidentales, d'après M. W. Kilian. .   188

— 102. Coupe à travers les Alpes occidentales, d'après M. P. Termier..   189

— 103. Croquis tectonique de la Savoie.   198

— 104. Coupe et perspective schématiques montrant l'intercalation
de la zone de la mollasse entre les plis subalpins et ceux du
Jura.   199

— 105. Plis couchés du Mont Joly et du massif de Platé, d'après
M. Lugeon.   202

— 106. Recouvrement de la mollasse et des plis autochtones par la
nappe des Préalpes médianes, d'après M. Lugeon.   203

— 107. Recouvrement des plis autochtones et de la nappe des Préalpes
médianes par la nappe de la Brèche, d'après M. Lugeon. . .   203

— 108. Coupe du Mont Joly et de l'extrémité méridionale du massif du
Mont Blanc, d'après M. Marcel Bertrand.   205

— 109. Coupe schématique rétablissant la série des couches disparues
de la figure 108, d'après M. Marcel Bertrand.   206

— 110. Croquis tectonique du Dauphiné   208

— 111. Coupe des montagnes de la rive gauche de l'Isère, en aval de
Grenoble, d'après M. W. Kilian.   209

— 112. Coupe du Mont Ventoux, d'après Leenhardt   210

— 113. Coupe schématique transversale du massif du Pelvoux, d'après
M. P. Termier.   212

— 114. Structure géologique de la Vallée de Barcelonnette, d'après
M. E. Haug.   213

— 115. Croquis tectonique des Alpes Maritimes et de la Provence. . .   217

— 116. Coupe schématique N.-S. à travers les Alpes de la Haute-Provence, d'après les travaux de M. L. Bertrand 218   219

— 117. Coupe schématique E.-W. à travers les Alpes Maritimes, d'après
les travaux de M. L. Bertrand 218   219

— 118. Perspective schématique du contact des Alpes et de la Basse-
Provence.   221

Pages.

Fig. 119. Massifs et lignes directrices de la Basse Provence, d'après
M. Marcel Bertrand.. 223

— 120. Coupe des lambeaux de recouvrement du Beausset, d'après
M. Marcel Bertrand 226

— 121. Extension de la mer pliocène dans la vallée du Rhône, d'après
Fontannes et Depéret 229

— 122. Coupe transversale de la vallée du Rhône, d'après Fontannes et
Depéret 230

— 123. Allure générale des plissements tertiaires dans le Sud du Dauphiné, la Provence et la Vallée du Rhône, d'après M. W. Kilian 232

— 124. Variations des terres émergées dans la région Sud-Ouest de la
France pendant la période jurassique, d'après les cartes
paléogéographiques de M. A. de Lapparent 236

— 125. Croquis géologique des Pyrénées 239

— 126. Coupe transversale des Petites Pyrénées, d'après Leymerie . . 242

— 127. Carte schématique figurant l'allure des principales lignes de
dislocation des Pyrénées, dressée par M. E. de Margerie. . . 243

— 128. Coupe schématique à travers le massif du Mont Perdu, d'après
M. E. de Margerie. 245

— 129. Plis des Corbières et du Bas Languedoc, d'après les travaux de
M. E. de Margerie et Roman 249

— 130. Perspective schématique du contact des Pyrénées, des Corbières et de la Montagne Noire. 251

— 131. Croquis tectonique de la Montagne Noire, d'après les travaux
de M. Bergeron. 253

— 132. Perspective schématique du contact des plis du Bas-Languedoc
et de la région tabulaire du centre de la France. 255

— 133. Coupe N.-S. des Cévennes à la Méditerranée, d'après
M. Roman.. 257

— 134. Coupe de la région non plissée sous-cévennique, d'après M. Roman 257

— 135. Croquis géologique de l'Aquitaine. 259

— 136. Coupe allant des Petites Pyrénées à la Montagne Noire à travers le Mirepoix et le Lauraguais, d'après Leymerie 264

— 137. Schéma de l'hydrographie de la région sous-pyrénéenne, d'après
M. L.-A. Fabre 268

— 138. Bassins carbonifériens et dévoniens de l'Armorique. 274

— 139. Carte physique de la Bretagne, par M. Ch. Barrois . . . . . .

— 140. Coupe des Montagnes Noires, d'après M. Ch. Barrois 276

— 141. Coupe de la Forêt de Quénécan, d'après M. Ch. Barrois. . . . 277

— 142. Coupe de la ride de Domfront, d'après M. Bigot. 277

— 143. Plis du Cotentin, d'après M. Lecornu.. 279

— 144. Limites du massif ancien de l'Armorique et failles du Maine et
du Perche.. 283

— 145. Coupe de la Basse Normandie, parallèlement à la côte, d'après
M. Bigot 286

— 146. Coupe N.-S. à travers les régions faillées du Maine et du Perche
et schéma de la chute des voussoirs 287

Pages.

Fig. 147. Plis anticlinaux du seuil du Poitou, d'après les travaux de MM. Welsch et Glangeaud 290

— 148. Figure montrant les rapports qui existent entre l'hypsométrie actuelle et l'ancienne extension de la mer des faluns. . . . 294

— 149. Disposition des ondulations de la Région Parisienne dans le voisinage du cours de l'Eure, d'après M. G. Dollfus 295

— 150. Bassins houillers et grandes failles hercyniennes du Massif central. 304

— 151. Affleurements éruptifs de date tertiaire de la Région centrale. 307

— 152. Plis hercyniens dans le Nord-Est du Massif central, d'après les travaux de M. Michel Lévy. 311

— 153. Coupe à travers les monts du Charolais et du Mâconnais, et schéma de la disposition des voussoirs de date tertiaire. . . 314

— 154. Coupe du Mont-d'Or Lyonnais, d'après MM. Falsan et Locard. . 315

— 155. Croquis tectonique des confins du Lyonnais et du Vivarais, d'après M. P. Termier. 316

— 156. Panorama de la région des chams triasiques, dans le voisinage de la vallée de la Borne, d'après un dessin de M. G. Fabre . 318

— 157. Perspective schématique de la bordure du Massif central dans le voisinage de Privas 319

— 158. Coupe de la plaine de Montbel, d'après M. G. Favre 322

— 159. Coupe du Causse de Mende, d'après M. G. Fabre. 322

— 160. Croquis tectonique des Monts du Forez. 326

— 161. Profil des hauteurs comprises entre le Mézenc et l'origine des Coirons, d'après M. Boule 327

— 162. Vue des plateaux basaltiques des environs du Puy, d'après un dessin de M. Boule. 328

— 163. Coupe à travers le Mont-Dore, d'après M. Michel Lévy. 331

— 164. Coupe W.-E. à travers le Puy de Dôme, d'après M. Michel Lévy. 331

— 165. Coupe à travers les Monts d'Auvergne et la Limagne, d'après les travaux de MM. Michel Lévy et Le Verrier. 332, 333

— 166. Coupe à travers la plaine du Forez, d'après MM. Michel Lévy et Le Verrier 334

— 167. Coupe synthétique des volcans de Charade, de Gravenoire et de Beaumont, d'après M. Glangeaud. 335

— 168. Dislocations tertiaires du Nivernais, du Sancerrois et du Bourbonnais. 336

— 169. Coupe du plateau central entre Lussac et Alais, d'après M. Mouret 338

— 170. Coupe N.-S. à travers le Berry.. 340

— 171. Perspective schématique des talus du Berry et du Sancerrois . 341

— 172. Côtes de la France dans l'état actuel et dans l'hypothèse d'un relèvement ou d'un abaissement relatif de 100 mètres du niveau de la mer.. 344

— 173. Croquis géologique des environs de Nice, d'après M. Léon Bertrand 350

— 174. Tracé des courbes bathymétriques dans le voisinage de la Provence 352, 353

— 175. Cordons littoraux d'Aigues-Mortes. 355

Pages.

Fig. 176. Courbes bathymétriques dans le voisinage du Cap de Creus, d'après M. G. Pruvot. 357

— 177. Croquis géologique sommaire de la Corse 359

— 178. Vue schématique de la côte de Bonifacio. 361

— 179. Coupe E.-W. de la presqu'île du Cap de Corse, par Saint-Florent, d'après M. Nentien. 362

— 180. Extension de la mer éocène en Bretagne à l'époque du calcaire grossier, d'après M. G. Vasseur. 363

— 181. Topographie sous-marine le long de la côte du Pays Basque. 367

— 182. Le Gouf de Cap Breton 368

— 183. Le Morbraz et les îles de la Bretagne méridionale. 370

— 184. Carte schématique de la presqu'île de Crozon, d'après M. F. Kerforne 372

— 185. Coupe résumée des falaises du Calvados, d'après M. A. de Lapparent 373

— 186. Les méandres tronqués de la basse vallée de la Seine. 376

— 187. L'embouchure de la Somme et le Marquenterre. 377

— 188. Topographie sous-marine du Pas-de-Calais. 378

— 189. Tracé des axes des principales ondulations de la Région Anglo-Parisienne dans le voisinage de la Manche 379

TABLE ANALYTIQUE DES MATIÈRES

INTRODUCTION

Causes de l'évolution des formes extérieures du globe, p. 1. — **Matériaux du sol**, p. 2; L'étude des matériaux du sol apporte des enseignements précieux pour la reconstitution des anciens états géographiques, p. 8. — **Architecture ou tectonique du sol**, p. 9; Déformations de premier ordre, p. 10; Déformations élémentaires, p. 13; Architecture *tabulaire* et Architecture *plissée*, p. 14; Phases d'activité orogénique et phases de repos relatif, p. 23. — **Sculpture du sol**, p. 24; Lois générales, p. 25; La *vie* des cours d'eau, p. 28; l'*usure* du sol, la pénéplaine, cycles d'érosion, p. 30; Effets de l'érosion sur l'architecture plissée et l'architecture tabulaire, p. 31; Effets *réflexes* d'anciens systèmes d'architecture, p. 36. — **L'évolution géographique**, p. 39; Les grands ridements successifs de l'Europe, p. 41. — **Évolution géographique de l'Europe centrale**, p. 42; Ère primaire, p. 44; Ère secondaire, p. 47; Ère tertiaire, p. 49; Ère quaternaire, p. 50. — **Conséquences géographiques**, p. 53.

CHAPITRE PREMIER

FORMES GÉNÉRALES DE LA FRANCE

Inconvénients des descriptions basées sur l'hypsométrie, p. 57. — **Résumé de l'histoire géologique de la Région Française**, p. 58; Ère primaire, p. 58; Ère secondaire, p. 59; Ère tertiaire, p. 64; Ère quaternaire, p. 65. — **Conséquences géographiques**, p. 66; Grandes divisions naturelles, p. 66; Ordre qui sera suivi dans notre étude, p. 71.

CHAPITRE II

RÉGION DU NORD ET DU NORD-OUEST

Histoire géologique sommaire et grandes divisions géographiques, p. 73. — **Région Parisienne occidentale**, p. 78; Considérations générales, p. 78;

Détail des divers pays, p. 80; Remarques sur l'hydrographie, p. 82. — **Région Belge.** Considérations générales, p. 83; Détail des divers pays, p. 84; Nécessité de connaître non seulement l'architecture tertiaire, mais encore celle du sub-stratum hercynien, p. 86. — **Plateaux primaires.** Considérations générales, p. 87; Détail des divers pays, p. 88; Remarques générales sur l'hydrographie, p. 95; Le golfe du Luxembourg, p. 96.

CHAPITRE III

RÉGION DU NORD-EST

Histoire géologique, grandes divisions géographiques, p. 101. — **Terre Rhénane,** son évolution, p. 104; Vosges et Montagnes du Palatinat, p. 108; Alsace et plaine du Palatinat, p. 117; Lorraine, p. 119. — **Haute Vallée de la Saône.** Considérations générales, p. 124; Pourtour de la vallée, p. 127; Fond de la vallée, p. 134. — **Région Parisienne orientale.** Considérations générales, p. 136; Caractères topographiques, p. 139; Zone périphérique secondaire, p. 143; Nappe centrale tertiaire, p. 147; Remarques sur l'hydrographie, p. 151; Le Morvan, p. 153.

CHAPITRE IV

RÉGION DE L'EST ET DU SUD-EST

Considérations générales; aperçu sur la genèse et la structure des Alpes, p. 161; Grandes divisions, p. 171. — **Jura.** Considérations générales, p. 171; Disposition architecturale, p. 173; Sculpture du sol, p. 177; Remarques sur l'hydrographie, p. 178; Zones marginales, p. 181. — **Alpes.** Difficulté de concilier les divisions géographiques avec les divisions géologiques, p. 186; Architecture générale, p. 187; Sculpture du sol, p. 194; Savoie, p. 197; Dauphiné, p. 207; Haute Provence et Comté de Nice, p. 215. — **Basse Provence.** Considérations générales, p. 220; Plateaux de raccord, p. 222; Montagnes de la Basse Provence, p. 225; Maures et Esterel, p. 227. — **Vallée du Rhône,** Histoire géologique sommaire, p. 228; Conséquences géographiques, p. 230.

CHAPITRE V

RÉGION DU SUD ET DU SUD-OUEST

Histoire géologique sommaire, grandes divisions, p. 235. — **Pyrénées.** État encore rudimentaire de leur étude géologique, p. 237; Architecture générale, p. 238; Sculpture du sol, p. 243; Conséquences géographiques, p. 245. — **Corbières,** p. 248. — **Montagne Noire,** p. 252. — **Bas Languedoc,** p. 254. — **Aquitaine,** Considérations générales, p. 258; Régions septentrionale et orientale, p. 263; Région sous-pyrénéenne; Région landaise, p. 266.

CHAPITRE VI

RÉGION DE L'OUEST

Grandes divisions, p. 271. — **Massif armoricain**. Considérations générales, p. 272; Bretagne, p. 273; Cotentin, p. 278, Vendée, p. 279. — **Régions marginales**. Considérations générales, p. 281; Détail des différents pays, p. 285; Hydrographie et Hypsométrie, p. 291.

CHAPITRE VII

RÉGION CENTRALE

Considérations générales, p. 299; Grandes divisions du Massif ancien, p. 309; — Escarpe orientale, p. 310; Monts du Forez et du Velay, p. 324; Monts d'Auvergne, p. 329; Vallées de la Loire et de l'Allier, p. 332; Partie occidentale du Massif ancien, p. 337; Marges du Massif ancien, p. 339.

CHAPITRE VIII

LES CÔTES

Origine des lignes de rivage, p. 343. — **Côtes de la Méditerranée**. Histoire sommaire de la Méditerranée occidentale, p. 346; Golfe de Gênes et golfe du Lion, p. 348; Côtes de Provence, p. 349; Delta du Rhône, p. 354; Côtes du Languedoc et du Roussillon, p. 356; La Corse, p. 358. — **Côtes de l'Atlantique**. Origine de la plate-forme continentale, p. 362; Le Golfe de Gascogne et la Manche, p. 364; Côtes de l'Aquitaine, p. 366; Côtes de l'Armorique, p. 368; Côtes de la Région Parisienne, p. 374.

IMPRIMÉ

PAR

PHILIPPE RENOUARD

19, rue des Saints-Pères

PARIS